炼焦新技术

潘立慧　魏松波　主编

北　京
冶金工业出版社
2008

内容简介

全书采用理论与实践相结合的方式介绍了炼焦最新技术，包括工艺原理、大型化焦炉技术、扩大炼焦煤资源的新技术、焦炉环保、热回收焦炉、焦炉自动控制技术等。

本书由来自生产一线且对炼焦生产技术从事的时间较长、在行业中有一定影响的技术人员编写，对焦化行业的工程技术人员快速掌握焦化前沿技术有很大的指导作用。

本书可作为高等院校煤化工专业教材，也可供焦化企业工程技术人员和设计单位技术人员的参考。

图书在版编目(CIP)数据

炼焦新技术/潘立慧等主编．—北京：冶金工业出版社，2006.2（2008.1重印）

ISBN 978-7-5024-3898-2

Ⅰ.炼…　Ⅱ.潘…　Ⅲ.炼焦—工艺　Ⅳ.TQ520.6

中国版本图书馆CIP数据核字（2005）第147658号

出 版 人　曹胜利
地　　址　北京北河沿大街嵩祝院北巷39号，邮编100009
电　　话　(010)64027926　电子信箱　postmaster@cnmip.com.cn
责任编辑　朱华英　美术编辑　李　心
责任校对　刘　倩　李文彦　责任印制　牛晓波
ISBN 978-7-5024-3898-2
北京兴华印刷厂印刷；冶金工业出版社发行；各地新华书店经销
2006年2月第1版，2008年1月第2次印刷
787mm×1092mm　1/16；20.25印张；487千字；307页；5001-9000册
56.00元

冶金工业出版社发行部　电话：(010)64044283　传真：(010)64027893
冶金书店　地址：北京东四西大街46号(100711)　电话：(010)65289081
（本书如有印装质量问题，本社发行部负责退换）

编委会成员

序

中国是一个煤炭大国，同时也是一个焦炭生产与出口大国，年生产焦炭已超过2亿t，居世界之首。焦炭是高炉生产的重要原燃料，其生产工艺较为复杂，如何更好地满足高炉生产、最大限度地减少污染，用循环经济的理念来实现清洁化生产是我们的目标。

近年来，焦化行业的技术发展迅速，除了传统的炼焦工艺正向着大型化、智能化方向发展之外，德国的巨型化反应器、美国的热回收焦炉、日本的21世纪SCOPE都得到较快发展。全面总结国内外炼焦行业的新技术、推广应用先进的工艺，促进焦化行业的持续健康发展是每个炼焦工作者的责任。

本书由武钢长期从事炼焦生产的工程技术人员编写而成，他们有着丰富的实践经验。在认真地收集整理了国内外先进的炼焦新工艺、新技术后（如特大容积焦炉、干熄焦技术、煤调湿技术、型煤技术、热回收焦炉技术等），编写成此书。在推广炼焦行业的技术进步方面，对从事炼焦工程设计、工程建设、生产设备管理的工程技术人员有较大的参考价值，同时也对具备一定专业知识的大中专生、技术工人有一定指导作用。

目前，国内尚无一本全面介绍炼焦新技术的专业书籍，《炼焦新技术》一书的出版将有利于促进炼焦行业的技术进步和发展，也为推动中国工业化进程起到积极的促进作用。

中国金属学会副理事长
武汉钢铁（集团）公司总经理

2005年9月

前言

随着中国钢铁产业政策的实施，钢铁企业的集中度将进一步提高，高炉的大型化成为发展趋势，中国正逐步实现钢铁大国向钢铁强国的转变。钢材质量的高标准、环境保护的高要求、能源利用的高效率将促使冶金企业加快技术发展步伐。炼焦作为钢铁冶炼的必备环节，对焦炭质量提出了更高的要求，促进了“大容积焦炉”、“干熄焦”和“焦炉加热控制专家系统”等新技术不断得到发展和应用，兖州、太钢、武钢、马钢等都将筹建7.63m大容积焦炉。优化资源利用，发展节约型企业是钢铁产业政策的主导方针。我国优质炼焦煤资源有限，而弱黏结煤的资源较丰富，为节约有限的优质炼焦煤资源、合理使用弱黏结煤，“捣固炼焦”、“型煤炼焦”、“煤调湿”、“配煤专家系统”等炼焦新技术得到了快速的发展；随着国家环保法规的不断完善和监管力度的加大，“焦炉环保”、“热回收焦炉”、“焦炉自动控制”等技术有较大的应用空间，如热回收焦炉技术在山西省发展迅猛，此项技术正在向国外输出。我国焦化企业的工艺装备水平差异较大，一些新技术目前只在大型企业和新建的焦化企业中得到应用，而国内还没有对这些新技术进行系统归纳和介绍的参考书籍，广大炼焦行业人士迫切需要较全面地了解这些新技术及发展趋势，这就是编写《炼焦新技术》一书的初衷。

过去关于冶炼方面的专业书籍大多为高校老师和科研设计单位的人员所写，书中的内容理论性较强，但实用技术却难以深入，一些前沿的新技术介绍较少。一些先进的炼焦新技术首先在有实力的大型企业中得到应用。企业的工程技术人员在掌握了新技术的基础上写出的书往往更具有适用性。为了使炼焦新技术介绍更全面，本书的编委会成员由来自不同单位且对某项技术从事的时间较长、在行业中有一定影响的技术人员担任。当然有些新技术在我国尚处于发展初期，有些新技术则受到知识产权方面的约束，书的介绍深度难以如愿。该书旨在介绍新技术，信息量较大，对各章节的逻辑关系没有作严格的要求，因此读者在阅读此书时会有“形散而神聚”的感觉。在炼焦技术快速发展的今天，此书是焦化界人士快速掌握焦化前沿技术的绝好帮手。

本书可作为高等院校煤化工专业教材，也可供焦化企业工程技术人员和设计单位技术人员参考。

本书在编写过程中得到了中冶焦耐工程技术有限公司教授级高工蔡承佑、中国炼焦行业协会顾问教授级高工王太炎、中国炼焦行业协会秘书长杨文彪高工的指导，武汉科技大学吕佐周教授对书稿进行了审定，在此一并表示感谢。

由于此书涉及面广，编者水平有限，书中不妥之处请读者批评指正。

编　者

2005 年 9 月

目　录

第一章 炼焦用煤

所谓炼焦用煤，是指在焦炉炼焦条件下，用于生产一定质量焦炭的原料煤，它是由高等植物形成的腐殖煤。世界煤炭资源虽然丰富，但是炼焦用煤资源非常有限，因此，节约使用和扩大炼焦用煤的范围受到了广泛的重视。

根据煤在炼焦过程中的性状，可以分为炼焦煤和非炼焦煤。

炼焦煤是指用单种煤炼焦时，可以生成具有一定块度和机械强度的焦炭的煤。这类煤具有黏结性，主要供炼焦用。烟煤中的气煤、肥煤、气肥煤、1/3焦煤、焦煤和瘦煤都属于炼焦煤。炼焦煤中的焦煤可以单独炼焦，生产出符合要求的高炉用焦。但是焦煤的资源从世界范围来说，都是匮乏的。因此，通常把两种或两种以上牌号的炼焦煤，以适当比例进行配煤，然后炼焦，以满足对焦炭质量的各种要求。

非炼焦煤在单独炼焦时不软化、不熔融、不能生成块状焦炭。这类煤没有或仅有极弱的黏结性，一般不作为炼焦用煤。但当配煤中黏结组分过剩或需要生产特殊焦炭（如铸造焦）时，可以配入少量非炼焦煤，作为瘦化剂用。非炼焦煤也可以作为生产型煤或型焦的原料。褐煤、无烟煤以及烟煤中的长焰煤、不黏煤和贫煤，都属于非炼焦煤。

为了扩大炼焦用煤资源，在中国煤炭分类国家标准中，还划分了一些过渡性煤种，如贫瘦煤、1/2中黏煤和弱黏煤等。根据各地资源特点以及配煤和炼焦技术的发展水平，有的焦化厂可在配合煤中配入部分过渡煤。如在有一定量强肥煤的情况下，配用一些低灰低硫的弱黏煤，以降低焦炭的灰分和硫分。

本章从煤资源、工艺性质、应用煤岩学基础及应用、炼焦用煤检测技术和应用技术的发展趋势等几个方面，对炼焦用煤进行系统的阐释。

第一节 煤资源状况

一、世界煤炭资源的基本情况

对世界煤炭数量的表述，按照统计方法来划分，主要包括资源量、勘查储量和确认储量。根据有关国际能源组织最近统计，全世界的煤炭资源量约达20万亿t，其中俄罗斯及独联体国家、中国、美国、澳大利亚、加拿大、德国、南非、英国、波兰、印度等世界前10位主要产煤国的资源量约占世界总资源量的95%。但经过一定地质勘查工作而计算出的世界煤炭储量仅有43000多亿吨，其中精度较高的确认储量只有12000多亿吨。

世界煤炭资源分布的主要特点如下。

（一）世界煤炭资源的地区分布很不均匀

世界煤炭资源的大部分集中在亚洲大陆的北部，约占世界的1/2以上；其次为美洲的北部，约占30%；欧洲北部约占10%；其他地区如澳大利亚和非洲东南部的煤炭资源量不到世界的10%。

(1) 在主要产煤区的国家中，其资源量的分布很不均衡。如俄罗斯和独联体国家的煤资源主要分布在欧洲的顿涅茨煤田和伯朝拉煤田以及西伯利亚的库兹涅茨煤田、“坎斯克—阿钦斯克”煤田、通古斯煤田和勒拿煤田等几个大煤田。美国的煤炭资源也有80%左右分布在东、西部的8个州内，其余42个州只占20%左右。澳大利亚有90%以上的煤炭资源集中分布在东部沿海地区。印度的煤炭则主要产于半岛的东北部。

(2) 在世界煤资源中，各类煤的分布不均匀。

据估计，在世界煤炭资源中，褐煤占1/3以上。在硬煤（烟煤加无烟煤）资源中，炼焦煤还不到资源量的1/10。在总量约1.14万亿t的炼焦煤资源中，肥煤、焦煤和瘦煤约占1/2，其经济可采储量约有3500～4000亿t，其中低灰、低硫的优质炼焦煤资源大约仅有600亿t。在世界的炼焦煤资源中，约有1/2分布在亚洲地区，1/4分布在北美洲地区。其余的1/4则分散在世界其他地区。

世界无烟煤的资源量不多，优质无烟煤的可采储量很少。其中著名的有中国太西无烟煤（在宁夏平罗县汝箕沟矿区）、内蒙古拉本无烟煤和越南的鸿基无烟煤。其他国家和地区的优质无烟煤资源更少。

在世界动力煤资源中，以硬煤为主，褐煤次之。其中低灰、低硫的优质动力煤资源大约只占20%以下。

（二）主要产煤国的煤炭探明可采储量

在世界各大洲的煤炭探明可采储量中，以北美洲最多，达2000多亿吨，占世界的26.1%，其中年轻的次烟煤和褐煤为占55%左右，硬煤（无烟煤和烟煤）占45%左右。其次为亚洲、欧洲居第三位，可采储量也达1000多亿吨，其中年轻的次烟煤和褐煤约占2/3，硬煤占1/3。

各国的煤炭探明可采储量具有以下特点：

(1) 美国居世界首位，占世界的1/4，按目前的开采速度可开采近250年，其中以次烟煤和褐煤的比例稍大，占55%，硬煤占45%。

(2) 俄罗斯居世界第二位，占世界的16%，其中年轻的次烟煤和褐煤约占2/3，硬煤占1/3。

(3) 中国居世界第三位，占世界的12%，约可开采110年，其中硬煤的比例略多于次烟煤和褐煤，分别占全国探明储量的54%和46%。

(4) 澳大利亚、印度和南非分别居世界的第四至第六位，他们的探明储量各占世界探明储量的9%、8%和6%。

(5) 乌克兰和哈萨克斯坦分别居世界的第七、第八位，均占世界的4%。

二、中国煤资源状况

（一）基本情况

中国的煤炭探明可采储量虽仅次于美国、俄罗斯而居世界第三位，但各地区的分布极不均衡，其中占全国探明可采储量一半以上的侏罗纪煤田主要分布在北方的三北地区（华北、西北和东北）。煤炭探明可采储量居第二位的石炭、二叠纪煤田则主要分布在华北和华东地区，中南和西北地区也有少量分布。而晚二叠世的龙潭煤系则主要分布在四川（重庆）、贵州和滇东地区。第三纪煤田则以分布在云南和四川（西康地区）两省，三叠纪煤田的煤炭探明可采储量甚少，零星分布于湘、赣地区。

到2001年底，中国的“查明资源储量”为10000亿t左右，但其中勘探程度最深的“储量”只占19%弱，勘探程度最浅的“资源量”达6000多亿吨，占68%强，勘探程度居中的真正“基础储量”还不到1500亿t，从而表明中国的煤炭资源绝大部分为勘探程度较浅的“资源量”，而真正能用于开采和建井的“储量”还不到1900亿t。

从各大区的“储量”和“资源量”看，以华北区最多，该区的“储量”占全国的58%。“基础储量”（包括储量）占56%，“查明资源储量”也几乎占全国的50%。西北区和西南区可用于生产和建井的“储量”分别居第二、三位，各占全国的15%和13%。中南和东北区的“储量”最少，均只占全国的4%左右。华东区占全国的7%。“资源量”亦以华北区最多，占全国的47%，其次为西北区，占37%，其他各区的资源量均不足全国的8%。除华北区以外，西北区的“查明资源储量”居全国第二位，达30%，其他各大区所占比例均不足全国的9%，其中中南区只占3%，东北区只占3%，从上述可以看出，我国的煤炭资源主要分布于华北和西北地区，各占全国的50%和30%左右。其余四大区之和也只占全国的20%。

此外，从我国不同省（直辖市、自治区）的煤炭“查明资源储量”看，以山西、内蒙古和陕西三省（区）最多，分别占全国“查明资源储量”的26%、22%和16%以上，“查明资源储量”居第四、五、六位的分别为新疆、贵州和宁夏三省（区），但其总量均在300～1000亿t之间，“查明资源储量”超过200亿t的则有安徽、云南、山东、河南和黑龙江等5省，以上11个省（区）是我国的主要聚煤处。“资源量”低于10亿t的缺煤地区则有西藏、浙江、海南、天津、湖北和广东6个省（市、区）。

（二）中国煤炭储量按煤种的分布

在我国10000多亿吨的“查明资源储量”中，动力煤和炼焦煤分别占26%和72%，另有2%为分类不明。在炼焦煤中，以气煤（包括1/3焦煤）的“查明资源储量”最多，占总资源量的12%；焦煤占6%；瘦煤、贫瘦煤和肥煤、气肥煤各占4%和3%；在动力煤资源中，以不黏煤、长焰煤和褐煤最多，各占全国总资源量的16%、15%和13%，无烟煤也占11%，资源量最少的是贫煤，只占全国的6%。

炼焦煤中气煤和1/3焦煤占炼焦煤“查明资源储量”的比例最大，达46%，肥煤和气肥煤比例最少，只占13%。焦煤和“瘦煤、贫瘦煤”分别占第二、三位。

非炼焦用煤中以不黏煤和长焰煤占动力煤“查明资源储量”比例最多，均在20%以上，褐煤和无烟煤也各占18%和15%强，弱黏煤最少，只占2%强。另有不足0.2%的天然焦。此外，尚有未分类的动力煤占13%以上。

（三）中国炼焦煤资源分布

中国的炼焦煤资源以山西省最多，其2001年底的可以开采的“储量”达300多亿吨，占全国炼焦煤“储量”的50%。其他各省的“储量”均不到70亿t，炼焦煤“储量”占全国第二、三、四、五、六位的分别是安徽省、贵州省、山东省、河北省和黑龙江省。炼焦煤“储量”超过20亿t的还有河南省和内蒙古自治区。

至于炼焦煤的“查明资源量”，也是山西省的占绝对多数，达1000多亿吨，占全国炼焦煤“查明资源量”的56%强，“查明资源量”居第二、三位的分别是安徽省和山东省，在200亿t左右。其余各省的炼焦煤“查明资源量”均不到100亿t。其中“查明资源量”

居全国第四、五、六、七位的是贵州、黑龙江、河北和河南省。其他各省（市、区）的炼焦煤“查明资源量”除新疆接近80亿t外，其余各省、区均在55亿t以下。

炼焦煤的“基础储量”和“资源量”也均是山西省最多，占全国的50%以上；安徽省的“基础储量”和“资源量”也均居全国第二位，山东省则居全国第三。

（四）山西省炼焦煤资源分布

山西省是我国煤炭资源最多的一个省。除沁水煤田和大同煤田以外，主要还有西山、宁武、霍西和河东等四大煤田。

全省到2001年底的炼焦煤“查明资源储量”占全国炼焦煤“查明资源储量”的1/2以上。炼焦煤的“储量”占全国炼焦煤“储量”的1/2，炼焦煤的“基础储量”占全国炼焦煤“基础储量”的1/2弱，炼焦煤的“资源量”占全国炼焦煤“资源量”的60%以上。

从山西省分煤种的煤炭资源看，炼焦煤达1000多亿吨，其中以气煤和1/3焦煤的保有储量最多，为500多亿吨，肥煤、焦煤和瘦煤（包括贫瘦煤）的储量十分接近，均达到200多亿吨。

总的煤种分布情况是：瘦煤、贫瘦煤、贫煤、无烟煤主要分布在南部沁水煤田的东南翼；焦煤、肥煤主要分布在中部霍西煤田、沁水煤田的西翼、河东煤田的中、南段、西山煤田的西北部（其中以霍西煤田为主）；气煤、1/3焦煤、长焰煤、弱黏煤集中分布在北部的大同煤田和宁武煤田及河东煤田的北部。

西山煤田是目前我国的主要炼焦煤产地之一。它位于吕梁山东翼，汾河以西的山岳地带内，东距太原市15km，北、西以吕梁山为界，东以汾河地堑为界，煤炭总资源量在200多亿吨以上。煤田包括西山（前山）矿区、古交（后山）矿区和清交矿区。矿区主要煤种在前山区为瘦煤、贫瘦煤和贫煤，古交区上部为低硫肥煤、焦煤和瘦煤，下部为高硫炼焦煤。

河东煤田位于山西省西部，与陕西省交界，地跨偏关、保德、兴县、临县、离石、柳林、石楼、显县、吉县等地，总资源量达500多亿吨。煤种有长焰煤、气煤、1/3焦煤、肥、焦、瘦、贫瘦煤等。其中保（德）偏（关）矿区以气煤为主，部分长焰煤；离石、柳林矿区主要为焦煤、瘦煤和肥煤。乡宁矿区主要以瘦煤、贫瘦煤、贫煤为主，也有焦煤和肥煤。

霍西煤田位于山西省南部，地跨汾阳、孝义、灵石、汾西、霍州、洪洞、临汾等市、县，总资源量300多亿吨。煤种有肥煤、1/3焦煤、焦、瘦煤、气煤、贫瘦煤、贫煤和无烟煤等。

第二节　煤的工艺性质评价

煤的工艺性质是指煤炭在一定的加工工艺条件下或转化过程中所呈现的特性，如煤的塑性、可选性、黏结性、结焦性、结渣性和煤的发热量等。不同煤种或不同产地的煤往往工艺性质差别较大，不同加工利用方法对煤的工艺性质有不同的要求。对于炼焦用煤，主要是评价它的黏结性和结焦性。本节将重点介绍煤的成焦机理、煤的黏结性与结焦性的评定指标。

一、煤的成焦机理

煤的成焦机理是指煤在变成焦炭过程中的变化规律。煤转变焦炭的过程是一个复杂的过程，它受到化学、物理和物理化学等因素的制约。从煤化学开创时期起，各国学者就对煤的成焦机理进行了研究，比较有影响的有溶剂抽提理论、物理黏结理论、塑性成焦机理、中间相成焦机理和传氢机理，本节将重点介绍塑性成焦机理和中间相成焦机理。

（一）塑性成焦机理

煤的成焦机理的一种。炼焦煤高温干馏时经胶质体阶段而转变成焦炭的一种假说。炼焦煤加热时，其有机质经过热分解和缩聚等一系列化学反应，通过胶质体阶段（也称塑性阶段），发生黏结和固化而形成半焦。半焦进一步热缩聚，生成焦炭，在这个过程中，由于半焦收缩而形成裂纹。由煤转变成焦炭的关键是胶质体的形成。

1. 煤的成焦过程

炼焦煤在隔绝空气下加热，其有机质随温度的升高而发生一系列变化，形成气态（煤气）、液态（煤焦油）和固态（半焦或焦炭）产物。煤的成焦过程可分为 3 个阶段：第一阶段（常温至 300℃）是煤的干燥脱气阶段。在此阶段首先释放出吸附在煤表面的气体和水分；当温度低于 105℃时释放出非结合态的水分；在温度达 200℃时完成脱除吸附气体过程，主要析出的气体是 CH_4、CO 和 N_2。第二阶段（300～600℃）以解聚和分解反应为主，煤黏结成半焦。一般情况下，烟煤在 300℃后开始软化，伴随有煤气和煤焦油析出，在 450℃左右析出的煤焦油量最大，而在 450～600℃析出的气体量最多；中等变质程度的烟煤在这阶段经历软化、熔融、流动和膨胀而到固化，在此期间的一定温度范围内生成气、液、固三相共存的胶质体。第三阶段（600～1000℃）是半焦变成焦炭的阶段。在此阶段以缩聚反应为主，产生大量煤气（以 H_2 为主），半焦经收缩形成有裂纹的焦炭。

2. 黏结机理

烟煤加热到 350～500℃时，煤中有机质分子激烈分解，侧链从缩合芳环上断裂并进一步分解。热分解产物中，分子量小的呈气态；分子量中等的呈液态；而分子量大的、侧链断裂后的缩合芳环（变形粒子）和热分解时的不熔组分则呈固态。气、液、固三相组成胶质体。随着温度升高（450～550℃），胶质体的分解速度大于生成速度。一部分产物呈气体析出后，另一部分则与固态颗粒融为一体，发生热缩聚而固化生成半焦。热缩聚过程中，液态产物的二次分解产物、变形粒子和不熔组分（包括灰分）结合在一起，生成不同结构的焦炭。煤的黏结性取决于胶质体的数量和性质。如果胶质体中液态产物较多，且流动性适宜，就能填充固体颗粒间隙，并发生黏结作用。胶质体中液态产物的热稳定性好，从生成胶质体到胶质体固化之间的温度区间宽，则胶质体存在的时间长，产生的黏结作用就充分。因此，数量足够、流动性适宜和热稳定性好的胶质体，是煤黏结成焦的必要条件。通过配煤可以调节配合煤的胶质体数量和性质，使之具备适宜的黏结性，以生产所要求的焦炭。

3. 收缩机理

当半焦从 550℃加热到 1000℃时，半焦内的有机质进一步热分解和热缩聚。热分解主要发生在缩合芳环上热稳定性高的短侧链和联结芳环间的碳链桥上。分解产物以甲烷和氢气为主，无液态产物生成。越到结焦后期，所析出的气态产物的相对分子质量越小，在 750℃后几乎全是氢气。缩合芳环周围的氢原子脱落后，产生的游离键使固态产物之间进一步热缩聚，从而使碳网不断增大，排列趋于致密。由于成焦过程中半焦和焦炭内各点的温度和升温速度不同，致使各点的收缩量不同，由此产生内应力。当内应力超过半焦和焦炭物质的强度时就会形成裂纹。由热缩聚引起碳网缩合增大和由此而产生焦炭裂纹，是半焦收缩阶段的主要特征。煤的挥发分越高，其半焦收缩阶段的热分解和热缩聚越剧烈，所形成的收缩量和收缩速度也越大。各种煤的半焦收缩量、最大收缩速度和最大收缩温度是不同的，可以通过配煤和加入添加剂调节来控制，以获得所要求的焦炭强度和块度。

（二）中间相成焦机理

煤或沥青经炭化过程转化为焦炭的相变规律。炭化时，随着温度升高，或在维温状态下延长炭化时间，煤或沥青首先熔融，形成光学各向同性的塑性体（或称母体），然后在塑性体中孕育出一种性质介于液相和固相之间的中间相液晶。由于所形成的液晶往往是球状的，故得名中间相小球体。它在母体中经过核晶化、长大、融并、固化的转化过程，生成光学各向异性的焦炭。在炭化体系中，单体分子的大小和平面度，分子的活性和体系的黏度是决定中间相能否生成和长大的程度以及所形成的焦炭光学组织的大小的主要因素。炭化过程的升温速率、炭化时间、原料中的杂质和添加物以及对原料的预处理都对中间相转化有一定影响。研究中间相成焦机理对确定配煤方案、改善焦炭质量，特别是新型炭材料，如针状焦、炭纤维等的开发具有指导意义。

图 1-1 所示为沥青中间相的发展过程，煤的组成比沥青复杂得多，煤中还含有相当数量的惰性组分、矿物质和非碳元素（如 O、N、S 等），变质程度也各不相同。因此，煤的炭化过程中间相转变情况要比沥青复杂得多。沥青在加热时，基本上成为流体，而不同变质程度的煤因其平均相对分子质量和化学组成有很大差别，在炭化过程中呈现不同的状态，体系的黏度和分子的化学缩聚活性也极不相同。

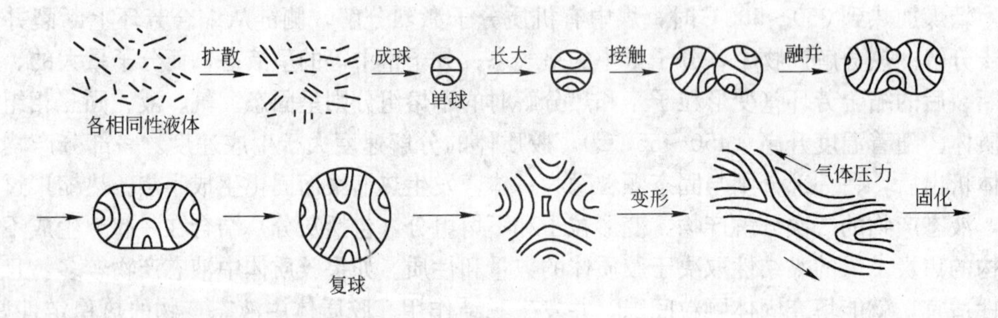

图 1-1　中间相发展示意图

二、煤的黏结性与结焦性评价

黏结性和结焦性是烟煤的重要工艺性质，煤的黏结性是评价炼焦用煤的主要指标，炼焦用煤必须具有一定的黏结性。

煤的黏结性是指烟煤在干馏时黏结其本身或外加惰性物的能力。煤的黏结性反映烟煤在干馏过程中能够软化熔融形成胶质体并固化黏结的能力。测定煤黏结性的试验一般加热速度较快，到形成半焦即停止。煤的黏结性是煤形成焦炭的前提和必要条件，炼焦煤中肥煤的黏结性最好。

煤的结焦性是指煤在工业焦炉或模拟工业焦炉的炼焦条件下，结成具有一定块度和强度焦炭的能力。煤的结焦性反映烟煤在干馏过程中软化熔融黏结成半焦，以及半焦进一步热解、收缩最终形成焦炭全过程的能力。测定煤结焦性的试验一般加热速度较慢。可见，结焦性好的煤除具备足够而适宜的黏结性外，还应在半焦到焦炭阶段具有较好的结焦能力。在炼焦煤中焦煤的结焦性最好。

测定煤黏结性和结焦性的实验室方法很多，常用的方法有：坩埚膨胀序数、罗加指数、黏结指数、基氏流动度、胶质层指数、奥亚膨胀度和葛金焦型等 7 种。这 7 种测定方法中大部分是在一定条件下测定煤黏结性或塑性的指标，而在硬煤国际分类中，将慢速加热条件下测定的奥亚膨胀度和葛金焦型作为煤的结焦性指标。这些方法的具体测定见有关手册或国标。本节重点介绍基氏流动度。

基氏流动度的测定方法首先由德国人基士勒提出，在 1934～1943 年间逐步发展与完善，目前在美国、日本和波兰等国应用较多并作为国家标准。我国一些研究所及某些厂也用此法测定其黏结性。这一指标正受到广泛的重视。通过试验可测得煤的软化温度（t_P）、最大流动度（α_{max}）及固化温度（t_K）等特性指标和绘制出基氏流动度曲线。软、固化温度之差（t_K-t_P）为胶质体的温度间隔 Δt。几种典型炼焦煤的基氏流动度曲线如图 1-2 所示。

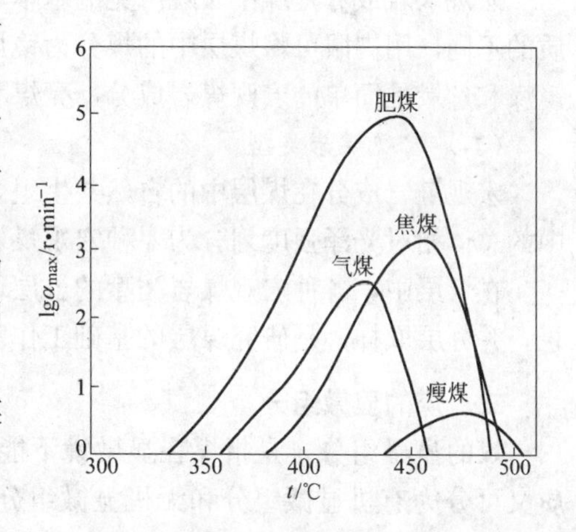

图 1-2　几种炼焦煤的基氏流动度曲线

由图 1-2 可见，肥煤的曲线比较平坦而宽，说明它停留在较大流动性时的时间较长（即 Δt 较大）因此其适应性较广，可供配合的煤种可以较广泛。而有些气肥煤的 α_{max} 虽很大，但曲线陡而尖（Δt 较小），说明它处于较大流动性的时间较短，影响了它的相容性。

基氏流动度指标能同时反映胶质体的数量和性质，具有明显的优点。流动度是研究煤的流变性和热分解动力学的有效手段，可用于指导配煤和预测焦炭强度。但该法的规范性特强，重现性较差。实现了自动操作的基氏塑性计，其测值的准确度有较大提高。提高基氏塑性计的加热速度，可测得快速加热下煤的塑性，对扩大炼焦用煤资源和研究快速加热下新的煤转化过程有重要的意义。例如可应用在热压焦合宜工艺参数的选择等。

第三节　煤岩学方法

煤岩学是用研究岩石的方法来研究煤的学科。它是与煤地质学、古生物学、煤化学和煤工艺学等学科相关的一门边缘科学。它以显微镜为主要工具，兼用肉眼和其他技术手段，研究自然状态下煤的岩相组成、成因、结构、性质、变质程度及其加工利用特性。它是研究和应用炼焦用煤的理论基础。

煤岩学研究始于 1830 年，英国的赫顿（Hutton）为煤岩学奠定了基础。他发展了在显微镜下观察煤的薄片技术，发现煤中存在某些植物结构，提出了煤是由植物生成的这一论断。1919 年，英国斯托普斯（M. Stopes）提出了将宏观煤岩成分划分为 4 种类型：镜煤、亮煤、暗煤和丝炭。促使煤岩学获得了系统的发展。1925 年起，德国施塔赫（E. Stach）成功地用抛光煤片和油浸物镜研究煤，1928 年他又发明了粉煤光片，从而促进了应用煤岩学的发展。

反射率测定方法和装置的逐渐完善，对煤岩学的发展起了重大作用，尤其是光电倍增管及各种型号的反射率自动测定装置的研制成功，加上电子计算机和图像分析设备的应用，使 20 世纪 70 年代以来煤岩学得到更加迅速的发展和广泛的应用。

一、宏观煤岩组成

（一）宏观煤岩成分

宏观煤岩成分是煤中宏观可见的基本单位。根据颜色、光泽、断口、裂隙、硬度等性质的不同，用肉眼可将煤层中的煤分为镜煤、亮煤、暗煤和丝炭 4 种宏观煤岩成分。其中镜煤和丝炭是简单的宏观煤岩成分，亮煤和暗煤是复杂的宏观煤岩成分。

（二）宏观煤岩类型

宏观煤岩成分在煤层中的自然共生组合称为宏观煤岩类型。按照宏观煤岩成分在煤层中的总体相对光泽强度划分为 4 种宏观煤岩类型，即光亮煤、半亮煤、半暗煤和暗淡煤。

在煤层中，各种宏观煤岩类型的分层，往往多次交替出现。逐层进行观察、描述和记录，并分层取样，是研究煤层的基础工作。

二、煤的显微组分

煤的显微组分，是指煤在显微镜下能够区分和辨识的基本组成成分。按其成分和性质又可分为有机显微组分和无机显微组分。有机显微组分是指在显微镜下能观察到的煤中由植物有机质转变而成的组分；无机显微组分是指在显微镜下能观察到的煤中矿物质。

（一）煤的有机显微组分

腐殖煤的显微组分基本上可分为 4 类，即凝胶化组分（镜质组）、丝炭化组分（丝质组或惰质组）、稳定组分（壳质组）、过渡组分（半镜质组、半丝质组等）。各类显微组分按其镜下特征，可以进一步分为若干组分或亚组分。下面介绍常见较典型的显微组分特征。

1. 凝胶化组分（镜质组）

凝胶化组分是煤中最主要的显微组分，我国多数煤田的镜质组含量约为 60%～80%，其基本成分来源于植物的茎、叶等木质纤维组织，它们在泥炭化阶段经凝胶化作用后，形成了各种凝胶体，因此称为凝胶化组分。在分类方案中则称为镜质组。在透射光下呈橙红色至棕红色，随变质程度增高颜色逐渐加深；在反光油浸镜下，呈深灰色至浅灰色，随变质程度增高颜色逐渐变浅，无突起。到接近无烟煤变质阶段时，透光镜下已变得不透明，反光镜下则变成亮白色。随变质程度增高非均质性逐渐增强。按其凝胶化作用程度不同，镜下可分为结构镜质体 1、结构镜质体 2、均质镜质体、胶质镜质体、基质镜质体、团块镜质体、碎屑镜质体等显微亚组分。

2. 丝炭化组分（丝质组或惰质组）

丝炭化组分是煤中常见的一种显微组分，但在煤中的含量比镜质组少，我国多数煤田的丝质组含量约为10%～20%。它也是由植物的木质纤维组织转化而来。在泥炭化阶段，植物残体经过丝炭化作用后便形成了此种显微组分；丝炭化作用也可以作用于已经受到不同程度凝胶化作用的显微组分，形成与凝胶化产物相应的不同显微结构系列。通常在煤岩分类中称为丝质组或惰质组。在透射光下呈黑色不透明，反射光下呈亮白至黄白色，并有较高突起。细胞结构有些保存完好，有些细胞壁已膨胀或只显示出细胞腔的残迹，有些甚至完全不显示细胞结构。随变质程度增高，丝质组变化不甚明显。根据细胞结构保存的完好程度和形态特征，可分为丝质体、菌类体、粗粒体、微粒体等显微组分。

3. 稳定组（壳质组）

稳定组分来源于植物的皮壳组织和分泌物，以及与这些物质相关的次生物质，即孢子、角质、树皮、树脂及渗出沥青等。此类组分在分类中称壳质组或稳定组。该组组分均具有可辨认的特定形态特征。在反光油浸镜下呈灰黑色至黑灰色，具有中、高突起，在同变质煤中，其反射率最低。在透光镜下呈柠檬黄、橘黄或橘红色，轮廓清楚，形态特殊，具有明显的荧光效应。在蓝光激发下的反光荧光色为浅绿黄色、亮黄色、橘黄色、橙灰褐色和褐色，其荧光强度随变质程度的差异和组分不同而强弱不一。

稳定组镜下颜色特征随变质程度增加变化很大。在低变质阶段，反光油浸镜下为灰黑色；到中变质阶段，当挥发分为28%左右时，呈暗灰色，挥发分为22%左右时，呈白灰色而不易与镜质组区分，突起也逐渐与镜质组分趋于一致。透射光下，在低变质阶段呈金黄色至金褐色，随变质程度增加变成淡红色，到中变质阶段则呈与镜质组相似的红色。荧光性也随变质程度增加而消失。在煤中按其组分来源及形态特征可分为孢粉体、角质体、树皮体、树脂体、沥青质体等组分。

4. 过渡组分

过渡组分系指介于凝胶化组分与丝炭化组分之间的组分，在分类方案中称为半镜质组、半丝质组等。它们均来源于植物体的木质纤维组织，只是在泥炭化作用过程中，经历了凝胶化和丝炭化两种作用过程，而丝炭化作用程度比丝质组浅。其中只受到轻度丝炭化作用组分，通常称半镜质组（也有的称假镜质组），其镜下特征与性质接近于镜质组；受到丝炭化作用程度较深的称半丝质组，其镜下特征与性质更接近丝质组。

（二）煤的无机显微组分

无机显微组分系指煤中的矿物质。它的来源包括：成煤植物体内的无机成分（矿物质），成煤过程中混入的矿物质，后者是煤中矿物质的主要来源。常见的矿物主要有黏土矿物、硫化物、碳酸盐类及氧化物等四类。

（1）黏土类矿物。包括高岭土、水云母等矿物，是矿物质的主要成分。

（2）硫化物类矿物。包括黄铁矿、白铁矿等矿物。

（3）碳酸盐类矿物。包括方解石及菱铁矿等矿物。

（4）氧化物类矿物。包括石英、玉髓、蛋白石等矿物。

三、煤岩分析

煤岩分析是以光学显微镜为主要工具兼用肉眼和其他手段，对煤的岩石组成、结构、性质、变质程度作定性描述和定量测定的方法。是研究煤岩学的重要手段。常规的分析项目是镜质组反射率测定、煤岩显微组分的测定、矿物质的测定、显微煤岩类型测定和宏观描述。前3项已有国际标准或国际标准草案，中国也已制定了国家标准。本节重点介绍最常规的两项分析项目：镜质组反射率测定、煤岩显微组分的测定。

煤岩分析的基本设备是装有起偏器和检偏器的反光显微镜。目镜的倍数为8～12.5（带有十字丝或测微尺），油浸物镜的倍数为25～60，干物镜的倍数为3～50。此外还应配有载物台移动尺（在横向x轴和纵向y轴上的移动范围不小于20mm，并能以等步长移动）、计数器、油浸液、载片、压平器和胶泥。

（一）煤的镜质组反射率

煤的镜质组反射率，是镜质组在绿色光（λ=546nm）中的反射光强相对于垂直入射光强的百分比。是煤岩学的研究内容之一。它是表征变质程度的重要指标，具有如下优点。

各种煤岩显微组分的反射率均随变质程度加深而增大，这反映了煤的内部由芳香稠环化合物组成的核的缩聚程度在增长，碳原子的密度在增大。但各煤岩显微组分的反射率随变质程度变化的速度有差别，其中以镜质组的变化快而且规律性强。镜质组是煤的主要组分，颗粒较大而表面均匀，其反射率易于测定。

镜质组反射率与表征变质程度的其他指标（如挥发分、碳含量）不同，它不受煤的岩相组成变化的影响，因此是公认的较理想的变质程度指标，尤其适用于烟煤阶段。

中国煤的镜质组反射率与干燥无灰基挥发分（V_{daf}）和碳含量（C_{daf}）的关系如图1-3所示。

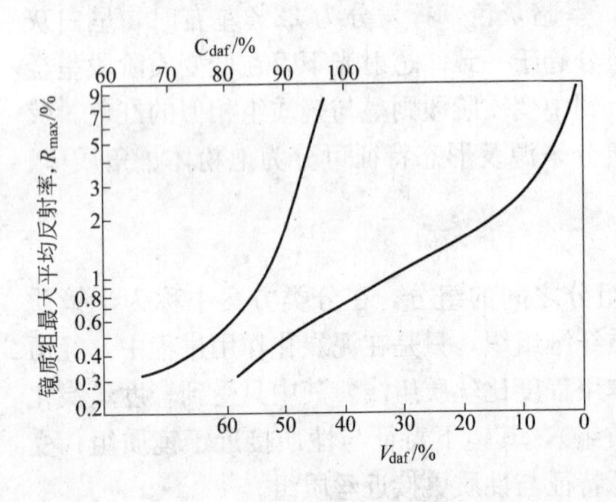

图1-3　中国煤的镜质组反射率与干燥无灰基挥发分V_{daf}和碳含量C_{daf}的关系

镜质组的平均最大反射率作为变质程度指标已应用于一些国家的煤炭分类中，在国际煤炭编码系统中也被正式采用。在炼焦生产中，它可以用来评价煤质；指导配煤；进行焦炭强度预测。根据镜质组反射率分布图可以判别混煤的种类。在蓝色光中测定镜质组反射率还能鉴别氧化煤。全煤样的反射率扫描，可测定黄铁矿含量，还能根据反射率来划分煤岩显微组分而实现自动定量。

1. 镜质组的各种反射率及其相互关系

从褐煤到无烟煤，随着变质程度的加深，煤中镜质组由均质体向非均质体过渡，从烟煤开始镜质组光的各向异性逐渐增强。烟煤镜质组的光性特征与一轴负光性晶体相似。在偏光下测定反射率时，在垂直层理的平面上，光学各向异性最明显。当入射光的偏振方向平行于层理时，可测得最大反射率，以R_{max}表示；当入射偏光垂直于层理时，可测得最小反射率，以R_{min}表示。当入射光与层面的夹角为$0° < \alpha < 90°$时，测得的为中间反射率，以R_m表示。在非偏光下（经反射器后变为部分偏振光）测定反射率时，不转动显微镜台，在煤的任意切面上测得的反射率为随机反射率以表示R_{ran}。在粉煤光片上测得的大量随机反射率的统计平均值即为平均随机反射率，以$\overline{R}_{ran}$表示。平均随机反射率与最大反射率和最小反射率的关系为：$\overline{R}_{ran}=(2R_{max}+R_{min})/3$。平均随机反射率与平均最大反射率的统计关系为：当$\overline{R}_{max}<2.5\%$时，$\overline{R}_{max}=1.0645\overline{R}_{ran}$；当$\overline{R}_{max}$为2.5～6.5时，$\overline{R}_{max}=$

$1.2858\bar{R}_{ran}-0.3936$。最大反射率和最小反射率之差称为双反射，它反映了煤的各向异性程度，也随变质程度增高而增大。

2. 测定方法

煤镜质组反射率的测定原理是根据光电倍增管所接受的反射光强与其光电信号成正比的原理，在显微镜下以一定强度的入射光照射时，对比镜质组和已知反射率的标准片的光电信号值而加以确定。根据测定时的介质，可以分为空气中反射率（R^a）和油浸反射率（R^o），后者准确、灵敏，因而应用广泛。

测定所用仪器为由偏反光显微镜、光电倍增管、高压稳压电源、显示器、光源稳定设备等构成的显微镜光度计。测定时，必须备有一系列与煤的反射率相近的标准片和零标准片（它的油浸反射率小于 $1\times10^{-6}\%$）。这些标准片由蓝宝石、钇铝石榴石、札镓石榴石、金刚石、碳化硅和 K_6 玻璃等制成，用来标定光电系统的线性和作为反射率的定值标准。在烟煤和无烟煤中选择无结构镜质体中的均质镜质体和基质镜质体作为镜质组反射率测定对象。测定从试样一端开始，用物台移动尺移动试样，使测点均匀分布在试样上。测最大反射率 R_{max} 时应将显微镜物台缓慢转动 360°，出现两次相同最大值，其平均值为平均最大反射率 $\bar{R}_{max}$，在油浸情况下测定 $\bar{R}^o_{max}$。测定点数根据煤种和所要求的准确度而异。对于单种烟煤一般测定 40～100 点；对于混合煤要求测点数大于 300。点测定结果用平均值和反射率分布图表示。从褐煤到无烟煤的油浸反射率从 0.2%增至 10%；空气中反射率由 5.4%增至 18%。

（二）煤岩显微组分的测定

1. 原理

煤岩显微组分的测定原理是：将有代表性的煤样所制成的光片，置于反光显微镜下，用白光入射，在部分偏光（去起偏器）或单偏光下，用油浸物镜观察鉴别各种煤岩显微组分。用数点法统计各种煤岩显微组分的体积分数。

2. 测定方法

（1）制样。取粒度小于 1.0mm、质量为 4～5g 的代表性煤样（0.1mm 以下的颗粒愈少愈好），与虫胶或不饱和聚酯树脂（配以一定量的引发剂和促进剂）混合制成直径不小于 20mm 的粉煤片。用不同粒度的磨料，逐级进行磨光，然后用超微氧化铝、氧化铬或抛光膏抛光，制成粉煤光片。必要时，可取块煤样做成块煤光片。

（2）测试。在显微镜下，从试样一端开始，按预定步长（0.5～0.6mm）移动试样，鉴定十字丝交点下煤的各显微组分，即镜质组、半镜质组、稳定组、丝质组、矿物，分别记入计数器中。若遇胶结物、孔洞和裂隙等无效点则不予统计，直到 500 个测点均匀地布满全煤片为止。按各个组分的点数占总有效点的百分比来表示其体积分数。

第四节　煤岩学的应用

随着人们对煤岩学的认识逐步加深、计算机应用技术的发展和检测设备的日益更新，煤岩学得到了广泛的应用，不仅应用在煤田地质方面，用以研究煤的成因、确定煤的变质程度、勘探石油和天然气等；而且应用在焦化行业，用以评价煤质、煤炭分类、指导炼焦配煤和预测焦炭质量等。煤岩学在选煤中的应用也取得了良好的效果。本节将重点介绍煤岩学在焦化行业中的应用。

一、评价煤质

煤岩学中各种常用方法可用来鉴定煤质，与化学分析结合起来能较全面而精确地评定煤质。煤的变质程度和煤岩组成是影响煤质的主要因素，同一煤层煤的变质程度一般不会有差异，而同一层煤不同部位的煤质却可能不同，这往往是由于其煤岩组成的不同所引起的。

焦化企业对各供煤基地的煤质作煤岩—化学综合研究，对煤的合理利用是十分有利的。现在，越来越多的焦化企业认识到煤岩学方法的重要性，并在煤质评价中加以应用，取得了显著的效果，如采用镜质组最大反射率平均值 $\overline{R}^{o}_{max}$ 反映煤的变质程度，采用镜质组反射率分布图进行混煤鉴定。

（一）煤的变质程度

反映煤的变质程度的指标很多。常用的指标有煤的挥发分（V_{daf}）、碳含量（C_{daf}）、发热量（$Q_{gr,V,daf}$）、镜质组最大平均反射率（$\overline{R}^{o}_{max}$）、显微硬度（HV）等。前3个指标属化学分析指标，后两个指标属煤岩分析指标。

挥发分、碳含量及发热量等指标广泛应用，但它们同时受变质程度和岩相组成两个因素影响，所以仅用这些指标反映煤的变质度有一定局限性。镜质组反射率是较为理想的指标，它排除岩相组成差异带来的影响，采用它可以较准确地判定煤的变质度。

煤的反射率随变质程度的变化规律反映了煤分子结构的变化。随变质程度增高煤分子的缩聚程度增大，平面碳网格的排列也趋于规律化，在光学特征上则表现为反射率增高。但是不同显微组分的反射率是不同的，虽然均随变质程度增高而增大，但其变化幅度不同。为了判定煤的变质程度，只能选取一种有代表性的组分。

由图1-4可见，丝质组是煤中反射率较高的组分，但在整个煤化过程中进入褐煤阶段后变化幅度不大；稳定组是反射率较低的组分，在低、中变质阶段变化幅度较大，但到中高变质阶段已难于辨认（在高变质煤中已很少见）。因此，这两类组分不适于作为变质程度的判定指标。镜质组反射率介于二者之间，在煤化过程的变质阶段变化幅度较大，且规律性明显。此外，镜质组是煤中最主要的成分，显微镜下镜相均匀，便于测定。因此，常选用镜质组反射率作为判定煤的变质程度指标。在实际测定时，均选其最大反射率。又因煤中镜质组最大反射率不是单一数值，为此采用镜质组最大反射率平均值 $\overline{R}^{o}_{max}$ 作为判定煤的变质程度指标。

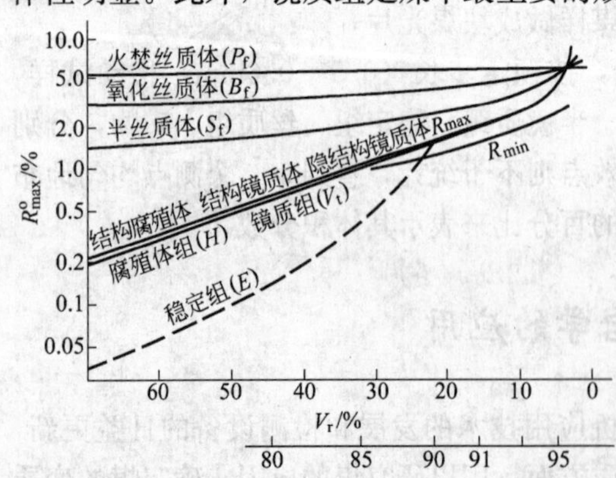

图1-4　煤化过程中显微组分反射率的变化

镜质组最大反射率平均值 $\overline{R}^{o}_{max}$ 与现行煤分类中各类煤存在着大致的对应关系。国内相关的研究机构和部分学者根据他们各自的研究成果，都提出过烟煤阶段各变质程度的煤的镜质组最大反射率分布区间，有代表性的2个划分方案见表 1-1。

表 1-1 不同变质程度烟煤镜质组反射率划分区间 (%)

划分方案	项 目	气 煤	肥煤（1/3 焦煤）	焦 煤	瘦 煤	贫 煤
方案 1	$\overline{R}^{o}_{max}$	0.6～0.885	0.9～1.2	1.23～1.42	1.59～1.71	—
方案 2	$\overline{R}^{o}_{max}$	0.65～0.9	0.9～1.2	1.2～1.7	1.7～1.9	1.9～2.5
	$\overline{R}^{o}_{ran}$	0.61～0.84	0.84～1.13	1.13～1.6	1.6～1.8	1.8～2.35

需要指出的是，肥煤和 1/3 焦煤的反射率平均值和反射率分布图基本重合，用反射率平均值和反射率分布图无法区分肥煤和 1/3 焦煤，此时必须借助 G、Y 值作为肥煤的辅助判定指标，严格要求肥煤的 $G \geqslant 85$，$Y \geqslant 25$。

（二）混煤的鉴定

所谓混煤，就是由不同变质程度煤混合而成的单种洗精煤，它的混合方式可以是变质程度相近的煤混合，也可以是变质程度相差很大的煤混合。在后天的开采、洗选、运输、销售等诸多环节中，由于技术条件、经济利益驱使等因素都会造成不同程度的混煤，尤其是煤炭资源短缺的时候，混煤现象更加严重，是焦化企业面临的一个非常棘手的共性问题。混煤的工艺性能较真正的单种煤有时有很大的差别，对此若不加以区分并在焦化生产中采取相应的措施，必将严重影响焦炭质量。

焦化企业常用的 V_{daf} 具有明显的加和性。斯塔赫在其煤岩学教程中引入了如下例子，如图 1-5 所示，5 种从反射率分布图来看显然不同的配合煤，具有相同的平均挥发分产率，但却表现出很不相同的结焦性。同样的道理，结焦性很不相同的混煤可能会具有相同的挥发分产率。由此可见，V_{daf} 对于混煤无法鉴别。目前，越来越多的煤炭生产企业利用 V_{daf} 的缺陷，在炼焦洗精煤中大肆恶意混煤，从中谋取利益，给焦化企业的生产造成了极其恶劣的影响。混煤是焦炭质量波动的重要原因，已经引起了焦化行业的高度重视。

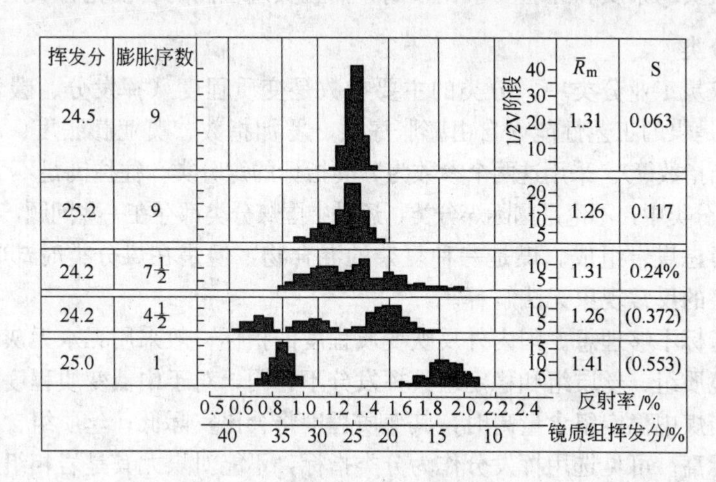

图 1-5 具有相同挥发分的五种配煤

■—体积分数，%

镜质组反射率分布图是鉴定混煤的唯一方法。大量研究结果表明，同一煤层的纯净单种煤其镜质组反射率呈正态分布，标准偏差 S 很小，一般小于 0.1。当反射率分布图中出现了宽峰或多峰，标准偏差增大，就可以推断出它是混煤及其混煤的程度。通过对镜质组反射率分布图做进一步的分析，可以判断混入什么煤种的煤，以及大约混入了多少。目前，对镜质组反射率分布图做如下界定：

（1）单种煤：标准差 $S\leqslant0.1$，无凹口。

（2）简单混煤：标准差 $0.1\leqslant S\leqslant0.2$，无凹口。

（3）复杂混煤：标准差 $S\geqslant0.2$。

在焦化企业的实际生产中，当洗精煤的挥发分 V_{daf} 出现较大的波动，黏结性出现比较明显的降低，就应考虑对该煤测定镜质组反射率分布图，以判定是否存在混煤情况，并采取应对措施。

（三）煤的岩相组成

煤的岩相组成是影响煤性质的主要原因之一。例如鹤岗煤田的研究表明，兴山矿上、下部煤层的煤性质间表现出一定的差异，处于下部煤层煤的挥发分比上部高。按一般概念，从变质程度考虑应该是上部煤层的 V_{daf} 大于下部的。但对其镜煤的分析结果，说明上下部煤层在变质程度上无显著差别。而对煤层的岩相组成分析却发现，下部煤层镜煤含量较上部高，而暗煤、丝炭、半丝炭较上部少。分析表明，岩相组成的不同是造成上下部煤层在化学和工艺性质差别的主要原因。由于煤岩组成中含有较多某种显微组分而使平均煤样的煤质显得特别，这种情况有时也会出现。例如，抚顺煤田由于树脂体含量较高，使煤的挥发分和氢含量较高，黏结性较好；又如芦岭煤中镜质组的黏结性高于官桥煤的镜质组，而平均煤样的黏结性却是官桥煤超过芦岭煤，这也是由于芦岭煤中丝质组含量高而降低其黏结性之故。如果不做煤岩学鉴定，而单是采用化学分析，显然是无法得出上述正确结论的。

煤的岩相组成是依据煤岩显微组分定量得出的，但是显微组分定量是一项比较繁琐的工作，对测定人员的素质和经验要求比较高，而且实现检测的自动化有一定的难度。

二、煤炭分类

在现有的煤炭工业分类中，分类的主要参数是变质程度（挥发分、碳含量及发热量等），辅助参数是煤的工艺性能（自由膨胀序数、罗加指数、奥亚膨胀度、葛金焦型、胶质层厚度、黏结指数等）。采用这两个参数为分类指标的煤分类，往往满足不了应用的要求，因为在现行的煤分类中，不论是国际煤分类，还是中国煤分类都存在一些问题，主要有：

（1）没有考虑煤岩组成。煤是一种复杂的混合物，但是在煤分类时却将其看作均匀物，造成了很多的反常现象无法解释。

（2）分类指标不够理想。国内外反映变质程度的指标一般采用无水无灰基挥发分。但是同一煤中的镜质组、丝质组和稳定组其挥发分不相同，对于中低变质程度煤，它们的差别尤其悬殊。当煤中稳定组含量高时，其变质程度将会比实际低；丝质组含量高时，其变质程度将比实际高。可见选用挥发分作为分类指标，不能对煤尤其是岩相组成复杂的煤进行准确分类。此外，挥发分具有加和性，无法区分混煤。

（3）不能确切地反映煤的工艺性质。实践证明，这两个分类指标在反映煤的工艺性质时不灵敏。当煤的分类指标相同时，因为煤岩成分的不同，其工艺性质也有很大差别。对炼焦工作者来说，工艺性质是很重要的，但现行分类，相同牌号的煤不经炼焦试验就不能确定它们是否具有相同的工艺性质，这给生产配煤管理带来了困难，对于一些异常情况无法给出合理的解释。

所以，不断有人提出新的分类指标和新的分类方法。目前的主要趋势是以煤的成因因素为基础，即所谓的工业－成因分类。主张这种分类方法的基本观点是煤的性质主要决定于成煤前期的生物化学作用和后期的物理化学、化学作用。前者的条件，对相同成煤原始物料来说，决定其煤岩组成；后者的条件，决定其变质程度。如果能获得准确反映这两个性质的指标，煤的性质应该基本上能确定下来。目前工业－成因分类中所采用的这两个指标是惰性组分（或活性组分）总和和镜质组反射率。

20 世纪 70 年代以来，一些国家和国际组织致力于研究以镜质组反射率和煤岩成分等煤岩指标为主，结合其他工艺指标进行煤分类。从 1970 年开始，澳大利亚、美国、加拿大、印度等国学者都分别提出了以煤岩学参数为分类指标的煤炭分类方案。1982 年苏联煤的成因－工业统一分类国家标准中，就以煤的镜质组反射率和煤的岩相组分作为分类指标。1988 年，欧洲经济委员会向联合国提出“国际中变质程度煤和高变质程度煤编码系统”中，就包括了镜质组随机反射率，镜质组反射率分布特征图和显微组分等参数。

三、煤岩学在炼焦配煤与预测焦炭质量方面的应用

20 世纪 70 年代，煤岩学在焦化工业应用中取得的重要研究成果，就是用煤岩学方法对煤进行加工，指导炼焦配煤及预测焦炭质量，达到合理利用煤炭资源，并得到高质量、低成本的焦炭。

（一）选择性粉碎

由于镜煤、亮煤、软丝炭性脆易碎，在一般的粉碎流程中往往过度粉碎，使小于 0.5mm 的煤粉过多，煤中活性成分的比表面积增大，降低了煤的堆密度和黏结性；而暗煤、矿化丝炭、矸石等性硬难碎，以致粉碎后粒度过大（>3～5mm），在贮运和装炉过程容易产生偏析，在结焦过程形成裂纹中心，降低了焦炭强度。可见煤料的粉碎既要降低煤料粒度上限（消除大颗粒），又要将过细的煤粒减少到最低限度（防止过细粉碎），需采用煤岩选择性粉碎才可实现。

煤岩选择性粉碎的原理是利用岩相组成在硬度上的差异，使难粉碎的惰性组分（特别是暗煤）粉碎得较细，而又能防止镜煤和亮煤过细粉碎。同时，采用适当的粉碎、筛分流程，可使煤中各岩相组分分别富集，达到岩相配煤目的。

（二）指导煤场管理和配煤操作

由于成煤过程中的复杂性，同一牌号不同矿井煤的黏结性和结焦性有较大的差别，同一矿井不同煤层煤的性质也不尽相同；此外，混煤的大量存在，也使得常规的煤化度指标相同的煤，其工艺性能差异较大。这些原因都造成了使用常规的煤化度指标和黏结性指标不能很好的指导煤场操作。

现在，国内的一些焦化企业和研究机构正尝试利用镜质组反射率分布图来指导煤场的堆取操作，取得了良好的效果。根据来煤的反射率分布图制定煤场分堆原则，即同一堆煤的各批来煤最大平均反射率 $\overline{R}_{max}$ 相近，反射率分布图围成的面积绝大部分重叠。根据这一原则进行堆煤，煤质均匀化程度可有效提高。

配合煤的结焦性并不是各单种煤结焦性的简单加和。在配合煤中，如果配伍性不好，

当某一变质程度煤中的活性组分熔融时，其他变质程度煤中的活性组分可能仍是固态的，表现为惰性，起不到改善焦炭质量的作用。并且，在配合煤中，不同单种煤的变质程度差别越大，其熔融区间的起止温度差别也越大，单种煤中的活性组分在配合煤中转变成为惰性组分的可能性越大，造成配合煤结焦性的损失。因此，从煤岩学角度而言，配合煤的反射率分布必须均衡，即镜质组反射率值与其平均值的偏离程度应当合理，这样能够保证配合煤在结焦过程中塑性状态具有良好的连续性。

镜质组反射率分布图是通过物理方法测得的，测定过程中没有破坏煤的大分子结构，因此，多种煤配合后，镜质组反射率分布图具有加和性。按配煤方案中各单种煤镜质组反射率分布图，通过加权平均可以得出配合煤的反射率分布图。

在配煤操作中，不仅可以利用镜质组反射率分布图检查配合煤的质量，而且还可以很好地解决混煤再配合带来的一系列问题。

（三）预测焦炭质量

用煤岩学观点和方法预测焦炭质量和指导配煤是煤岩学的重大成果。目前各国所发展的配煤技术，凡是论证比较充分，效果比较好的，几乎都与煤岩学发生联系。所以煤岩配煤目前已被世界各国学者公认为比较好的方法。前面已经说过，煤是不均一物质，镜质组和稳定组都具黏结性，是活性组分。丝质组不具黏结性是惰性组分，半镜质组和半丝质组介于两者之间。不同变质程度煤所含的活性组分和惰性组分的性能又不完全相同，所以情况十分复杂。而活性组分是决定炼焦煤性质的首要指标。惰性组分同样也是配煤中不可缺少的成分，缺少或过多都对配煤炼焦不利，都会导致焦炭质量下降。一个较好的炼焦配煤方案，实际上是各种活性组分和一定质量惰性组分之间比较恰当的组合。所以世界各国各种煤岩配煤方法中，都是利用煤岩组成和活性成分的反射率为基础数。把煤岩显微组分分成活性成分和惰性成分两大类。通过适当的方法计算、试验、作图，找出炼焦配煤最适合的范围，指导配煤，预测焦炭质量。以阿莫索夫和夏皮罗法为例，作一简要介绍。该法把煤岩显微组分按下式分成两大类：

活性成分＝镜质组＋稳定组＋1/3 半镜质组；

惰性成分＝丝质组＋2/3 半镜质组＋矿物组。

把活性成分（主要是镜质组）以反射率 0.1%为间隔，从 0.3%～2.1%分成 18 类，以此标志煤的变质程度。

强度指数 SI 和组成平衡指数 CBI 是两个配煤指标。SI 标志活性成分的平均质量，计算方法如下：

$$SI=\frac{a_3x_3+a_4x_4+a_5x_5+\cdots+a_{21}x_{21}}{\Sigma x_i} \tag{1-1}$$

其中，x_3～x_{21} 是反射率为 0.3%～2.1%的活性成分含量；a_3～a_{21} 是反射率为 0.3～2.1 的活性成分含最佳量惰性成分时的强度指数。这是根据试验得出的，并绘制成图。使用时，只要根据反射率值查出与其相对应的最大强度指数值即为 a_i，按公式（1-1）计算出 SI 值。

组成平衡指数 CBI 是标志配煤中惰性成分含量合适与否的一个指标，计算方法如下：

$$CBI=\frac{100-\Sigma x_i}{\frac{x_3}{b_3}+\frac{x_4}{b_4}+\frac{x_5}{b_5}+\cdots+\frac{x_{21}}{b_{21}}} \tag{1-2}$$

式中 x_i 为单种煤或配合煤中不同反射率的活性成分含量，$100-\Sigma x_i$ 为实际含惰性成分量；$b_3 \sim b_{21}$ 是反射率为 0.3%～2.1%活性成分与惰性成分配合的最佳比值，这是实测出来的数值。公式中的分母为惰性成分的理想含量。因此 *CBI* 为 1 时，配煤中惰性成分含量最合适；*CBI* 大于 1 时，配煤中惰性成分含量太高；*CBI* 小于 1 时，配煤中惰性成分含量太低。

以上述两个公式计算所得的指标 *SI* 和 *CBI* 分别为纵坐标、横坐标，可做出一组等强度曲线。应用这些图时，只要测定煤岩组成和反射率分布图，就可计算出 *SI* 和 *CBI*。在图上找到符合这两个指标数值的点，即可推测出煤的焦炭强度，以此来指导配煤。实测和计算的相关系数，阿莫索夫为 0.827，夏皮罗为 0.93。

各厂在采用煤岩配煤方法预测焦炭质量时，必须经过试验，自制等强度曲线，绝不能任意套用。目前，国内一些焦化企业和研究机构正尝试采用煤岩配煤方法预测焦炭质量。

第五节　炼焦用煤检测技术的发展趋势

随着计算机技术的发展和制造业的进步，越来越多的新仪器、新设备应用到煤质的检测上，不仅包括从国外进口的，而且也包括国内自主研发的，具体有以下几大类：

一、全自动定硫仪

该类型的测定仪既有进口设备，主要产地是美国，也有国内自主开发成功的，二者之间存在较大的价差，国内设备价格仅相当于进口设备的 1/3～1/4，但是从性能的稳定性方面进口设备明显优于国产设备。主要的功能有：

(1) 采用一体化结构，将自动送样机构、电子天平、高温裂解炉、电解池、搅拌器、空气净化系统等部件配在整个箱体内，使仪器结构紧凑，造型美观。

(2) 采用特制的坩埚取代传统的瓷舟装样，利用库仑滴定法原理进行测定。

(3) 一次可装样 20 个左右，由程序控制实现连续自动送样、自动称重、自动测定、自动存盘、自动打印，操作人员所做的工作只是装样，极大地提高了工作效率。

(4) 测定时间可根据不同煤样及装样重量自动判别。

(5) 采用多点动态系数校正法，系统误差直接通过软件自动修正，确保高、中、低硫含量的准确度更高。

(6) 采用先进的 PCI 技术，适应计算机技术的新发展，可与其他仪器组成综合测试仪，实现一机多控。可联电子天平、可联网实现远程数据共享。

二、全自动工业分析仪

该类型的测定仪也存在进口与国产之分，基本情况与全自动定硫仪类似，主要功能有：

(1) 内置万分之一电子天平，采用热重分析法，快速、自动、连续地进行 20 个左右试样的试验，每 180min 左右出全部样品的空气干燥基水分、灰分、挥发分的分析结果，并自动计算出该样品的发热量、固定碳、氢含量。速度快、在线程度高，可用于指导生产。

(2) 采用三温双炉一体化结构，可并行工作，缩短实验时间，并且炉膛恒温区互不干扰，确保空气干燥基水分、灰分、挥发分的测试更准确。

(3) 计算机自动完成称量数据采集、结果计算、报表打印、存储等。

(4) 用先进的PCI技术，适应计算机技术的新发展，可与其他仪器组成综合测试仪，实现一机多控。可联电子天平、可联网实现远程数据共享。

三、灰分快速分析仪

目前，国内现行的灰分检测方法不能对生产和使用起到快速监控作用。

为了解决上述问题，国内外一些研究机构和企业研究开发了新型的煤炭灰分快速测定仪，包括在线式和离线式两种，并在洗煤厂、焦化厂得到了应用，及时指导操作人员进行工作，防止不合格煤进厂，从而稳定煤的质量，提高生产效益，取得了较好的效果。

该类型的仪器通常采用双源辐射法，一般以γ射线作为辐射源，将核技术与计算机相结合，可快速无损地对所取的煤样进行测量。双源辐射法的基本原理是：

在绝大多数情况下，可以把煤看成是低原子序数元素和高原子序数元素组成的二元混合物。其中低原子序数元素包括C、H、O、N等，平均原子序数为6左右；高原子序数元素包括Si、Ca、Mg、Al、Fe等，平均原子序数大于12。煤灰分的成分是高原子序数元素的氧化物。

低能γ射线对原子序数大的元素衰减系数大，因此利用低能γ射线穿透煤样时被煤样吸收的不同就可以监测煤的灰分含量。当低能γ射线穿过煤样时，一部分射线被煤样吸收，另一部分射线穿过煤样被探测器接收，并转变成电信号，由于煤中高原子序数元素和低原子序数元素对低能γ射线吸收大小不一样，所以探测器接收信号多少也就不同，通过数学模型就可以计算灰分值。

中能γ射线对煤炭中不同原子序数元素的质量衰减系数是一样的，它透射煤时的衰减只取决于煤的质量厚度一个因素，与煤灰分无关。中能γ射线可以消除煤样松散度、粒度、厚度对灰分值测量的影响。

因此，联合中、低能γ射线对煤流的透射测量，可以实现厚度随机变化的煤流的灰分的快速检测。

四、煤岩分析的发展趋势

目前，在美国、日本等许多大钢铁公司试验室都装备有完善的煤岩分析与测定设备，用于指导炼焦生产日常操作。预计煤岩学的应用研究今后还将不断扩大和深化。

由于测量仪器和计算机技术的改进以及图像分析设备的快速发展，煤岩学研究手段朝着方法标准化、信息数字化和操作自动化的方向发展。

(一) 煤岩制片方法的自动化

沿用至今的煤岩制片方法因为操作程序复杂、制片速度慢，一直影响着煤岩指标在生产中的应用。目前，半自动和全自动磨抛机已经广泛应用于科研、生产领域，该类产品主要产自美国和德国，其中全自动磨抛机在金相研究中应用较多，半自动磨抛机在国内焦化企业也已经应用，进行煤岩制片，效果显著。

全自动磨抛机主要由几部分集成，包括：磨抛机、磨料配送系统、超声波清洗器、试样干燥器。其主要特点如下：

(1) 从研磨到最后抛光整个过程全自动完成；

(2) 可以设置50个左右的常用工作程序；

(3) 整个过程的每个工序之间都进行夹持器和样品的清洗与烘干，充分保证了样品制备的高效与高质性；

(4) 操作界面友好，彩色液晶显示，触摸式操作；

(5) 操作过程的全自动化模式，节省了人工并有效地提高了效率与质量；

(二) 反射率测定的自动化

当反射率指标进入炼焦生产应用时，完全依靠人工测定就显出其不足，主要存在两个方面的问题：一是测定速度慢，熟练的操作人员一般一天只能做两对平行试验。人工操作，在目测选点时自始至终需要注意力高度集中，人眼很容易疲劳，也因此易于影响测定结果。二是测点少，通常单煤的测点在100点左右，混配煤在200点左右，在生产上应用显得测点代表性不够。特别是现在普遍重视对反射率分布图的解析，测点少影响了反射率分布图的解析效果。

近年来，随着计算机技术的飞跃发展，实现反射率测定的自动化已经成为可能。美国、德国和日本开展此工作较早，且颇有成效。据报道，美国宾州大学自动测反射率显微镜光度计，配以计算机，每分钟可测5000点；日本钢铁公司对自动测反射率的显微镜做了改进，12min可测1万多个点的反射率值，并可同时绘出反射率分布图。此外，计算机还可相应算出惰性组分和活性组分含量。

在国内，也有部分学者对此项工作进行了深入的研究，并取得了比较好的效果。如20世纪90年代末期成功研制出的可与国产显微镜配套使用的全自动显微镜光度计，主要特点如下：

(1) 可自动测量煤、焦等反射率，自动计算出煤镜质组反射率参数，自动绘制反射率分布图。

(2) 可鉴别混煤并确定混煤比例，可确定焦炭气孔结构参数等。

(3) 测量重现性、再现性好于人工测定结果，分辨率与人工测定相当，较人工测定可大幅度提高效率。

(4) 实现了显微镜自动调焦、自动旋转偏光镜、程控增益、自动校正仪器零点等技术。

(5) 软件中独创采用了“多点提取”镜质组、“曲线相减消除黏结物”、“曲线剥离分峰确定混煤比”、“线相减确定显微煤岩组分”等数据处理技术。

该类型的设备在国内数十家焦化企业得以推广应用，并取得了良好的效果，尤其是在混煤的鉴定方面效果显著。

尽管如此，由于多种原因，自动测定反射率的技术在国内仍处于研究和初步应用阶段，还需要进行大量的工作来提高自动测定反射率装置的测定精度，并增强其对煤种的适应性。

(三) 惰性物含量的自动测定

煤岩组分的惰性物含量是评价炼焦煤质量的一项重要参数，也是目前最科学的预测焦炭质量的参数之一。

目前测定煤岩组分的惰性物含量方法是：首先人工数点测定煤岩组分，然后计算出煤岩组分的惰性物含量。这种方法劳动强度大，费时间，测点数少，测定结果的准确度不高，同时测定人员必须经过专业训练。

据有关资料报道，宝钢已经开发出了煤岩反射率的自动测定系统，它能自动测定煤岩全组分的反射率，一次完成煤岩组分的惰性物含量自动测定和煤岩镜质组反射率自动测定，克服了以往测定方法的不足。该系统的主要理论依据是：根据煤岩学理论，在同一变质程度煤的煤岩组分中，活性物的反射率比惰性物的反射率低，因此对煤岩全组分反射率分布曲线进行正确的切割，即以适当的数值将煤岩全组分反射率分布曲线分成两部分，高于此值的就是惰性物部分，低于此值的就是活性物部分，依此可获取煤岩组分的惰性物含量。

如何对煤岩全组分反射率分布曲线进行正确的切割是此项技术的关键和难点。据报道，为了解决这一难点，宝钢对其所用的20种主要炼焦煤进行了炼焦试验。对这些焦炭进行显微组分分析，计算出同他们对应的煤的惰性物含量，并以此为基础数据，进行煤岩全组分反射率切割试验。最后确定适合宝钢煤源特点的、自动切割煤岩全组分反射率分布曲线，进而获得煤岩组分惰性物含量。

由于该方法是企业自行开发的，主要针对本企业的用煤特点进行研究，因此该方法对煤种是否具有广泛的适应性还有待进一步验证。此外，按照自动测定反射率原理，不同变质程度煤相混是不宜用自动显微镜光度仪来测定的。即使有经验的煤岩工作者用人工测定混煤，其测定结果也难以保证不受不同煤种中相同反射率的不同煤岩组分干扰。而目前国内焦化企业使用的洗精煤大多数都存在混煤的现象，因此该方法对混煤是否实用也需进一步验证。

（四）图像分析系统

随着图像分析设备的快速发展，数字式图像采集系统已经能够快速识别高灰度等级的图像，因此将煤岩光片中各种不同组分的反射率转换成灰度进行测定，然后转化成反射率值已经取得了成功，为实现反射率的自动测定探索了一条新路。

目前用于测定反射率的常用设备是显微镜光度计，其测量元件是光电倍增管，测定区域较大，对部分结构小于测定区域组分的反射率无法准确测定，从而无法实现煤岩组分组成的自动测定。随着高灰度等级数码摄像头的出现和计算机的图像处理能力大幅度提高，国外已经研究用其替代目前的光度计测定煤岩反射率，不仅测定区域变小，而且具备图像识别功能，配备自动扫描和自动调焦装置，使得煤岩组分的自动测定也成为可能。采用图像分析系统不仅测定速度可以大幅度提高，而且可以在很短的时间内将一块光片全部测定而不是抽样测定，数据量大幅度提高后所获得的信息也更多、更准确可靠，将会使煤岩学的应用有飞跃性的发展。

图像分析系统在进行焦炭研究方面也具有优势，应用该系统可以检测焦炭的气孔结构，如气孔的大小和形状、气孔壁的厚度、气孔率等影响焦炭质量的重要信息。

总之，图像分析系统是未来煤岩分析发展的重要方向，很多煤、焦的重要信息都能够通过该系统完成，而且更易于实现自动化。

第六节　炼焦用煤应用技术的发展趋势

一、配煤技术现状

20世纪50年代初期，我国没有配煤经验，完全借鉴苏联经验，按“以焦、肥煤为主，气、肥、焦按一定比例配合”的模式配煤。现代焦炉几乎都沿用这种由多种炼焦煤配合炼焦的模式。为了尽量少用日益稀缺的中变质程度煤而又能使焦炭质量保持稳定，配煤技术就因此而作为一个科研领域不断发展。期间，中国的研究人员扩大利用了高挥发分煤，焦炭质量得以提高，炼焦成本降低，我国焦煤资源不足的困难得以缓解。

（一）配煤方法

现行的配煤方法是以炼焦煤分类为基础的。根据炼焦配煤需要，把能作为配合煤使用的煤，选择认为合适的指标，划分成类，每一类煤在配煤炼焦中具有相似的作用。然后根据煤的牌号和这个牌号煤在配煤炼焦中应起的作用，再根据配煤炼焦实践所得到的经验，拟定几个允许选用煤的配煤方案。通过实测，最后从几个配煤方案中选用最合适的配煤方案。

（二）配煤试验工具

20世纪50年代是通过在生产的现代焦炉炭化室中，按规定的位置和操作，放置一特定规格的、装满配合煤的铁箱，在炭化室中与煤料一起炭化，然后将铁箱中的焦炭做转鼓试验，以此结果来判断配煤方案的优劣。从试验方法上看，铁箱试验不仅操作困难，劳动强度大，而且做一次试验铁箱即行报废，加热速度依焦炉而定且是多面加热，又由于炉头温度低，试验结果准确性不够，因此该试验方法早已被淘汰。

到60年代，铁箱试验被200kg小焦炉试验替代，消除了铁箱试验时种种不稳定因素，并且对生产焦炉的模拟性也较好。70年代，200kg小焦炉在设备和操作方面进一步得到完善。到90年代，试验焦炉进一步的小型化，比较典型的有20kg试验焦炉和40kg试验焦炉，它们都采用了电加热自动控制，在焦化企业得到了广泛应用，逐步替代了200kg试验焦炉。

（三）现行配煤技术的不足

随着优质炼焦煤资源的日益枯竭和高炉大型化对焦炭质量的要求越来越高，人们正在努力探寻改进现行配煤技术的途径。

现行配煤技术的不足之处在于很少吸取近代焦化基础理论方面所获得的成果，始终停留在定性的、经验的配煤阶段，这样难免使煤料调配不精或不准。

造成这一结果的主要原因是，现行的配煤技术是以现行炼焦煤分类为基础的，这样的分类方法存在诸多问题，在前面已经讨论过，它对配煤技术的作用是有一定限度的。由于成煤因素十分复杂，使得煤的性质千差万别，因此经过炼焦煤分类的划分后，不可能使每类煤的性质，特别是煤的工艺性质十分相同，而只能是在某些性质上大体上相同。现时的生产实践证明，随着炼焦煤资源的紧缺和越来越多的煤炭生产企业掌握了炼焦煤分类的缺陷，混煤现象日益严重，使得按照煤分类划分的同类煤工艺性能相差越来越大，这对现行的配煤技术是一个致命的打击，是焦炭质量波动频繁的重要原因。

采用现行的煤分类，即使同类煤在某些方面性质相同，有时在其他方面性质却迥异，它将同样影响配煤的预期效果，这也就是配煤中人们认为出现不易解释的反常现象的重要原因。同时，以现行煤分类为基础的配煤技术也不容易跳出定性的、经验的范围。

至于配煤试验工具，既包括原来的200kg小焦炉，又包括现在比较通用的20kg、40kg小焦炉，本身不失为模拟性较好的试验焦炉，是生产和科研工作中一个有用的手段。但是此类试验的人力多、成本高、煤样多、周期长，对于供煤基地众多、配煤方案调整频繁、供煤质量不稳定的焦化企业，要求它们能及时指导生产配煤也是有困难的。

以上说明现行配煤技术在生产和科研工作中起过作用，但是存在问题，需要探索新的途径。可喜的是，近10年来，焦化工作者已经深刻认识到现行配煤技术的不足和煤岩学在配煤技术中的重要作用，并逐步在生产实践中加以应用，取得了明显的效果，煤岩配煤的理论将在今后配煤技术的发展中扮演不可替代的重要角色。

二、煤岩配煤的基本原理

随着煤质基础工作的深入和配煤技术的发展，科学配煤几乎离不开煤岩学已得到公认。目前各国所发展的配煤技术，凡是论证比较充分、效果比较良好的，几乎都与煤岩学发生联系。以下叙述煤岩配煤的若干基本原理。

(1) 煤是不均一的物质，每一种煤都是天然的配煤。自从煤岩学问世以后，就公认煤是一种复杂的有机物质混合体。这些有机物质的性质不同，在配煤中的作用不同，因此，可以说每种煤是天然配煤。由于天然配煤不按照人的主观愿望配合，故绝大部分煤都不合乎单独炼焦的要求。为便于应用，把煤的有机物质按其在加热过程中能熔融并产生活性键的成分，视作有黏结性的活性成分；加热不能熔融的、不产生活性键的，为没有黏结性的惰性成分。这种划分完全是根据试验结果得出的，即根据煤在加热过程中变化，用显微镜观察得出的结果。主要产煤国家的煤岩工作者，都对本国的煤进行了这种试验，而且主要的结论几乎是一致的，即在炼焦煤阶段里，镜质组和稳定组是活性成分，丝质组是惰性成分，半镜质组介于二者之间。

(2) 活性成分的反射率分布图解是决定炼焦煤性质的首要指标。一种煤的活性成分的质量不是均一的，这可用反射率的分布图解来表示。活性成分的质量差别可以很大，不但不同变质程度煤差别大，而且即使同一种煤，所含的活性成分的质量也有差别。如果以反射率表示一种煤中所含不同性质的活性成分的组成，则每一种煤的活性成分反射率图解都呈正态分布。

(3) 决定煤性质的又一个重要指标是惰性成分含量。惰性成分与活性成分一样，同是配煤中不可缺少的成分，缺少或过剩都对配煤炼焦不利，都会导致焦炭质量下降。要得到所要求焦炭质量的配煤方案，实际上是不同活性成分与适量惰性成分的组合。

煤岩配煤与现行煤分类无关。确定一个煤的性质，主要视反射率和惰性成分含量这两个指标而定。

(4) 成焦过程中，煤粒间并不是互熔成均一的焦块，而是通过煤粒间的界面反应，键合而联结起来的，当然也还有物理结合的过程。

炼焦煤隔绝空气炭化所得的焦炭，制成光片在镜下观察，其表面经处理或不经处理，都可以观察到颗粒的界线。这说明炭化过程中的可塑带期间，煤粒间并没有互相熔融成为均匀的物质，而是煤颗粒内外同时并行地发生裂解和缩聚反应，煤颗粒产生的分解产物沿着煤粒的接触表面相互扩散，经进一步缩聚作用而形成焦块。因此，散装煤的黏结，只是颗粒间接触表面的结合。这就为建立煤岩配煤指标提供了可能性。

以上是煤岩配煤的若干基本原理。近10年来，在煤岩配煤的应用过程中，人们对其理论有了更深刻的认识，有学者对其进行了更为形象的描述。

煤岩配煤方法，是根据室式炼焦的成焦机理，将炼焦过程比作混凝土的固化过程。虽然，焦炭和混凝土都是不均匀的脆性材料，但两者又有着本质的差别。混凝土的固化过程中无气体产生，不形成气孔，混凝土属于致密型不均匀材料；炼焦过程中有挥发分产生，形成了焦炭的部分气孔，焦炭属于多孔型不均匀材料。因此煤岩配煤方法中必须综合考虑以下3个方面的因素：

(1) 炼焦过程中，活性物相当于混凝土中水泥，炼焦煤中的活性物主要来源于镜质组，镜质组的质量是炼焦煤中活性物质量的决定因素，如何准确地表达炼焦配煤中活性物的特性，是煤岩配煤方法的关键；

(2) 炼焦过程中，惰性物相当于混凝土中的砂石，是必不可少的骨架材料；

(3) 挥发分在炼焦过程中的作用是不可忽略的，在炼焦过程中促进胶质体流动，在成焦后形成了焦炭的部分气孔。

三、高炉焦炭质量指标研究对配煤技术的影响

焦炭常用的质量指标 M_{40}、M_{10} 至今已经有100多年的历史，人们一直习惯使用这一指标对高炉焦炭的质量进行评价。但是，随着人们对高炉焦炭研究的不断深入，发现它们仅在高炉块状带具有一定模拟性。经过块状带以后，焦炭要经历碳溶反应和高温作用，按 M_{40}、M_{10} 的检测过程，已不具有模拟性。

针对这一情况，日本提出了CRI和CSR，受到焦化和炼铁界的普遍关注和迅速推广应用。目前已被各国接受，我国已列为国标。CRI和CSR的测试设计思想比 M_{40}、M_{10} 前进了一大步。从测试条件和方法上可以看出，CRI和CSR的设计者主要力求模拟焦炭在高炉中碳溶反应条件。但是，根据相关的研究报道，经过了近30年的使用，人们发现CRI和CSR对焦炭在高炉中的模拟性也并不理想，它的不够完善之处不在于它对反应温度和 CO_2 缺乏模拟性，而是在于它是在无碱金属条件下测定的。实际上高炉中有一定的碱金属存在，碱金属的存在可使各种焦炭的反应性差别大大缩小。这显然对焦炭质量的正确评定和生产焦炭的原料成本产生直接影响，而且对焦炭质量指标认识的深化必然涉及配煤技术概念的更新。

（一）煤的灰成分作为炼焦煤评价的一个新参数

大量的研究和生产实践表明，焦炭在高炉下部的粉化是造成透气性和透液性恶化的根源。而焦炭的碳溶反应是焦炭在高炉内粉化的主要原因。影响焦炭碳溶反应的因素很多，包括焦炭的气孔与气孔结构、气孔壁的炭微晶结构以及无机杂质含量和组成等。在诸多因素中，焦炭矿物质组成，即灰成分，是一个独立因素，近年来受到了广泛的重视。

焦炭的灰成分包括数十种矿物质，通常以氧化物表示。被深入研究的也有十多种，例如：K_2O、Na_2O、MgO、CaO、BaO、V_2O_5、MnO_2、Fe_2O_3、CuO、PbO_2、ZnO、B_2O_3、Al_2O_3、TiO_2、SiO_2 等。研究表明，有些是焦炭碳溶反应的强、正催化剂，有些是弱、正催化剂；有些是强、负催化剂，有些是弱、负催化剂，还有些对焦炭的碳溶反应并无影响。K_2O、Na_2O、MgO、CaO、BaO、V_2O_5、MnO_2、Fe_2O_3、CuO、PbO_2、ZnO是碳溶反应的正催化剂，其中 K_2O、Na_2O、CaO、BaO是强催化剂；B_2O_3、TiO_2 是碳溶反应的负催化剂；Al_2O_3、SiO_2 对焦炭的碳溶反应几乎没有影响。但不同的研究者的结果和观点有所不同，有学者认为 Fe_2O_3、CaO、MgO对CRI有较大影响；有学者则认为 Fe_2O_3、SiO_2、CaO、Na_2O 与CRI相关关系较好。

在研究焦炭抗碱性的过程中，学者们发现焦炭中的灰成分几乎全部来自于原料煤，原料煤中的灰成分与焦炭的灰成分相关性非常好，相关系数近似于1。

据资料报道，有学者开展了在配煤中分别加入不同量的 Fe_2O_3、CaO、MgO、K_2O、Na_2O、SiO_2、Al_2O_3、P_2O_5、TiO_2 改变灰成分的炼焦试验和大量的模拟生产配煤的炼焦试验。试验结果表明，焦炭灰成分中 Fe_2O_3、CaO、MgO 和 K_2O、Na_2O 等碱金属氧化物对焦炭热性能有不利影响，其他成分无明显影响。并由此确立了灰催化指数 ACI 的计算方法，建立了灰成分对焦炭热性能影响的数学模型。研究结果表明，炼焦单种煤间灰分差异，是造成同品种煤焦炭热性能差异大的主要原因，它揭示了炼焦煤中某些煤的热性能特别好或特别差的内在原因。

因此，已经有学者提出将灰成分作为炼焦煤评价的一个新参数，并受到焦化行业的普遍关注。日本神户钢铁公司、日本钢管（NKK）、加拿大炭化研究协会（CCRA）、美国内陆钢铁公司、我国宝钢都制定了各自的灰成分评价指标。

（二）焦炭显微结构的反应性对配煤技术的影响

传统观点认为，焦炭显微结构中各向异性结构比各向同性结构的反应性低，因此焦炭中各向异性结构越多，焦炭的反应性越低，反应后强度越高。但是近 10 年来，国内不断有研究表明，在有碱金属和无碱金属存在时，焦炭显微结构的反应性不同。当无碱金属时，焦炭显微结构的反应性，从高到低的序列为各向同性、类丝炭和破片、镶嵌结构，其他随其光学结构单元增大，反应速度有不明显的下降；当有碱金属存在时，反应性相反。实际上，有碱金属存在时，所有显微结构的反应性均增加，但原来反应性高的焦炭显微结构反应性增加的幅度小；原来反应性较低的，反应性增加幅度大。即有碱金属存在时，不同显微结构的反应性的差别变小。如果这一结论成立，并被焦化和炼铁界普遍接受，将对今后的配煤技术产生重大的影响。

这是因为，高炉生产对焦炭的质量要求是：M_{40} 高、M_{10} 低、CRI 低、CSR 高。要生产这样的焦炭，采用现代焦炉炼焦必须配用 50%以上稀缺的肥煤和焦煤，由这些煤炼成的焦炭各向异性占绝对优势，在有碱金属存在的情况下反应性高。相反，配用储量丰富（占炼焦煤储量 60%以上）的气煤，炼成的焦炭含有大量抗高温碱侵蚀性能良好的各向同性结构，而多配用气煤会降低 M_{40} 提高 M_{10}，这与现在比较认同的焦炭质量要求是相悖的，但是它却符合我国炼焦煤资源的特点。

因此，焦炭显微结构的反应性研究成果将对今后的配煤技术产生重大的影响，需要对此予以高度的关注。

四、炼焦配煤技术的发展趋势

（一）区域性配煤

中国炼焦用煤的分布很不均匀，并且铁路运力紧张，这些不利因素限制了国内焦化企业使用统一的配煤比。对国内不同地区焦化企业使用的生产配煤方案进行研究可以发现，尽管各企业的配煤思路仍然采用了气煤、气肥煤、肥煤、1/3 焦煤、焦煤、瘦煤几大类配合，但是各类煤使用的比例却大不相同，都尽力使用本地区或邻近地区产量大的煤种，区域性特征比较明显，如华东地区的焦化企业使用的各类煤的比例比较均衡，中南地区使用 1/3 焦煤和焦煤的比例比较大，东北地区使用肥煤和焦煤的比例较大、1/3 焦煤的比例比较小，西南地区使用的煤种比较单一，以气肥煤和焦煤为主，几乎不使用瘦煤。

尽管国内焦化企业使用的生产配煤方案具有很强的区域性特点，但是所炼制的焦炭均能满足当地高炉的生产。

（二）精确配煤

现在实行的按照气煤、气肥煤、肥煤、1/3焦煤、焦煤、瘦煤几大类配煤的模式，在中国的炼焦史上确实发挥了重大的作用。但是，随着煤炭市场的变革，国内炼焦企业使用的单种煤种数普遍增加，由原来的10多种增加到20～30种，甚至有的企业多达80～90家，尤其是以焦煤和1/3焦煤的品种最多，而且配入量一般较大，它们的质量波动对焦炭的质量影响非常大，即使使用同一配煤比，因为使用了不同种的1/3焦煤和焦煤，焦炭质量也有很大差异。因此，现在逐步提出了精确配煤的思路，将原来按照大类配煤的模式转换成为按照煤种进行配煤的精确配煤。精确配煤是根据单种煤的工艺性质确定其在配合煤中的配入比例，或者是将各大类煤按照工艺性质的不同进一步地细分成若干小类，以各小类煤参与配煤。

实现精确配煤的关键在于如何选择合适的煤质指标对单种煤的工艺性质进行科学评价，然后确定其在配合煤中的合适比例。现在，一些焦化企业的生产实践证明，对单种煤的工艺性质进行正确的评价必须借助煤岩学的指标，如镜质组反射率分布图和惰性组分含量等。此外，实现精确配煤，还必须具备充足的煤场和科学的煤场管理体系以及完善的配煤系统。

（三）扩大炼焦用煤范围

中国的炼焦煤资源相对贫乏，因此合理使用炼焦煤资源，扩大炼焦用煤的范围成为焦化企业普遍关注的问题。

我国低煤化度煤资源丰富，包括弱黏煤、1/2中黏煤、年轻气煤等，目前用于炼焦的比例很少。低煤化度煤产量较大普遍易洗、低硫和煤气产率高，如能在炼焦配煤中增加低煤化度煤用量，不仅可以降低焦炭灰分、硫分，并提高化学产品产率，而且还能节约稀缺的炼焦煤资源。由于低煤化度煤黏结性较差，因此，目前我国使用低煤化度煤的焦化企业较少。从全国炼焦用煤资源的合理利用和发展趋势看，增加炼焦配煤中低煤化度煤的配比势在必行，而且潜在的社会效益与经济效益非常可观。在炼焦配煤中增加低煤化度煤的配入量可以采用以下方法：

(1) 配型煤。将低煤化度煤中掺入黏结剂并制成型煤，可以配入到炼焦配煤中炼焦。经生产实践证明，型煤的配入量可以达到30%。

(2) 对低煤化度煤进行预热改质，提高其结焦性。有学者的研究表明，通过对低煤化度煤快速加热，实现其快速预热解脱除主要含氧官能团后，可望提高其黏结性与供氢能力。经预热改质的低煤化度煤炼出的焦炭，其平均孔径缩小，最大壁厚增加和各向异性提高，这一系列的显微结构变化表明，改质煤的结焦性得到了显著提高。在保证焦炭质量的前提下，改质的低煤化度煤配入量可以达到10%以上。此外，有资料报道，一些焦化企业在炼焦配煤中添加无烟煤和粉焦、焦油渣也取得了成功。

（四）配煤专家系统的开发

专家控制系统作为一种智能控制，将人的感性经验和定理算法结合，能够处理各种定性的和定量的、精确的和模糊的信息，为从定性到定量的综合集成技术提供了现实手段。自瑞典学者 Astrom　K.J. 提出专家控制的概念以来，鉴于它所表现出来的在层次结构上、控制方法上和知识表达上的灵活性，受到了广泛关注。近几年来，在冶金、化工等复杂工业生产控制中，专家控制系统已经获得了成功应用。

将专家控制系统应用于焦化生产中，建立炼焦配煤专家系统是今后配煤技术发展的趋势。通过建立具有焦炭质量预测、配煤比计算、配煤流量控制的配煤专家控制系统，可保证焦炭质量，合理地利用煤炭资源。根据焦化理论和生产所获得的工业数据构造数学模型，以群体专家经验得到的定性知识构成规则模型，将解析的数学模型与基于知识的规则模型相结合，采用数学方法，建立焦炭质量预测模型，提出配煤比计算的实用算法，并实时控制配煤流量。

目前，国内的研究机构和焦化企业已经高度重视配煤专家系统的开发，目的在于用配煤专家系统替代传统的配煤模式。

(1) 配煤专家系统通常包含：

1) 开放式的数据库。包括煤种数据库，单种煤煤质数据库，单种煤炼焦数据库，配合煤煤质数据库，炼焦工艺参数和焦炭质量数据库；

2) 数学模型。配合煤质量预测模型，焦炭质量预测模型；

3) 专家知识和自学习系统；

4) 输入、输出系统和控制执行系统；

5) 校、修正模型系统；

6) 优化配煤系统。

(2) 配煤专家系统具有的主要功能：

1) 已知单种煤煤质性能以及配合比，计算出配合煤的性质；

2) 预测焦炭的灰分与硫分、冷态机械强度 M_{40}、M_{10} 及反应性和反应后强度等指标；

3) 结合焦炭质量，确定配合煤的比例，可结合专家知识，以经济成本为优化模型的目标，将焦炭质量等作为约定因素，给出较佳的配煤比，以供企业安排生产；

4) 对预测模型求出的数据和实际数据比较，通过系统的自学习功能，不断优化模型，提高精度；

5) 通过控制系统，对实际的配煤工艺进行控制。

宝钢花费了10年的时间，逐步总结了宝钢优秀配煤专家所积累的经验和知识并归纳多年来炼焦配煤的研究成果，已经开发出具有多项功能的炼焦配煤专家系统，并在生产中加以应用。该专家系统功能有：煤炭资源管理和煤炭市场分析；煤炭功能计价；年度配煤方案确定；煤炭质量跟踪；计划和日常配煤比制定；焦炭在高炉中使用跟踪；煤场管理；焦炭质量预测及模型校验。

实践证明，配煤专家系统的核心在于配煤数学模型的建立。选用合适的煤质指标和科学的建模方法是决定配煤数学模型精确度的关键问题。并且，专家系统运行后，还必须定期对配煤数学模型进行校验，以防止炼焦煤源的逐步变化对配煤数学模型精确度的影响。

此外，还需要指出的是，影响焦炭质量的因素是多方面的，可分为原料煤性质的影响和生产工艺影响两个方面。各焦化厂的生产工艺又不相同，因此配煤专家系统的建立，必须以各厂实际情况为基础，通过采集大量的配煤炼焦实验数据，建立适合本厂实际情况的配煤专家系统。建立具有广泛适应性的配煤专家系统，是一个非常庞大的系统工程，必须联合各地区的大型焦化企业共同研究开发，才有可能实现。

第二章 备煤技术

第一节 备煤概述

一、配煤炼焦概述

配煤炼焦是指将多种不同牌号的煤按比例配合在一起作为炼焦的原料。不同牌号的煤，各有其特点，它们在配煤中所起的作用也不同，如果配煤方案合理，就能充分发挥各种煤的特点，提高焦炭质量。根据我国煤炭资源的具体情况，采用配合煤炼焦既可以合理利用各地区炼焦煤的资源，又是扩大炼焦用煤的基本措施之一。

为了保证焦炭质量，又利于生产操作，在确定配煤方案时，应考虑以下几项原则：

（1）焦炭质量应达到规定的指标，满足使用要求。

（2）最大限度地符合区域配煤的原则，根据本区域煤炭资源的近期平衡和考虑远景规划，充分利用本区域的黏结煤和弱黏结煤。

（3）不会产生对炉墙有危险的膨胀压力和引起推焦困难。

（4）在满足焦炭质量的前提下，有较高的化学产品产量和质量。

（5）合理调整炼焦用煤的运输流向和尽量防止对流，并尽可能缩短平均运输距离。

二、配煤工艺提高焦炭质量的方法

配合煤是把不同变质程度的炼焦煤，按适当比例配合起来，利用各种煤在性质上的相辅相成，从而使配合煤的质量优于单种煤的质量，以生产符合质量要求的焦炭，这对合理利用煤资源、节约优质炼焦煤，扩大炼焦煤资源具有重要意义。因此，研究各单种煤的特性和它们在配合煤中的相容性以及在焦炉中的成焦特性，是配煤技术的关键。

（一）提高煤料的堆密度，可以改善焦炭质量

因为堆密度提高，煤粒间的间隙减小，在炼焦过程中胶质体易于填满空隙，气体不易析出，胶质体的膨胀性和流动性都增加，使煤粒间的接触更加紧密，形成结构坚实的焦炭。另外，堆密度高，炼焦过程中半焦收缩小，因而焦炭裂纹少，提高了焦炭的强度。煤料堆密度与焦炭强度关系如图 2-1 所示。煤捣固工艺、配型煤工艺、煤干燥工艺和煤预热工艺等方法，都可以使煤的堆密度增加。这样，可以多用高挥发分弱黏结性气煤，也可配用适量的不黏结煤和弱黏结性煤，以扩大炼焦用煤资源。

煤料的堆密度随着煤料水分含量的变化而变化，这已被许多的研究结果所证实。而且各种研究几乎都得到类似的结论：改变装炉煤水分，煤料堆密度发生如图 2-2 所示的变化，水分为 7%～10%时，煤料的堆密度最小，水分在此值的基础上逐渐增加或减少时堆密度逐渐增大；但水分减少时堆密度增加较快。

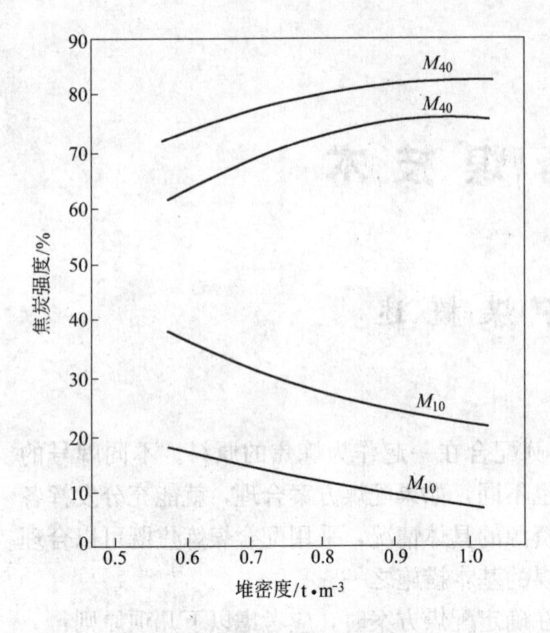

图 2-1　煤的堆密度与焦炭强度

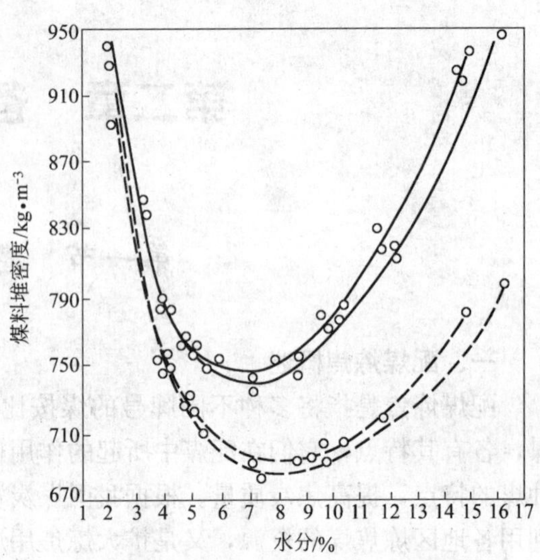

图 2-2　煤的堆密度与水分

值得注意的是，虽然煤料水分大具有使堆密度增大的优点，但水分太大的煤料炼焦时，除了对炉墙起到激冷的热冲击外，对焦炭质量带来不良的影响，尤其对焦炭的耐磨指标 M_{10} 影响更甚。M_{10} 值随着水分的增加而增加，不过，影响的程度视煤料的黏结性不同而有所不同。当水分不变堆密度增大时，M_{10} 和 M_{40} 值减小；当煤料的堆密度不变时，干煤炼焦所得的焦炭的 M_{10} 和 M_{40} 值均比湿煤炼焦时好。由此可见，煤料水分变化时，一方面，煤料堆密度变化，影响焦炭质量；另一方面，使加热速度变化影响焦炭质量，因此，在水分变化时，弱黏结性煤和对加热速度特别敏感的煤料，其 M_{10} 值变化比较突出，而优质焦煤的 M_{10} 值的变化却不太明显。

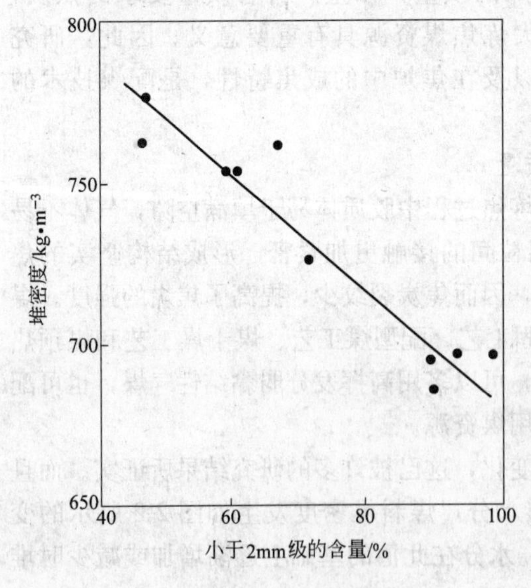

图 2-3　煤的粒度组成与堆密度

（二）煤料粒度组成对堆密度的影响

在实际的炼焦配煤中，煤的颗粒组成与煤料堆密度之间的关系是很复杂的。备煤工艺不同，或粉碎机的负荷改变，以及配煤煤种的变化都会改变煤料的粒度组成。许多研究工作已经证明，煤料的粒度组成与堆密度关系密切，如图 2-3 所示，而且往往是煤料的粒度和水分都对堆密度产生影响，如图 2-4 所示。由此可见，煤的粒度愈大，堆密度愈大粒度愈小堆密度愈小。在炼焦配煤规定的水分范围内煤粉碎得愈细堆密度则愈小。其主要原因是煤的颗粒小时，单位容积内煤的总粒数多，总的比表面积大，因而堆密度变小；而颗粒较大时，单位容积中煤的粒数少，总的比表面积少，所以堆密度变大。但是，干燥煤（水分小于4%）或预热煤的堆密度与筛分组成的关系与湿煤不同。例如，在很大的粒度组成的范围内，同一粒度的煤粒，干燥煤或预热煤比湿煤的堆密度高，而且曲线变化的趋向也有所不同。

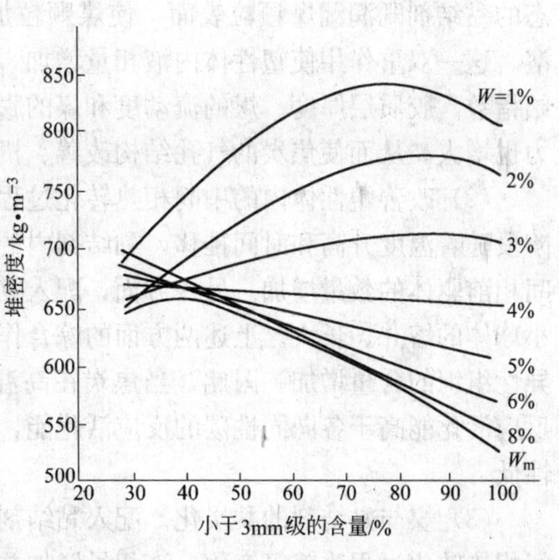

图2-4 堆密度与煤料粒度和水分

适当增加煤料的细度和煤料过细粉碎对焦炭强度的影响是不同的。适当增加煤料细度有利于提高焦炭强度。因为煤料中的惰性组分细碎，在一定程度上消除了由于煤料的不均匀性（惰性组分大颗粒可形成裂纹中心）所引起的不均衡收缩，使煤中惰性组分的比表面积增加，成焦过程中邻层间的黏结力降低，收缩应力减小，煤料的散密度提高，邻层间的温度梯度减小，使收缩梯度降低。这些都导致焦炭裂纹降低，提高了焦炭的强度。煤料过细粉碎，反而降低了焦炭强度。因为煤中活性组分粒度过细，胶质体的流动性降低，黏结性下降，煤料过细使散密度下降，煤粒间接触情况变坏，煤料过细使惰性组分表面积增大，对胶质体液相的吸附量相对增加。而煤料液体量不因细度变化而改变，故使煤料的黏结性降低。这些都导致焦炭强度降低。

（三）配添加物

在装炉煤中配入适量的黏结剂和抗裂剂等非煤添加物，可改善其结焦性。配黏结剂工艺适用于低流动度的弱黏结性煤料，有改善焦炭机械强度和焦炭反应性的效果。配抗裂剂工艺适用于高流动度的高挥发分煤料，可增大焦炭块度、提高焦炭机械强度、改善焦炭气孔结构。这两种工艺也可同时并用，相辅相成。例如在炼制优质铸造焦时，必须配入足够数量的低灰、低硫石油焦等抗裂剂，同时配入数量匹配的黏结剂，才能使铸造焦达到块度大、强度高、灰分低、硫分低、气孔率低和反应性低等全优指标。

常用的配煤黏结剂有煤焦油黏结剂、煤焦油沥青黏结剂、石油沥青黏结剂和煤—石油沥青混合黏结剂等。

1. 作为配煤黏结剂，必须具有的基本性能

（1）碳氢原子比C/H较高，属芳香族化合物，与烟煤大分子结构有相似性，但氢含量要较高。

（2）β组分和γ组分的含量适宜，软化温度低于煤，而再固化温度接近煤。液态时具有良好的互溶性和流动性，并对煤料颗粒有较好的润湿性。

（3）在结焦过程中，黏结剂本身能生成各向异性的焦炭光学组织。

（4）黏结能力强。

2. 配入黏结剂能提高焦炭质量的原因

配入黏结剂，不是由于简单的物理黏结，而是在结焦过程的塑性阶段内，煤和黏结剂之间发生错综复杂的相互作用的结果。一般认为有下列几种作用：

（1）增加塑性体内液相量，提高塑性体的流动性。在结焦过程的塑性阶段里，熔融状

态的黏结剂既润湿煤颗粒表面，使煤颗粒加速软化熔融，又与煤热解生成的液相产物互溶。这一双重作用使塑性体内液相量增加，流动性改善。因此，配入黏结剂的煤料，其黏结指数、胶质层厚度、煤的流动度和煤的膨胀度等各项黏结性指标值都有所改善，膨胀压力也增大。从而使焦炭的气孔结构改善、机械强度提高。

（2）改善塑性体内的中间相热转化过程。黏结剂含有相当数量的β组分，而且在塑性阶段随着温度升高和时间推移，黏结剂内的γ组分逐渐转化成β组分。这就使塑性体内中间相前驱体的数量增加。另一方面，配入黏结剂后，塑性体的流动性改善，有利于中间相小球体的熔并、长大。上述两方面的综合作用，使中间相转化过程改善，最终使焦炭各向异性组织的含量增加。因此，当焦炭在高温下与 CO_2 发生化学反应时，因各向异性碳的反应活化能高于各向同性碳的反应活化能，当其他条件相同时，焦炭的反应速率低、反应性低。

（3）煤与黏结剂的共炭化。配入黏结剂后，塑性体发生液相量增加、流动性提高、中间相热转化过程改善等变化。液相量增加并不是黏结剂和煤双方热解产物的简单加和，而是黏结剂和煤热解产物在共炭化过程中相互作用所引起的质的变化。当配入强活性黏结剂（氢化制品）时，这种相互作用更加明显，可使所得焦炭的各向异性得到发展。这种作用称为煤改质。即在结焦过程的塑性阶段，强活性黏结剂具有供氢作用。它向煤热解产物提供游离氢，这种氢转移使煤热解产物和它进一步热解生成的大分子基团被氢化而稳定下来，减缓了热缩聚生成固相产物的进程。这样，塑性体内的液相不仅数量增加，而且相对分子质量分布均匀化、停留时间延长；塑性体内不仅中间相前驱体数量增加、定向条件改善，而且热转化过程更完善，温度区间加宽。因此，配入强活性黏结剂的煤料所炼出的焦炭，其各向异性组织含量高于煤和黏结剂分别生成焦炭的各向异性组织含量之和。

煤与黏结剂共炭化所得的焦炭，其光学组织随煤的性质和黏结剂种类的不同而不同。依煤种的不同，选用适宜的黏结剂，确定最优化配用量和采用可靠的配匀方法，才能使煤改质，所得焦炭的光学各向异性组织含量增加。

（四）配抗裂剂

常用的配煤抗裂剂有粉状焦炭（焦粉）、粉状半焦（半焦粉）和粉状延迟焦。各种抗裂剂的共性是挥发分比炼焦煤低得多，但不同抗裂剂有不同的特性。

1. 不同抗裂剂有不同的特性

（1）焦粉的挥发分很低（1%～3%），基本上是惰性颗粒；

（2）半焦粉的挥发分较高（约 10%），具有一定的活性；

（3）延迟焦粉是石油或煤焦油沥青的炭化产物，各向异性组织的含量很高。

配有不同抗裂剂的煤料在黏结阶段，它们之间的相互作用和相互结合状况也不相同。应根据煤料的性质及对焦炭质量的要求，选用不同的抗裂剂。

2. 一般原则

（1）煤料的流动度很高，而焦炭质量以提高块度和抗碎强度、降低气孔率为主要目标时，可选用焦粉；

（2）煤料的流动度中等偏高，而且还希望焦炭耐磨强度较高时，应选用半焦粉；

（3）当要求焦炭低灰、低硫、低气孔率、低反应性、大块度和高机械强度时，宜选用延迟焦粉。

（五）配型煤

配型煤工艺是将一部分煤料在入炉前配入黏结剂压成型块，然后与散状煤料配合装炉。配型煤工艺的优点：

（1）型煤煤粒间的间隙小，有助于改善煤料的黏结性。

（2）配型煤可提高煤料的堆密度。

（3）可以多配用弱黏结性或非黏结性的高惰性组分煤。

（六）煤调湿

装炉煤调湿工艺是将装炉煤预先干燥，使水分控制在5%～6%，并保持稳定后再装炉。可以在一定程度上改善焦炭质量，并稳定焦炉操作，降低炼焦耗热量。

三、煤化度对配煤的影响

（一）低煤化度煤的影响

往配煤中加入低煤化度的煤会降低配煤的煤化度。一般认为，加入低煤化度煤使配煤的煤化度下降10%，则焦炭质量的下降值为20%。也就是说，配入低煤化度煤的配煤即使具有同样的煤化度，所得焦炭的质量要比不含低煤化度煤的焦炭差很多。但有试验表明，即使往配煤中加入煤化度0.74%的煤，在配煤的煤化度保持和结焦条件一样的情况下，即便其配入量达25%时，焦炭质量也不会受到影响。这与实际配煤炼焦情况有关。

（二）高煤化度煤的影响

配入大量高煤化度煤的配煤炼制的焦炭，经ASTM硬度和稳定试验，其耐磨性很差。高煤化度和充分石墨化的煤会降低焦炭的耐磨性。这是由于高煤化度煤炼制的焦炭内部存在区域结构所致，这种区域结构在压力作用下，沿石墨区断裂而产生粉尘，这是高煤化度煤的普遍现象。

（三）煤化度分布的影响

一般认为，焦炭生产中应避免使用具有宽范围煤化度的配煤，据推测，配煤中的各种煤将单独软化和再固化，从而产生弱黏结，使焦炭容易碎裂。宽范围煤化度的配煤，其特征是镜质体反射率分布呈间隙形。焦炭质量对镜质体反射率的分布形状不太敏感。用相同煤化度和流动度的配煤炼制的焦炭具有相同的综合质量，但在某些性质方面差别较大。当配煤中配入高煤化度煤时，焦炭的耐磨性显著下降，这可能是这种焦炭具有较大的区域值，在持续磨损过程中产生断裂所致。但是这种形式的磨损不会影响焦炭的强度和反应性。配煤的煤化度、煤化度分布或流动度等其他因素也影响焦炭的某些性质。

四、煤质评价的方法

由于煤炭本身是非常复杂的，除了煤化度、煤岩组成、还原程度等对煤质影响显著外，地质、生成条件、矿物质的数量与性质、硫、磷以及稀有元素的赋存等对煤质及其加工利用也有很大关系。因此，煤质的检验方法很多，如各种化学方法，各种物理和物理化学方法，煤岩方法和各种工艺性质方法等。要全面深入地评价煤质，需要进行大量的分析化验工作，掌握煤质各方面的数据，结合地质情况及煤质变化规律，并要了解各种工业利用部门对煤质的不同要求，最终才能做出正确的煤质评价。但是，要全面检测煤样需要花费很大的人力与物力，在实际上和经济上也是难以做到的。所以评价煤质的方法有一个从实际出发，因地制宜、因煤制宜的问题，存在相对来说投入较少而收效较好的评价系统，这也是一个值得研究的系统工程的问题。

第二节 备煤工艺

一、工艺分类

炼焦煤的工艺必须适应炼焦煤的粉碎特性，使粒度达到或接近最佳粒度分布，由于煤的最佳粒度分布因煤种、岩相组成而异，因此不同煤和配合煤应采用不同的粉碎工艺。

（一）先配合后粉碎工艺

先将各单种煤按一定配比配合后，再进行粉碎的一种备煤工艺，如图 2-5 所示。

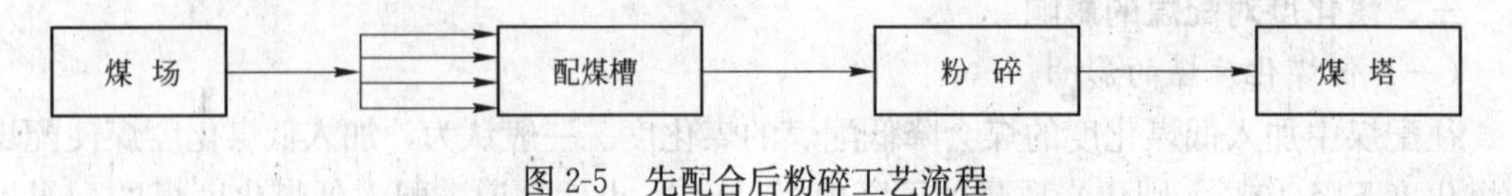

图 2-5 先配合后粉碎工艺流程

1. 优点

(1) 工艺流程简单、设备较少，粉碎过程也是混合过程，粉碎后不需要设置混合设备。

(2) 布置紧凑，操作方便，没有粉碎过的煤较易下料，故配煤盘操作容易。

(3) 这种工艺，确定适宜的粉碎细度，可在一定范围内改善粒度分布，提高焦炭质量。

2. 缺点

(1) 配煤准确度差，因煤料块度大，下料不均匀。

(2) 不能根据不同的煤种进行不同的粉碎细度处理。仅适用于煤料黏结性较好，煤质较均匀的情况，当煤质差异大、岩相不均匀时不宜采用。

（二）先粉碎后配合工艺

先将各单种煤根据其不同特性分别粉碎到不同的细度，再进行配合和混合的工艺，如图 2-6 所示。

图 2-6 先粉碎后配合工艺流程

这种流程可以按煤种特性分别控制合适的细度，有助于提高焦炭质量或多用弱黏结性煤。但工艺复杂需多台粉碎机配煤后还需设混合装置故投资大操作复杂。部分硬质煤预粉碎流程如图 2-7 所示。

当炼焦用煤只有 1～2 种硬度较大的煤时可先将这种硬质煤预粉碎，然后再按比例与其他煤配合、粉碎。配合煤中当气煤配量较多时，由于气煤较肥、焦煤要求更高的细度，故常将这种流程用作气煤预粉碎，称气煤预粉碎工艺。部分煤预粉碎机的布置有两种型式，一种布置在配煤槽前，另一种布置在配煤槽后。前一种布置的预粉碎机能力要与配煤前输煤系统能力相适应，因此预粉碎机庞大，设备投资较多；后一种布置的预粉碎机能力

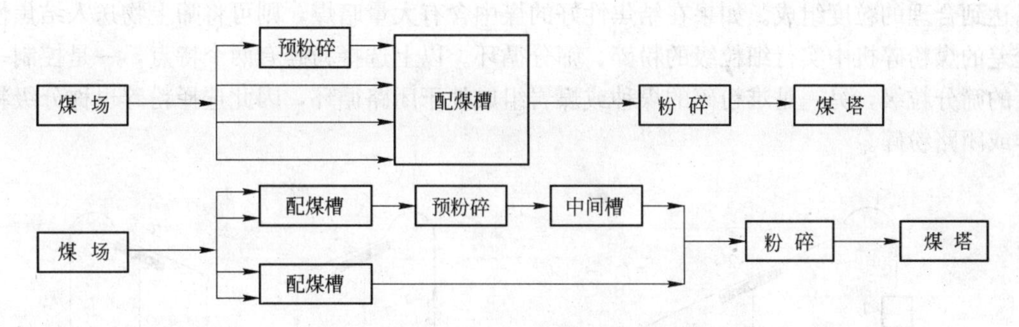

图 2-7 部分硬质煤预粉碎工艺流程图

可适当减小，从而设备轻、投资较省。

1. 分组粉碎工艺

将组成配合煤的各单种煤，按不同性质和要求，分成几组进行配合，再分组分别粉碎到不同细度最后混匀的工艺，如图 2-8 所示。

这种流程可按炼焦煤的不同性质分别进行合理粉碎，比先粉后配流程简化了工艺，减少了粉碎设备；但与先配后粉流程和部分煤预粉碎流程相比，配煤槽和粉碎机多，工艺复杂，投资大。一般适合于生产规模较大，煤种数多而且煤质有明显差别的焦化厂。

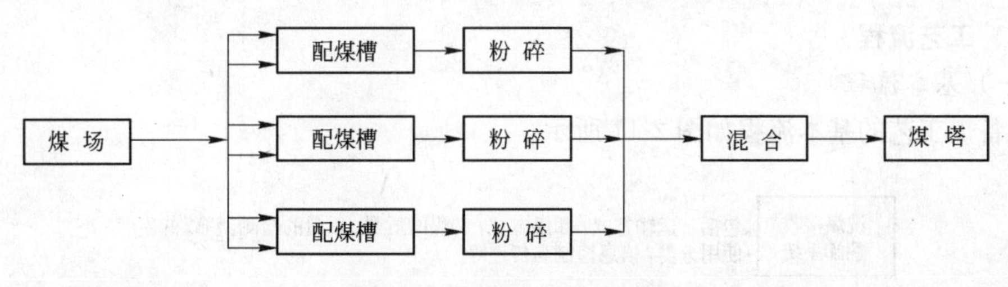

图 2-8 分组粉碎工艺流程图

2. 选择性粉碎工艺

根据各煤种和岩相组成在硬度上的差异，按不同粉碎粒度要求，将粉碎和筛分结合在一起的工艺。

根据炼焦煤料中煤种和岩相组成在硬度上的差异，按不同粉碎粒度要求，将粉碎和筛分结合，达到煤料均匀，既消除大颗粒又防止过细粉碎，并使惰性组分达到要求细度。按此原则组织的流程称选择粉碎流程。

根据煤质不同选择粉碎有多种流程，对于结焦性能较好，但岩相组成不均一的煤料，可采用先筛出细颗粒的单路循环粉碎流程，如图 2-9 所示。煤料在倒运和装卸过程中，易粉碎的黏结组分和软丝炭大多粒度较小，为避免过细粉碎，先过筛将它们筛出后，留在筛上粒度较大不易粉碎的惰性组分和煤块，由筛上进入粉碎机粉碎，然后与原料煤在混合转筒中混合，再筛出细粒级，筛上物再循环粉碎。如此可将各种煤和岩相组分粉碎至大致相同的粒度，并避免不必要的过细粉碎，从而改善结焦过程。当煤料中有结焦性差异较大的煤种时，上述单路循环按一个粒级筛分控制粒度组成就不能满足按不同结焦性控制粒度的要求，因此就应采用多路循环选择粉碎流程。图 2-10 所示为一种两路平行选择粉碎流程，适用于两类结焦性差别较大的煤，可按结焦性能、硬度及粒度要求，分别控制筛分粒级，以达到合理的粒度组成。如果在结焦性好的煤中含有大量暗煤，则可将筛上物送入结焦性较差的煤粉碎机中实行细粒级的粉碎、筛分循环。以上选择粉碎有两个特点，一是控制一定的筛分粒级，另一是难粉碎的煤种或煤岩组成处于闭路循环，因此选择粉碎也称分级粉碎或闭路粉碎。

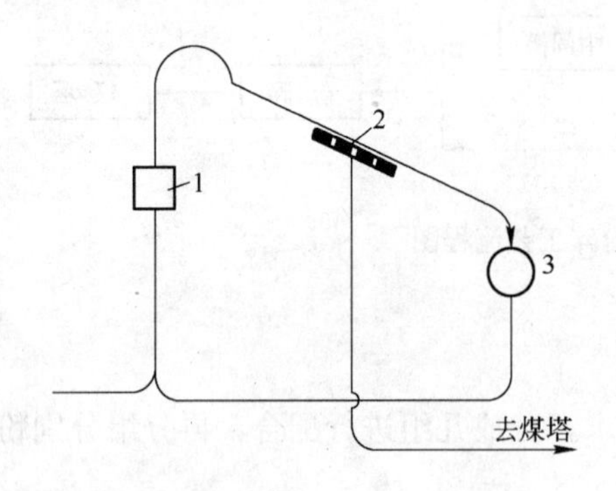

图 2-9 单路循环选择粉碎流程图
1—混合转筒；2—筛；3—粉碎机

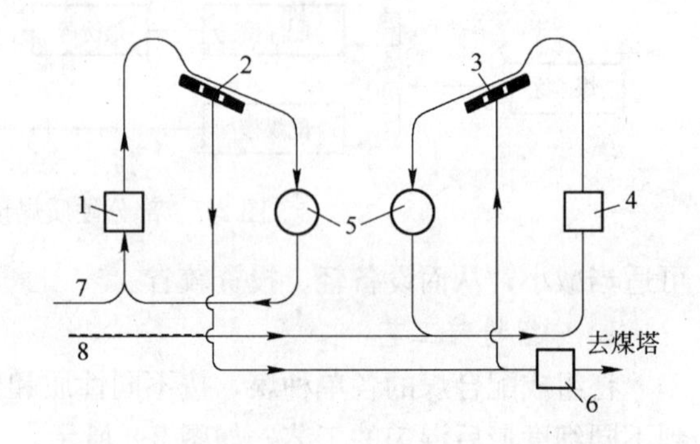

图 2-10 两路平行选择粉碎流程图
1，4—混合转筒；2，3—筛；5—粉碎机；6—混合机；7—结焦性好的煤；8—结焦性差的煤

二、工艺流程

（一）基本流程

配备煤工艺的基本流程如图 2-11 所示。

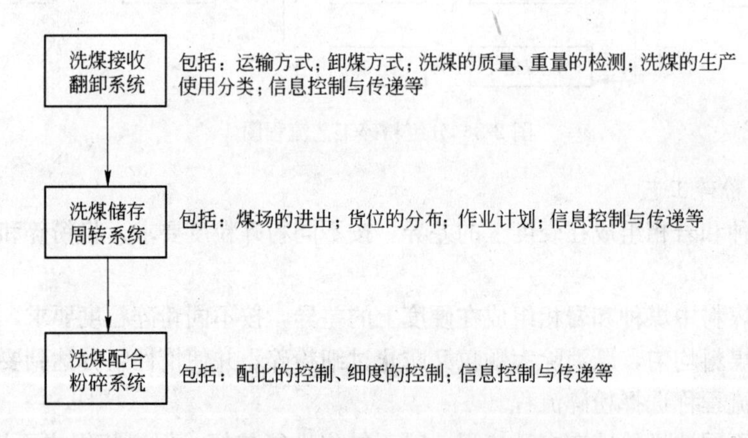

图 2-11 配备煤工艺的基本流程图

（二）流程介绍

1. 洗煤接收翻卸系统

(1) 矿山来煤：

工艺信息：发货单位、发货站、品种、质量、数量、时间、到达计划、实际到达等。

设备信息：车号、皮重等。

控制信息：时间、物种代码、作业控制等。

运输方式：一般为铁路运输、水路运输和公路运输 3 种方式。

洗煤接收翻卸系统流程图见图 2-12。

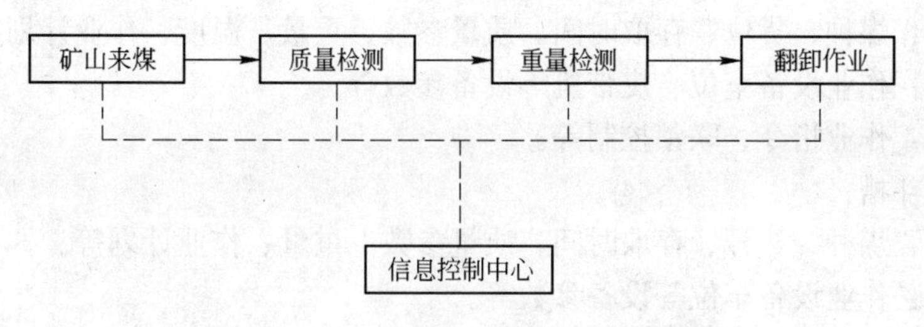

图 2-12 洗煤接收翻卸系统流程图

(2) 质量检测：

工艺信息：批号、水分、灰分、挥发分、硫分、G 值、y 值、煤岩分析等。一般对水分、灰分、挥发分指标每批次都作检测，对硫分、G 值、y 值作抽查，用煤岩分析做调查，并建立煤质数据库。

设备信息：车号等。

控制信息：时间、物种代码、作业控制等。

质量评定和结算依据。质量指标未达购货合同要求，可依合同进行调价或索赔，或质量未达使用要求，可采取其他措施，避免造成生产质量波动或质量事故。

(3) 重量检测：

工艺信息：毛重、皮重、净重等。

设备信息：车号等。

控制信息：时间、物种代码、作业控制等。

检测方式：一般为翻卸前检测和翻卸中检测。

(4) 翻卸作业：

工艺信息：煤种、流向等。

设备信息：车号等。

控制信息：时间、物种代码、作业控制等。

2. 洗煤周转储存系统

洗煤周转储存系统流程如图 2-13 所示。

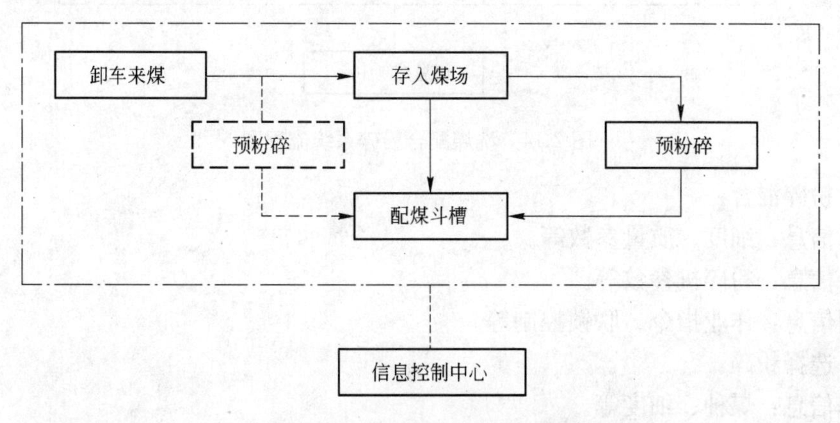

图 2-13 洗煤周转储存系统流程图

(1) 存入煤场：

工艺信息：煤种、货位、存取时间、质量参数、重量、温度、作业计划等。
设备信息：作业设备车位、皮带机等设备参数等。
控制信息：作业指令、联锁控制等。
（2）配煤斗槽：
工艺信息：煤种、斗号、存取时间、质量参数、重量、作业计划等。
设备信息：作业设备车位等设备参数等。
控制信息：作业指令、联锁控制等。
（3）预粉碎：
工艺信息：煤种、细度等。
设备信息：作业设备参数等。
控制信息：作业指令、联锁控制等。
（4）煤场的几种形式：
1）露天煤场；
2）露天煤场＋大棚；
3）大型储煤槽。
3. 洗煤配合粉碎系统
（1）配煤系统：
工艺信息：煤种、配比、质量参数、重量等。
设备信息：作业设备参数等。
控制信息：配煤调节控制等。
洗煤配合粉碎系统如图 2-14 所示。

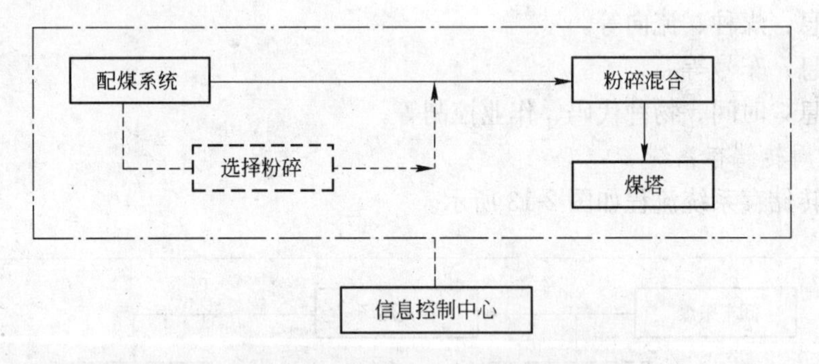

图 2-14　洗煤配合粉碎系统流程图

（2）粉碎混合：
工艺信息：细度、质量参数等。
设备信息：粉碎机参数等。
控制信息：作业指令、联锁控制等。
（3）选择粉碎：
工艺信息：煤种、细度等。
设备信息：粉碎机参数等。
控制信息：作业指令、联锁控制等。

（4）煤塔：

工艺信息：存煤情况等。

设备信息：设备参数等。

控制信息：作业指令、联锁控制等。

（三）流程的本质

备煤的工艺流程其本质就是一种物流。其包括以下几方面的管理：

1. 物流数量的管理

（1）洗煤的总收入（包括添加物量）。

（2）配合煤总量。

（3）各单种煤的收入与配出量。

（4）储煤场总存量及各单种煤存量。

（5）损耗量。

2. 物流的质量管理

（1）各单种煤的质量。

（2）储煤场（包括配煤斗槽）煤堆的质量。

（3）配合煤的质量。

3. 物流的时间管理

（1）煤的储存周期。

（2）煤的使用周期。

（3）煤的供应周期。

4. 物流的控制管理

（1）物流的运输设备的控制。

（2）物流的作业设备的控制。

（3）物流的控制软、硬系统。

（4）物流的控制记录。

三、备煤工艺的控制本质

备煤工艺随着工艺装备及控制、管理的水平的提高，其控制要求也越来越清晰。在较全面的掌握使用煤资源的特性，结合使用需要达到的要求，制定出科学、高效、可行的使用方案，充分利用各种控制手段，使工序的每一个环节都得到严格的控制和执行，确保使用方案的严格执行，达到稳产、优产、性价比高等的目的。

第三节　洗煤取样及计量新技术

一、洗煤自动取样

以自动机械或核辐射检测装置取样化验。对目前生产形势而言，自动取样化验已逐步取代人工取样化验，其优势为：解决了取样化验量增加带来的人员紧张的问题。消除了取样化验过程中人为因素对检测结果的影响。解决了取样化验结果滞后不能及时指导实际生产的问题。

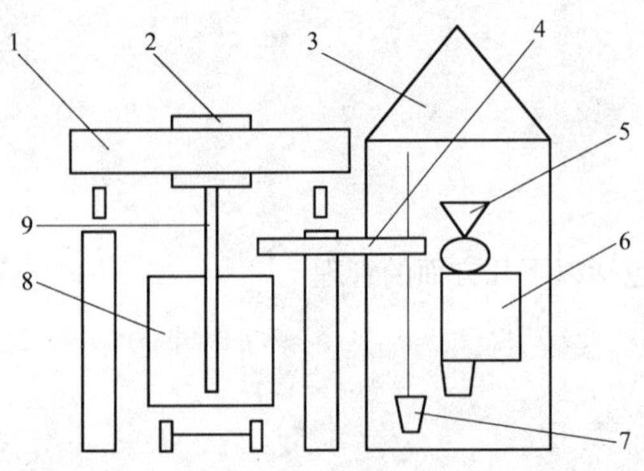

图 2-15　铁路车皮自动取样检测装置图

1—天车；2—移动小车；3—化验工作室；4—输送装置；5—缩分破碎装置；6—化验装置；7—提升装置；8—车皮；9—取样杆

1. 铁路车皮自动取样检测装置

铁路车皮自动取样检测装置：如图 2-15 所示。此装置通过天车、移动小车和取样杆，在车皮内按要求自动进行全断面取样，取样过程在 3min 以内完成，煤样送入自动缩分破碎装置，通过自动化验装置后的残煤通过提升、输送装置返回车皮内。此装置主要化验水分、灰分和挥发分等。

2. 皮带机上自动取样装置

按照设定的时间间隔，采样头旋转一周，从运动的皮带输送机上取得了一个完整的横截面的样品。样品直接通过斜槽落入初级皮带给料机，将物料送入破碎机，破碎机将物料破碎到所要求的粒度，且不损失物料，并将水分损失保持在预定并可重复的范围内，再由缩分器缩分样品。可以选择不同的采样机以满足每一种采样的要求。最后样品被收集到防水、防尘的容器中。采样系统中的余料返回到主物料流中。根据需要可以选择几种方式：自由落下，螺旋输送机，圆管带式输送机或斗式提升机，如图 2-16 所示。

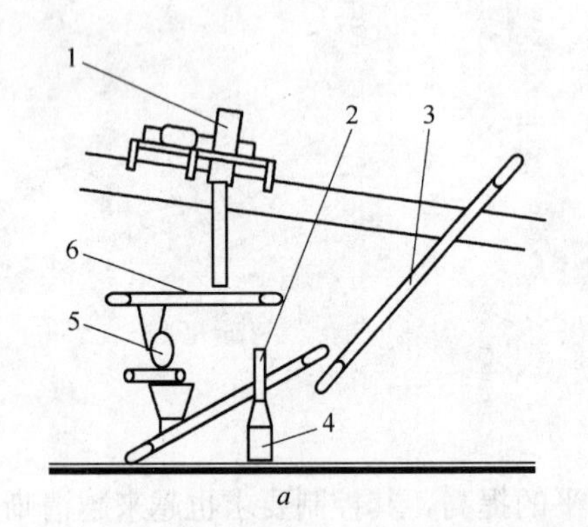

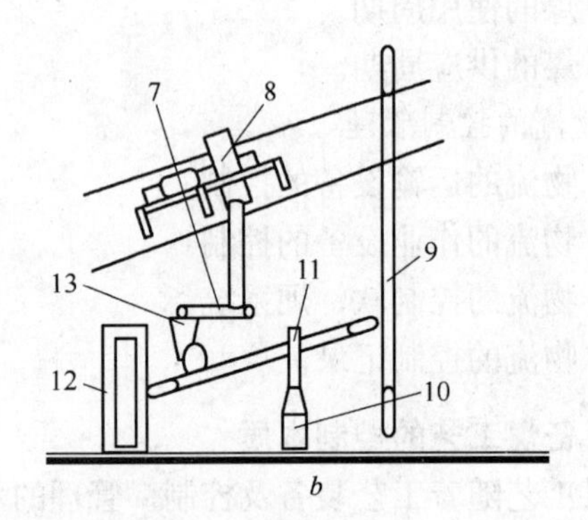

图 2-16　皮带机自动取样装置图

a—圆管带式输送机；*b*—斗式输送机

1，8—初级采样机；2，11—二级采样机；3，9—返回系统；4，10—样品收集器；5，13—样品破碎机；6，7—初级皮带给料机；12—控制面板

3. 配煤圆盘取样

以武钢焦化公司专利技术为例，简单介绍如下，此装置是专门针对配煤圆盘取样，以取代人工取样。通过定时装置设定，按工艺需要，每隔一定时间，机械取样臂动作，将圆盘下料部分取出。有电动和气动之分。此装置受 PLC 联锁控制，如图 2-17 所示。

二、洗煤计量

对于重量计量而言，目前技术、装备已满足要求。轨道衡、地磅等种类较多，只是在操作、数据记录等方面有所不同。

（1）在翻卸前进行计量检测。

（2）在翻卸的同时进行计量检测。

翻车衡是一种安装在翻车机下面的特种衡器，是与翻车机配套使用的一种称量装置。翻车机即是轨道衡的称量平台。翻车衡配合翻车机控制系统，共同完成称量工作。不进行计量时翻车机仍可进行翻车工作。

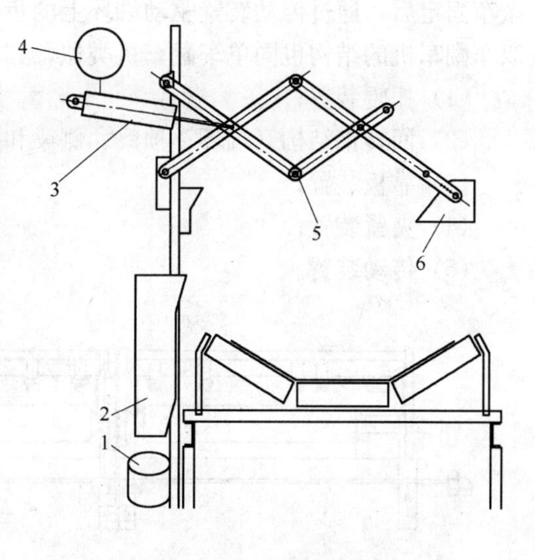

图 2-17　配煤圆盘取样图

（专利号：ZL2004201112152）

1—样桶；2—导料槽；3—动力装置；4—控制装置；5—连杆；6—棒勺

（3）翻车衡的特点：

1）精度高、称量速度快、安装方便、无占地面积节约基建费用和人力资源；

2）自动称量、数据处理、显示、打印报表；

3）根据用户需要增设系统有关参数的检测功能；

4）配制全密封防潮高精度传感器，适应各种使用环境；

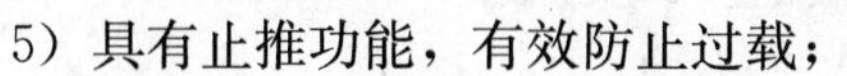

5）具有止推功能，有效防止过载；

6）万向浮动底座，抑制动态连续称量的水平窜动量；

7）与翻车机控制系统之间具有往来应答信号，可以实现自动称量。

（4）翻车衡的规格，见表 2-1。

表 2-1　翻车衡规格表

最大称重范围	18～100t	翻车机自重	100t
传感器最大额定负载	单只 60t	传感器超载能力	1.2 倍
系统称量精度	优于 0.5 级	传感器静校精度	优于 0.05%FS
供桥电压	5DVC	计量时间	有效采样时间 3～5s
计量打印项目	日报、月报、分矿、分煤种、分班次累计报表		
显示形式	称重显示仪及 CRT 屏幕两种形式		
环境温度	称量设备－25～50℃ 显示及控制仪表 5～40℃		

称量数据可传输到企业 MIS 系统，实现自动化管理。

精度等级：0.2 级、0.5 级，符合 JJG709—1990《非机动牵引动态称量轨道衡检定规程》（含翻车机轨道衡）的允差要求。

第四节　备煤新设备介绍

一、双车翻车机

双车翻车机是串联式三支点（也有两支点、四支点）结构，即由两台单车翻车机串联而成。双车翻车机与单车翻车机工作原理基本一致，将拨车机牵引至翻车机内定位的两节敞车固定后，通过传动装置驱动端环上的齿圈带动整个转子翻转，达到卸车目的。因此，双车翻车机的结构也同单车翻车机类似，其结构如图 2-18 所示，由以下几个部分组成：

（1）托辊装置；

（2）回转钢结构（端环、顶梁、侧梁和平台）；

（3）靠板装置；

（4）夹紧装置；

（5）传动装置。

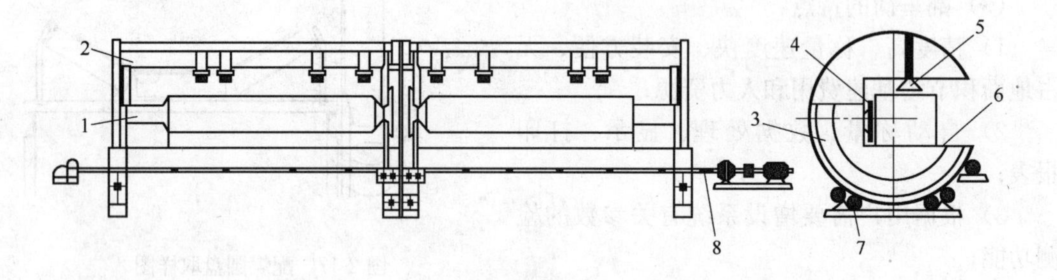

图 2-18 双车翻车机结构图

1—侧梁；2—顶梁；3—端环；4—靠板装置；5—夹紧装置；
6—平台；7—托辊装置；8—传动装置

技术参数：

每次翻卸车辆数：2 辆/次

每小时翻卸车辆数：2×27 节/h

适用的翻卸车辆参数：长 11938～14100 mm

宽 3140～3270mm

高 2790～3446mm

额定翻卸量：2×85t

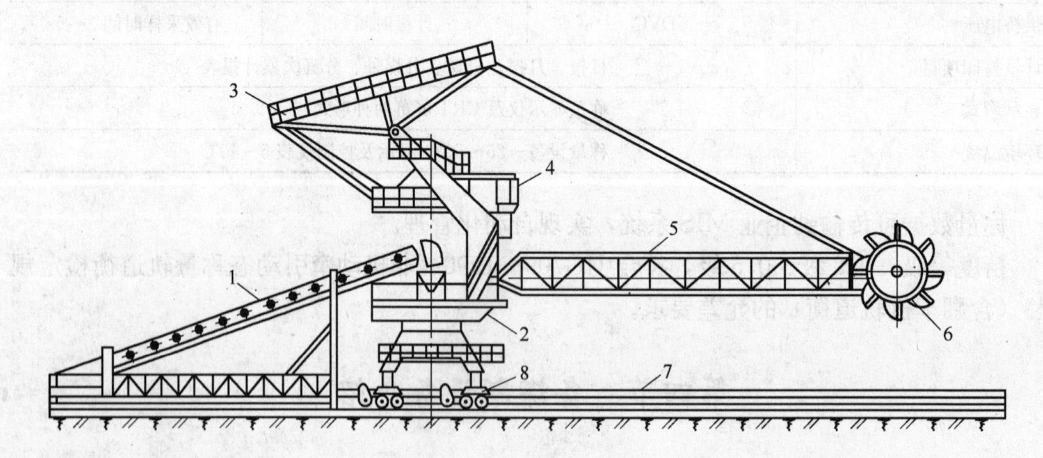

图 2-19 斗轮堆取料机

1—进料胶带机；2—回转机构；3—配重；4—操作室；5—悬臂胶带机；6—斗轮；
7—出料胶带机；8—走行机构

最大翻卸量：2×100t

额定翻卸角度：165°

最大翻卸角度：175°

二、斗轮堆取料机

斗轮式堆取料机是一种煤场常用、成熟的作业机械，结构如图 2-19 所示。

斗轮式堆取料机的生产能力可按下式计算：

$$Q=\frac{60}{1000}qhx\ \frac{K_{\mathrm{f}}}{K_{\mathrm{p}}} \tag{2-1}$$

式中 q——斗轮容积，dm^3；

h——斗轮转速，r/min；

x——斗轮个数，个；

K_{f}——斗轮充满系数，%；

K_{p}——物料的松散系数，%。

三、GD 型管状皮带输送机

（一）概述

GD 型系列管状带式输送机（简称管带机）系列产品适用于各种复杂地形条件下输送密度为 0～250kg/m 的各种散状物料，采用普通管状胶带工作环境温度使用范围－25～40℃；对具有耐热、耐寒、防水、防腐、防爆、阻燃等条件要求者，工作环境温度使用范围－35～200℃。

该机是由呈六边形布置的辊子强制胶带裹成边缘互相搭接成圆管状来输送物料的一种新型带式输送机。具有密封环保性好、输送线可沿空间曲线灵活布置、输送倾角大，复杂地形条件下单机运输距离长等特点，同时与普通带式输送机比较还具有建设成本低、安装维护方便、使用可靠等优点。

（二）基本结构

1. 管带机结构

管带机的头部、尾部、受料点、卸料点、拉紧装置等位置在结构上与普通带式输送机

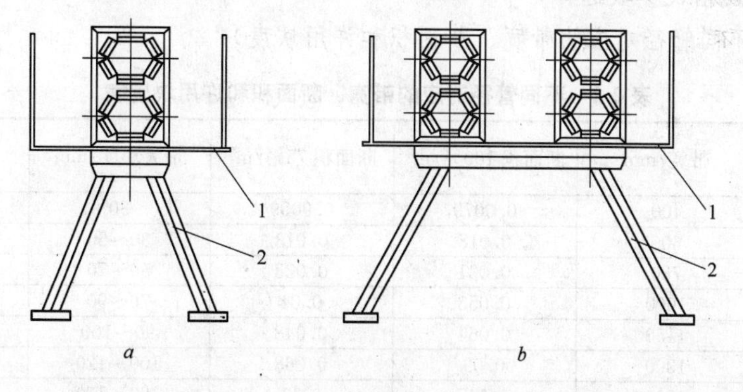

图 2-20　GD 型系列管状带式输送机结构图

a—单皮带布置方式；*b*—双皮带布置方式

1—走道；2—支柱

基本相同。输送带在尾部过渡段受料后，逐渐将其卷成圆管状进行物料密闭输送，到头部过渡段再逐渐展开直至卸料。如图 2-20、图 2-21 所示。

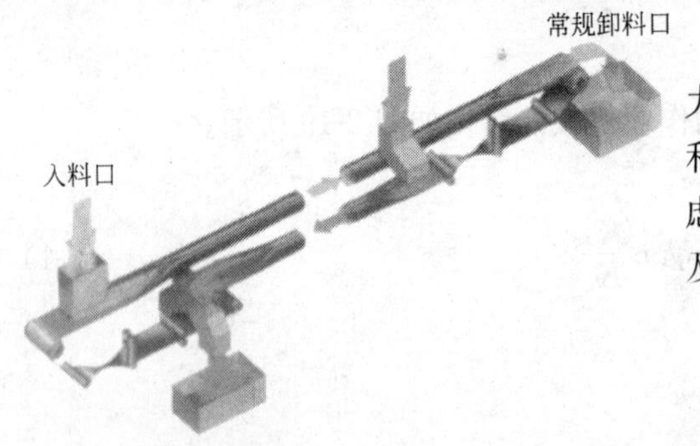

图 2-21 GD型系列管状带式输送机样图

2. 输送带

设备采用管带式专用输送带。根据不同张力等条件的要求，输送带可采用尼龙织物芯层和钢绳芯带等形式，输送带规格的选择，要考虑输送带的最大张力值、输送距离、使用条件及安全系数。

（三）性能特点

（1）可广泛应用于各种物料的连续输送；

（2）输送物料被包围在圆状胶带内输送，因此，物料不会散落及飞扬；反之，物料也不会因刮风、下雨而受外部环境的影响。这样既避免了因物料的撒落而污染环境，也避免了外部环境对物料的污染；

（3）胶带被 6 只托辊强制卷成圆管状，无输送带跑偏的情况，管带机可实现立体螺旋状弯曲布置，一条管状带式输送机取代一个由多条普通胶带机组成的输送系统。可节省土建（转运站）、设备投资（减少驱动装置数量），并减少了故障点及设备维护和运行费用；

（4）管状带式输送机自带走廊和防止了雨水对物料的影响，因此，选用管状带式输送机后，可不再建栈桥，节省了栈桥费用；

（5）输送带形成圆管状而增大了物料与胶带间的摩擦系数，故管状带式输送机的输送倾角可达 30°，可减少了胶带机的输送长度，节省了空间位置和降低了设备成本，可实现大倾角（提升）输送；

（6）管带机的上、下分支包裹形成圆管形，故可用下分支反向输送与上分支不同的物料（但要设置特殊的加料装置）；

（7）由于输送带形成管状，桁架宽度较相同输送量的普通带式输送机栈桥窄，减少占地和费用。

（四）产品规格及参数选择

1. 管径（不同管径对应的带宽、断面积和许用块度）

表 2-2 不同管径对应的带宽、断面积和许用块度表

管径/mm	带宽/mm	断面积 100%/m²	断面积 75%/m²	最大块度/mm	普通输送机对应宽度/mm
100	400	0.0079	0.0059	30	—
150	600	0.018	0.013	30～50	300～400
200	780	0.031	0.023	50～70	500～600
250	1000	0.053	0.04	70～90	600～750
300	1150	0.064	0.048	90～100	750～900
350	1300	0.09	0.068	100～120	900～1050
400	1530	0.147	0.11	120～150	1050～1200
500	1900	0.21	0.157	150～200	1200～1500
600	2250	0.291	0.218	200～250	1500～1800
700	2650	0.2789	0.2842	250～300	1800～2000
850	3150	0.5442	0.4081	300～400	2000～2400

2. 转弯半径及过渡段长度

转弯半径及过渡段长度如图 2-22 所示。

(1) 转弯半径 R

1) 尼龙帆布输送带；

小平转弯半径 $R\geqslant$管径×300mm

垂直转弯半径 $R\geqslant$管径×300mm

2) 钢绳芯输送带；

小平转弯半径 $R\geqslant$管径×600mm

垂直转弯半径 $R\geqslant$管径×600mm

(2) 过渡段长度 L_g

1) 尼龙帆布输送带：$L_g\geqslant$管径×25mm

2) 钢绳芯输送带：$L_g\geqslant$管径×50mm

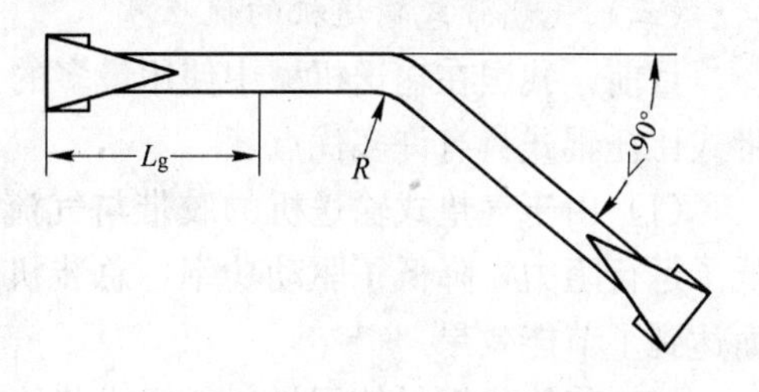

图 2-22 转弯半径及过渡段长度示意图

四、气垫皮带输送机

(一) 基本原理

气垫输送机将通用带式输送机承载皮带的支撑托辊改由气室代替。其原理是：由鼓风机给密封的气室供风，空气沿气室纵向流动，不断地迅速充满整个气室，具有一定气压的气室，通过气槽的小孔喷射出气体，形成具有一定压力、一定厚度的气膜（即气垫），将承载皮带托起而代替托辊，然后由驱动装置拖动运行，空载胶带也可作成气垫式支撑结构。

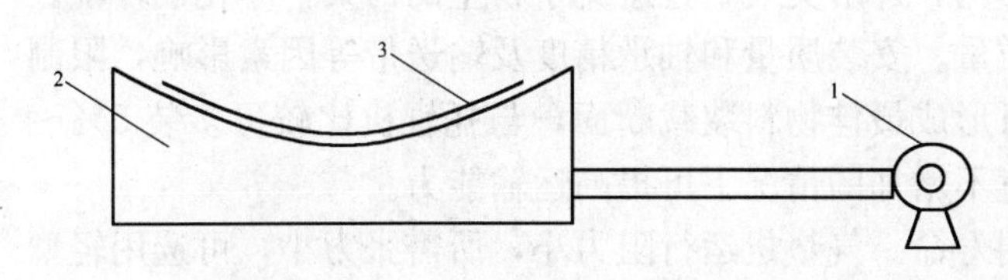

图 2-23 气垫输送机结构简图

1—风机；2—气室；3—皮带

(二) 气垫输送机构造

气垫输送机的制造类同于托辊输送机，如图 2-23 所示，该机型与托辊输送机有较多通用件，如电机、减速器、胶带、滚筒、托辊、支架等，其不同的是，该机的重要组成部分是气室，它采用冷轧板材或不锈钢板压制组装而成。由于采用专用的工装，一次成型，制造精度较高，气箱长度一般作成 3m 长的标准段，便于运输安装，可根据用户要求选用，并组装成不同长度的气垫输送机。其主要构件如下：

(1) 头尾部过渡段：在承载段气室与滚筒之间，需用多组槽形托辊予以过渡连接的运转段，其结构如图 2-24 所示。

(2) 风机：在气垫输送机中，由风机向气室供风，在输送带与气室盘槽之间产生气膜，以支撑输送带及物料。

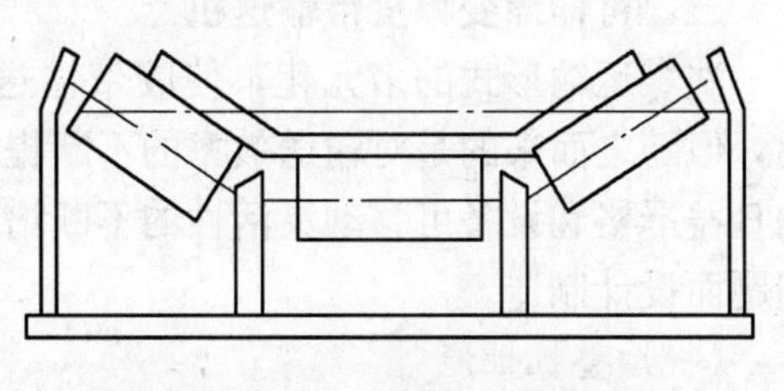

图 2-24 托辊架结构示意图

(3) 气室：气室是用来产生气膜、支撑输送带及物料的关键性部件，它的制造精度是影响整机功率和输送带寿命的主要因素。

(4) 支架连接板：是用于支撑和连接输送机室的钢结构件。

（5）密封垫：用于气室之间的密封，防止漏气。

（6）输送带、驱动装置、改向滚筒、传动滚筒、托辊、拉紧装置、清扫器、卸料装置、制动及逆止装置、头部漏斗、头尾部护罩、导料槽等同托辊输送机。

（三）气垫带式输送机的优点

目前，我国在输送机械中使用最多的是托辊式，气垫胶带式应用较少，然而，气垫胶带式比托辊式具有许多优点：

（1）由于气垫式输送机的胶带与气流之间是流体摩擦，摩擦系数仅为0.01，大大降低了运行阻力，降低了驱动功率，总装机容量低于托辊式输送机约10%～30%以上，从而达到了节能效果。

（2）气垫式钢材使用量比托辊式节约20%，其厚度比托辊式减少2～3层，气垫式输送机的整机制造成本比托辊输送机约低10%～20%。

（3）由于气垫式只采用少量的回程托辊，并且胶带不易被磨损或撕裂，气垫机的特殊结构省去了大量槽型托辊及支架，优良的运转性能导致维修量降低，与托辊机比较，可降低备件及维修费50%左右。

（4）由于空气是从气室内部通过气孔逸出，形成向两边均匀扩散的空气膜，气垫支承胶带运行，符合流体力学的浮心原理，胶带的重心总趋向于盘槽正中的最低位置，能自动复位，不需加预防跑偏装置。因而皮带能自动对中，不易跑偏，克服了撒料问题。

（5）胶带运行平稳，安全可靠。因气垫连续稳定地支承胶带运行，且启动阻力小，重载易启动。

（6）由于整套系统采用封闭式结构，外形美观，且避免了粉尘的污染，净化了环境。

（7）由于托辊式输送机受加工质量、安装质量和轴承精度及输送带等因素影响，限制了输送带的运行速度，气垫输送机可形成最佳物料装载断面，与托辊机比较可多装5%～15%物料，适用于高速运行，在带宽不增加的情况下可提高运输能力。

（8）可选用轻型胶带并延长使用寿命。气垫机运行阻力小，所需张力小，可选用轻型胶带。运行平稳、不跑偏、胶带磨损小，撕裂现象很少发生，胶带的使用寿命延长一倍以上。

（9）可用于大倾角布置。气垫机有连续的气体支承，物料运行平稳，其倾角小于物料与输送带静摩擦角5°左右即可。气垫机实际布置的倾角可由托辊机的18°提高到23°左右也能安全运行。

五、可伸缩变幅皮带输送机

洗煤运输形式的多元化，使胶带输送机在码头、货场、车站发挥着越来越重要的作用，但随之而来的是对输送效率的不断提高，对货场堆料、码头装卸作业自动布料准确性的日益严格和设备可移动灵活性的不断增强。可伸缩变幅式胶带输送机正是基于解决这些问题而设计制造。

（一）整机性能

它由于特有的伸缩、变幅和横向行走等装置而缩小了设备体积，增强了设备灵活性，大大提高了设备布料准确性和工作效率，降低了生产成本。

（1）设备前端采用可伸缩机架，它不仅可以根据用户要求调整下料点位置，而且可以实现输送过程中伸缩变化达到自动布料目的。

（2）机架上增设变幅机构，输送中通过变幅可调整物料落料点高度，减少物料扬尘，提高装卸效率。

（3）机架底部采用可行走机构，大大增强了设备移动灵活性。

（4）设备输送、伸缩、变幅、行走既可单一操作又可同步进行。

（5）机架系采用了整体钢板直接折弯，两侧腹板间采用螺栓连接，可避免焊接变形，提高安装精度，保证设备输送、伸缩、变幅、行走同步进行时传动平稳且皮带不跑偏、布料准确。

（6）螺栓连接形式为设备安装、维修、转移、运输提供了极大方便。

（二）结构及伸缩变幅方式

如图 2-25 所示，变幅机架是可伸缩变幅式输送机的主体结构，它在变幅驱动装置的作用下绕铰链匀速转动实现整机变幅。伸缩机架是靠伸缩驱动装置驱动齿条使伸缩机架的两侧导轨沿导向轮实现伸缩运动。在伸缩运动过程中输送带靠输送带补偿装置保持恒定张力。行走轮能带动整机灵活地横向运动，扎轨装置主要用于固定作用。

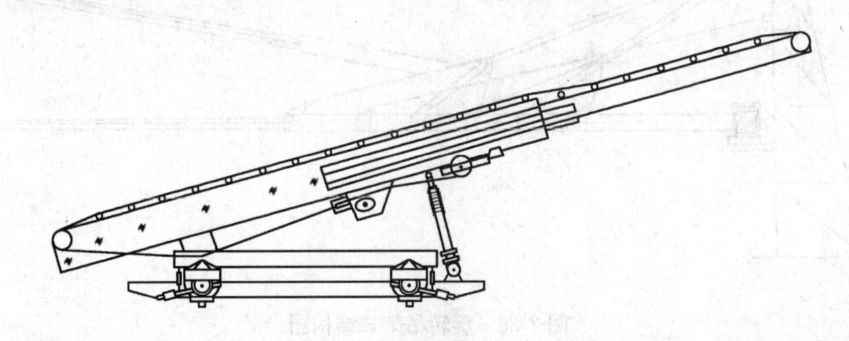

图 2-25　可伸缩变幅式输送机主体结构

（三）结构类型

1. 推杆式结构

推杆式可伸缩变幅输送机结构紧凑，一般机长为 20m 以内，可实现最大伸缩长度为 7m，变幅范围 0°～30°。该机伸缩、变幅、行走都比较灵活，如图 2-26 所示。

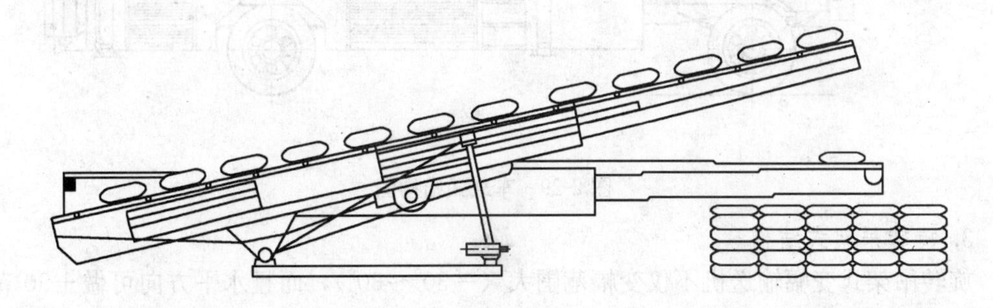

图 2-26　推杆式结构

2. 龙门吊架式结构

龙门吊架式变幅输送机为较大机种，设备总长大于 20m，变幅范围 0°～20°，. 适用于码头、煤场和大船等装卸作业。龙门吊架式结构、旋转吊架式结构、车载式结构分别见图

2-27、图 2-28、图 2-29。

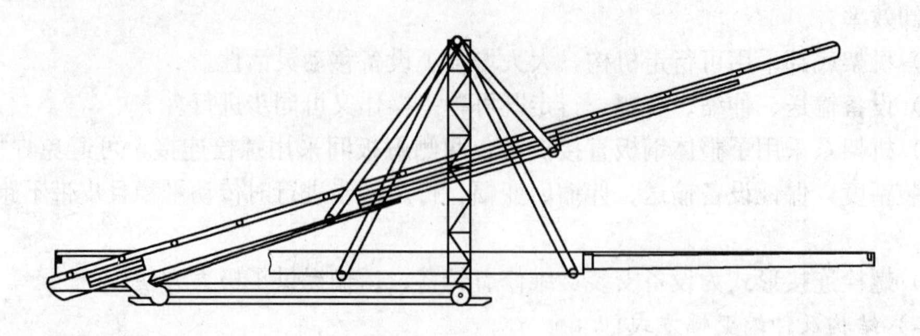

图 2-27　龙门吊架式结构图

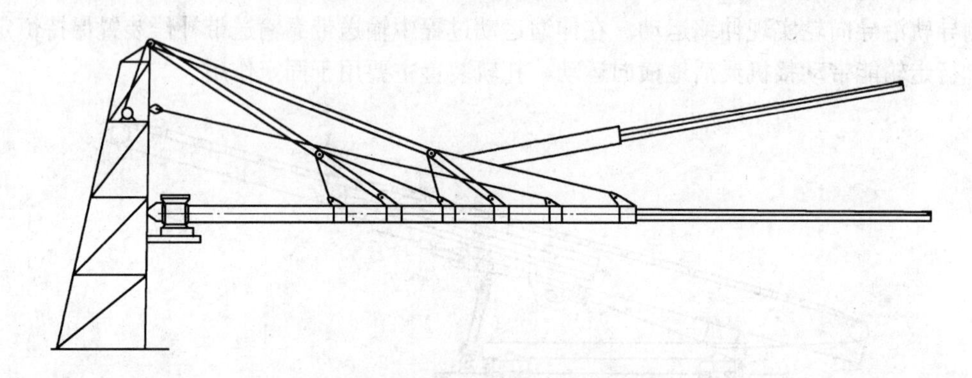

图 2-28　旋转吊架式结构图

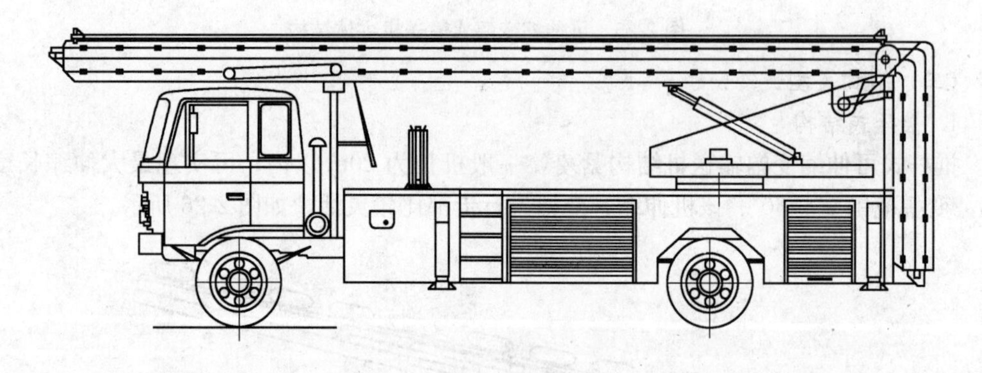

图 2-29　车载式结构图

3. 旋转吊架式结构

旋转吊架式变幅输送机不仅变幅范围大（－30°～30°），而且水平方向可做±90°范围偏摆，机型可大可小，因而特别适合码头使用。

4. 车载式结构

车载式输送机可安置在多种类型货车底盘上。前后基本臂是输送机的主要部分，带动前后伸缩臂做变幅运动，前输送部分机架变幅范围为－16°～21°，后输送部分机架变幅范围为0°～90°。前后伸缩臂由托辊和型材等组成，可带动胶带作伸缩运动，前伸缩臂伸缩范围为 0～7.3m，后伸缩臂伸缩范围为 0～2m。基本臂和伸缩臂底部均采用连杆拉紧装置，因而直线度可调。前后变幅油缸是使输送机机架变幅运动的动力机构，通过油缸的伸缩而实现机架的变幅运动。伸缩马达通过拉紧或放松钢丝绳使前后伸缩臂产生伸缩运动。前后输送部分共同采用一根带横隔板和导向条的输送带，以防止物料下滑和皮带跑偏。输送机可沿支座做±120°旋转，可任意调整落料点的位置。托辊形式有平型和槽型的两种，控制室是车载式输送机输送部分的操纵室，操纵人员在里面工作。该类输送机运用灵活。

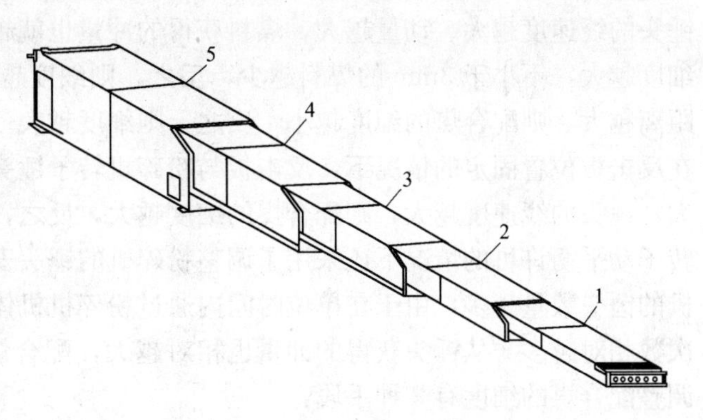

图 2-30　多节伸缩式结构图
1—第一节基本机架；2—第二节伸缩机架；3—第三节伸缩机架；4—第四节伸缩机架；5—第五节伸缩机架

5. 多节伸缩式结构

多节伸缩式结构如图 2-30 所示。

多节伸缩输送机可方便伸缩至任何长度，提高工作效率，让仓储的物料分布和快运更安全方便易于操作。散装物料及其他任何物品都可实现安全高效的传送。

六、TDSG 系列带式输送机

TDSG 系列带式输送机是新一代长距离大产量的输送设备，它比普通托辊胶带输送机节省能耗 20%左右，输送时聚酯带不跑偏，运行平稳可靠，可实现双向输送，减少了土建，设备上的投资。它可采有多种卸料形式，尾部，中间皆可卸料，满足不同工艺的要求，滚筒轴承采用双迷宫防尘设计，大大提高了使用寿命并且具有双重清扫装置，减少输送带与头尾之间的磨损和多重安全保护装置，能防止输送带跑偏、打滑、张紧过度。TDSG 系列带式输送机，如图 2-31 所示，性能参数见表 2-3。

图 2-31　TDSG 系列带式输送机

表 2-3　性能参数表

序号	名　　称	范　围
1	皮带宽度/mm	500～1400
2	皮带速度/$m \cdot s^{-1}$	0.8～4
3	伸缩长度/m	0～15
4	变幅角度/(°)	±20
5	理论输送量/$m^3 \cdot h^{-1}$	70～3300

七、粉碎机

粉碎机以 PCD1825 粉碎机为例，简介如下：

PCD1825 粉碎机的工作原理是充分利用冲击、碰撞作用来进行粉碎。当煤料进入粉碎机后，由转子带动做旋转运行的锤头击打煤料并把部分（主要是大颗粒）煤料打到粉碎机反击板上。在这一过程中，造成煤料间的相互碰撞。在这锤头击打煤料、煤料与反击板碰撞、煤料与煤料碰撞三者作用下，将配合煤进行充分混合与粉碎。PCD1825 粉碎机设计采用调整反击板与转子锤头间的距离和通过传动液力耦合器的传动油量调整粉碎机转子的转动速度的办法来调整粉碎煤料的细度。根据上述原理，粉碎机转子的转动速度越大，锤头的线速度越大、动量越大，煤料获得的冲量也就越大，则受击打的力也就越大，粉碎细度越大，不小于 3mm 的煤料越少，反之，则细度越小。反击板与粉碎机转子锤头间的距离越大，则配合煤的细度越小，反之，则细度越大。同时根据 PCD1825 粉碎机的结构，在反击板位置固定的情况下，反击板与粉碎机转子锤头间的距离越小，锤头的旋转半径越大，锤头的线速度越大，则配合煤的细度越大，反之，则细度越小。实际生产过程中，在转子动平衡许可的情况下还采用了调整粉碎机的锤头安装数量来调整配合煤的细度。粉碎机的锤头数量越多，由于在单位时间内通过粉碎机机体的配合煤量不变，则煤料受到击打次数相对越多。从锤头获得的冲量也相对越大，配合煤的细度越大，反之，则细度越小。调整配合煤的细度有 3 种手段：

（1）调整粉碎机转子的转速，即调整锤头的运动线速度；

（2）调整粉碎机锤头与粉碎机反击板间的距离；

（3）调整粉碎机锤头的安装数量。

这 3 种手段可以同时使用。也可以分开使用。根据上述工作原理分析，我们可以建立起粉碎机配合煤细度 G_1 与粉碎机转子转速 N（即锤头的线速度）之间的函数关系

$$G_1 = f_1(N)$$

根据粉碎机的工作原理。G_1 与 N 应是单调增的函数关系。我们还可以建立起粉碎机配合煤细度 G_2 与反击板和粉碎机转子锤头间的距离 S_1 之间的函数关系

$$G_2 = f_2(S_1)$$

根据粉碎机的工作原理，G_2 与 S_1 是单调减的函数关系。那么 G_2 与 S_1 的倒数 S 则为单调增的函数关系；同时，我们还可以建立起粉碎机配合煤细度 G_3 与粉碎机锤头数量 M 之间的函数关系

$$G_3 = f_3(M)$$

根据粉碎机的工作原理，G_3 与 M 同样是单调增的关系。由于细度与三者之间均为单调增函数关系，因此，我们可将上述三个因素合并，建立起配合煤细度 G 与 S、N、M 之间的函数关系

$$G = Kf_1(N)f_2(S)f_3(M) \tag{2-2}$$

式中 G——粉碎机粉碎煤料细度，%；

K——函数调整系数；

S——反击板与粉碎机转子锤头间距离的倒数；

N——粉碎机转子转速（或锤头的线速度），r/min；

M——粉碎机锤头数量。

且该函数对于 S、N、M 均为单调增函数。

根据式（2-2），我们可以采用降低 S，或降低 N，或减小 M 来降低 G（粉碎机配合煤细度）。

1. 降低 S

根据 PCD1825 粉碎机的结构，当粉碎机制造、安装完成后，其反击板与粉碎机转子之间的距离也就相对固定了，反击板与锤头间的距离就已经相对固定了。PCD1825 粉碎

机反击板与粉碎机转子锤头间的最大距离为80mm，最小距离为20mm，也就是说粉碎机反击板与粉碎机转子锤头间距离的可调整范围为0～60mm。在实际工作中。由于我们不能以改变反击板和转子之间的安装位置来调整反击板和锤头的距离。因此，我们只能以采用改变锤头的旋转半径即改变锤头连杆的长度来改变反击板与锤头间的距离。通过对PCD1825粉碎机的结构分析，改变锤头连杆的长度是可行的。

2. 降低 N

虽然粉碎机传动液力耦合器为调速型，但是在实际运行过程中由于受到油冷却器的能力影响，转速调整范围是十分有限的。在实际运行过程中调整范围为650～720r/min，且当转速降到650 r/min以下时整个润滑系统温度太高，不能维持长时间运行。因此，调整液力耦合器的转速的范围是很有限的，若拓展调整范围，需对整个冷却系统进行改造。

3. 减少 M

PCD1825粉碎机原设计锤头为108个，经过我们的多次调整，已减少到了60个，取得了一定的效果，但还是达不到生产工艺要求。虽然通过式（2-2），我们可以得出减少锤头可降低配合煤细度，但是粉碎机转子的运行速度一般在680～710 r/min之间且整个旋转部分的重量达9 t，所以减少锤头必须考虑整个转子系统的动平衡问题。因此考虑到锤头的分析情况，当锤头减至60个以下时，系统的动平衡问题解决起来将是较困难的。因此，当粉碎机锤头达到60个后，要慎重考虑再减少锤头。

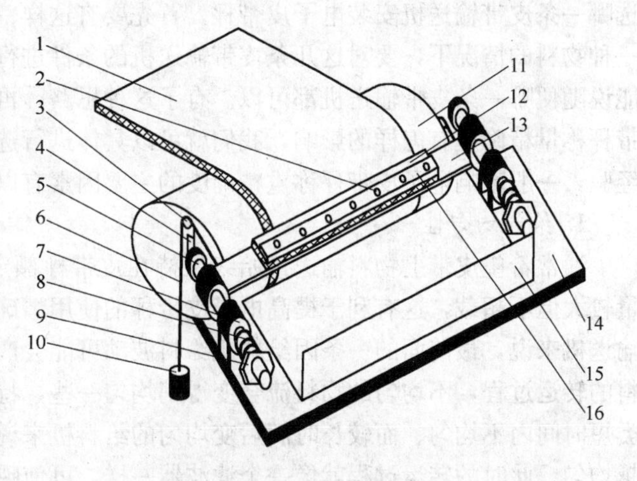

图 2-32　新型运输皮带弹簧清扫装置安装示意图
（专利号：ZL03255110X）
1—输送带；2—螺钉；3—滑轮；4—滑轮箱；5—固定轴；6—钢绳；7—支座；8—弹簧；9—顶紧螺母；10—重锤；11—传动滚筒；12—清扫皮料；13—横梁；14—头部机架；15—头部溜槽；16—压铁

随着目前洗煤工艺的改变，洗煤的细度有变大的趋势。对采购、使用方而言，这是一个好的趋势。如果对难粉碎的洗煤在细度上提出采购指标要求，将会对简化备煤工艺起到积极的作用。

八、皮带清扫器

新型运输皮带弹簧清扫器是武钢焦化公司工程技术人员开发的一种专利产品，其结构如图2-32所示。目前，该清扫器正广泛应用于新建岗位，但结构较复杂，单台费用较高。

第五节　皮带机电子秤

一、电子秤安装方式的选择

（一）概述

大多数温度、压力、流量等类型仪表的安装精确度虽然与安装位置、安装质量有一定关系，但主要还是取决于产品自身质量。而电子皮带秤的使用精确度，虽然与产品自身质量也有一定关系，但却更多取决于安装，借用一个电子皮带秤世界知名品牌生产厂家就此问题的讲法是“在很大程度上取决于安装位置和安装质量”。也就是说，对一台较高精确度的电子皮带秤来说，安装位置和安装质量大致占70%～80%，而产品自身的质量只占20%～30%。由于安装质量主要指的是安装的精细程度及正确的调试方法，本文就不多作介绍。而就安装位置来说，通常包括两方面内容：选择安装电子皮带秤的皮带输送机和在选定的皮带输送机上如何确定安装位置。后者在较多资料中已有介绍，因此本文将着重对如何选择安装电子皮带秤的皮带输送机进行讨论。当然不是安装每一台电子皮带秤都会碰到这个问题，因为很多情况下输送过程只有一条皮带输送机，但是，在实际使用现场和工程设计中，这个问题仍旧常常需要面对。

（二）选择要点

在某些场合，输送同一种物料往往需要通过多条皮带输送机转运，这就需要确定到底选哪一条皮带输送机安装电子皮带秤。首先要有这样一个概念：在多条皮带输送机转运同一种物料的情况下，要对这几条皮带输送机的条件进行比较后再确定安装在哪一条上，不能说随便哪一条皮带输送机都可以。有了这种思路，再了解皮带输送机各种条件对电子皮带秤称量精确度有怎样的影响，我们就可以具体进行选择工作了。根据电子皮带秤运行的经验，一般影响电子皮带秤称重精确度的主要因素有以下几个。

1. 给料均匀性

通常希望皮带上物料输送量始终保持在皮带秤额定量程的50%～90%范围内，输送量较大但不超载，这有利于提高电子皮带秤的使用精确度。对输送同一种物料的几条皮带输送机来说，最前面的一条因给料机给料波动可能会产生物料量不均匀的情况，而经过物料的转运过程，不均匀的物料流会变得稍均匀一些，特别是对摆式给料机的一堆堆给料这类短时间内不均匀、而较长时间后变均匀的给料机来说，越往后的皮带输送机瞬时流量会越均匀。此时的转运过程就像一个滤波器一样，可使瞬时流量的波动减少。

2. 皮带速度

皮带速度低，皮带秤的称量过程越接近于静态；皮带速度低，皮带张力比较小，而皮带张力是称重过程的主要干扰力，干扰因而减少；皮带速度低，同样输送量情况下物料层厚度加大，则单位长度皮带上的负荷（kg/m）增加，因为加在秤架上的称重托辊及皮带的一部分重量是固定的，所以皮带秤称重过程中皮重与总重比值增大。这些因素都可以提高称重精确度。

3. 皮带输送机的长度

皮带输送机过短，秤架离装料点及排料点太近，称重精确度也要受影响；皮带输送机过长（例如超过150m），皮带张力值变化增大，当运行条件变化时，张力值的改变更大；长皮带的均匀性，皮带的跑偏量等也难满足称量的要求，对称量精确度较高的皮带秤来说，曾有规定要求皮带长度不要超过200m。所以安装皮带秤的皮带输送机的最佳长度，平形托辊为7～15m；槽形托辊由于输送机两端滚筒（相当于平形托辊）与槽形托辊之间有几节过渡托辊，所以最佳长度要稍长一点，约为12～25m。

4. 皮带输送机断面形状

皮带输送机断面形状有水平式、倾角不变的倾斜式、带凸弧曲线段（即先倾斜向上后水平）的和带凹弧曲线段（即先水平后倾斜向上）的皮带输送机。水平皮带输送机和倾角不变的倾斜皮带输送机最适于称重；带凸弧曲线段的皮带输送机可以进行称重，但称量精确度稍低；带凹弧曲线段的皮带输送机也可以进行称重，但称量精确度更低一些，因为在曲线段部分有物料时皮带尚能贴紧托辊，没有物料时，受皮带张力的影响，部分皮带被抬起离开托辊，破坏了空皮带状况下的皮带秤零点平衡。

5. 皮带输送机的倾角

皮带输送机的倾角越大，力的传递特性越复杂，秤架的调整越困难。倾角为零的平皮带输送机当然是最理想的，负倾角和高倾角都是不利的称重条件。当倾角超过6°后，物料垂直提升的高度变化越来越大，皮带张力增大，因而对称重精确度的影响也明显加大。

6. 托辊的槽形角

皮带输送机托辊的槽形角越小越好。槽形角为零的平形托辊在受力时，沿皮带断面方向产生的侧向力很小，皮带传力的精确度高。而采用槽形托辊时，这种侧向力就比较大，同时它使皮带的梁效应或悬垂线效应变得更明显，也使托辊不同心度对称量的影响加大。所以，平形托辊最好，20°或30°的槽形托辊可以接受，更大角度的槽形托辊通常不能接受。

7. 直线段长度

这里所说的直线段长度是指可供安装秤架的有效长度，受料段（包括在皮带上方安有裙板的部分）、变倾角的皮带弧线部分等应去掉。最小的直线段长度应等于在秤架两端不参与称重的托辊间距加前后各3倍托辊间距。如对托辊间距为1m的单托辊秤来说，直线段长度最小应为8m。而对带凸弧曲线段和带凹弧曲线段的皮带输送机，通常这个长度还要增加12m。

8. 皮带拉紧装置

为了使张力较为稳定，皮带输送机通常装有能调整皮带张力的拉紧装置。皮带张力可自动调整的拉紧装置为精确称重创造了条件，头部滚筒式拉紧装置和尾部滚筒式拉紧装置均属能自动调整皮带张力的拉紧装置，但后者使秤架所处安装位置承受较大皮带张力，前者可使秤架所处安装位置只承受较小皮带张力。而螺旋式拉紧装置属不能自动调整皮带张力的拉紧装置，通常只用在短皮带输送机上。

9. 装料点

通常皮带输送机只有一个装料点，此时皮带张力值较为稳定，而在某些情况下有多个装料点且装料点个数和位置不固定，如有4个装料点，有时是1号、2号两个装料点工作，有时又是2号、3号、4号3个装料点工作，这两种情况皮带张力值就会有较大变化。

10. 卸料设备

有些皮带输送机采用卸料犁或卸料小车，这对称重精确度影响很大。卸料犁工作时需紧压在皮带上，使皮带张力有较大变化，当有多个卸料犁时，由于卸料点不固定，所造成的影响更大。卸料小车卸料时抬起皮带不断在行走，皮带张力变化很大，特别是当秤架位置与卸料小车相距较近时，这种影响更为明显。所以通常不推荐在有卸料小车的皮带输送机上安装皮带秤。如果实在需要安装，秤架位置与卸料小车的极限位置相距不应小于15m。

11. 秤体支承

皮带输送机是通过纵梁安装在地面或楼板上，这就要求纵梁支承牢固，地面或楼板振动要小。纵梁的跨度不要超过 2.5m，支承在楼板或皮带走廊上时，秤架如安装在支柱的中间，这里承受冲击载荷时振幅较大，纵梁及秤架相应振幅也大，所以要尽量将秤架安装在靠近支柱处。

二、申克配料皮带电子秤

（一）结构

申克配料皮带电子秤的结构如图 2-33、图 2-34、图 2-35 所示。

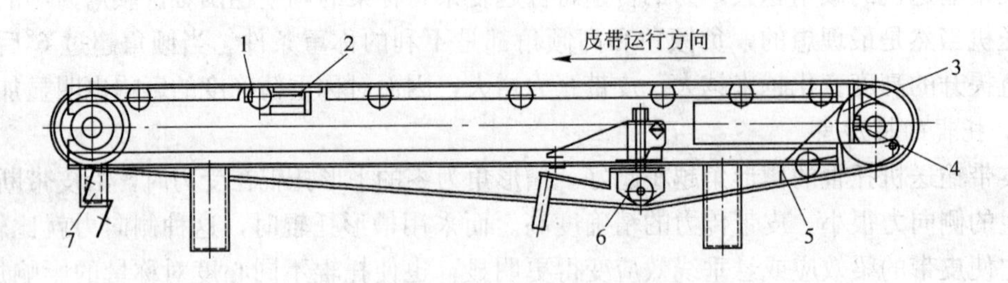

图 2-33　申克配料皮带电子秤结构图

1—称量托辊；2—小型称重模块；3—皮带张紧调节；4—张紧螺杆；5—犁状内刮板；6—皮带自动张紧和纠偏装置；7—皮带外刮板

（二）皮带本身影响的自动补偿

对于生产最初去皮重时所设定的皮带的特性曲线（往往设定为理想的一条直线），不能真实反映皮带在实际运行中本身重量发生的变化，若不进行连续补偿，将影响配料的精确性。

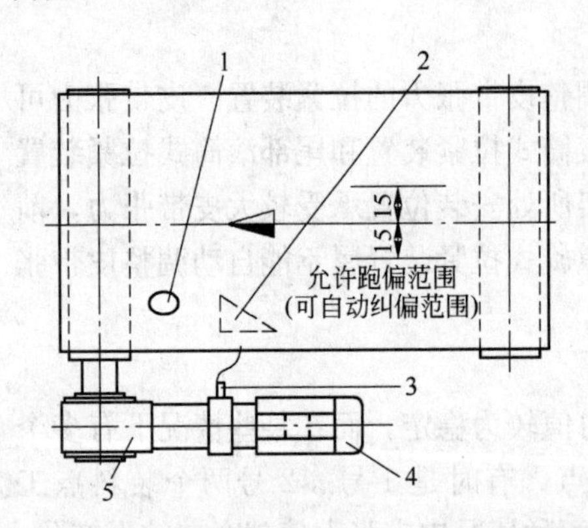

图 2-34　申克配料皮带电子秤传感分布图

1—感应头；2—皮带内钢板（三角形）；3—测速传感器；4—电机；5—齿轮减速箱

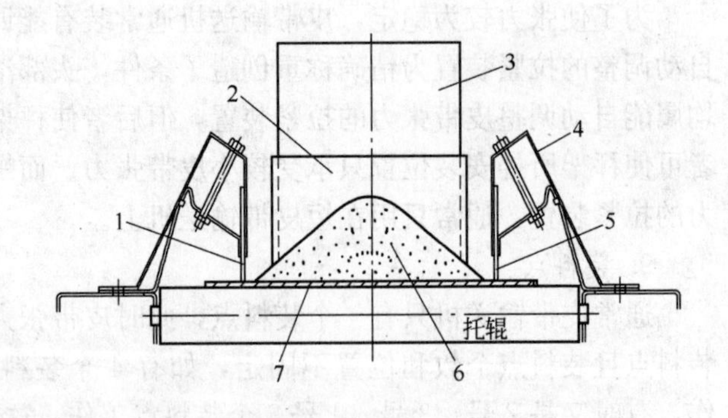

图 2-35　申克配料皮带电子秤截面图

1—橡胶密封；2—料层高度调整装置；3—给料斗；4—裙板；5—橡胶密封；6—皮带上的料层断面；7—称重皮带

皮带低负荷运行时，皮带本身重量的变化对给料的稳定准确性将产生影响：

（1）皮带本身重量的变化由其磨损的变化引起；

（2）皮带本身重量在生产当中还会因其他原因发生变化（如：环境温度的变化，物料的黏结等）。

皮带影响的在线自动补偿：皮带重量的变化可通过去皮功能进行适当补偿，但仅能限定在非常短的皮带区间；在线自动补偿在正常生产运行过程中，系统连续不断地测量皮带本身实际重量的变化并随时补偿；结合“保证下料点精度的滞后控制”功能。

（三）申克配料皮带电子秤的配料精度

当量跟踪精度——实际设定配料量的±0.25％（控制比 1：5）如图 2-36 所示。

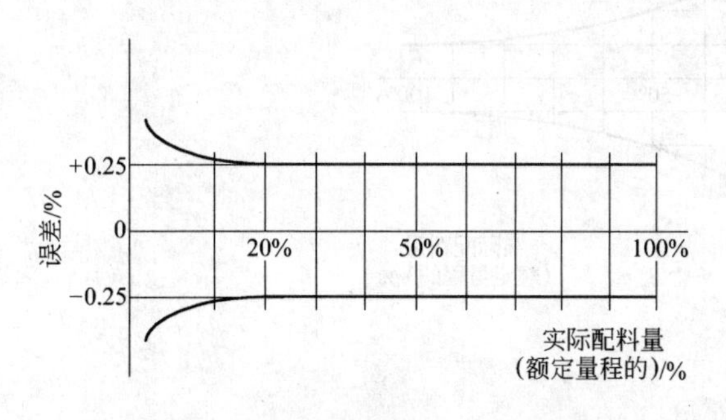

图 2-36 基于实际设定配料量各点的误差值/实际精度（±0.25％）

+0.5
0
−0.5
误差/%
10% 20%
50%
100%
实际配料量
(额定量程的)/%

图 2-37 基于实际设定配料量各点的误差值/实际精度（±0.5％）

举例说明：按额定（最大）配料量程 10t/h，考虑的精度分析。

各量程点：

实际配料量：	2t/h	5t/h	10t/h
各量程点：	5kg	12.5kg	25kg
绝对误差：	（2t/h×0.25％）	（5t/h×0.25％）	（10t/h×0.25％）
各量程点：	0.25％	0.25％	0.25％
实际精度：	（0.005 ÷2×100％）	（0.0125 ÷5×100％）	（0.025 ÷10×100％）

当量跟踪精度——设定配料量的±0.5％（控制比 1：10）如图 2-37 所示。

举例说明：　按额定（最大）　配料量程 10t/h　考虑的精度分析。

各量程点：

实际配料量：	1t/h	5t/h	10t/h
各量程点：	5kg	25kg	50kg
绝对误差：	（1t/h×0.5％）	（5t/h×0.5％）	（10t/h×0.5％）
各量程点：	0.5％	0.5％	0.5％
实际精度：	（0.005÷1×100％）	（0.025÷5×100％）	（0.05÷10×100％）

满量程精度最大（额定）时配料量的±0.5％（或±0.25％）如图 2-38 所示。

举例说明：按额定（最大）配料量程 10t/h，满量程精度 0.5％考虑的精度分析。

各量程点：

实际配料量：	1t/h	5t/h	10t/h
各量程点：	0.05t/h	0.05t/h	0.05t/h
绝对误差：	（10t/h ×0.5％）	（10t/h×0.5％）	（10t/h×0.5％）
各量程点：	5％	1.0％	0.5％
实际精度：	（0.05÷1×100％）	（0.05÷5×100％）	（0.05 ÷10×100％）

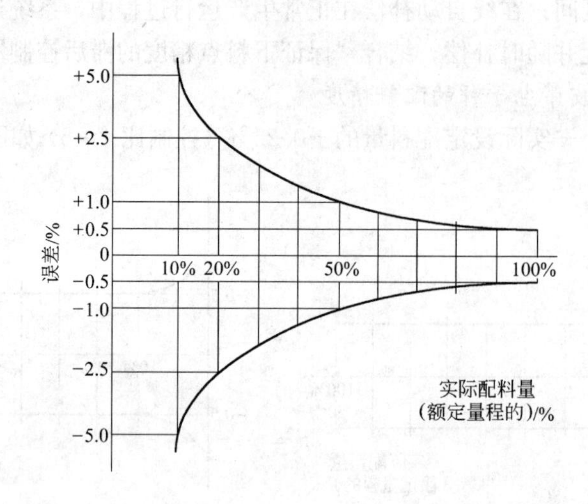

图 2-38　基于实际设定配料量（±0.5%）各点的误差值/实际精度

第六节　核　子　秤

一、核子秤原理

（一）特点与应用范围

核子秤是一种新型的物料传输计量装置，它是核技术与计算机技术相结合的产物，广泛应用于矿山、冶金等多种行业，除用于皮带输送机外，还可以用于履带式、链斗式、刮板式、螺旋式等输送机，以及斗式提升机等多种运输机械。

核子秤是利用γ射线穿透输送机上的物料时一部分被吸收的原理而进行工作的，放射源及γ射线探测器均不接触输送机和物料。主要优点有以下几个方面：

（1）不受物料的物理化学性质的影响，不受输送机的振动、厚度、惯性、磨损等因素的影响。

（2）动态测量精度高，性能稳定，工作可靠。

（3）结构简单、安装维修方便，不影响输送机的正常工作，也不需要对原有输送装置做较大的改动。

（4）可在恶劣的环境下工作。

（5）适用范围广，除皮带输送机外，还可以用于其他结构的物料输送机。

（6）微机的功能强，可显示多种监测参数，进行打印与报警，并可给出多种模拟量或开关量信号供用户使用。

像任何一种计量仪器一样，核子秤也有一定的局限性与适用范围。核子秤是利用物料对射线的吸收进行计量的，如果物料厚度、粒变、成分、堆积形状变化过大，对γ射线的吸收就不完全相同，从而可能影响核子秤的精度。但根据大量的实验表明，如果实物定标时的流量与正常流量相似，那么，即使物料的物理形状有较大的变化，流量在正常流量附近相当宽的范围内变化时，核子秤仍能保证秤的精度。

数字显示核子秤是核子秤系列产品之一。它采用数码显示器。自编码小型键盘，整机具有精度高、体积小、操作简便、抗干扰性能强、传输距离远等特点，尤其是适应性强，可在各种气候、温度、湿度及其他恶劣下可靠工作。核子秤秤体组成如图 2-39 所示。

（二）工作原理

核子秤是利用物质吸收 γ 射线的原理研制的，包括源部件（放射源和防护铅罐），A 形支架，射线探测器，前置放大器，速度传感器，及微机和电源系统等 6 个部分组成。如图 2-39 所示，被测物料由 A 形支架中间穿过。

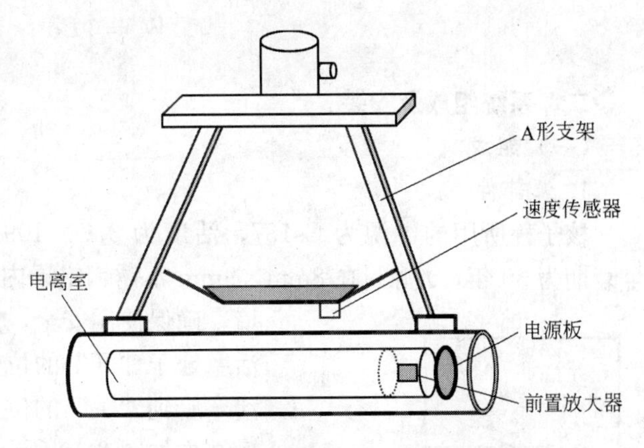

图 2-39 核子秤秤体的组成

放射源放出的 γ 射线照射到物料上，其中一部分被物料吸收，一部分穿过物料射到射线探测器上，物料越多，被吸收的射线越多，由于放射源发出的射线强度是个常数，所以射线探测器接收到的射线强度也就越少。因此射线探测器接收的射线量唯一反映物料多少。

由射线与物质相互作用原理可知，射线穿透物料后其强度按指数律变化：

$$U = U_0 \mathrm{e}^{-\mu F/S} \tag{2-3}$$

式中 μ——物料对 γ 射线的质量吸收系数；

F——输送机负载，即单位长度上的物料；

S——输送机宽度；

U_0——没有物料时，探测器处的 γ 射线强度；

U——有物料时，探测器处的 γ 射线强度。

γ 射线的探测器输出的电流与接收到的 γ 射线强度 N 成正比，而前置放大器输出的电压 U_0 正比于 γ 射线探测器的输出信号 I，因此（2-3）式可表示为：

$$F = -\frac{S}{\mu}\ln\frac{U}{U_0} \tag{2-4}$$

式（2-4）中 S/μ 为常数，令 $A_2 = -S/\mu$，则式（2-4）写成：

$$F = A_2 \ln\frac{U}{U_0} \tag{2-5}$$

式（2-5）中，只要测出无物料时的 U_0 和有物料的 U 值，并通过定标，确定出 A_2 值，就可计算出输送机物料负荷 F（kg/m）。

核子秤是在线动态计量仪器，测量的主要参数是物料的流量和累计量。物料是以速度 V 通过 γ 射线作用区的，V 可以用测速装置测得。关系如下：

$$V = K_1 V_c + K_2 \tag{2-6}$$

式中 V_c——速度；

K_1、K_2——速度常数（当速度为恒速时，$K_1=1$，$K_2=0$）。

据 F，V 不难计算出物料的流量 P：

$$P = F \times S$$

物料的累积量 W 就是流量 P 对时间的积分：

$$W = \oint P\mathrm{d}t$$

二、系统组成及安装

（一）组成

1. 源部件

核子秤所用的 γ 源为 Cs137，活度为 3.7×109Bq（100mCi），射线能量 0.66MeV，半衰期为 30 年，γ 源封在 8mm×9mm 不锈钢铅罐内，保证放射性物质不会泄漏，污染环境，确保使用安全，放射源用螺线固定在铅罐上，当旋转活塞处于“开”的位置时，射线通过标准孔射出，当旋转活塞旋到“关”的位置时，射线几乎全部被铅罐吸收。铅罐结构如图 2-40 所示。

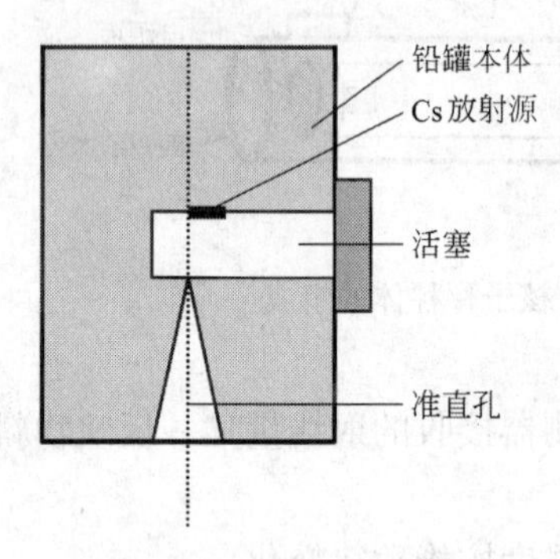

图 2-40　铅罐结构图

2. 射线探测器

核子秤的射线探测器采用的是专门研制的长电离室。与其他类型探测器（如计数管、闪烁计数器）相比具有精度高、性能稳定、寿命长，结构简单等优点，这些都有利于提高核子秤的精度和长期稳定性。电离室长度有多种规格，适用于不同宽度的输送机。

3. 前置放大器

前置放大器置于电离室上部小室内，前置放大器是用高增益，高输入阻抗，低噪声组件构成，它将电离室输出的弱电流信号转换成与此成正比的电压信号。它是核子秤的关键部件。它的稳定性直接影响核子秤精度，前放原理图如图 2-41 所示。

4. 电源板及恒温系统

前放电源安装在电离室一端，为电离室及前放提供约 350V，+15V 和 −15V 电压。为消除环境温度影响，确保核子秤具有良好的稳定性，本系统对电离及前放进行恒温，温度控制在 55℃左右。温控电路由热电偶，双比较器及固态继电器等件组成。

对于新型的放大器，以及在非寒冷地区应用核子秤时，可以不用恒温系统。

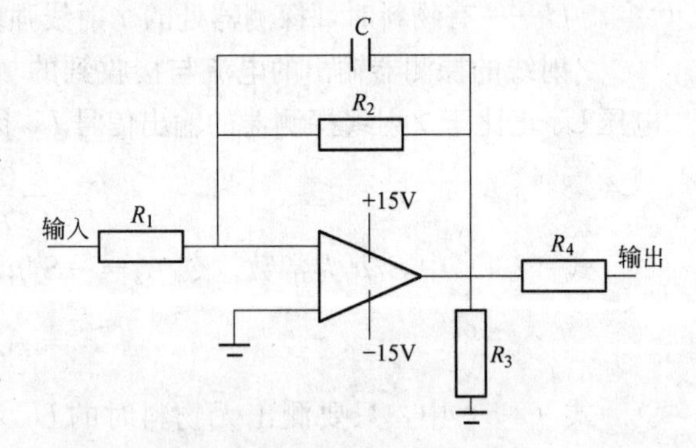

图 2-41　前放原理图

5. 脉冲测速

测速装置由测速发电机，从动轮、支架和铰链组成，铰链与输送机支架活动连接，从动轮压在皮带上，皮带带动从动轮转动，测速发电机产生与皮带速度成正比的电压信号。

有些输送机速度稳定，也可以不用测速装置，这时，可将输送机继电器的常闭触点接入微机，当输送机停止运转时，常闭触点吸合，速度信号为零。当输送机运转时，常闭触点打开，此时，速度为一恒定电压。

6. 计算机系统

核子秤主机系统为工业级计算机。各种累积量、流量、速度、信号电压等参数均可一目了然的显示在彩色高分辨率屏幕上，任何操作如修改常数，标定核子秤等都有中文提示，使操作人员不用依赖操作说明书。工业计算机除了与一般计算机兼容、程序容易扩充升级之外，还作了一些对付工业生产恶劣环境的措施。例如：加厚加固机箱、主板用压板压紧、内压风扇防尘、抗电磁干扰等，还可以根据用户要求开发其他测量与控制功能。

主机功能。微机带有彩色显示器、标准键盘，具有显示、打印及控制等多种功能。

(1) 可以显示输送机带速、负载、流量、累计量等。

(2) 一台主机可带1～15台核子秤传感器。

(3) 带断电数据保护、键盘锁定。

(4) 可按用户设定的任何时间，自动输出计量结果。

7. 主要技术指标

(1) 测量精度：配煤量在（20%～100%）最大流量范围内变化时，累计误差小于1%。

(2) 长期稳定性：48h电压 U_0 漂移小于30mV。

(3) 平均无故障工作时间：大于7000h。

(4) 物料水分允许变化范围：10%，超出此变化范围要重新标定。

(5) 核子秤传感器安装点与主机最大距离：1000m。

(6) 传感器（电离室）规格：(mm)

159×800	159×600
159×700	159×900
159×1200	159×1500

根据输送机宽度选择。

三、核子秤使用

(一) 核子秤操作

核子秤的操作，尤其是主机的操作，由于有在线帮助和在线说明，因此变得非常简单，在此不再赘述。并且现场指导安装调试的技术人员稍作培训，即可熟练操作，需要说明的是只要设定和标定好参数，日常使用中很少操作，就能获得所要的结果。

(二) 核子秤的定标与检定

根据计量法的规定，计量器具要定期检定。核子秤的检定方法就是实物标定。目前国内尚无对核子秤进行实物标定和定期检定的标准方法，因此，下面介绍一下在实际应用中进行实物标定的方法。

所谓实物标定，就是让部分物料通过核子秤，比较核子秤的计量值与实际计量值之间的误差，校正负载常数 A_2，当核子秤的累积值 W' 实际重量 W 之间的相对误差：

$$\frac{|\Delta W|}{W}=\frac{|W'-W|}{W}<1\%$$

就可以确定负载常数 A_2 的值，并可认为核子秤的精度已满足出厂的要求。

核子秤的实物标定以下几步：

(1) 空载电压 U_0 的测定。使运输机空载运行，测量几个运行周期的探测器输出电压值，将它们的平均值定为空载电压 U_0，即核子秤的零点。一般长时间 U_0 的绝对值变化应小于 5mV，瞬时变化应小于 20mV；测 U_0 时，空带运行至少一个完整周期（最好是 2～3 个周期)，根据周期大小，确定测 U_0 的时间即取多长时间的平均值。把标定时间设为 120s，则标定结束后，自动计算出 120s 的平均信号电压值，即 U_0。

1）速度定标。不同的运输机械，测速的方法不一样，对于皮带机，一般使用测速发电机，测速电机组件上有一摩擦轮，将它压在下行皮带上，皮带运行时，带动测速电机的摩擦轮转动，测速电机产生直流电压信号。此电压一般高于＋5V，经电阻分压后，送入计算机进行 A/D 采集。不少场合，可以认为运输机械的速度为一恒定值，这时，可将电机启动接触器的常闭触点引一个中间继电器。当电机启动时，中间继电器吸合。由中间继电器的常闭触点引两根屏蔽线进入计算机的速度输入端。当电机运行时，常闭触点打开，测速电压由电压取出一恒定值。当电机停止时，触点才合，测速电压零。测速或恒速状态，由本公司在出厂时或指导安装调试时设定。

2）实物标定。核子秤多安装在老设备上，原设计都没有考虑到安装核子秤及实物标定，这给核子秤的使用和校验带来极大的不方便。选用核子秤的企业应该搞好实物标定装置，一个方便的、准确的实物标定条件是使用核子秤的关键，企业应有专门的核子秤检定人员，定期对核子秤进行检定，这也是计量法的要求。实物标定一般有两种方法，一种是先称好一定数量的物料，然后通过核子秤。另一种是从核子秤上流一定数量的物料，由出料口进入运输工具，然后用标准秤称重，目前多采用第二种方法，在条件不允许的情况下，采用第一种方法。

(2）定标的条件和要求。空载电压 U_0 必须稳定，瞬时值变化小于 20mV，平均值变化小于 5mV，U_0 不稳定，不能进行实物标定。

标准秤精度小于 0.3%，而且是经过检定的、合法的、工作正常的计量器具。

在物料的称重和输送过程中，应尽量减少物料的损失。

标定时尾料不能超过总量的 0.2%。

标定最小物料量应多于正常情况下 10min 输送的累积量。物料流量应尽量接近使用情况，即在标准负载下进行定标。

(3）标定的方法和步骤。校正空载电压 U_0，测量时间应是输送机运行一周的整数倍。

预置好核子秤各参数，标定的负载常数 $K_{新}$ 可置于经验值。如 600mm 电离室 $K_{旧}$ 预置为 100；900mm 电离室 $K_{旧}$ 预置为约 120；而 1200mm 电离室 $K_{旧}$ 预置为约 160。

清除累积量，输送机投料，输送机运行时，累积量往上累加，标定物料完全通过核子秤后，累积量不再变化，显示的值为 WH，物料标准称量为 WB。

修改负载参数 $K_{新}$

$$K_{新} = \frac{WB}{WH} K_{旧}$$

将 $K_{新}$ 值置入计算机，一般进行 2～3 次就可以使 WB 与 WH 相接近，达到误差小于百分之一。

$$|\delta| = \left|\frac{WH - WB}{WB}\right| \times 100\% < 1\%$$

重复验证 2 次，满足 $|\delta| < 1\%$ 即可。

空载运行，插入校验板，记录 3 个 10min 的累积量，取平均值 W 作为使用中的校验参考。

填写技术档案，记录实际参数。输送机进行大修或重大改造如换皮带，换电机等，应重新标定。

（三）使用与维护

日常使用与维护注意事项：

一直保持核子秤秤体有电。经常检查核子秤信号电压是否稳定。若空带电压 U_0 变化超过 20mV，须重新标定 U_0（或皮带上无料时，主机显示的负载应小于 5kg/m；若大于 5kg/m，则须重新标定 U_0；若大于 10kg/m，则须检查其他原因）。

刚安装的头三天，须每个班检查一次 U_0。

1. 以下情况需核定

（1）首次安装之后，要进行实物标定。

（2）重大维修后，要进行实物标定。

（3）物料水分变化超过标定时的±5%时，要进行实物标定。

（4）物料成分有较大变化时，要进行实物标定。

（5）正常情况下，使用一年后，要进行实物标定。

2. 以下情况需校验

（1）为克服放射源衰变和环境变化的影响，至少两周校正一次空载电压值。

（2）正常使用一段时间后（如 3 个月），用校验板校验，测量 10min 累积量的平均值与首次标定时测得的重量平均值比较，若误差大于 1%，则应查找原因或重新标定。

3. 注意事项

（1）核子秤由专人负责，熟识原理，接线和操作，其他人不要乱动。

（2）工作室防尘，通风，保持主机清洁。

（3）停电关机，电网电压稳定后才能开机。

（4）出现故障，由专业人员修理。

（5）放射源专人保管，专人操作，防止丢失。

（6）电离室套筒上表面不得积垢太厚。

维修、校验和重新标定后，应及时填写技术档案。

（四）放射源安全注意事项

核子秤所使用的放射源，装在铅罐中，在现有防护条件和实际采用射源的强度下，只要使用单位对放射源实行严格管理，放射源安全是有保证的。放射源使用、操作、保管必须注意以下事项：

（1）使用核子秤前必须向当地防疫站及公安部门申请放射源使用许可证。装有放射源的铅罐必须在本单位安全保卫部门登记备案。并指定责任心强的人专人负责管理。铅罐上的锁应经常锁着，绝不允许把铅塞拔出，更不允许无故把放射源从铅罐内取出。如果发现放射源丢失应立即报告上级部门并迅速找回。

（2）没有必要时，不要在铅罐附近长时间逗留。在安置放射源的地方要有明显的标志。若要检查有无射线从准直孔射出，应该用装好探头的仪器，根据它的指示判别。

（3）若放射源长时间不用，应把铅罐的准直孔转向上方锁好，存在库房，专人负责，妥善保管。保卫部门要定期检查。

(4) 经过一段时间的使用，由于射源衰减，强度已不符合工作需要时，绝对不允许随意丢失，也不允许就地深埋，应与当地卫生部门和安全部门联系，可以移作其他用途，或者作放射源废物长期储存。

(5) 可能降低四周的射线剂量水平。在安装后可以在铅罐外四周加上附加屏蔽阻挡物。

(6) 工业现场灰尘较多，逐渐积在铅塞的缝隙中，长期不动使铅塞不易转动，所以安装时应采取预防措施。

(五) 误差分析

核子秤经现场实物标定投运后，测量精度可达到±1%。但在实际应用中，受各种因素的影响，测量精度往往达不到期望值。下面就影响其精度的常见因素进行分析并探讨其解决方法。

1. 放射源强度衰减引起的误差

放射源的强度不是固定不变的，它随着指数规律自然衰减，由此将引起空带电压的变化。空带电压确定了核子秤的零点，零点发生漂移必然引起误差。在主机中必须设置零点漂移补偿和放射源衰减自动补偿，如果生产条件允许，应采用定期校准空带电压的方法来消除放射源强度衰减所造成的误差。

2. 物料的堆积形状和含水率引起的误差

核子秤投运后，物料的含水率、堆积形状由于无法永远保持与实物标定时相同，难免产生误差，另外物料过于潮湿会发生输送机粘料的情况，使测量值大于实际值。当物料的含水率变化超过3.5%时需对秤进行重新标定，但这在实际中由于生产的连续性难以实现，为了尽可能地减小误差，可在输送机的出料口设计安装一个简易的整形装置，将出料口出来的物料进行刮扫、夯压等简单地整形，以使输送机上的物料形状近似保持一个相同的截面，以减小因堆积形状变化引起的测量误差。

3. 现场环境引起的误差

在生产现场，环境非常恶劣，潮湿、粉尘、振动等以及某些人为因素都可能对核子秤的测量精度产生影响，甚至对探测器造成损伤。

(1) 射线入射角度发生变化。这种情况往往由于强烈振动或是生产设备检修人员的操作不当致使支架焊接松动，或是底座螺栓松动致使支架倾斜，或是由于电离室在套筒内固定不牢在振动下灵敏区位置偏移，另外现场粉尘大、探头易积灰，这些因素都会使放射源与探头的相对位置改变或者γ射线的穿透厚度变化，产生测量误差。

(2) 外力击打使探测器损坏。电离室是一个充满高压氩气的密封体，如果它受强大的外力撞击可能发生慢漏气，电极的陶瓷绝缘子也有可能破碎。在这种情况下，如果排除了前放板的问题，将会观察到探测器的输出信号同正常情况下相比有明显变小的趋势。除了电离室有可能受损，前放板上的焊点也可能因为击打而脱落。对上述情况，可采用合理选定电离室的安装位置并在电离室套筒上加保护装置的办法以防止外力冲击，在平时维护时要注意观察探测器的输出信号，发现问题及时检修。

(3) 电离室及前放板受潮。现场有时湿度太大而套筒橡胶垫又密封不严，会使电离室高压极、收集极的陶瓷绝缘子受潮产生漏电电流，前放板受潮使负高压不足同样会使电离室电流比平时变小。可对电离室电极陶瓷绝缘子的绝缘性能进行检查，使用1000V或

2500V兆欧表分别测试高压极和收集极对外壳的绝缘电阻，应该指示无穷大，否则使用干净的丙酮或酒精棉球多遍擦洗，最后用电吹风吹干，以保证绝缘子干燥洁净。

4. 标定因素造成的误差

实物标定是将已知总量的物料通过核子秤，根据实际值和主机的测量值推算出负载常数。实物标定的准确与否直接影响到投运后核子秤的测量精度，一些以下常见的疏忽或是不规范的操作程序都会对标定的准确性产生很大的影响。

(1) 开始计量的时间不正确。在前置放大器中有与反馈高阻并联的反馈电容，它的意义在于利用积分作用平滑放大器的输出电压，降低放大器的噪声，在硬件上起到数字滤波的作用。也正是由于此积分电容的存在，给核子秤的标定工作带来一定的影响。当核子秤上的负载变化时，信号电压的变化要滞后一段时间。当物料进入核子秤时，约需0.5min左右信号才能正常，当物料流出核子秤时，也需要0.5min信号才能恢复至空带电压值，因此如果实物标定时掌握不好主机开始计量的时间，会对核子秤的精度造成不小的影响。

(2) 标定物料总量的不足。实物标定是核子秤计量参数达到所要求精度的必要程序，经实物标定后核子秤才可投入运行。为确保核子秤的测量精度，进行实物标定时标定物料总量的最小值，应大于正常流量10min的累计值，流量也应近似于正常生产的状况。因此在设计安装核子秤之前，首先要确认现场具备实物标定的条件。

5. 电气方面的因素

(1) 探测器信号受干扰。前放板接收电离室产生的微弱电流信号，放大后通过屏蔽电缆传送给主机。如果电磁干扰过大或主机端屏蔽接地不良，信号受到干扰会产生较大的波动。处理这种问题，屏蔽线探测器端应悬空，主机端要保证良好接地，还应注意电离室与套筒隔离。

(2) 电子元器件特性不稳。前放板中的高阻阻值达到5GΩ，温度系数较大，因此核子秤在套筒内使用加热带等装置对电离室及前放板进行整体加热恒温，以使其免受环境温度变化的影响。由于长期处于较高的温度下，某些元器件的质量下降，特性不稳，造成信号波动。如高压系统电容漏电会使电离室电极上出现交变电容致使输出信号大幅波动，滤波电容损坏将使信号噪声电压大幅提高。

第七节　激光皮带配料秤

采用先进的激光扫描成像技术，克服了电子皮带秤和核子秤的缺点，对皮带上的物料进行全断面扫描，精确测量出物料的堆积体积。根据统计，大多数情况下，同一种物料的平均堆积密度是恒定的，所以根据堆积体积可以计算出被测物料的重量。在实际使用之前需要根据不同的物料进行实物标定。

对于堆积密度变化较大的情形，可以配置γ射线密度测量模块，实现准确测量。

性能：

测量精度：精煤　没有配置密度模块为0.5%；配置密度模块为0.25%；

原煤　没有配置密度模块为1.0%；配置密度模块为0.5%；

环境温度：−5～50℃；

采样频率：20ms；

1min 体积测量准确度：0.1%，测量时间越长，相对误差越小；

灵敏度高：可以测量出极小流量，如 3.5m/s 的皮带上 10kg/s 的煤流；

线性度好：在整个量程范围内线性好，荷重大小不影响测量参数；

皮带速度：适用于皮带速度固定及调速皮带；

应用场合广：可以用于钢丝带、低荷重、物流频繁断流等场合。

特点：

(1) 不接触测量，故障率低；

(2) 测量准确稳定，克服了皮带秤的零点漂移；

(3) 可以测量时断时续的物料，克服了核子秤与物料形状有关的缺点，提高了测量精度；

(4) 安装方便、操作简单、维护量极小；

(5) 激光秤的主机可以连接用户网络，可以实现远程数据查询功能；

(6) 可以适用于振动大、有腐蚀性、温度变化大等恶劣环境；

(7) 实物标定量小，只要小于 100kg 的物料即可，极大地减小了工人的劳动强度，同电子皮带秤或核子秤所需的满量程 10%的流量对比，使用户更具可操作性。

第八节　车号自动识别系统

一、车号自动识别系统（ATIS）的主要构成

车辆/机车电子标签（TAG）：安装在机车、货车底部的中梁上，相当于每辆车的“身份证”。

地面识别系统（AEI）：由地面天线、车轮传感器及 RF 微波射频装置、读出计算机（工控机）、防雷装置等组成。将运行的列车及车辆的标签信息准确识别后，传给 CPS。

集中管理系统（CPS）：车站主机房配置专门计算机，把读出计算机传来的信息进行处理、存储，并按通信协议和规程转发给 TMIS 等管理系统和列检复示系统。

列检复示系统：复示 CPS 管理设备的数据信息，为车辆管理和设备维护提供可靠信息。信息跟踪查询终端：该设备可以进行网络查询，对 CPS 管理设备提供给网络的列车、车辆识别信息数据，进行车辆追踪查询，实现列车、机车、车辆、集装箱运用管理。

标签编程网络：标签安装前在车辆段、厂将分配的车辆信息写入标签内存的网络系统，另一主要目的是防止出现错号、重号。

二、ATIS 的工作流程

对 AEI 及供电等进行自检→列车到来，车轮传感器工作→启动 RF 射频→天线开始工作，接收标签反射的信号，识别标签→由读出计算机对调波信号进行解调、译码、处理→并计轴、计辆、测速、标签定位→传至 CPS 系统、列检复示系统→关闭 RF 射频，停止发射微波信号→准备接下一趟列车。

三、ATIS 系统的技术关键

（一）ATIS 系统的主要构成

(1) 货车/机车电子标签（TAG）。安装在机车、货车底部的中梁上，由微带天线、

虚拟电源、反射调制器、编码器、微处理器和存储器组成。每个电子标签相当于每辆车的“身份证”。

（2）地面识别系统（AEI）。由安装在轨道间的地面天线、车轮传感器及安装在探测机房的RF微波射频装置、读出计算机（工控机）等组成。对运行的列车及车辆进行准确的识别。

（3）集中管理系统（CPS）。车站主机房配置专门的计算机，把工控机传送来的信息通过集中管理系统（CPS）进行处理、存储和转发。

（二）ATIS系统实现的几个主要技术关键

（1）信息处理的技术关键——CPS多线程多目标存储转发技术。如何高效充分地利用车号地面识别系统采集到的信息，并与铁路TMIS系统友好接口并交换信息，最终使基础信息高效共享。集中管理系统（CPS）是实现此目标的一个重要的接口环节。

CPS具有多线程多目标存储转发机制的特点。可以同时向多个目标发送报文，具有较高的发送效率；CPS转发程序具有准确无误、不丢失报文的特点，有一定的实时性，是一个存储转发装置。当CPS收到AEI报文时，转发程序立刻向各个预定义目标发送报文，如果此时到达某个目标的网络线路不通，转发程序会把未成功发送的报文存储起来，等线路通时，转发程序自动把以前未成功发送的报文发送出去。应用模式如图2-42所示。

转发程序的文件传输基于TCP/IP协议。高层传输协议使用FTP协议或CPS自定义协议。对于主机操作系统如UNIX、VMS、OS/2、WINDOWNS NT等具有FTP服务程序的操作系统，使用FTP协议传输报文；对不带FTP服务程序的操作系统，在其上安装转发系统配备的CPS报文接收程序，使用CPS自定义协议传输报文文件。CPS转发程序具有广泛的适用性。是车号自动识别系统中一项重要的软件工程。

（2）地面识别系统（AEI）的技术关键——微波反射技术。地面识别系统（AEI）工作程序模式如图2-43所示。当列车即将进站时，列车的第一个轮子压过开机磁钢时开始

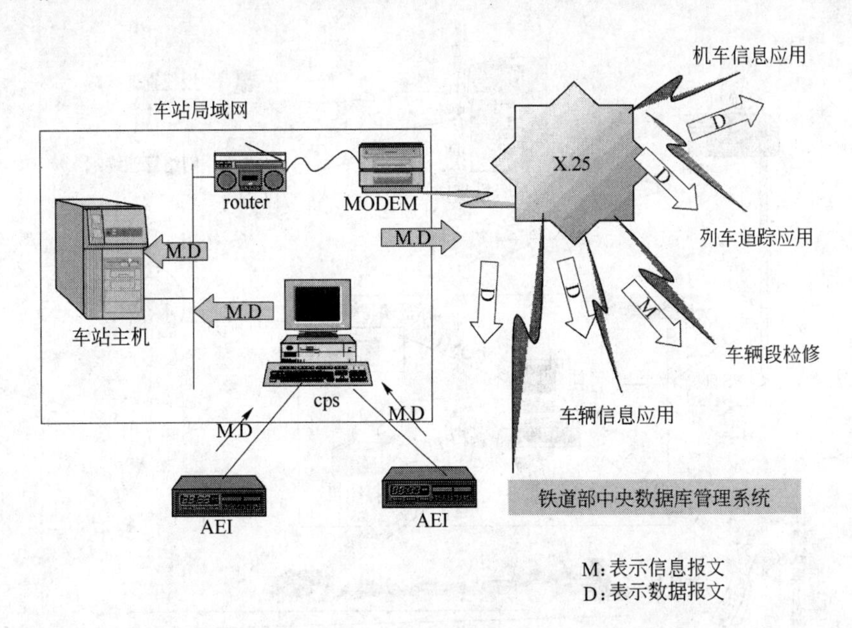

图2-42　CPS应用模式

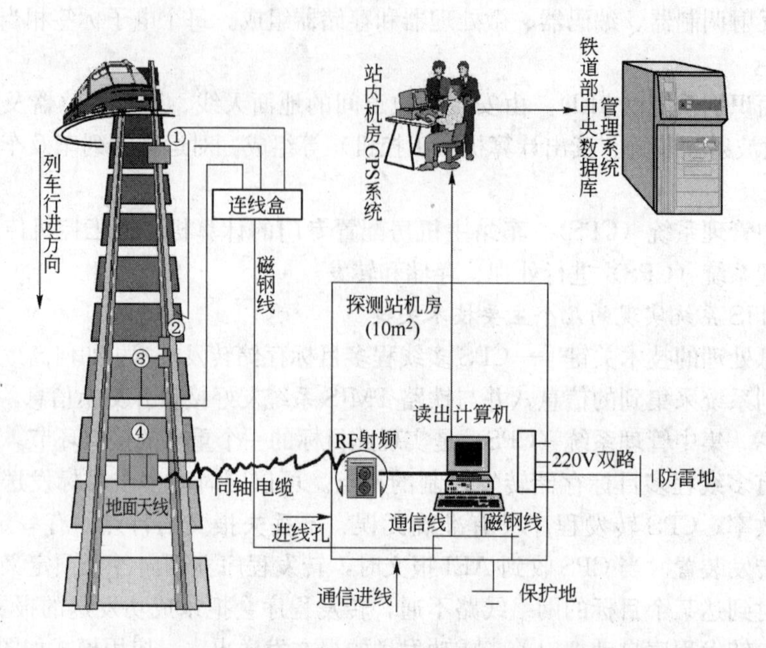

图 2-43 地面识别系统（AEI）工作程序模式

计数，大于等于 6 次时开启微波射频装置（RF），微波射频装置在没有列车通过时保持关闭状态。微波射频装置开启后，安装在轨道的地面天线开始工作，向疾驰而过的列车的每辆车底部的无源电子标签发射微波载波信号，为标签提供能量使其开始工作；首先标签在微处理器控制下，将标签内信息通过编码器进行编码，通过调制器控制微带天线，开始向地面反射信息；地面天线立即接收反射回的标签内信息，并传送到铁路旁的探测机房；由机房内无人值守的地面读出计算机（工控机）将接收到的已调波信号进行解调、译码、处

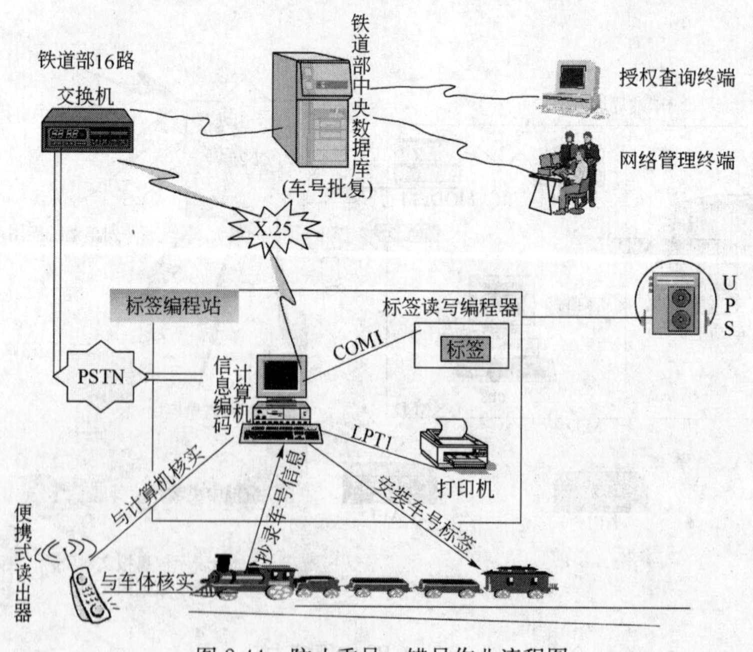

图 2-44 防止重号、错号作业流程图

理和判别；然后将处理后的信息送入车站机房的 CPS 集中管理系统。当列车的最后一辆车的轮子压过关门磁钢后，关闭射频装置（RF）。CPS 系统对多台地面识别设备进行管理，按照铁路 TMIS 的通信协议规程，将识别后的信息向铁路 TMIS 等系统传送，即有目的的存储转发。

(3) 防止标签出现“重号、错号”的技术关键——容错技术。出现重车号不但会严重影响车号信息的使用效果，而且会造成 ATIS 整个工程的失败。建立一套完善的、严格的、科学的管理制度和作业流程，避免标签出现“重号、错号”，如图 2-44 所示。在计算机方面，要求开发出的标签编程管理软件应具有合理的流程，严密的防错、纠错及容错技术。

第九节　煤堆量检测技术

煤堆量检测技术的激光测量系统是一个多传感器集成的自动化测量系统，主要由激光扫描器、行程传感器、回转传感器、电脑和系统软件组成。激光扫描器获取目标二维断面数据，行程传感器实时获取激光扫描器的运行速度，回转传感器实时获取激光扫描器的旋转角度，通过对多传感器数据进行匹配处理来获取被测目标的表面形态。激光扫描器一般由激光发射器、接收器、时间计数器、微电脑等组成。激光脉冲发射器周期地驱动一激光二极管发射激光脉冲，然后由接收透镜接收目标表面后向反射信号，产生一接收信号，利用一稳定的石英时钟对发射与接收时间差作计数，经由微电脑对测量资料进行内部微处理，显示或存储、输出距离和角度资料，并与其他传感器获取的数据相匹配，最后经过相应系统软件进行一系列处理，迅速获取目标表面立体模型及测量结果。其技术参数与主要特点如下。

(1) 技术参数：

扫描时间：26ms、最大测距：80m、扫描角度：0°～180°、环境温度：－30～50℃

密封等级：IP67

(2) 主要特点：

1) 精确度高：无盘煤死角，相对误差小于 0.5%；自动化程度高：绝大部分测量数据由扫描仪自动采集，劳动强度低；

2) 盘煤速度快：半小时左右即可完成一个煤场的扫描、测量工作。在现场计算，1min 内即可获得全部盘煤结果；

3) 辅助设备少，基本做到零维护；操作简便：每步操作有中文提示和说明，易学易会；

4) 使用灵活：可以计算煤场内任一指定范围内的储煤量；功能多样化：程序运行中产生多种图形。可以查看煤堆上任意点的高度和平面坐标，绘制任一方向的煤堆剖面图；

5) 使用面广：对已安装扫描仪的煤场，在堆取料机不能运行时也可盘煤，对无法安装扫描仪的煤场亦能进行盘煤。

第十节　焦油渣的回收利用

现在焦化行业对环保要求越来越高，其中对焦油渣的处理非常麻烦。在投资不高，处理简单的前提下，如何处理焦油渣，各企业办法各不相同。目前大致有粉碎机前混合、配合后混合，粉碎机后成型等几种形式，其中成型不失为一种较好的措施。

下面介绍的处理工艺（图 2-45）可以借鉴。

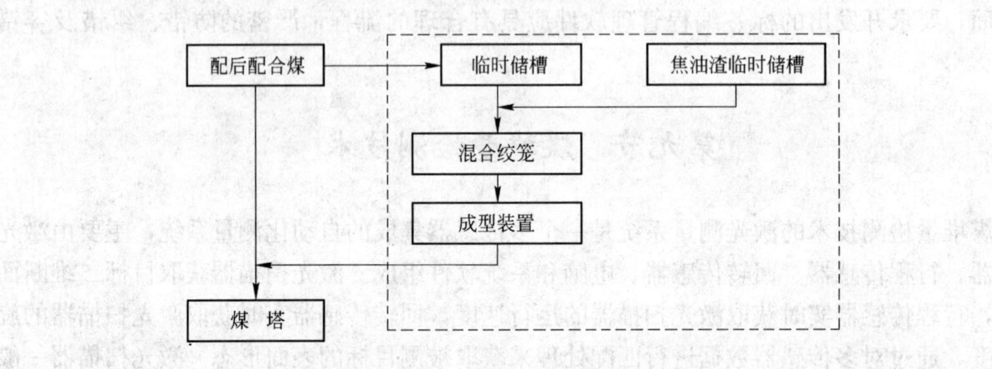

图 2-45　焦油渣回配处理工艺简图

从配合煤皮带上截取部分配合煤装入临时储槽，同时将焦油渣也放置在焦油渣临时储槽，两者通过简易的配合装置，按适当比例进入混合绞笼进行混合，再进入成型装置压制成煤饼返回皮带系统。

第三章　几种炼焦煤的预处理新技术

随着我国钢铁工业的发展和高炉大型化，对焦炭需求量和质量的要求也随之提高，但优质炼焦煤的资源日趋贫乏。根据有关部门公布的资料表明：目前我国炼焦煤的生产井、在建和可供建井的贮量中，高挥发分弱黏结煤占47%，在尚未利用的炼焦煤资源中占51.4%。华东和东北地区气煤分别占本地区炼焦煤贮量的78%和71%。因而研究开发扩大炼焦煤源、增大高挥发分弱黏结性煤在炼焦配合煤中的用量成为炼焦工作者的重要课题。

为了多用高挥发分弱黏结性煤，广泛研究开发了煤的预处理技术，这些技术包括：煤分级粉碎、配型煤炼焦、捣固装炉、预热煤装炉、干燥煤装炉及调湿煤装炉（即CMC工艺）等。以下简单介绍我国已使用的捣固炼焦、配型煤炼焦及调湿煤技术。

第一节　概　　述

一、捣固炼焦

将配合煤用捣固机捣实成体积略小于炭化室的煤饼后，推入炭化室炼焦称为捣固炼焦。

捣固炼焦起源于德国，1882年德国最先采用捣固法炼焦。从20世纪开始，捣固炼焦技术在一些高挥发分中等或弱黏结性煤贮量丰富而焦煤缺乏的国家和地区，如德国萨尔地区、法国洛林地区、波兰和中国东北地区相继被采用。但由于捣固煤饼高度受到限制，捣固机械作业率低，加上装炉时炉门冒烟、冒火环境污染较严重等原因，捣固炼焦没有得到大规模推广。20世纪70年代，联邦德国在煤捣固工艺上取得重大突破，主要是采取薄层连续给煤并加以捣固等技术措施，提高捣固机械效率，并有效地控制了煤饼装炉时的烟尘，这一工艺才引起各国的重视，相继在印度和苏联等国推广应用。

20世纪50年代，我国开始在产高挥发分煤的东北和华东地区建造捣固炼焦的焦炉，以非优质炼焦煤为主生产化工、冶金用焦炭。但规模较小，发展进度也较慢。

预热捣固炼焦是将煤料预热到约170℃，放入双辊混料机内与150℃的液态黏结剂混合，再将混合好的煤料经运输机送入捣固机捣固成热煤饼，最后装入焦炉内炼焦。1976年德国首先进行了预热捣固炼焦的试验，取得了一定的效果。

二、配型煤炼焦

配型煤炼焦是将一部分装炉煤料在装炉前配入黏结剂压制成型煤，然后与大部分散状煤料按比例配合后装炉炼焦。

配型煤炼焦最早的工业生产装置起始于原西德，20世纪50年代末Still公司在40孔6m高的焦炉上，就应用了该技术，以增加装煤的堆积密度，提高焦炭质量。70年代，日本加速了这方面的研究，1971年日本八幡钢铁厂建成第一套部分煤料压块装置。1976年，日本利用这项技术制取的焦炭占日本总焦炭产量的44%。20世纪80年代，前苏联、韩国、中国等相继从日本引进配型煤炼焦技术和设备，以在原有炼焦配煤的基础上提高焦炭质量，满足大型高炉对焦炭质量的要求。但20世纪90年代以后，日本大力发展煤调湿，很少再建设配型煤装置。至2000年10月，在日本现有的15家焦化厂的47组焦炉中，尚有6座焦炉采用配型煤炼焦技术。

我国宝钢为了在炼焦用煤中多配入一些华东地区的弱黏结煤，同时满足4000m³以上大型高炉焦炭质量的需要，从日本引配型煤炼焦技术。通过多年的实践，取得了预期的效果。

目前，工业生产上广泛应用的成型煤工艺主要有3种流程：（1）新日铁型煤炼焦流程；（2）住友型煤炼焦流程；（3）德国的RBS流程。除此之外，还有美国钢铁公司的CBC流程。

三、煤调湿技术

煤调湿（Coal Moisture Control，简称CMC）是“装炉煤水分控制工艺”的简称，它是一种炼焦用煤的预处理技术，即通过加热来降低并稳定、控制装炉煤的水分。它与煤干燥的区别在于，不追求最大限度地去除装炉煤的水分，而只把水分调整稳定在相对低的水平（一般为5%～6%），使之既可达到提高效益的目的，又不致因水分过低引起焦炉和回收系统操作困难。

CMC以其显著的节能、环保和经济效益受到普遍重视。美国、前苏联、德国、法国、日本和英国等都进行了不同形式的煤调湿试验和生产，其中，发展最快的是日本，最早在1982年由新日铁开发出第一代导热油煤调湿装置并应用于生产，1991年又开发出第二代蒸汽回转式干燥机煤调湿装置在君津厂投产，1996年在室兰厂投产了第三代烟道气流化床煤调湿装置。

截止到2000年10月，在日本现有的15家焦化厂的47组焦炉中，共有28组焦炉采用CMC技术，1996年后建设的多以烟道气流化床煤调湿为主。

第二节 捣固炼焦

一、捣固炼焦的机理及特点

（一）捣固炼焦的机理

捣固炼焦工艺中，煤料在焦炉以外与炭化室尺寸相近的铁箱中进行捣固，捣固过的致密煤饼通过打开的炉门送入炭化室。煤料经捣实后，其堆密度可由散装煤的0.7～0.75t/m³提高到0.95～1.15t/m³，有利于提高煤料的黏结性。因为煤料堆密度增加，煤粒间接触致密，间隙减小，填充间隙所需的胶质体液相产物的数量也相对减少。也就是说由煤热分解时产生的一定数量的胶质体，能够填充更多煤粒之间的间隙，可以用较少的胶质体液相产物均匀分布在煤粒表面上，进而在炼焦过程中，在煤粒之间形成较强的界面结合。

此外，捣实的煤料在结焦过程中产生的干馏气体不易析出，煤粒的膨胀压力增加，这就迫使变形的煤粒更加靠拢，增加了变形煤粒的接触面积，有利于煤热解产物的游离基与不饱和化合物进行缩合反应。同时，热解产生的气体逸出时遇到的阻力增大，使气体在胶质体内的停留时间延长，这样，气体中带自由基的原子团或热分解的中间产物有更充分的时间相互作用，有可能产生稳定的、分子量适度的物质，增加胶质体内不挥发的液相产物，这样胶质体不仅数量增加，而且还变得稳定。这些都有利于提高煤料的黏结性。

研究表明，在室式焦炉的炼焦条件下，随着煤料堆密度的增加，使相邻层间结合牢固，减少了收缩应力的松弛作用，故使焦炭容易产生裂纹，导致抗碎强度指标下降。在捣固煤料中配入适当数量的焦粉或瘦煤等瘦化组分，既能减少收缩应力，增大焦炭块度，又能使煤料中的黏结成分和瘦化成分达到恰当的比例，增加气孔壁的强度。捣固炼焦工艺最适合于以高挥发分的黏结性能偏差的煤为主的配煤炼焦。配入少量焦煤、肥煤或添加黏结剂的目的，在于调整黏结成分的比例，弥补配合煤料黏结性能的不足。实践证明，在适当加入焦粉、瘦煤等瘦化剂后，捣固炼焦的焦炭抗碎强度指标有明显的增加趋势。瘦化组分对捣固焦质量的影响见表 3-1。

表 3-1　瘦化组分对捣固焦质量的影响

配煤比/%				V/%	Y/mm	堆密度/t·m^{-3}	水分/%	细度/%	焦炭强度/%	
淮南（气煤）	张大庄（焦煤）	青龙山（瘦煤）	焦粉						M_{40}	M_{10}
75	10	15	—	31.76	16.5	1.14	10.9	96.0	75.30	6.26
75	15	10	—	31.78	16	1.13	11.1	95.6	70.26	6.82
75	20	5	—	32.76	16	1.13	10.8	93.4	62.30	6.10
75	19	—	6	31.85	16.5	1.14	10.7	95.0	74.40	6.58

预热捣固炼焦技术是一种将煤预热与捣固炼焦相结合的工艺。在预热捣固炼焦工艺中，综合利用了增加煤料堆密度、改变煤料软化前的加热速度、添加抗裂化剂和补充黏结剂等提高焦炭质量的措施。预热捣固炼焦时，虽然在加热速度及塑性层的厚度方面与预热煤散装时的差不多，但由于捣固增加了煤料的堆密度，因此一般预热捣固炼焦时胶质体在塑性层的停留时间比预热煤散装时约增加 12%；另外，由于预热煤入炉后到达软化温度所需的时间比湿煤要短，一般预热捣固炼焦时，胶质体在塑性层的停留时间比湿煤捣固炼焦时约增加 18%，因此，在预热捣固炼焦工艺中，添加到煤料中的黏结剂的改质作用，以及抗裂化剂的效果会得到更好的发挥。

（二）捣固炼焦的特点

捣固炼焦与常规顶装炼焦相比有独自的特点，可按不同的方式进行比较。

1. 按装煤方式进行比较

常规炼焦工艺是通过炉顶装煤车将煤从炉顶落入炭化室，它的堆密度约 750kg/m³，而捣固炼焦工艺是通过机侧推焦装煤车将预先捣实的煤饼，从焦炉机侧推送入炭化室，其堆密度为 950～1150kg/m³。

常规炼焦装入炭化室的散料煤紧贴炭化室两侧炉墙，捣固炼焦送入炭化室的成型煤饼与炭化室两侧炉墙有一定的间隙。

2. 按原料煤的应用进行比较

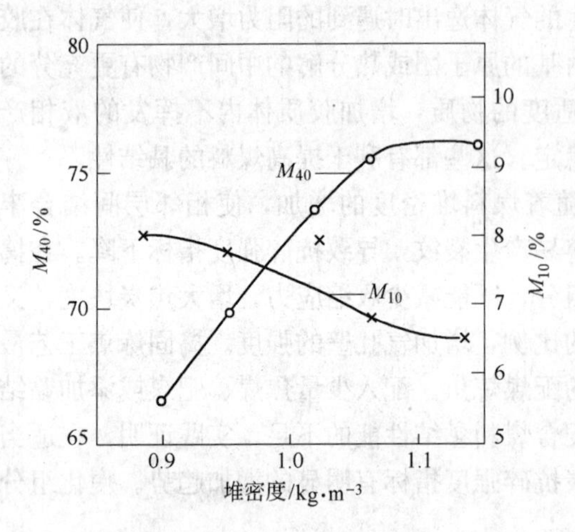

图 3-1 堆密度对捣固焦质量的影响

（配煤比：淮南气煤 76%；张大庄焦煤 20%；焦粉 4%）

同常规炼焦相比，捣固炼焦原料范围宽，可以多配入高挥发分煤和弱黏结性煤，生产优质高炉用焦，还可以掺入焦粉和石油焦粉生产优质高炉用焦和铸造焦，以及用 100% 高挥发分煤炼焦生产气化焦。

在瘦化组分含量适当时，同样的配煤比，由于捣固炼焦煤料堆密度提高，因此捣固炼焦比顶装炼焦焦炭质量有所改善和提高，一般 M_{40} 可提高 2%～4%，M_{10} 可改善 3%～5%。对捣固炼焦本身而言，入炉煤饼堆密度对捣固焦质量的影响更大，如图 3-1 所示。

在相同焦炭质量时，捣固炼焦的配合煤中，可以多配入 10%～20%高挥发分煤，还可配入 5%～10%焦粉或石油焦。采用散装煤炼焦，一般配合煤挥发分大于 29%时，焦炭强度明显下降，而采用捣固炼焦，只要挥发分小于 34%，焦炭强度仍可满足要求。装炉煤挥发分与捣固焦质量的关系如图 3-2 所示。在同样的炉孔和炭化室尺寸相等时，由于煤的堆密度的增加，捣固炼焦焦炭产量将增加。堆密度对焦炉生产能力的影响，如图 3-3 所示。

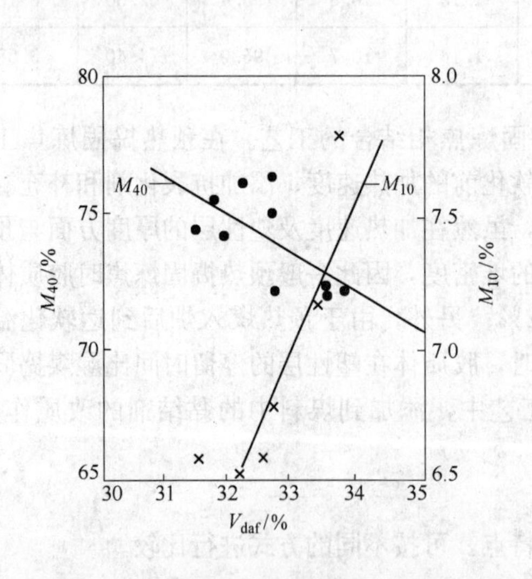

图 3-2 装炉煤挥发分与捣固焦质量的关系

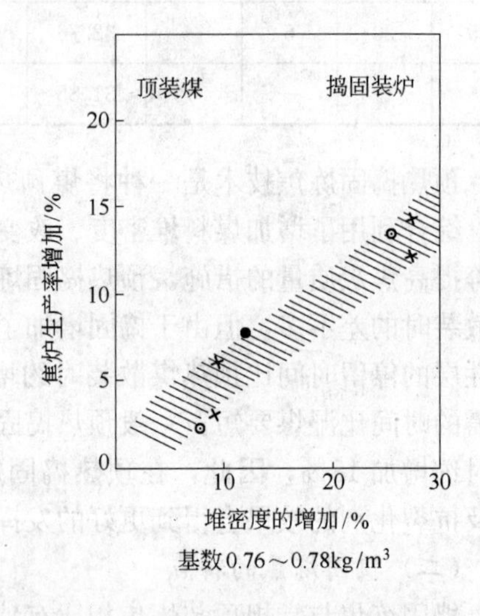

图 3-3 堆密度对焦炉生产能力的影响

捣固炼焦技术采用的炼焦煤源具有区域性，这种炼焦工艺主要运用于高挥发分煤和弱黏结性煤。实践证实，黏结性偏好的煤采用捣固炼焦技术，焦炭质量无明显改善。

3. 与其他几种煤预处理技术进行比较

在相同的焦炭质量时，捣固炼焦技术所用的高挥发分煤和弱黏结性煤较多，各种炼焦工艺中高挥发分煤与弱黏结性煤所占比例的顺序是：

常规顶装炼焦＜型煤炼焦＜煤预热炼焦＜捣固炼焦＜预热捣固炼焦。

在相同的配煤比的情况下，捣固炼焦所得的焦炭质量较好。不同炼焦工艺对焦炭气孔结构的影响如图 3-4 所示。

几种煤预处理技术的综合比较见表 3-2。从表中可以看出，捣固炼焦技术与这几种煤预处理技术相比，优点较多。因此，为了扩大炼焦用煤，特别是对高挥发分煤和弱黏结性煤贮量多的区域，采用捣固工艺更为有利。

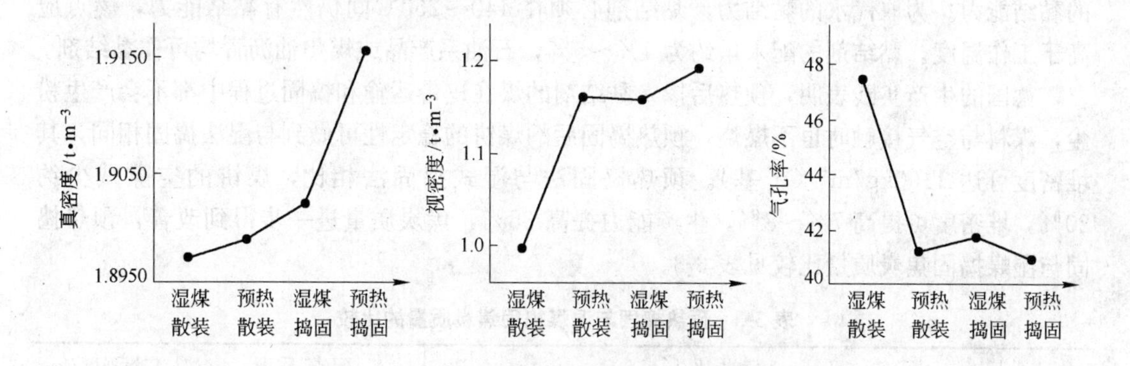

图 3-4　不同的炼焦工艺对焦炭气孔结构的影响

表 3-2　几种煤预处理技术的综合比较

项　目	选择粉碎	煤干燥	煤预热	压块配煤	捣固焦技术
基本原理	改善煤料粒度组成，提高均匀程度	增加堆密度	增加堆密度，快速加热	增加堆密度，紧密煤粒间距	增加堆密度，紧密煤粒间距
焦炭质量的改善 DI^{30}_{15}/%	0.3～0.5	0.5～1.0	1.0～2.0	1.0～1.5	2.5～3.0
增产幅度/%	不增产	10～15	35～40	不增产	25～30
对煤料性质的要求	要求煤岩不均一，筛分有一定的富集作用的煤效果较好	对多种煤均较适应	对高挥发分弱黏结煤效果较好	对低挥发分弱黏结煤效果较好	对高挥发分弱黏结煤效果较好
技术关键问题	细颗粒煤筛分设备能力较差	干燥煤装炉及环境保护	预热煤装炉及环境保护	型块偏析问题	煤饼要捣实，控制好配合煤的细度和水分
操作费用	较低	低	最高	较高	较低
基建投资	较低	较低	较高	较高	一般
操作条件	降低＞3mm 及＜0.5mm 煤粒	水分＜5%	预热 200～250℃	配型块 30%～40%	配合煤细度，约 90%，水分 9%～11%

同湿煤捣固相比，预热捣固工艺可以扩大炼焦煤源，特别是针对弱黏结性煤或不黏结性煤。一般当煤的坩埚膨胀序数小于 2.5 时，用此工艺效果较为显著。如果坩埚膨胀序数大于 2.5，此工艺的优越性大大降低，甚至使焦炭质量下降。如果将湿煤捣固法与预热捣固法相比较，要建一座年产 170 万 t 焦炭的焦炉，用湿煤捣固法需建炭化室 6m 高的焦炉 126 孔，而用预热捣固法，因煤料堆密度增加和结焦时间缩短，只需炭化室 6m 高的焦炉约 86 孔，节约 40 孔炉组，而且焦炭的产量还可略高些，只需增加一套煤预热装置，因此预热捣固与湿煤捣固相比基建投资大为降低。

预热捣固工艺有其十分明显的优点，特别适宜于缺乏强黏结性煤，而弱黏结性煤和不黏结性煤有一定贮量的地区，也适宜于需大量运进主焦煤的地区。预热捣固炼焦可以扩大弱黏结性煤的用量，并改善焦炭质量，同时加黏结剂不仅提高了煤料堆密度，而且还改变了煤的热性能，有利于结焦过程中中间相结构的成长，从而改善焦炭的热态性质。

煤料预热后具有黏结力的水分便不再存在了，所以预热捣固时需添加黏结剂。黏结剂的选择首先考虑的是黏结剂在煤料捣固过程中的黏结特性，而不在于提高它在结焦过程中的黏结能力。为取代水的黏结力，黏结剂必须在 140～250℃间仍然有黏结能力，燃点应高于工作温度。黏结剂的配入量约为 4%～5%，石油系产品或煤焦油沥青均可作黏结剂。

德国的生产实践表明，预热后掺入黏结剂的煤在皮带运输和捣固过程中都不会产生粉尘，煤料与空气接触时也不燃烧。预热捣固后的煤饼的稳定性可做到与湿法捣固相同，其堆密度可达 1100kg/m^3（干基）。预热捣固法与湿式捣固法相比，煤饼的空隙减少约 20%，堆密度可提高 7%～8%，生产能力提高 35%，焦炭质量进一步得到改善，预热捣固与湿煤捣固焦炭质量比较见表 3-3。

表 3-3 预热捣固与湿煤捣固焦炭质量的比较

捣固方法	配煤比/%							配煤质量			焦炭强度/%	
	633*	634*	621*	321*	石油焦	焦粉	黏结剂	挥发分/%	自由膨胀序数	膨胀度/%	M_{40}	M_{10}
湿煤	57.4	—	—	16.0	21.3	5.3	—	27.4	1.5	0	71.4	20.4
预热煤	54.0	—	—	15.0	20.0	5.0	6.0	31.3	2.0	0	77.1	8.2
湿煤	—	13.8	47.9	31.9	—	6.4	—	28.6	3.0	0	74.4	17.6
预热煤	—	13.0	45.0	30.0	—	4.0	6.0	30.9	3.0	−22	82.1	6.7

*—国际硬煤分类号。

（三）捣固炼焦技术经济分析

捣固炼焦技术的经济效益主要表现在三个方面：其一，捣固炼焦入炉煤堆密度大幅度增加，虽然结焦时间略为延长，但其生产能力仍比顶装焦炉提高 15%以上，所以在焦炭产量一定的条件下，所需炉孔数要比顶装焦炉少，相应炉体部分的投资可减少。以年产 250 万 t 焦炭的规模为例，对采用捣固和顶装两个方案时的投资进行比较的结果见表 3-6。由表中数据比较可见，采用捣固方案时，虽然机械设备投资高于顶装方案，但总投资仍比顶装方案节省 9%。其二，采用捣固炼焦技术能用较多的高挥发分煤及弱黏结性煤生产合格的焦炭，而高挥发分煤及弱黏结性煤的煤价通常比强黏结性煤低，因此采用捣固炼焦技术可以降低焦炭成本。其三，采用捣固炼焦技术，使焦炭质量得到了显著改善，对高炉的操作顺行、降低焦比、提高高炉利用系数起到十分重要的作用。采用捣固炼焦技术，以焦炭质量的显著改善来分析，按高炉利用系数提高 100kg/（m^3·d），焦比下降 10kg/t，以 2000m^3 高炉为例，一年可增产铁 7.3 万 t，节约焦炭 1.75 万 t，经济效益相当可观。

二、捣固炼焦的设备

（一）捣固炼焦焦炉

目前捣固焦炉的炭化室高分为 2.3m、3.2m、3.8m、4.1m、6.25m 等几种系列。这些焦炉的炭化室容积及生产能力与顶装焦炉的比较见表 3-5。从表 3-5 可看出，炭化室高约 3.5m 的捣固焦炉的焦炭产量与 4.3m 的顶装焦炉相近，6m 高的捣固焦炉的焦炭产量介于顶装焦炉炭化室高7.0～7.5m之间，而炭化室高度同样是6m时，捣固焦炉的焦炭产量比顶装焦炉高30%～40%。

表3-4 顶装焦炉与捣固焦炉炼焦投资情况比较表

序号	指标名称	捣固装炉	顶装炉
1	焦炭产量/$Mt \cdot a^{-1}$	2.5	2.5
2	用煤量/$Mt \cdot a^{-1}$	3.34	3.34
3	炭化室尺寸/m	6×0.48×16.5	7×0.45×16.5
4	容积/m^3	45.2	49.5
5	有效容积/m^3	41	46.3
6	装炉堆密度/$t \cdot m^{-3}$	1.0	0.75
7	每孔装煤量/t	41	34.5
8	火道温度/结焦时间/$℃ \cdot h^{-1}$	1335/19.5	1335/17.3
9	每天推焦孔数/孔	223	265
10	生产率/$t \cdot (m^3 \cdot d)^{-1}$	0.92	0.78
11	炉孔数/孔	181	191
12	每孔投资/%	86	100
13	焦炉投资/%	67	82
14	焦炉机械投资/%	24	18
15	焦炉与焦炉机械总投资/%	91	100

表3-5 捣固焦炉与顶装焦炉生产能力比较

焦炉炉型	炭化室高/m	宽/mm	长/m	每个炭化室有效装煤量/t	结焦时间/h	每孔炭化室年产量/万$t \cdot a^{-1}$
顶装	4.3	407		16.2	15	0.69
顶装	4.3	405	—	17.9	17	0.70
顶装	5.5	450	—	27.0	17	0.99
顶装	6.0	450	15.48	28.48	18	1.0
顶装	7.015	600	16.4	45.4	24	1.35
顶装	7.59	430	15.60	33.5	17	1.53
顶装	7.85	550	18.2	52.5	22.5	1.57
捣固	3.20	460	11.78	13.5	19	0.4
捣固	3.8	460	12.26	16.4	20	0.85
捣固	4.1	450	13.30	24	19	1.20
捣固	6.25	490	17.25	45.0	19.5	1.40

顶装焦炉为了顺利推焦，减缓对炭化室两侧的压力，炭化室的水平截面呈梯形，即焦侧宽度大于机侧。对捣固炼焦来说，由于它的煤饼在捣实后由机侧推送到炭化室内，既要减少煤饼与炭化室两侧间隙，又要能顺利推焦，因此一般捣固焦炉仍有一定的锥度，但其锥度比顶装焦炉要小一些。在捣固焦炉中，随着炭化室锥度的增大，焦炭的质量下降，这是因为在成焦过程中，煤饼与炉墙间的空隙越来越大，炉墙作用于煤饼上的压力显著减少，而炉墙作用于煤饼上的压力对焦炭质量有一定的好处。

在结焦时间方面，顶装焦炉与捣固焦炉如果炉型相同、主要规格相近，捣固焦炉入炉煤饼堆密度大约是顶装焦炉煤料堆密度的1.4倍。由于密实煤料的热导率大，因此，两种煤料的结焦时间的比值不到1.4倍，实际上一般炭化室宽407～450mm的顶装焦炉的结焦时间为16～18h，而捣固焦炉相应的结焦时间约为18～20h，两者比值约为1.12。虽然捣实煤饼的宽度略小于炭化室的宽度，在炭化室长向有锥度的情况下，沿炭化室长向从机侧到焦侧，煤饼与炭化室墙之间的间隙逐渐增大，但这个间隙不会增大炉墙对煤料的传热阻力。因为推入的煤饼与炭化室墙仅有15～20mm的间隙，在结焦初期，煤饼可以通过炭化室墙的辐射传热获得热量，而且煤饼推入炭化室，抽去底板后，因间隙很小，煤饼一侧已经紧靠炭化室墙，同样可以通过传导传热从炭化室墙直接获得热量，而且由于煤料堆密度提高的幅度较大，因此捣实煤饼在炭化室内的传热效果优于散装煤料。另外，煤饼与炭化室墙的较小间隙，还能减缓成焦过程中煤料对炉墙产生的膨胀压力，对延长炉体寿命有一定的好处。

捣固焦炉为适应捣固煤饼侧装的要求，有以下特点：

(1) 由于捣固煤饼沿炭化室长向没有锥度，因此炭化室的锥度较小，在20mm以下。

(2) 为保证煤饼的稳定性，煤饼的高宽比有一定限制，因此炭化室高度一般不超过4m，但采取提高煤饼稳定性的专门技术后，捣固焦炉炭化室的高度可达到6m以上。

(3) 捣固煤饼靠托煤板送入炭化室，它对炭化室底层炉墙磨损比较严重，因此炭化室以上第一层炉墙砖应特别加厚。

(4) 炉顶没有装煤孔，只设1～2个孔供除尘净化车抽吸装煤时的荒煤气和粉尘，以及燃烧炭化室沉积的石墨。

(二) 捣固机

捣固机设在捣固焦炉机侧煤塔下部的轨道上，用来将煤料捣实成煤饼，煤饼由装煤推焦车送入炭化室内。捣固机和装煤推焦车是相互配套的，左型装煤推焦车配用左型捣固机，右型装煤推焦车配用右型捣固机。捣固机的左右型是按捣固锤在小车上的位置而区分的，区分的方法是面向捣固机，捣固锤组靠近车体架左端为左型，靠近车体架右端为右型。

捣固机由机架体、走行机构、捣固机构、调锤机构以及电气控制系统等部分组成。

捣固机的机架体用钢板和型钢焊接而成。走行电动机通过联轴器与抱轴减速机相连，直接带动主动轮对，驱动捣固机来回运动。捣固电动机通过减速传动系统，使主动胶带轮和偏心胶带轮同步旋转，偏心胶带轮在145°的转角内使胶带机拉紧提起捣固锤；偏心胶带轮转过145°后，则胶带松弛，锤自由落下，从而冲击在煤料上，达到捣实煤料的目的。因此，主动胶带轮和偏心胶带轮每旋转一圈，锤上下一次。捣固力的大小决定于捣固锤的质量及其冲程。捣固锤是焊接结构，锤杆断面为工字形。在锤杆的背面装有圆形齿条和牙板。当捣固锤工作时，齿条和牙板是脱开的。当扳动手柄使牙板和齿条啮合，则锤只能上升不能下降，这就可使锤停在所需要的位置或最高的原始位置上。调锤机构由手动轮或电动装置通过丝杆螺母使张紧轮上下运动，从而调整胶带的松紧程度，而胶带的松紧程度则决定了捣固锤的冲程大小，冲程的调节范围为50～400mm。

(三) 装煤推焦车

装煤推焦车由钢结构、走行机构、推焦装置、装煤装置、开门装置、气动系统、电气系统、接煤装置等组成。装煤推焦机分左右型，其区分方法是以司机室为准，面向焦炉，当煤装置在司机室左侧者为左型，在右侧者为右型。

装煤推焦车一个操作循环的主要工作过程如下：捣固煤饼→开门装置摘下炉门→推焦

装置推出炭化室中焦饼→装煤装置将煤饼送入炭化室中→开门装置关闭炉门→装煤推焦车回至煤塔捣固煤饼。

装煤推焦车的钢结构采用焊接结构组成，主要有梁、支柱、支架都采用钢板或型钢焊成，其接头则采用铆接。走行机构采用集中传动方式驱动，由电动机、减速机、横轴及制动器等组成。推焦装置与顶装焦炉推焦装置的结构基本相同，不同的是推焦与装煤共用一台电动机，减速机的被动轴两端输出，每端有一齿型离合器，当装煤端离合器闭合，则驱动装煤；当推焦端离合器闭合，则驱动推焦。这两个齿形离合器是气动缸驱动，两个气动缸由一个手动换向阀操作，它们互相联锁，当推焦离合器闭合，则装煤离合器打开，反之亦然。启门装置与顶装焦炉推焦车的开门装置相同。装煤装置由煤槽固定壁和活动壁、煤槽活动壁移动机构、前挡板及前挡板启闭机构、后挡板及后挡板的锁闭机构、卷扬机构、煤槽板及底板移动机构等组成。气动系统由空气压缩机、储气罐、管道、气动控制元件等组成。一般一台装煤推焦车设置两台空气压缩机，一用一备。接煤装置由接煤板和起落装置组成。接煤板是焊接件，设置在煤槽固定壁上，接煤板的起落由两个汽缸驱动。

（四）捣固装煤推焦车

捣固焦炉的机械设备有一个发展过程，从最初单独设在煤塔下的捣固机以及装煤推焦车发展到捣固、装煤与推焦合为一体的捣固装煤推焦车，捣固焦炉的机械作业率也大大提高。

捣固装煤推焦车用于煤料捣固成型、煤饼装入炭化室、从炭化室推出焦炭和机侧炉门的摘对清扫。它的特点是在大车上分两大部分，一部分与顶装焦炉的推焦车具有同样的功能；另一部分就是捣固部分，它具备捣固煤饼以及推送煤饼装炉两个功能。

捣固装煤推焦车由钢结构、走行机构、捣固机系统、取门机系统、推焦机构、液压系统、电气控制系统、集中润滑系统等组成。捣固装煤推焦车的结构示意图如图3-5所示。

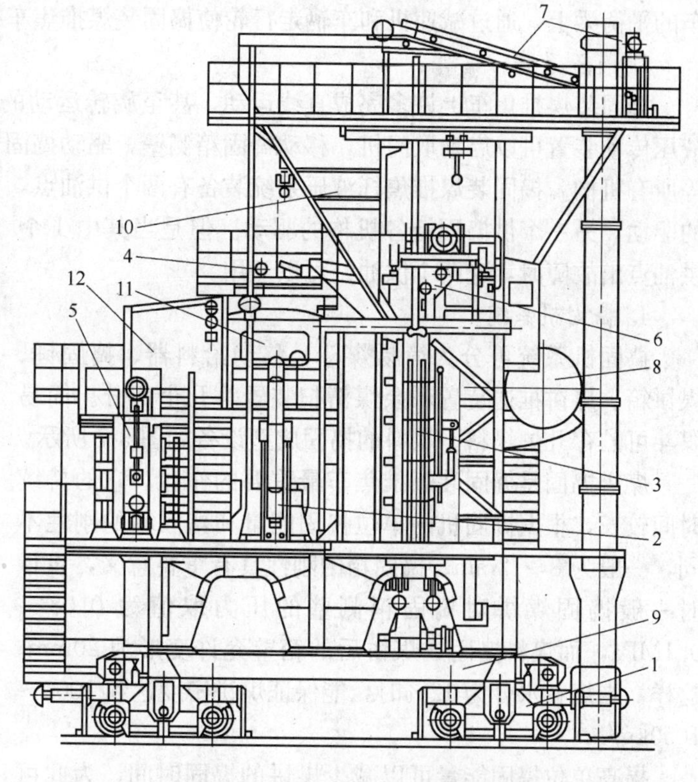

图3-5　捣固装煤推焦车的结构示意图

1—走行机构；2—推焦机构；3—捣固箱；4—煤料计量加料机构；5—摘门机；6—捣固机；7—倒塌煤料输送机；8—压缩空气包；9—承重钢结构；10—煤斗；11—司机室；12—配电室

1. 钢结构

捣固装煤推焦车的钢结构由钢板主梁和框架构成。

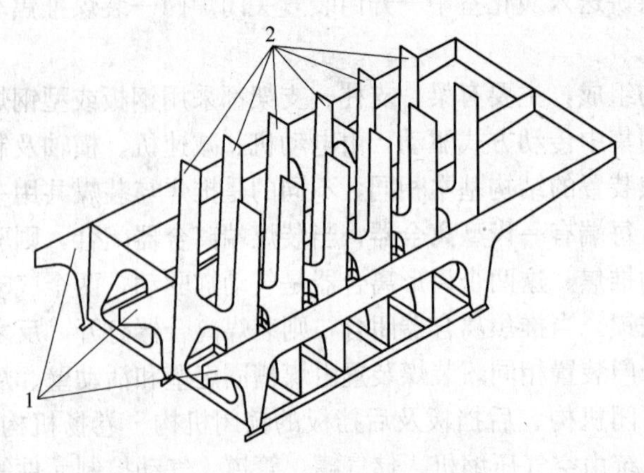

图 3-6　捣固装煤推焦车钢结构示意图

1—主梁；2—H 形框架

如图 3-6 所示。这些框架支承捣固箱、煤斗、司机室、配电室以及梯子和平台等部件。

捣固装煤推焦车为承受静负荷和动负荷作用的支承结构。其静力系统决定机械的正常工作；动系统的选择要能在动系统范围内缓冲动负荷影响，且不把此影响传递给钢轨路基及相邻构筑物。因而，在将强制振动振幅限制在最低值的同时，捣固装煤推焦车结构要有相当大的弹性。当结构的弹性小，呈刚性时，动态影响会以周期性冲击方式传递给钢轨路基和相邻构筑物，特别是焦炉和煤塔，并且在长时间运行之后会导致这些构筑物的损坏。

2. 走行机构

捣固装煤推焦车的走行机构由 4 个独立的驱动机组构成，每个驱动机组都装在走行小车的平衡梁上，通过减速机和车辆走行轮使捣固装煤推焦车行驶。

3. 液压系统

捣固装煤推焦车上许多完成直线运动，甚至旋转运动的机械都配备有液压传动装置。液压传动装置可以启动取门机，移动捣固箱侧壁，驱动捣固箱计量装煤和固定捣固箱前壁等所有机构。捣固装煤推焦杆液压系统装备有两个供油点，其中 1 个用于取门机各种机构的驱动，另一个供捣固箱各机构的驱动。但是当其中 1 个供油点出故障时，这两个供油站可以互用。

4. 捣固机系统

捣固机系统可分为简易煤斗、移动给料器、捣固锤、煤饼箱、煤饼推送装置和余煤清扫装置等几个部分。简易煤斗可贮存几炉煤料。煤料的捣固成型设备如图 3-7 所示。

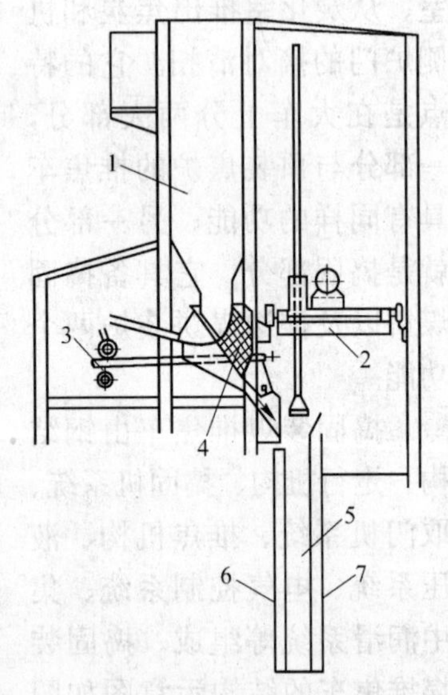

图 3-7　煤料的捣固设备

1—煤斗；2—捣固机；3—自动加煤机；4——批料煤；5—捣固箱；6—固定的箱壁；7—活动的箱壁

煤饼捣固是捣固装煤推焦车最重要的作业，它的持续时间较长，根据捣固机的单位捣固能量和捣固箱的刚性不同，一般为 8～12min。捣固箱的刚性具有重要意义，设计时一般捣固煤饼对捣固箱侧壁的压力取值为 0.08～0.1MPa，而煤料捣固成煤饼后的箱壁允许变形为 20mm。这样，当煤料水分为 12%时，能保证煤饼密度达到 1000～1050kg/m^3。

提高单位捣固能量可以减少煤饼的捣固时间，为此可以给捣固装煤推焦车配备一套移动式的皮带传动捣固机构，它由几个各有 6 个捣固锤构成的捣固单元组成。比较先进的捣固装煤推焦车配备有多锤头式捣固机构，这种捣固机构几乎可以布满捣固箱的整个长度，只须纵向移动约

500mm。这样煤饼捣固时间就可缩短到3min左右，同时煤饼密度可达到1150 kg/m³。

为了减少捣固机的重量和提高作业效果，可以采用直线感应电机提升捣固锤头和移动捣固机，其结构示意图见图3-8。

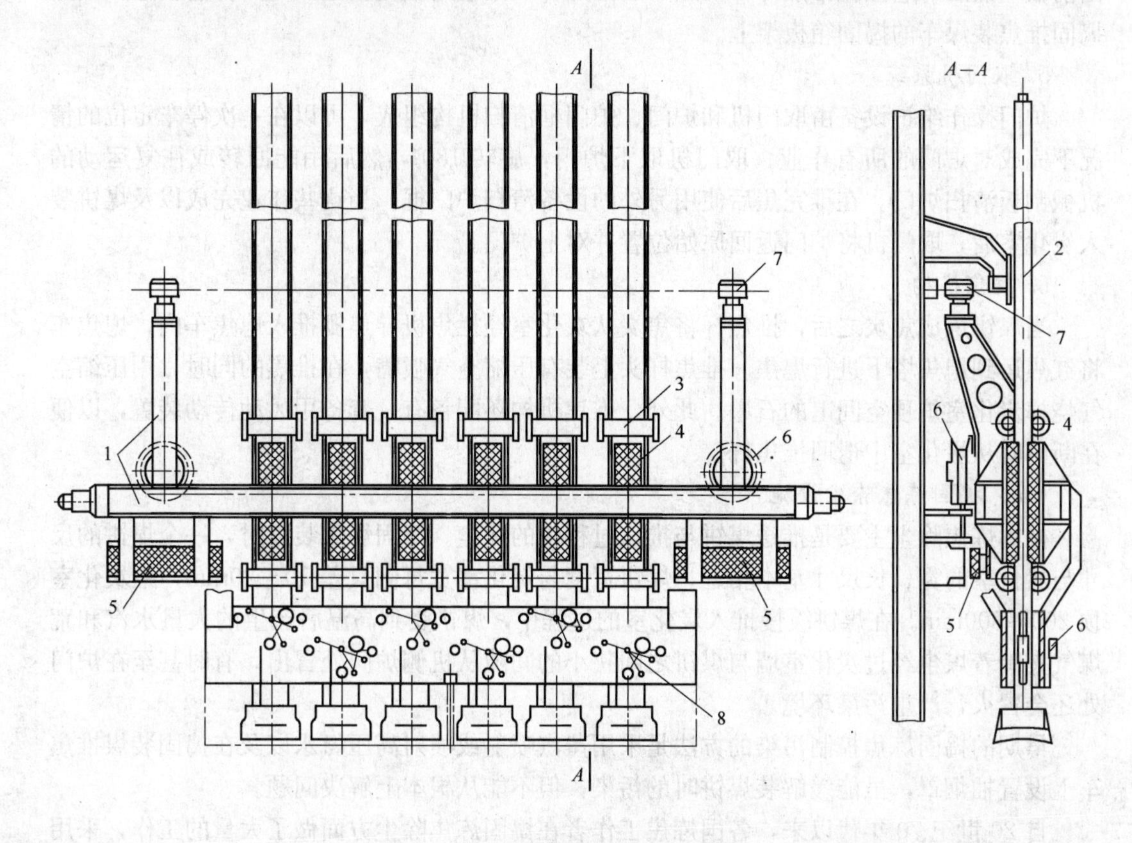

图3-8 直线感应电机传动煤料捣固机

1—支撑架；2—捣固杆；3—导向辊；4—捣固杆提升直线感应电机；5—捣固机移动直线感应电机；6—走行轮；7—止推辊；8—固定器

煤料从捣固装煤推焦车上的煤斗加入捣固箱是用往复运动的小车式加料机或有双层闸阀的装置完成的，这样煤料可以等量分批加入捣固箱，再用锤式捣固机将煤料捣固成煤饼。煤饼捣固好后，移开捣固箱侧壁，摘开捣固箱前壁和焦炉炉门，然后将捣固箱的移动底板即托板连同煤饼一起送入炭化室。当煤饼装入炭化室后，抽出托板时，捣固箱后壁挡住煤饼使其留在炉内。在捣固箱前端的一侧有一台切煤饼机，是一台垂直方向的环链式输送机，上面固定着一些刮刀，如果推送煤饼时发生局部倒塌，可启动此链式输送机上的切刀，将剩余在炭化室外的煤饼切掉，并及时运走。在送煤托板处的链式输送机下面还装有一条皮带运输机，它可以将在推送煤饼过程中散落下来的煤输送到捣固装煤推焦车的后部，然后由一台多斗提升机将煤提升输送到捣固箱顶部的简易煤斗内。

为了防止煤饼送入炭化室的过程中前端出现倒塌，可在煤饼完全送入炭化室后再取回捣固箱的前板。一种方法是采用轨道梁和悬挂在轨道梁上的活动电动绞车来完成。电动绞车带有一个挂钩，用来起吊捣固箱前板。当煤饼送进炭化室之后绞车的挂钩钩住捣固箱前板，然后将前板垂直地吊到焦炉炉顶上，并运送到机侧捣固推焦装煤车上的捣固箱板架上。另一种方法是借助推焦杆来运送捣固箱前板，由推焦杆推焦完毕返回时带回。这种情况下，在炭化室装完煤饼后，由安装在拦焦车上的专用设备，即所谓的捣固箱前板夹，取出前板，然后将它挂在推焦杆杆头上，当推焦杆从推空的炭化室返回时，将前板送回机侧捣固推焦装煤车的捣固箱板架上。

5. 取门机系统

炉门操作维护设备由取门机和炉门、炉门框清扫机构组成，可以在一次停车定位的情况下完成对炉门的所有作业。取门机取下炉门，旋转180°，然后用能回转或往复运动的机械刮板清扫炉门。在推完焦后使用另外的设备清扫炉门框。当这些作业完成以及煤饼装入炭化室后，取门机将炉门返回原始位置并对上炉门。

6. 推焦机构

当煤饼炼成焦炭之后，推焦杆将焦炭从炭化室经拦焦机导焦栅推入熄焦车内，熄焦车将红焦运到熄焦塔下进行熄焦。推焦杆头上装有压缩空气喷嘴，在推焦的同时，用压缩空气烧掉炭化室炉顶空间上的石墨。此外，推焦机构还配备有一套备用风动传动装置，以便在断电时从炭化室中退回推焦杆。

（五）捣固炼焦除尘设施

捣固炼焦除尘主要是推送煤饼与推焦过程中的除尘。捣固炼焦装煤时，一个煤饼的尺寸与炭化室的宽、长尺寸基本相近，煤饼宽度与炭化室宽每侧只差10～20mm，距炭化室顶200～300mm。在煤饼缓慢推入炭化室的过程中，煤饼受到高温后产生的大量水汽和荒煤气夹带着煤尘经过炭化室墙与煤饼之间狭小的间隙从机侧炉门处冒出，有时甚至在炉门处还会冒火，严重污染环境。

早期的捣固炼焦控制污染的方法是采用蒸汽喷射或喷射高压氨水以及在捣固装煤推焦车上设置抽烟罩，虽能缓解装煤饼时的污染，但不能从根本上解决问题。

自20世纪70年代以来，各国炼焦工作者在捣固炼焦除尘方面做了大量的工作，采用了炉顶消烟除尘净化车，以及炉顶消烟除尘车与地面除尘站相结合的除尘系统。

1. 消烟除尘净化车

消烟除尘净化车是置于捣固焦炉顶部，采用燃烧法治理装煤时大量荒煤气外逸的环保设备。消烟除尘净化的系统流程如图3-9、图3-10所示。国内现有的消烟除尘车有两种，一种是单吸口、单燃烧室，另一种是双吸口、双燃烧室。其结构有一定区别，但系统原理基本相同。

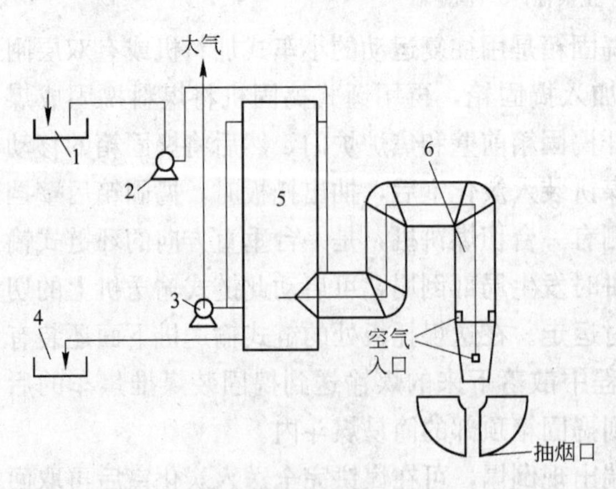

图3-9 单吸口消烟除尘净化车系统流程图
1—供水槽；2—水泵；3—风机；4—排水槽；
5—旋流塔；6—燃烧室；

在煤饼推送过程中，消烟除尘净化车在焦炉炉顶上通过活动套筒与焦炉炭化室炉顶孔接通，启动水泵和风机，吸起装煤时产生的烟尘和荒煤气。烟尘和荒煤气进入净化车的具有自动点火器的燃烧室，与燃烧室空气口进入的空气混合燃烧，温度达 1300℃左右。燃烧后的高温废气被吸入旋流板洗涤塔内，被水洗涤后温度降到 80～90℃，含尘量降至 150mg/m^3，然后废气被风机抽走，通过烟囱排入大气。

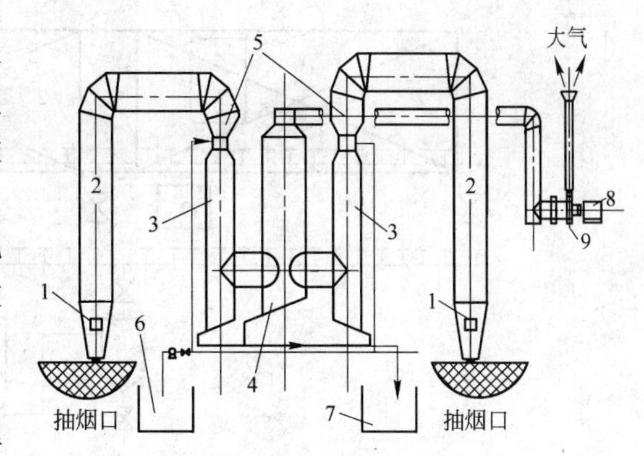

图 3-10 双吸口消烟除尘车系统流程图

1—空气入口；2—燃烧室；3—气液分离器；4—脱水器；5—文丘里洗涤器；6—清水箱；7—污水箱；8—电机；9—风机

消烟除尘车由钢结构车体、走行机构、燃烧室、冷却、洗涤、净化、排放系统、供、排水系统、套筒提升机构、电气系统等组成。

（1）钢结构车体：由钢板、型钢焊接而成。

（2）走行机构：采用两台电动机、两台减速机分别驱动方式。

（3）燃烧室：由钢板焊成室体，内衬耐火砖，荒煤气在室内燃烧。荒煤气在燃烧室燃烧一般不用点火装置，只要把燃烧室预热到一定的温度，就能使荒煤气着火燃烧。

（4）冷却、洗涤、净化、排放系统：由喷水装置、洗涤塔、净化设备、风机、排气管等组成。荒煤气燃烧后产生的废气温度高，粉尘含量高，因此要在高温废气经过的管道喷水、洗涤和降温。初冷后的废气，再经洗涤塔继续水洗、水冷，最后经净化设备除尘，由风机抽出，排入大气。风机材质应采用不锈钢，以防腐蚀；风机的风量应根据炉型、煤种合理选择。

（5）供、排水系统　消烟除尘净化车的供排水，一般是在焦侧炉顶，沿焦炉全长设置一条清水槽，一条污水槽，冷却洗涤高温废气的水由消烟除尘车上的水泵从清水槽吸入。冷却、洗涤后的废水经管道排入污水槽。改进后的消烟除尘净化车本身带有清水箱和污水箱，消烟除尘净化车作业完后，只要定期供应清水和排出污水即可。

采用了炉顶消烟除尘净化车的捣固炼焦，可大大降低有害物的排放，但除尘效果并不十分理想，排放的烟气难以达到国家要求的排放标准。在整个装煤过程中，特别是当煤饼进入炉内二分之一到三分之二时，烟尘和荒煤气量最大，这时除尘消烟效果较差，外排烟气中常要冒黑烟达 1～2min，同时消烟效果还受到煤饼水分、季节变化的影响。此外，抽烟风机易腐蚀，特别是风机的叶轮，长期受高温与水气侵蚀，腐蚀较严重，有时一个月就要换一个。

2. 除尘净化车与地面除尘站相结合的除尘设备

为解决往炭化室推送煤饼时荒煤气外冒的污染问题，目前效果最好的是炉顶消烟除尘净化车和地面除尘站相结合的消烟除尘系统。该系统流程图见图 3-11。

炉顶消烟除尘净化车上仅有燃烧室和烟气导管，有的备有洗涤粗颗粒预处理装置，无洗涤器和风机，而在机侧炉顶设置与地面除尘站连通的烟气抽吸总管。对应每个炭化室中心线都布置一个带盖的抽吸孔，每个孔与固定管道相连，而固定管道与地面除尘站接通。

在装煤饼前，先打开炉顶抽烟孔盖，消烟除尘车的套筒下降，罩住炉顶抽烟孔。同时

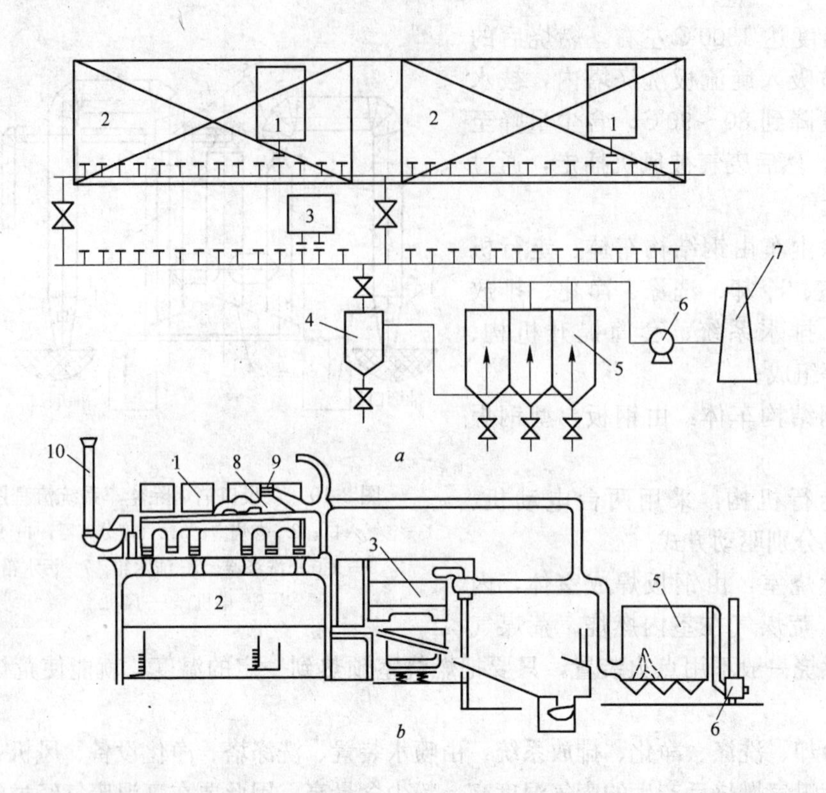

图 3-11　炉顶消烟除尘车和焦侧除尘罩与地面除尘站系统图

a—系统图；*b*—剖面图

1—装煤车；2—焦炉；3—拦焦车除尘罩；4—预除尘器；5—布袋除尘器；6—地面站风机；7—烟囱；8—粗粒除尘；9—风机；10—放散管电点火无烟放散

除尘净化车上的液压推杆打开炉顶抽吸总管上相应抽吸孔的盖，炉顶消烟除尘车上的活动套筒式导管便与抽吸口接上，其连接形式如图 3-12 所示。这样，装煤饼时产生的烟尘与荒煤气便借助地面除尘站风机的抽吸力从炉顶抽烟孔抽出，在燃烧室完全燃烧后通过炉顶抽吸总管抽往地面除尘站，经袋式除尘器除尘后，经过风机由烟囱向高空排放。

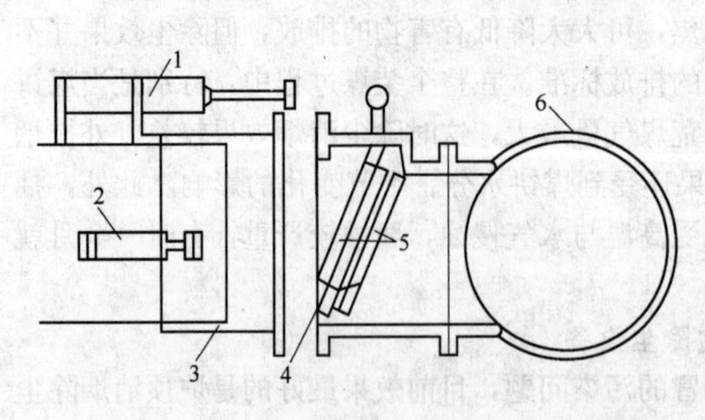

图 3-12　净化车上管道与固定输送管道连接图

1—阀板顶开装置；2—移动管道气缸；3—移动管道；4—固定管道连接器；5—阀板；6—固定管道

地面除尘站由预除尘器、布袋除尘器、风机、烟囱等部分组成。风机采用无级调速，即在不装煤饼和不出焦时，风机处于低速运行，在装煤饼和出焦时，废气量增加，风机的转速自行调节到额定转速，这样在节能方面有其显著的效果。

由于采用固定吸尘管道与地面除尘站相连，风机和除尘器的处理能力都可按需要设计，因而消烟除尘效果好。在推送煤饼时，煤气或废气大量被抽走，炉框处没有烟尘和荒煤气往外冒，只有当煤箱的后挡板离开炉门口时，炉框下部才有少量淡黄色荒煤气外冒，焦炉推送煤饼时烟尘量小于 50mg/m³，除尘效率已达到排放标准。

由于装煤饼与出焦不同时作业，可合用一套地面除尘站，地面除尘站系统工艺流程如图 3-13 所示。

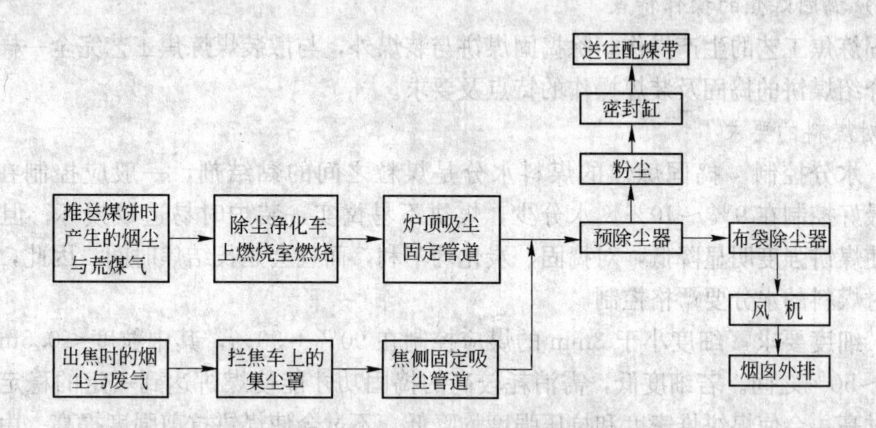

图 3-13 地面除尘站系统工艺流程图

三、捣固炼焦操作的特点

（一）捣固炼焦的工艺流程及其机械作业率

捣固炼焦系统主要由捣固焦炉、捣固机、捣固推焦装煤车、除尘净化车、拦焦车、熄焦车等组成，因设计的不同，只是在捣固的形式、除尘的方式上有所不同。捣固炼焦装煤工艺流程如图 3-14、图 3-15 所示。

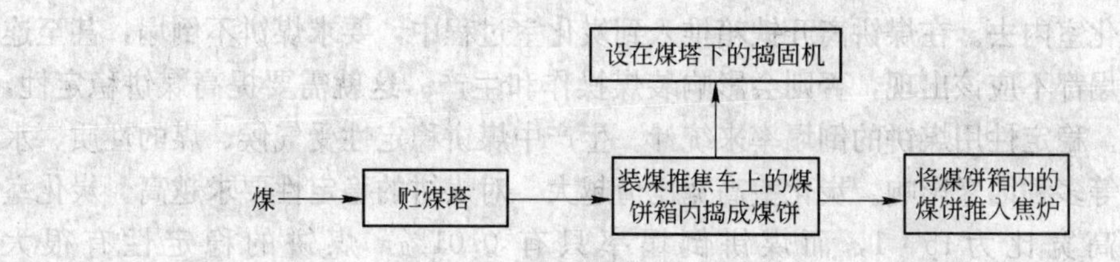

图 3-14 带贮煤塔的装煤工艺流程图

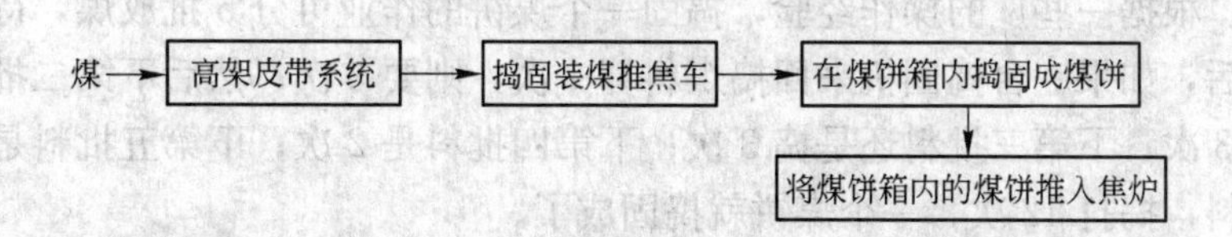

图 3-15 不带贮煤塔的装煤工艺流程图

焦炉机械作业率指的是每台机械的昼夜操作炉孔数，它包括焦炉上的推焦大车、装煤车、拦焦车、熄焦车等，这些车辆是按焦炉的炉型、生产能力、每座焦炉的孔数等一些因素所配备的。当炉孔数一定时，机械作业率与每孔操作时间成反比，即每孔炭化室操作时间越长，机械作业率就越低。

机械作业率＝机械所承担的炉数/周转时间×24

＝机械所承担的炉数/每孔操作时间×操作孔数＋维修时间×24

（二）捣固炼焦的操作特点

捣固炼焦工艺的生产操作，除捣固煤饼与装煤外，与散装煤炼焦工艺完全一样，因此这里仅介绍煤饼的捣固及装煤操作的特点及要求。

1. 对煤料的要求

（1）水分控制　捣固炼焦的煤料水分是煤粒之间的黏结剂，一般应控制在8%～11%，最好控制在9%～10%。水分少，煤饼不易捣实，装炉时易造成损坏；但水分过高，会使煤饼强度明显降低，对捣固、炭化均不利，而且会延长结焦时间。因此，在配煤之前，对煤料的水分要严格控制。

（2）细度要求　细度小于3mm的煤应控制在90%～93%，其中粒度＜0.5mm的应在40%～50%之间。若细度低，需消耗较高的捣固功才能使煤饼达到一定的稳定性；若煤细度过高，会使煤饼堆密度和抗压强度均降低，不过会使煤饼抗剪强度提高。由于煤饼的稳定性主要取决于抗剪强度，所以捣固煤料应有较高的细度。

（3）瘦化组分　为提高捣固焦的机械强度，需在配合煤中加入一定数量和品种的瘦化组分，因瘦化组分可减少焦炭的裂纹形成。在相同条件下，往往用焦粉作瘦化剂优于瘦煤，但焦粉作瘦化剂时，须控制焦粉的配入比和粒度，并混合均匀，否则容易导致焦炭热性能变坏，并产生裂纹。

2. 煤饼的捣固成型

捣固炼焦技术是在焦炉外的一个与炭化室相似的铁箱内将配合煤捣实成煤饼后，再用托煤板推到炭化室内去。在煤饼离开铁箱推入到炭化室过程中，要求煤饼不倒塌，甚至连局部的边角倒塌都不应该出现，否则会影响装煤操作和生产。这就需要提高煤饼稳定性，把煤捣得坚实。稳定性用煤饼的倒塌率来统计。生产中煤饼稳定性受气候、煤的性质、水分、粉碎细度等多种因素影响。炭化室高宽比值越大，对煤饼的稳定性要求越高。炭化室高6m，煤饼高宽比为15∶1，而煤饼倒塌率只有0.01%，煤饼的稳定性有很大提高。

捣固煤饼时往煤饼箱中给煤与捣固锤的作业应密切配合，通过两者的联锁控制可实现自动化操作。根据一些厂的操作经验，捣固一个煤饼的作业可分5批放煤，待第一批煤料放到煤饼箱后，如果一台捣固机来回捣煤料算一次，则要3次；然后下第二批煤料，捣固机作业仍是3次；下第三批料还是捣3次；下第四批料是2次；下第五批料是1次。这样经过5批下料，捣打12次，一个煤饼就捣固成了。

3. 煤饼推入炭化室的操作特点

捣固炼焦的装煤可以分为捣固机设在煤塔下部，捣固机和推焦合并成捣固装煤推焦车两种情况。

当捣固机设在煤塔下部时，各作业的顺序和时间见表3-6。由表中可知，一个炭化室从推焦到装入煤饼的整个作业时间约为24min，其中推焦前后作业时间为10min，捣固一个煤饼需14min。装煤推焦车一天的机械作业率仅为60炉左右。因此，优化作业的顺序与缩短捣固煤饼的时间是提高机械作业率和单机操作炉孔数的最为重要的措施。

表 3-6 推焦和装煤饼的操作时间表

顺 序	作 业 内 容	时间/min	顺 序	作 业 内 容	时间/min
1	走 行	0.5	6	推入煤饼	3
2	开启炉门（含清炉门）	1	7	关闭炉门	1
3	推焦炭	2	8	走行到煤塔下（平均）	1
4	清扫尾焦（含清炉门框）	1	9	捣固煤饼	14
5	走 行	0.5	总 计		24

当捣固机与装煤推焦车合并为捣固装煤推焦车时，煤饼捣固和推焦作业可重叠进行，因此可以缩短整个单炉操作的时间。通常捣固装煤推焦车上设有一个能容纳 3 炉煤量的煤仓，从而减少了大车因去煤塔取煤而来回走行的次数。更先进的捣固炼焦直接采用高架皮带往捣固装煤推焦车上送煤，还可以节约车辆去煤塔取煤而来回走行的时间。此外捣固机设有 18～32 个捣固锤，捣固频率 60～72 次/min，锤的行程 300～400mm，锤的提起与松开落下采用动作之间实现连续作业，同时 18 个捣固锤可整体来回移动，移动距离为 600mm，只需整体移动两个锤距，因此大大缩短了煤饼的捣固时间。这样，以捣一个煤饼到推入炭化室只需要约 11.5min，捣固装煤推焦车一天的机械作业率达 130～150 炉。

整个作业的顺序与时间见表 3-7。从表 3-7 可以看出，当一个炭化室煤饼装完后，开始捣固下一个煤饼，从开始到捣完一个煤饼正赶上下一炉炭化室装煤饼，时间紧凑，安排得十分合理，一个炭化室的推焦、捣固煤饼、装煤饼等一个循环作业时间约 11.5min。

表 3-7 捣固装煤推焦车操作时间表

顺 序	推焦作业内容	时间/min	捣固作业内容	时间/min
1	运行（炉号之间）	1.0		
2	启摘炉门（含清扫）	1.5		
3	推焦炭	2.0		
4	清扫尾焦（含清框）	2.0	捣一个煤饼	(8)
5	走行	1.0		
6	装煤饼	3.0		
7	关闭炉门	1.0		
总 计		11.5		8

捣固炼焦生产的难点之一就是煤饼容易整体或者局部倒塌。煤饼倒塌后往往使大量的煤积压在炉台上，导致操作无法进行下去而严重影响生产。煤饼倒塌影响生产有以下几种情况：煤饼在推入炭化室过程中，前部在炭化室内倒塌，致使后部不能完全装入；推送煤饼过程中煤散落下来；煤饼的堆密度与强度达不到要求，导致推送器一碰到煤饼就使边角倒塌或整体倒塌等等。

为了减小因煤饼倒塌对生产造成的影响，在送煤托板处的链式输送机下面装有一条皮带运输机，它可将在推送煤饼过程中散落下来的煤输送到捣固装煤推焦车的后部，然后由一台多斗提升机将煤提升输送到煤箱顶部的中间煤仓。在煤箱前端的一侧有一台切煤饼机，这是一台垂直方向的环链式输送机，上面固定着一些刮刀，如推送煤饼时发生局部倒塌，可启动此链式输送机上的切刀，将剩余在炉室外的煤饼切掉，并通过炭化室外侧下部设有箅子的长条形溜槽，使余煤落到槽下的皮带运输机上运走，可以保证生产操作的正常进行。

4. 煤饼装入过程中的除尘

捣固炼焦由于煤饼在机侧炉门打开的条件下推入炭化室，如不采取除尘措施烟尘和荒煤气将大量外逸，对环境的污染比顶装焦炉更为严重和恶劣，这也是捣固炼焦研究初期阻碍其发展的一个重要因素。

目前比较先进的消烟除尘净化车结合地面除尘站的除尘方式，较彻底地解决了焦炉装煤饼过程中的烟尘和荒煤气外逸污染环境的问题，其水平与先进的顶装焦炉相当。

第三节 配型煤炼焦

一、配型煤炼焦的基本原理及流程

（一）基本原理

在炼焦过程中，型煤块与粉状煤料配合时，之所以能提高焦炭的质量，或在不降低焦炭质量的前提下少配用一些强黏结性煤，是因为它能改善煤料的黏结性和炼焦时的结焦性能。基本原理如下：

（1）配入型煤块，提高了装炉煤料的密度，装炉煤的堆积密度约增加10%。这样能降低炭化过程中半焦阶段的收缩，从而减少焦块裂纹。

（2）型煤块中配有一定量的黏结剂，从而改善了煤料的黏结性能，对提高焦炭质量有利。

（3）型煤块的视密度为1.1～1.2t/m³，而一般粉煤装炉仅700～750kg/m³。成型煤中煤粒互相接触，远比粉煤紧密，在炭化过程中软化到固化的塑性区间，煤料中的黏结组分和惰性组分的胶结作用可以得到改善，从而显著地提高了煤料的结焦性能。

（4）高密度型煤块与粉煤配合炼焦时，在熔融软化阶段，型块本身产生的膨胀压力，对周围软化煤粒施加的压紧作用，大大地超过了一般常规粉煤炼焦，促进了煤料颗粒间的胶结，使焦炭结构更加致密。

（二）工艺流程

1. 新日铁配型煤流程

其流程如图3-16所示。取30%经过配合、粉碎的煤料，送入成型工段的原料槽，煤从槽下定量放出，在混煤机中与喷入的黏结剂（用量为型煤量的6%～7%）充分混合后，进入混捏机。煤在混捏机中被喷入的蒸汽加热至100℃左右，充分混捏后，进入双辊成型机压制成型。热型煤在网式输送机上冷却后送到成品槽，再转送到贮煤塔内单独贮存。用时，在塔下与粉煤按比例配合装炉。热型煤在网式输送机上输送的同时进行强制冷却，因此设备较多，投资相应增加。

2. 住友配型煤流程

黏结性煤经配合、粉碎后，大部分（约占总煤量的70%）直接送贮煤塔，小部分（约占总煤量的8%）留待与非黏结性煤配合。约占总煤量20%的非黏结性煤在另一粉碎系统处理后，与小部分黏结性煤一同进入混捏机。混捏机中喷入约为总煤量2%的黏结

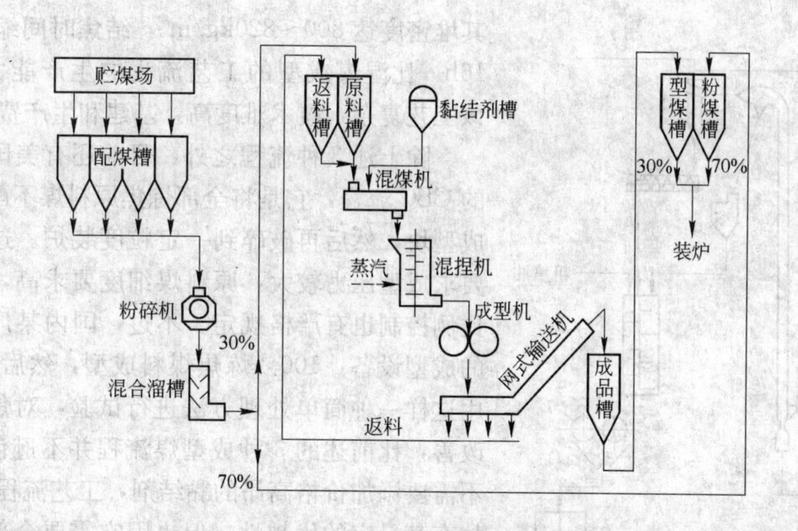

图 3-16　新日铁配型煤流程

剂。煤料在混捏机中加热并充分混捏后，进入双辊成型机压制成型。型煤与粉煤同步输送到贮煤塔。此工艺流程是配型煤炼焦用的比较多的流程，它将非黏结性煤添加黏结剂，使之达到与黏结性配煤组分几乎一样的炼焦效果，也就是使整个炼焦煤组分均匀化，所以此工艺可不建成品槽和网式冷却输送机，其优点是工艺布置较简单、投资省，型煤与粉煤在同步输送和贮存过程中即使产生偏析，也不影响炼焦质量。其流程如图 3-17 所示。

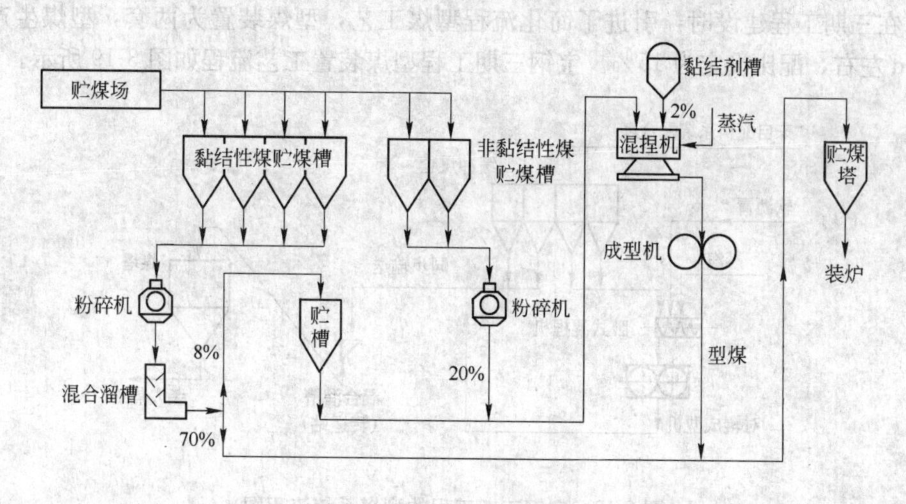

图 3-17　住友配型煤流程图

3. 德国 RBS 法

如图 3-18 所示，煤料由给料器定量供入直立管内，小于 10mm 的煤粒在此被从热气体发生炉所产生的热废气加热到 90～100℃而干燥到水分小于 5%。煤粒出直立管后，分离出粗颗粒。粗颗粒经粉碎机后返回直立管或直接送到混捏机，与 70℃的粗焦油和从分离器下来的煤粒一起混捏。混捏后的煤料进压球机在 70～90℃成型。热型块在运输过程中表面冷却后装入贮槽，最后混入细煤经装煤车装炉。这种配入型煤的煤料入炭化室后，

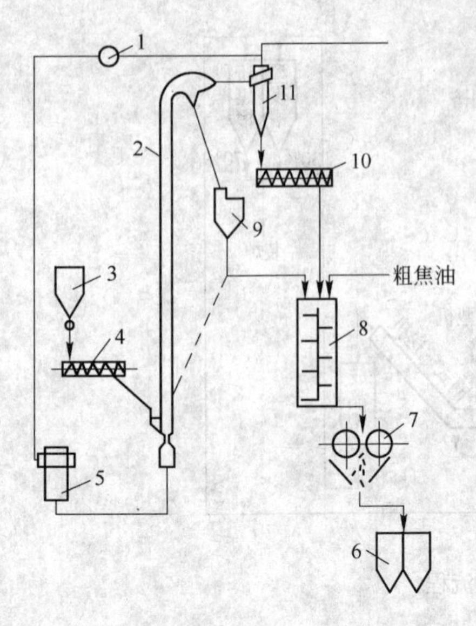

图 3-18　RBS 工艺流程图

1—风机；2—直立管；3—原料煤仓；4—定量给料机；5—热气发生炉；6—型煤贮槽；7—压球机；8—混捏机；9—破碎机；10—螺旋给料器；11—分离器

其堆密度达 800～820kg/m³，结焦时间缩短到 13～16h，比湿煤成型的工艺流程的生产能力大 35%。该工艺复杂，技术难度高，基建和生产费用较大。

除上述 3 种流程之外，目前还有美国钢铁公司的 CBC 流程，它是将全部炼焦原料煤不配黏结剂压成型块，然后再破碎到一定粒度装炉。这种新流程要求成型压力较大，原料煤细度要求高，同时粒度比例控制也有严格规定。不过，国内某厂采用通常的成型设备，100%炼焦煤料成型，然后让其破碎。用这样一种简单处理方法进行试验，对焦炭质量的改善，比前述的 3 种成型煤流程并不逊色。由于它不需要添加价格高昂的黏结剂，工艺流程亦较简单，故有其一定的优越性。但也因它需要全部原料煤成型，成型设备庞大，工业化生产也存在一定困难。

我国宝钢一期工程引进的是新日铁配型煤流程，宝钢二期工程未建设型煤装置，炼焦煤料的型煤由一期工程的型煤装置供给，型煤配比约为 15%，生产出的焦炭质量能够满足 4000m³ 高炉要求。

鉴于一期工程型煤装置工艺复杂、投资庞大的现状，在三期工程建设时，引进了简化流程型煤工艺，型煤装置为两套，型煤生产能力 1850t/d 左右，配比设定为 15%。宝钢三期工程型煤装置工艺流程如图 3-19 所示。

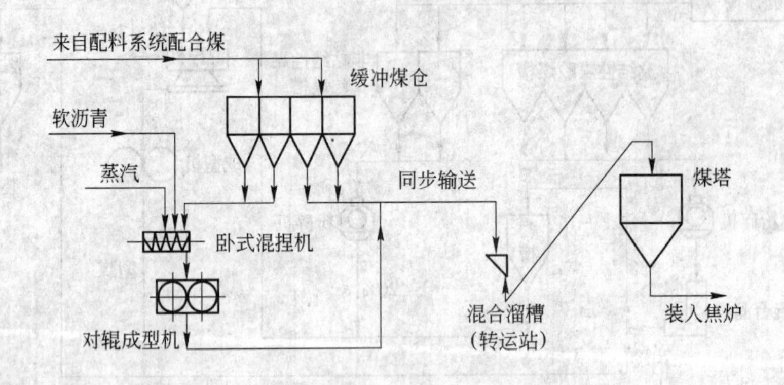

图 3-19　宝钢三期工程的型煤系统流程图

宝钢三期与一期型煤装置在工艺上的差别在于：

(1) 备煤系统粉碎、混匀后的配合煤全部储存到缓冲煤仓内，共计 4 个，其中两个储存成型用的煤料，另外两个存放与成型后的型煤配合，同步混合输送到煤塔用的散煤。

(2) 一台卧式混捏机代替混煤机和立式混捏机两台设备。

(3) 取消了成型后型煤的网式输送机冷却系统，对辊成型机压出的型煤在皮带机上与散煤配合经几次转运后直接输送至煤塔。

(4) 型煤不设置成品储仓，煤塔处无型煤配入系统。

从宝钢三期型煤装置实际运行情况和效果看，到达煤塔顶部的型煤温度明显降低，型煤强度优于一期型煤，破碎率也低于一期型煤装置制出的型煤。由于工艺流程简化，三期型煤装置占地面积和建设投资明显减少，电、蒸汽等动力消耗显著降低。

二、配型煤炼焦的特点及影响因素

(一) 特点

配型煤工艺在工业生产上的效果（以配入比30%为例），主要表现在3个方面：

(1) 在配煤比相同的条件下，配型煤工艺所生产的焦炭与常规配煤生产的焦炭比较，耐磨强度M_{10}值可降低2%～3%，抗碎强度M_{40}变化不大或稍有提高，JIS转鼓试验指标DI_{15}^{150}值可提高3%～4%；

(2) 在保持焦炭质量不降低的情况下，配型煤工艺较常规炼焦煤准备工艺，强黏结性煤用量可减少10%～15%；

(3) 焦炭筛分组成有所改善，大于80mm级产率有所降低，80～25mm级显著增加（一般可增加5%～10%），<25mm级变化不大，因而提高了焦炭的粒度均匀系数。

(二) 影响型煤炼焦的因素

由于原料煤性质、工艺流程、型煤质量和型煤配比的不同，配型煤工艺对焦炭质量和焦炉操作的影响也各不相同。

1. 型煤配比的影响

在新日铁工艺中，型煤配比为50%左右的煤料，其散密度最高；型煤配比低于50%时，配型煤的效果随型煤配入比的增加和煤料散密度的提高而增大，一般可从常规粉碎煤料的650～700kg/m^{3}增大到800～850kg/m^3，焦炭强度也随之得到改善。型煤配比超过50%，焦炭强度反而下降。

2. 原料配合煤性质的影响

型煤炼焦对焦炭质量的影响，由于原料煤性质不同，效果也有差异。黏结性强的原料煤成型炼焦的效果不如黏结性弱的原料煤。而对弱黏结性煤而言，煤化程度高的低挥发分煤较煤化程度低的高挥发分煤有利。试验表明，在型煤配比为30%的情况下，当用黏结性强的常规生产配合煤成型，焦炭强度DI_{15}^{150}指标只提高3.2%，M_{10}指标改善2.9%；当配合煤中增多气煤配量时，DI_{15}^{150}指标提高4.3%，M_{10}指标只改善1.8%。而增多瘦煤配量时，DI_{15}^{150}可提高5.4%，M_{10}可改善3.7%。

3. 型煤强度和密度的影响

型煤的强度差，输送过程中容易碎裂，装炉前产生的粉率（<10mm级含量百分比）增多，影响焦炭质量的改善。一般要求型煤的压溃强度在800N以上，粉率含量不大于20%。

型煤的紧密度也与焦炭质量密切相关。试验表明，当型煤的视密度从1100kg/m^{3}提高到1200kg/m^{3}时，焦炭的DI_{15}^{150}指标可改善2%，但是，视密度超过1200kg/m^3，焦炭质量改善的效果反而有所下降。因此，新日铁的成型煤工艺对型煤视密度的指标要求为1120～1130kg/m^3。

4. 型煤对焦油、煤气产率的影响

由于成型煤添加了黏结剂，焦油和煤气的产率比常规粉煤装炉有不同程度的改变。这

是因为黏结剂在干馏时，各种生成物的产率不同于粉煤。软沥青干馏生成物的比率如下：焦炭约50%～55%，焦油40%～45%，煤气5%。当软沥青加入量为6.5%的成型煤配比30%炼焦时，每吨干装炉煤较常规粉煤，焦油产量可增加7～8kg，煤气产量约减少4～5m³。

5. 配型煤工艺对焦炉操作的影响

煤料散密度的提高，焦炉装煤量也增加。当型煤配比为30%时，装煤量可以增加7%～8%，结焦时间相应延长6%～7%，焦炉产量没有明显提高；但在相同情况下，推焦次数减少，对改善操作有利。此外，配型煤的煤料，在运输和装煤过程中，煤料流畅，也对操作有利。

6. 型煤对膨胀压力和推焦电流的影响

型煤炼焦时对炉墙产生的膨胀压力，随型煤配比的增加而提高。根据在活动墙试验炉的测定表明，型煤配比从0%增加到40%，膨胀压力从6kPa提高到12kPa，已接近14kPa的危险压力。膨胀压力与原料煤性质也有关系，黏结性强的煤料更具有危险性。推焦电流也随型煤的配入而升高。配入30%的型煤较不配型煤的推焦电流约升高10%，但强黏结性的成型煤料，推焦电流会急剧上升；因此，应密切注意型煤炼焦时型煤配比和原料煤性质对膨胀压力和推焦电流产生的影响。一般型煤配比不超过30%～40%为宜。

（三）影响成型煤的因素

1. 水分含量的影响

原料煤水分含量过高和过低，均有其不利的影响。水分过高，成型时，煤料的啮合量减少，型煤的紧密度差，直接影响它的视密度和压溃强度。另外，焦油沥青一类黏结剂是疏水性物质。水分过高对黏结剂的黏合性能是不利的。水分过低，则影响压球时脱模，降低型煤的成品率。

2. 粉碎粒度的影响

原料煤粉碎粒度过粗和过细，也对成型产生不良影响。粒度过粗，型煤容易出现裂纹，影响压溃强度。粒度过细，不仅混合困难，而且必须增大黏结剂的使用量，否则，黏结剂不能完全在煤粒表面形成薄膜，也会降低型煤的压溃强度。同时，粒度过细，对改善操作环境也是不利的。一般成型原料煤的粉碎粒度以小于3mm级占80%～85%为宜，对于硬度大的煤种，应采取预破碎，防止出现大颗粒。

3. 黏结剂的影响

成型煤使用的黏结剂，主要来自煤焦油产品，如沥青，焦油等。由于这些产品来自煤料本身，它容易很好地与煤料起胶结亲和作用。一般来说，黏结剂添加量适当增多可以改善型煤的强度和密度，提高成品率。但是，焦油沥青的来源有限，价格较贵，添加量增多，生产成本提高，经济上不合算。成型时黏结剂的添加率一般为6%～7%。另外，有一些成型煤工艺，采用改质石油沥青作黏结剂，效果较焦油沥青亦不逊色。

4. 混捏操作温度与时间的影响

为使黏结剂充分而均匀地熔融扩散，在煤粒表面形成薄膜，混捏操作时的加热温度和混捏时间至关重要。加热温度必须高于黏结剂的熔融温度，以提高其流动性。但是，加热温度过高，势必要增加加热蒸汽的使用量，对降低生产成本不利。加热温度过低，不仅影响型煤质量，而且会使混捏机负荷增大，甚至造成设备损坏。以软沥青作黏结剂时的混捏温度，一般控制在约100℃。混捏时间是指在特定的蒸汽温度、压力、使用量以及吹入方式等条件下，煤料在混捏机内从常温加热到黏结剂的熔融状态，并进一步加热，混捏均匀的总的停留时间。宝钢成型煤料的混捏时间约为6min。

5. 成型辊速与反压力的影响

成型辊速与型煤的加压时间密切相关，而加压时间又影响型煤质量。辊速越快，加压时间越短，型煤的压溃强度越低，紧密性越差，成品率越低。但是，过分的降低辊速，成型机的生产能力下降，也不利于成型设备发挥作用。因此，一般成型机的压辊转速以控制在0.5～0.8m/s范围较合适。

成型反压力与压辊的啮合角及煤料啮合量有关。反压力以线压力（10^6N/m）表示，即成型反压力与有效辊长之比。压力过高，煤粒碎裂并容易形成半球，成品率降低。压力过低，型煤的紧密性差，压溃强度和视密度下降，均影响型煤质量。宝钢成型机操作时，成型线压力一般在（0.7～0.8）$\times 10^6$N/m的范围。当然，对成型反压力还要根据辊径、辊速以及球碗形状、大小来进行调节，在特定的条件下，找出合适的成型反压力。

三、成型煤的主要设备及型煤黏结剂

（一）主要设备

为满足成型煤工艺系统的生产要求，所需设备甚多。这里所叙述的仅指成型煤几种主要专用设备。如混煤机、混捏机、成型机、网式冷却输送机及黏结剂添加装置等。

1. 混煤机

混煤机是成型工艺作为往煤料中补充水分和添加黏结剂的混合设备。水、黏结剂与煤料的混合均匀程度，是关系型煤质量的重要因素之一。

旧式混煤机为简单片状桨叶型或螺旋叶片型，混合效果较差，因此需采用3段连续混合方式来提高效率。它布置复杂、投资高、维修工作量大。改进后的新型混煤机，在相对运转的双轴上，交错排列有不同螺距的正反螺旋叶片。正螺旋即为送料叶片，将煤料边搅拌边输送前进。反螺旋即为返料叶片，将煤料边搅拌边反压，从而得到更好的混合效果。

黏结剂由煤料投入口侧的6个喷嘴喷入。喷嘴布置成两排，靠近煤料入口一排3个喷嘴，成15°倾角偏向煤流。喷嘴内有螺旋叶片状喷嘴芯，喷口部位刻有十字形沟槽，可将黏结剂喷洒成大角度正方形锥体雾状颗粒。喷嘴材质为不锈钢。混煤机略图如图3-20所示。

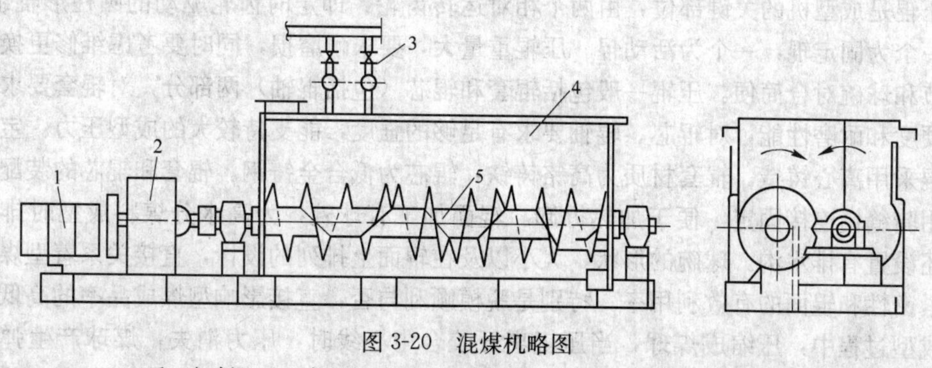

图3-20　混煤机略图

1—电动机；2—减速机；3—黏结剂喷洒管；4—槽体；5—螺旋搅拌轴

2. 混捏机

成型煤料在混煤机处添加黏结剂后，需经混捏机进一步加热、混匀及捏和，使黏结剂软化、熔融、在煤粒表面均匀分布，形成薄膜，并达到适当的成型温度。为此目的，在混捏机内需要创造合适的温度条件，使煤料达到均匀加热，同时要有足够的混捏时间，以使充分的混匀。合适的温度条件，要求在混捏机的内外、上下，合理进行蒸汽分配。充分的混捏时间，要求煤料均匀卸入和稳定排出，控制煤料在混捏机内的停留时间。

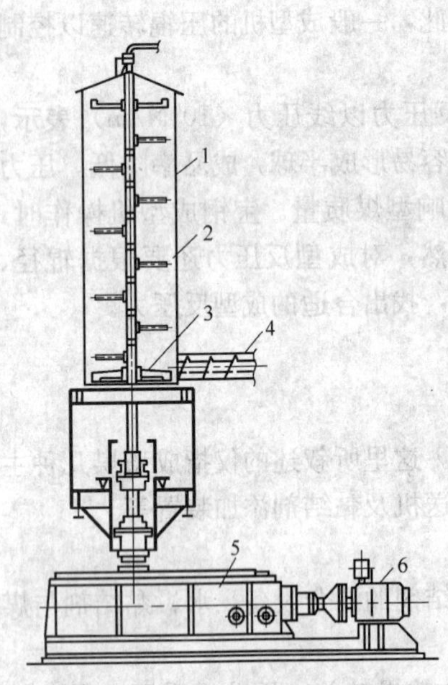

图 3-21 混捏机简图

1—筒体；2—搅拌桨叶；3—抽出叶轮；4—抽出螺旋机；5—减速机；6—电动机

混捏机一般采用竖式圆筒形，煤料从上部可调速的螺旋给料机送入，加热、混捏达到规定的温度和时间后，由下部可调速的抽出螺旋机排出。混捏机上部设置有数个不同高度的料位计，联锁控制给料螺旋机的速度。下部的抽出螺旋机速度则由成型机料槽上的料位计控制。保证混捏机内料位在中、低料位计之间。

内部加热蒸汽由中空立轴经搅拌桨片上的钻孔喷出，外部加热蒸汽由筒壁环形管上的喷嘴喷入。内外蒸汽的分配比例约为75%：25%，都集中在混捏机的中下区段，有利蒸汽的充分利用。为控制煤料的出口温度，沿混捏机筒体不同高度设置有测温计，根据检测结果进行蒸汽吹入量的调节。混捏机简图如图 3-21 所示。

3. 成型机

成型机是成型煤工艺中的主体设备，密切关系着型煤的质量，因此，必须对其结构的合理性，性能的完善、调节的方便给予特别重视。

煤成型一般采用对辊成型机。新式的对辊成型机，除成型对辊本体及其驱动装置外，还设置有均匀布料装置，供给调节装置及油压系统、集中润滑等辅机装置。宝钢从新日铁引进的成型机如图 3-22 所示。下面简单叙述其主要性能及结构特点。

(1) 成型对辊本体部分：成型对辊本体部分，包括有台架、压辊、定时齿轮、加压油缸及测压装置等。

压辊是成型机的关键部位，由两个相对运转齿轮，即定时齿轮驱动的圆柱形辊组成，其中一个为固定辊，一个为活动辊。压辊重量大，要求耐磨损，同时要考虑维修更换、间隙调节和球碗对合简便。压辊一般包括辊套和辊芯（包括辊轴）两部分，对辊套要求有较高的硬度和耐磨性能，对辊芯、辊轴要求有足够的强度，能支持较大的成型压力。宝钢成型压辊采用离心铸造。辊套材质为高铬铸铁，辊芯为低合金铸钢。辊套和辊芯的装配为热装，用骑缝销连接固定，便于加热拆卸。辊面加工有球碗，为高水分煤料成型时排水方便，还设置有排水沟。球碗的形状、大小以及在辊面上排列的设计，直接关系着型煤的脱模、紧密性和辊面的有效利用率。特别是脱模顺利与否，直接影响型煤成品率的高低。煤料在成型过程中，压缩成煤球，当压辊离开咬合中心线时，压力消失，煤球产生弹力变形，体积增大，煤球与半球碗面产生一种脱模反力，使煤球顺利脱出。也就是说，弹力变

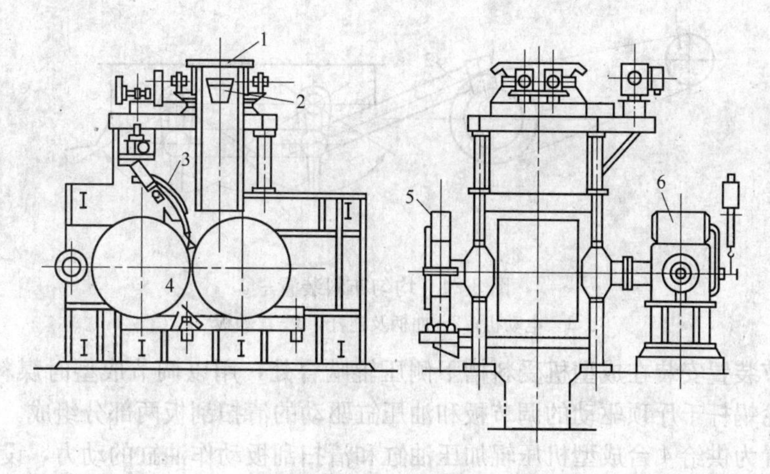

图 3-22 成型机

1—料槽；2—均匀布料装置；3—给料调节装置；
4—成型辊；5—定时齿轮；6—驱动装置

形恢复时产生的反力必须大于煤球与碗面间的摩擦力，这是顺利脱模的条件，它与碗形设计和球碗加工精度密切相关。宝钢成型机的碗形为方枕形，边长为 45mm，球碗深为 13mm，型煤尺寸如图 3-23 所示。一般圆球形碗难脱模，枕形或圆柱形碗容易脱模。

球碗面的加工必须精度高，光滑无折线，大多采用铣刀机械加工。宝钢采用专用的电解加工机床，它加工效率高，且不需再行热处理，避免了热处理引起的应力集中和变形。另外，球碗的排列，使球碗的投影面积占压辊总面积的 71%，比例也是较高的。

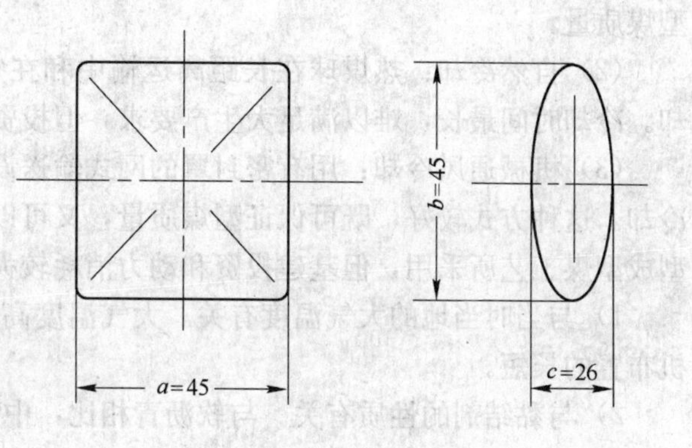

图 3-23 型煤尺寸

成型机压辊间隙的调节和球碗的对合有各种不同方式。宝钢成型机采用的是特殊结构的定时齿轮和油压千斤顶。固定辊上的定时齿轮，其轮毂和齿圈是可相对滑动的。轮毂上设有 4 个油压千斤顶，使齿圈沿轮毂做圆周方向转动，进行球碗径向对位。固定辊的轴承支座下亦有 4 个油压千斤顶，使驱动侧轴承做轴向移动，进行球碗轴向对位。活动辊上的定时齿轮，可进行压辊间隙的调节。该齿轮由两片叠合而成，一片固定齿轮，一片活动齿轮。调节时松开两片齿轮的紧固螺钉，使两片齿轮构成的复合齿错开，改变其齿宽厚薄，使齿轮传动时的啮合点前移或退后，进行压辊中心距的调整。

成型机上设置有成型时压力的检测装置。成型机的驱动装置由电机、减速机和相对同步运转的齿轮组成。宝钢成型机采用涡流联轴器调速装置，可根据原料煤性质和给入量的变化调节压辊的压制速度，其调节范围为 0.45～0.89m/s。

(2) 其他装置：其他装置包括均匀布料装置、给料调节装置及辅机装置等。

均匀布料装置设置如图 3-24 所示，在成型机上部受料槽的入口处，使煤料能沿辊宽方向分布均匀，避免了辊边和辊中部煤球紧密程度不一致的缺点。

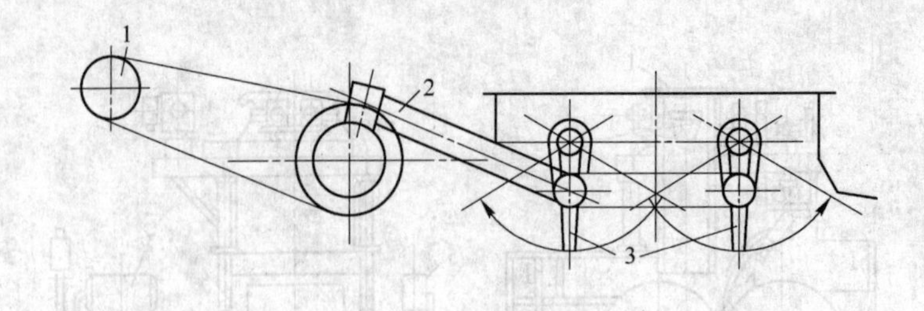

图 3-24　均匀布料装置

1—电动机；2—曲柄及连杆；3—摇动板

给料调节装置安装在成型机受料槽下侧压辊啮合处，用以调节成型时煤料的咬入量。它由电动蜗轮蜗杆千斤顶驱动的调节板和油压缸驱动的清扫刮板两部分组成。

辅机装置为供给 4 台成型机压辊加压油缸和清扫刮板动作油缸的动力，设置有两套油泵和阀站构成的油压系统。

为进行成型机各转动部位润滑需要，每台成型机还设置有集中润滑的手动油泵。

4. 网式冷却输送机

为提高型煤强度，防止在贮运过程中碎裂和黏结，成型后的热煤球需冷却，使其表面硬化。型煤冷却方式有下列 3 种：

(1) 水冷：直接在热煤球上喷水冷却。冷却速度最快，但热煤球急冷容易碎裂，影响型煤质量。

(2) 自然冷却：热煤球在长距离运输中和在空旷场地上堆存时利用大气温差自然冷却。冷却时间最长，难以满足大生产要求，但投资最省。

(3) 机械通风冷却：用有密封罩的网式输送设备，在输送过程中经通风管道机械通风冷却。这种方式较好，既可保证型煤质量，又可以较短时间达到冷却目的，为目前大、中型成型煤工艺所采用，但基建投资和动力消耗较大。其冷却与下列影响因素有关：

1) 与当时当地的大气温度有关。大气温度高低，影响冷却速度，也就影响网式输送机布置的长短。

2) 与黏结剂的性质有关。与软沥青相比，中温沥青可以考虑较短的冷却时间和网式输送设备。

3) 与通风冷却的风量有关。采用较大风量的大功率通风机，可以适当加快冷却速度，而风量较小，则需延长冷却时间。

4) 与网式冷却输送机上的型煤厚度有关。输送机上的型煤厚度直接影响风的穿透能力和冷却效果。网式冷却输送机虽然厚度薄，冷却效果高，但输送机的能力满足不了生产要求，故应根据生产规模考虑合适的宽度和输送速度，以确定型煤厚度在适当的范围。

根据宝钢生产规模和网式输送机宽度、输送机速度的计算结果，型煤在网式输送机的冷却时间约 15min，型煤厚度约 80～100mm。

网式输送机的结构型式，驱动部分为套筒辊轮和链板走行式，运载部分可以为板式输送机式的板盘连接，也可为带式输送机式的连续金属网式。网面采用 ϕ4～5mm 的不锈钢丝或镀锌网丝编织成 35mm 左右的方形或菱形孔。网式输送机的布置可以采用两段或三段连续转运方式。

通风冷却后的含尘废气，经冲击式湿法除尘器洗涤后外排，外排气体达国家环保规定的排放标准。

5. 黏结剂添加装置

根据黏结剂种类和性质不同，黏结剂添加可分固相和液相两种添加方式。固相添加，如中温沥青，先粉碎到小于1mm的细度，然后经贮槽，定量切出装置配入。液相添加，如软沥青，采用贮槽加热到130℃左右，经管道、喷嘴配入。添加量均按设定的比率随原料煤量的波动而自动调节。宝钢为软沥青液相添加方式，其装置包括有：黏结剂操作槽，黏结剂添加泵，洗涤油槽，洗涤油循环泵，内填聚丙烯填料的排气洗涤塔以及强制润滑油泵等。为保证添加系统的正常操作，在操作槽及管线上还设置有压力、温度、流量、液位的指示、报警和调节计器仪表，以及停机后防止管道堵塞的自动吹扫程序控制装置。

（二）型煤黏结剂及其发展趋势

型煤黏结剂是型煤生产中的关键技术，为了生产出高质量的型煤，世界各国已对数百种黏结剂进行了研究。现将型煤黏结剂的研究与开发概况介绍如下。

理想的黏结剂应具有以下特点：(1) 黏结性好；(2) 能润湿煤粒表面，在煤粒表面均匀分布，并能增加粒子间的作用力；(3) 无机物含量低，尽量少增加型煤的灰分；(4) 具有足够的抗压强度、耐踏性和热稳定性；(5) 具有一定的抗湿与防水性能；(6) 原料来源广，当地易得，价格低廉；(7) 无二次污染，符合环保要求；(8) 制备工艺简单；(9) 有助于改善工艺，或有助于减少生产工序。

根据物理化学性能和来源，型煤黏结剂有多种分类方法。为了便于理解，将型煤黏结剂分为焦油沥青、有机、无机和复合黏结剂四大类。

1. 焦油沥青类黏结剂

焦油沥青类黏结剂主要包括煤焦油、煤焦油沥青、石油沥青和石油残渣等。煤焦油沥青在结构上、性质上与煤相近，和煤具有很强的亲和力，能够很好地润湿煤粒。固化后能与煤粒紧紧地黏结在一起，而且焦化厂一般都生产软沥青或中温沥青，因此许多焦化厂采用煤焦油沥青作为黏结剂生产型煤。但由于焦油沥青容易污染环境，一些使用焦油沥青制型煤的厂家也对焦油沥青改性，或者改用其他黏结剂。

用焦油沥青制成的型煤具有良好的防水性和机械强度。但价格较高，大部分厂家使用煤焦油软沥青或煤沥青。随着焦化清洁生产的技术发展，一部分厂家也使用焦油渣作为黏结剂的一部分。焦油渣单独作为黏结剂的黏结性很差，但替代部分软沥青黏结剂的黏结性降低不大，配入焦油渣替代部分软沥青黏结剂的型煤后，焦炭质量几乎没有变化。

2. 有机黏结剂

有机黏结剂的黏结性能好，干燥固化后的型煤具有较高的机械强度。但是，有机黏结剂在高温下容易分解和燃烧，因而型煤的热态机械强度和热稳定性较差。有些有机黏结剂（如淀粉）具有一定的吸水性，从而使型煤的防水性较差。为了增强型煤的防水性，常常需要对有机黏结剂进行改性和对型煤进行后处理。有机黏结剂可分为两类：

(1) 亲水有机黏结剂。亲水有机黏结剂具有良好的黏结性，但防水性能和热强度较差。与高分子聚合物相比，其来源广、价格低，通过复配可以获得理想的效果，因而在实际生产中得到广泛的利用。目前，应用最多的是制糖废液、造纸废液、淀粉和腐殖酸盐等。另外，生物质、制革和酿造废液、木质素磺酸盐等也很受重视。

造纸废液有酸、碱两种，经加热浓缩后可用作黏结剂。用造纸废液制造型煤有利于环境保护，受到世界各国的重视，一些有条件的煤厂已在实际生产中利用这种黏结剂。为了克服造纸废液防潮性差的缺点，人们还在试图加入其他物质使造纸废液改性。

淀粉具有很强的黏结性，在实际生产中，有的直接将淀粉加入原料煤中，也有的将淀粉改性变成水溶性淀粉使用。

在我国，腐殖酸的利用很受重视。腐殖酸是利用稀碱（或氨水）抽提泥炭、褐煤或风化煤的产物，这种黏结剂的特点是来源广、成本低，但防水性差。另外，近些年来生物质黏结剂也很受重视，生物质主要指农林生产中的废弃物。一些国家利用稻草、锯末、水解纤维素、纤维物质等作为黏结剂已制成工业用的锅炉型煤。

（2）高分子聚合物黏结剂。型煤所使用的黏结剂主要是热固性高分子聚合物。由于高分子聚合物价格较高，有的热强度和防水性能并不理想，有的还需加硬化剂，因此其应用并不广泛。从科技文献看，各国对聚乙烯醇、聚苯乙烯、酚醛树脂、脲醛树脂、间苯二酚甲醛树脂、聚甲醛、聚氨酯和有机硅等进行了大量的研究。英国 CPL 的一家型煤厂已采用酚醛树脂作为黏结剂生产民用型煤。7 天后其抗压能力达到 180kg 左右。该厂的年产量为 20 万 t。

3. 无机黏结剂

无机黏结剂的特点是来源广、成本低，但容易增加型煤的灰分，一般不在型煤炼焦厂使用，仅在民用型煤生产中使用，最常用的无机黏结剂是石灰、水泥、黏土、硅酸钠、石膏等。一般的无机黏结剂都能耐较高的温度，因而制成的型煤具有较好的热态强度和热稳定性。一些小化肥厂用石灰制成石灰碳化煤球，使型煤具有较好的热强度。还有一些小化肥厂利用膨润土生产气化型煤。

4. 复合黏结剂

复合黏结剂是将两种或两种以上的黏结剂组合而成的。不同的黏结剂可以取长补短，互相补充，从而提高型煤的质量。近些年来，各国都在致力于复合黏结剂的研究与开发。

目前各国开发的型煤黏结剂大多属于复合黏结剂。例如：中国发明专利 CN1057069A 公布的黏结剂就包括腐殖酸盐、聚乙烯醇、甲醛和盐酸；中国发明专利 CN1110297A 公布的黏结剂包括膨润土、胶化淀粉和三聚磷酸钠；美国的 5573555 号专利的黏结剂含有淀粉和硝酸钾等；加拿大的 175726 号专利的黏结剂含有糖浆废液和水泥等成分。

5. 黏结剂发展的趋势

（1）开发不同类型的复合黏结剂。根据不同的煤种、型煤的用途和黏结剂的性质，可采用不同的复合黏结剂，从而克服使用单一黏结剂的缺点。所谓复合黏结剂主要包括有机和有机、有机和无机、无机和无机 3 种类型，德国 DD297442 号专利的黏结剂含有农业废弃物和脲醛树脂等，属于有机与有机复合。

（2）重视有机黏结剂的研究。为了减少型煤的灰分，各国普遍重视有机黏结剂的研究，并力图用有机黏结剂代替或部分代替无机黏结剂。

（3）利用工农业废弃物。利用工农业废弃物作为黏结剂可达到化害为利的目的。目前，各国已利用焦化焦油渣、工业废水处理活性污泥、造纸废液、制革废液、制糖废液、电石渣和农业废弃物等作为黏结剂，生产出高质量的型煤。利用工农业废弃物不仅可获得廉价的黏结剂，而且可以保护环境。

（4）开发免烘干的型煤黏结剂。为了降低型煤生产成本和缩短型煤生产线，各国普遍重视免烘干型煤黏结剂的开发。目前，国内一些型煤厂已采用新型黏结剂，不需建造成型后的烘干设备。英国一家型煤厂采用了高分子聚合物黏结剂后，也省略了过去使用的型煤后处理装置。

第四节　煤调湿技术

一、煤调湿工艺及其特点

（一）第一代导热油煤调湿工艺

最早的第一代CMC是采用导热油干燥煤。利用导热油回收焦炉烟道气的余热和焦炉上升管的显热，然后，在多管回转式干燥机中，导热油对煤料进行间接加热，从而使煤料干燥。1983年9月，第一套导热油煤调湿装置在日本大分厂建成投产。“日本新能源·产业技术开发机构”（简称NEDO），于1993～1996年在我国重庆钢铁（集团）公司实施的“煤炭调湿设备示范事业”就是这种导热油调湿技术。重钢煤调湿工艺流程，如图3-25所示。

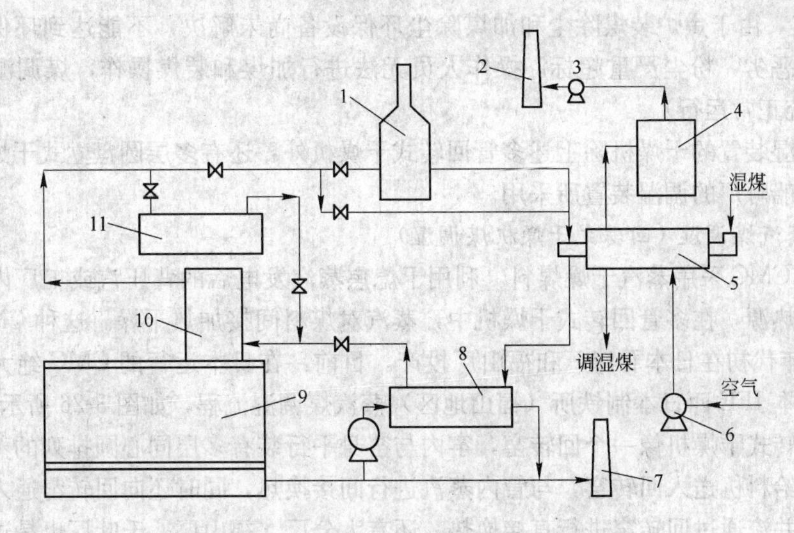

图3-25　重庆钢铁集团的CMC工艺流程

1—热煤加热炉；2—烟囱；3—风机；4—除尘装置；5—多管回转式干燥机；6—风机；7—烟囱；8—烟道换热器；9—焦炉；10—上升管换热器；11—热煤冷却器

此装置处理的煤料是经配合粉碎后的焦炉入炉湿煤，装置的处理能力为140t/h调湿煤，可以满足3座焦炉生产的需要。

装置的主要技术指标如下：

处理煤量	140t/h调湿煤
入干燥机煤料水分	平均10.5%（最高11.5%）
出干燥机煤料水分	6.5%
装炉煤水分	6%
节省炼焦耗热量	267.64kJ/kg煤
焦炉生产能力可提高	7.7%
减少氨水量	6.3t/h

此套装置是由热媒油换热循环系统、煤料输送干燥机组、控制室、通风除尘机组、焦油脱渣以及供电等公用设施等组成。装置的主体机组布置在重钢焦化厂煤场东侧；上升管换热器设在3号、4号、5号焦炉炉顶；烟道换热器共三组，分别布置在3号、4号焦炉和5号焦炉烟囱附近。煤调湿装置主要是由热媒油循环系统和煤料输送干燥系统两大系统组成。热媒油循环过程是：自干燥机出来的温度较低的热媒油先经烟道废气换热，再经上升管与荒煤气换热，用循环泵加压后再经管式加热炉或冷却器送入干燥机。管式加热炉和冷却器是为了保证循环热媒油的温度而设置的，通过控制热媒油的温度从而达到控制调湿后煤料的水分的目的。被干燥的煤料从原有的煤3转运站接来，先贮在湿煤仓，湿煤仓贮量约为3h用量，以满足干燥系统检修和临时故障排除的需要，然后湿煤进入干燥机，干燥后的煤料经胶带输送机送到5号焦炉新煤塔顶，供3号、4号、5号3座焦炉使用。为了保证系统安全运行，设有上升管事故备用水箱。

煤料水分降低后，装煤时会有大量煤尘混入煤焦油中，使焦油中渣量增加，为了保证焦油质量，在煤气净化车间鼓风冷凝工段增设一套焦油脱渣处理设施，用高速离心机脱除焦油中的渣子。焦油渣送到煤场混入炼焦煤中炼焦。

2001年，由于焦炉装煤除尘和加煤除尘环保设备尚未解决，不能达到环保要求，岗位操作环境恶劣，粉尘严重超标。操作人员无法进行加煤和装煤操作，煤调湿停止运转（热媒油系统正常运行）。

用于调湿装置的干燥机除上述多管回转式干燥机外，还有多层圆盘立式干燥机，仅日本中山制钢船町厂的调湿装置所采用。

（二）蒸汽煤调湿（回转式干燥机煤调湿）

第二代CMC采用蒸汽干燥煤料。利用干熄焦蒸汽发电后的背压汽或工厂内的其他低压蒸汽作为热源，在多管回转式干燥机中，蒸汽对煤料间接加热干燥。这种CMC最早于20世纪90年代初在日本君津厂和福山厂投产。目前，在日本运行的CMC绝大多数为此种型式。日本JFE西日本制铁所（福山地区）蒸汽煤调湿流程，如图3-26所示。

多管回转式干燥机像一个回转窑，窑内与窑身平行装有多层同心圆排列的蒸汽管。湿煤通过螺旋给料机送入回转窑，与管内蒸汽进行间接换热，同时还向回转窑通入预热的空气，与湿煤并流通过回转窑进行直接换热。还有大分厂、福山厂、千叶厂也是这种结构的干燥机。

这种蒸汽加热的多管回转式干燥机有两种结构型式：一种是蒸汽在管内、煤料在管外，这种结构可适应煤料中杂物多的状况，如图3-27所示。

另一种是煤料在管内，蒸汽在管外，如图3-28所示。

蒸汽煤调湿装置设备少，流程简单。煤料与蒸汽间接换热，CMC装置本身不需设置庞大的除尘设施。

（三）焦炉烟道气煤调湿（流化床煤调湿）

1996年10月日本在其北海制铁（株）室兰厂投产了第三代采用焦炉烟道气对煤料调湿的流化床CMC装置。其流程如图3-29、图3-30所示。

水分为10%～11%的煤料由湿煤料仓送往两个室组成的流化床干燥机，煤料在气体分布板上由1室移向2室，从分布板进入的热风直接与煤料接触，对煤料进行加热干燥，使煤料水分降至6.6%。干燥后，煤料温度为55～60℃的70%～90%的粗粒煤

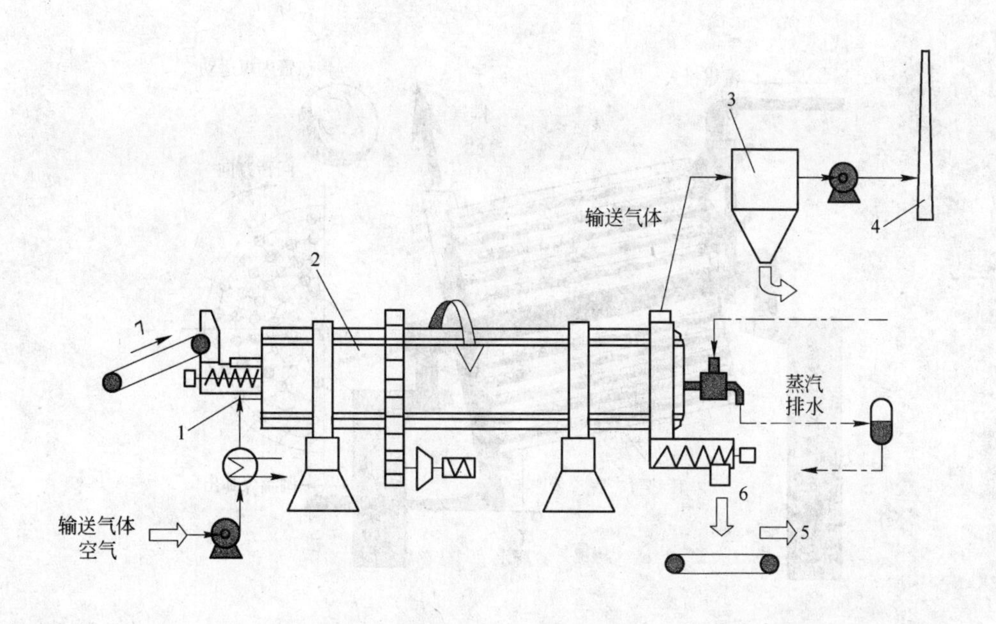

图 3-26　日本 JFE 西日本制铁所（福山地区）蒸汽煤调湿流程图
1—给料机；2—煤干燥机；3—排气除尘器；4—烟囱；5—焦炉；6，7—煤

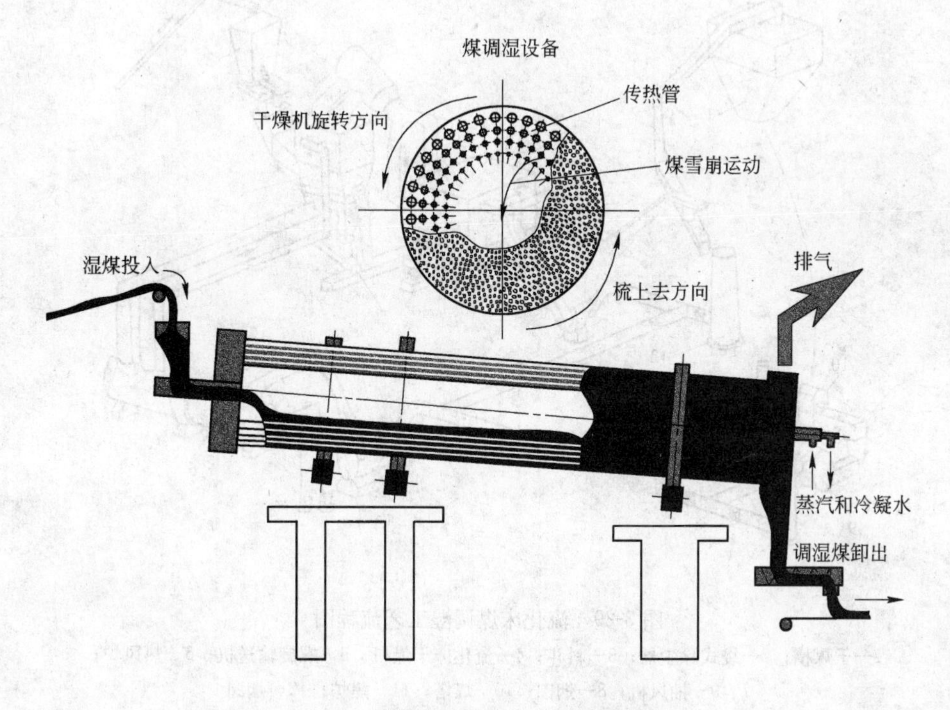

图 3-27　煤料在管外的干燥机示意图

（相对而言）从干燥机排入螺旋输送机，剩下的 10%～30%粉煤随 70℃的干燥气体进入袋式除尘器，回收的粉煤排入螺旋输送机。粉煤和粗粒煤混合后经管道式皮带机输送至焦炉煤塔。

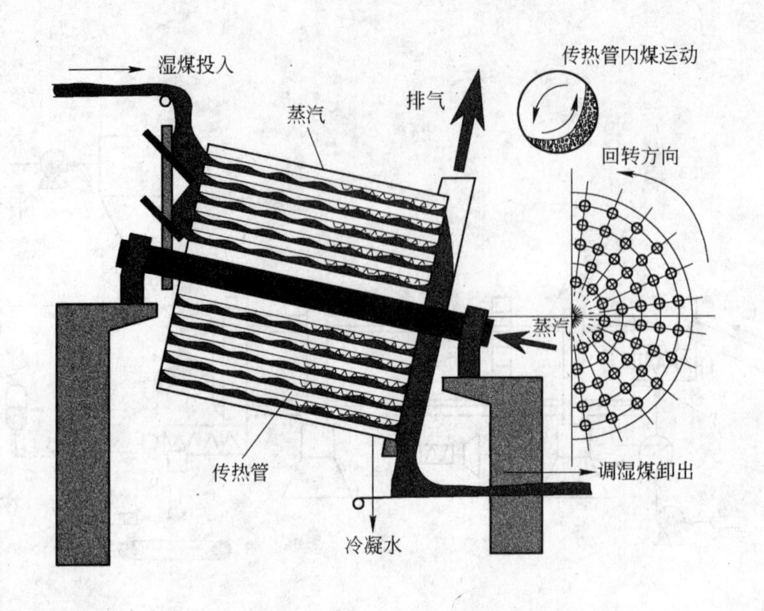

图 3-28　煤料在管内的干燥机示意图

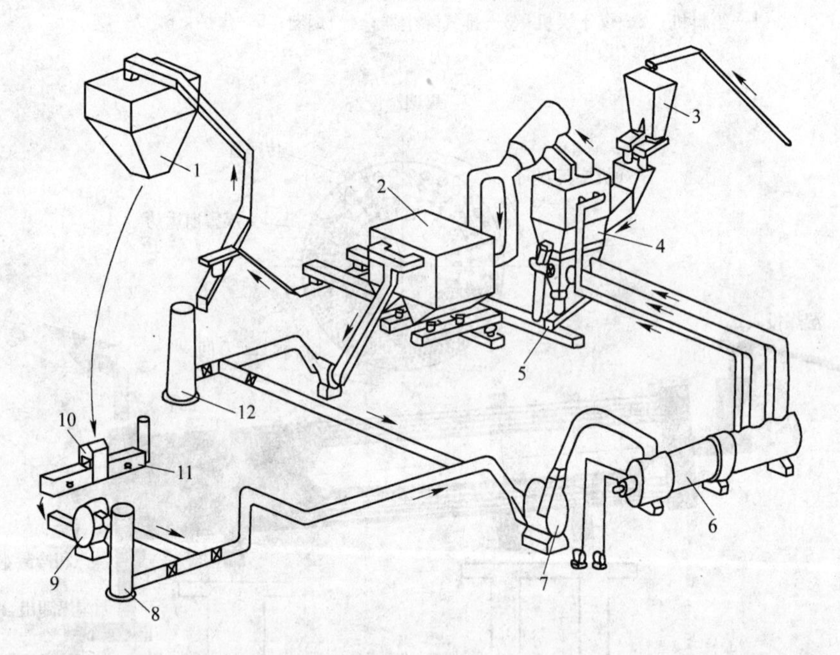

图 3-29　流化床煤调湿工艺流程图

1—干煤槽；2—袋式除尘器；3—料斗；4—流化床干燥机；5—螺旋输送机；6—热风炉；7、9—抽风机；8—烟囱；10—煤塔；11—焦炉；12—烟囱

干燥用的热源是焦炉烟道废气，其温度为 180～230℃。抽风机抽吸焦炉烟道废气，送往流化床干燥机。与湿煤料直接换热后的含细煤粉的废气入袋式除尘器过滤，然后由抽风机送至烟囱外排。

此装置还设有热风炉，当煤料水分过高或焦炉烟道废气量不足或烟道废气温度过低

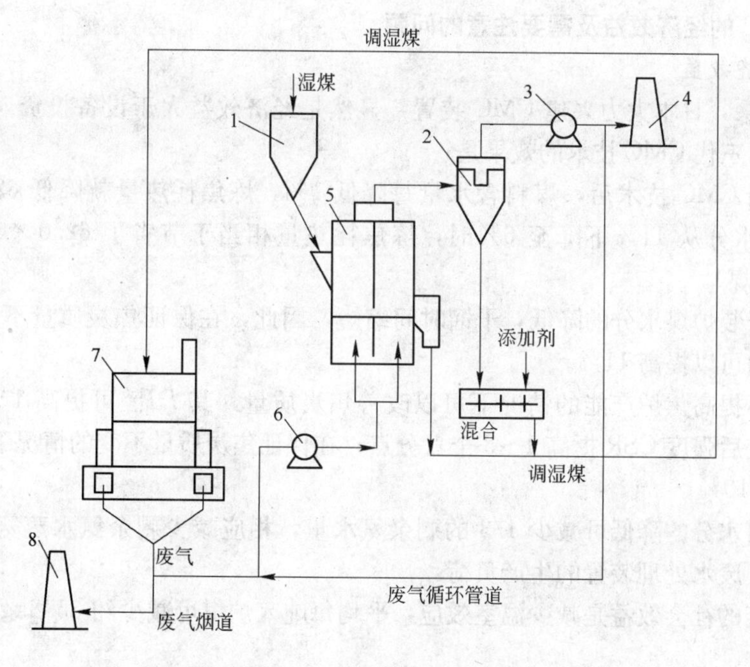

图 3-30 流化床煤调湿工艺图

1—煤槽；2—布袋除尘器；3—2 号风机；4—新烟囱；5—流动床干燥机；
6—1 号风机；7—焦炉；8—原有烟囱

时，可将抽吸的烟道废气先送入热风炉，提高烟道废气的温度。生产实践证明，焦炉满负荷生产时，烟道废气量足够，其温度也较高，完全可以满足煤调湿的需要，因此，不需开启热风炉。

入炉煤料含水量设定为 6.0%是为了防止调湿后煤料产生过多的粉尘。将 CMC 出口煤含水量设定为 6.6%，是因为从 CMC 出口到焦炉的运输过程中会蒸发 0.6%的水分。流化床干燥机内的分布板是特殊钢材制作的筛板，干燥机的其他部分均可用普通碳钢材制作。在 CMC 的几个部位上设置有氧监测仪，自动报警，以保证生产安全平稳。

这种采用烟道废气的流化床 CMC 装置工艺流程短，设备少且结构简单，具有投资省、操作成本低，便于检修、占地面积小等优点。煤料与烟道废气直接换热，效率高，但是，因有 10%～30%的细煤粉被废气携带出，所以，必须设置庞大的除尘设施。

以上介绍的 3 种煤调湿工艺各有优缺点，在选择哪种工艺时应综合考虑。

第一代导热油煤调湿工艺，热源来自上升管等处，节能效果好，但工艺复杂，设备维护困难，特别是夹套上升管在使用一段时间后，容易泄漏，泄漏的导热油进入炭化室后极易着火，对安全生产威胁比较大。

第二代 CMC 采用蒸汽干燥煤料，分煤在管内和管外两种，对于干熄焦应用比较多而蒸汽富裕的焦化厂比较适合，而且工艺比较简单，操作维护比较容易。

第三代流化床 CMC 工艺的热源来自焦炉原来直接排放的烟道废气，节能效果最好，基本不再需要补充新能源，但流化床的操作自动化要求比较高，而且对管道的耐烟道废气的腐蚀要求较高。

二、CMC的经济效益及需要注意的问题

（一）经济效益

近20年来，日本大力兴建CMC装置，显然是经济效益大于设备投资。经过多年的生产实践，第三代CMC技术的效果是：

（1）采用CMC技术后，煤料含水量每降低1%，炼焦耗热量就降低62.0MJ/t（干煤）。当煤料水分从11%下降至6%时，炼焦耗热量相当于节省了62.0×（11－6）＝310MJ/t（干煤）。

（2）由于装炉煤水分的降低，干馏时间缩短，因此，在保证焦炭质量不变的情况下，焦炉生产能力可以提高11%。

（3）在不提高焦炉产能的情况下可以改善焦炭质量，其DI_{15}^{150}可提高1～1.5个百分点，焦炭反应后强度CSR提高1～3个百分点；在保证焦炭质量不变的情况下，可多配弱黏结煤8%～10%。

（4）煤料水分的降低可减少1/3的剩余氨水量，相应减少剩余氨水蒸氨用蒸汽1/3，同时也减轻了废水处理装置的生产负荷。

（5）节能的社会效益是减少温室效应，平均每吨入炉煤可减少约35.8kg的CO_2排放量。

（6）因煤料水分稳定在6%的水平上，使得煤料的堆密度和干馏速度稳定，这非常有益于改善焦炉的操作状态，有利于焦炉的降耗高产。

（7）煤料水分的稳定可保持焦炉操作的稳定，有利于延长焦炉寿命。

（二）需要注意的问题

（1）煤料水分的降低，使炭化室荒煤气中的夹带物增加，造成粗焦油中的渣量增加2～3倍，为此，必需设置三相超级离心机，将焦油中的渣分离出来，以保证焦油质量。

（2）炭化室炉墙和上升管结石墨有所增加，为此，必需设置除石墨设施，以有效地清除石墨，保证正常生产。

（3）调湿后煤料用皮带输送机送至煤塔过程中散发的粉尘量较湿煤增加了1.5倍，为此，应加强输煤系统的严密性和除尘设施。

（4）调湿后煤料在装炉时，因含水分的降低很容易扬尘，必须设置装煤地面站除尘设施。

第四章 焦炉大型化

所谓焦炉的大型化就是增大炭化室的几何尺寸和有效容积，以提高焦炉的生产能力，同时更有利于环保等。

焦炉大型化是20世纪70年代以来世界炼焦技术发展的总趋势。30多年来，炭化室高度由4m增高至8m以上，平均宽度增至0.51～0.61m。其长度已超过20m，单孔炭化室容积由约20m^{3}增大至90m^{3}以上。取得如此惊人的进展乃是因为限制焦炉大型化的一系列技术问题得到了解决。

1. 焦炉大型化的技术条件

由于限制焦炉大型化的因素逐步得到解决，焦炉的大型化取得了长足的发展。特别是近30年来，取得了惊人的进展，得到了广泛的推广和应用。限制焦炉大型化的主要因素有：焦炉高向、长向加热的均匀性、筑炉材料的性能、焦炉设备的强度以及焦炉机械的装备水平等。

(1) 炭化室高向加热的均匀性问题得到了较好的解决。常用的技术有：高低灯头、废气循环、不同厚度的炉墙、分段加热以及加热微调等。

(2) 炭化室长向加热均匀性问题也得到了较好的解决。常用的技术主要是蓄热室的长向分格和冷端调节。

(3) 就炭化室宽度对焦炭质量和焦炉生产能力的影响做了深入的研究。研究表明，在常用火道温度和炭化室宽400～600mm的条件下，结焦时间T与炭化室宽度b的1.2～1.4次方成正比，即$Tb^{1.2\sim1.4}$，而不是传统的看法$Tb^{1.8\sim2.0}$。研究还表明，炭化室宽度对焦炭质量几乎没有影响。

(4) 筑炉材料的质量有了较大的提高。致密硅砖和含金属氧化物的硅砖的采用，使得筑炉材料的强度有了很大提高。为炭化室高向的发展提供了物质保证。

(5) 护炉设备和焦炉机械的强度和结构有了较大的提高和改进。钢柱的整体轧制等大大提高了护炉设备的强度。

(6) 焦炉机械装备水平的提高，操作的机械化和自动化，使焦炉的大型化成为可能。

这些因素都促成了焦炉的大型化和进一步的超大型化。

2. 焦炉大型化的优点

焦炉大型化的优点如下：

(1) 基建投资省，大型化后，同样的产量时，炭化室的孔数减少。所以相应使用的筑炉材料、护炉铁件、煤气、废气设备等均减少。这样都使基建费用降低。

(2) 劳动生产率高。由于每班每人处理的煤量和生产的焦炭多，劳动生产率高。生产成本低，就更具有竞争能力。

(3) 减轻了环境污染。由于密封面长度减少，泄漏的机会减少，大大减少了推焦装煤和熄焦时散发的污染物。同时，也节约了用于环保设施的投资和操作费用。

(4) 有利于改善焦炭质量。大型化后，由于堆密度的增大，有利于焦炭质量的提高或多配弱黏煤。

(5) 热损失少，热效率高。由于吨煤的散热面减少，热损失降低，热效率提高。

(6) 占地面积小，由于炉组数减小，占地面积相应减少。

(7) 维修费用低。

以年产 200 万 t 焦炭规模的焦炉组为例，不同炭化室容积焦炉的投资和生产成本方案比较见表 4-1。

表 4-1　年产 200 万 t 焦炭的投资和生产成本方案比较

炭化室容积/m^3	21.00	38.00	70.00	操作人员组数	4	2	1
炉高/m	4.00	6.00	6.75	每天出焦孔数	464	270	136
炭化室宽/m	0.45	0.45	0.62	每天摘门次数	928	540	272
炭化室长/m	13.90	16.00	18.00	每天启炉盖数	1856	1080	544
结焦时间/h	16.00	18.00	25.00	相对投资			
炉孔数/孔	308	180	144	焦炉/%	105.80	100.00	96.80
炉组数/组	4	4	2	机械/%	48.60	33.60	28.30
每天使用机械套数/套	6	3	2	总数/%	154.40	133.60	125.10

3. 大型焦炉的特点

(1) 炭化室的高向、长向以及各炉之间必须加热均匀，能生产优质的焦炭与化学产品。

(2) 有较高的热工效率，以节约能源。

(3) 加热系统阻力较小。

(4) 劳动生产率和设备利用率高。

(5) 炉体坚固、严密、衰老慢、炉龄长。

(6) 调节方便、环境良好。

4. 焦炉大型化的方向

(1) 增大炭化室的长度。增加炭化室的长度，焦炉生产能力成比例增长，砌体造价升高，单位产量的设备价格则因每孔炉的护炉设备不变、煤气设备增加不多而显著降低。增大炭化室虽有利于提高产量和降低基建投资及生产费用，但受长向加热均匀性、推焦杆和平煤杆热态强度的限制。

(2) 增加炭化室的高度。增加炭化室高度来扩大炭化室有效容积，是提高焦炉生产能力的重要措施。但是，为使炉墙具有足够的极限负荷，必须相应加大炭化室中心距和炉顶砖厚度。此外，为了保证高向加热均匀，势必在不同程度上引起燃烧室结构的复杂化；为了防止炉体变形和炉门冒烟，应该有更坚固的护炉设备及更有效的炉门清扫机械。凡此种种，使每个炭化室的基建投资和材料消耗增加。因此必须从当前经济技术条件出发，以单位产品的各项技术经济指标进行综合平衡，选定炭化室高度的适宜值。国内鞍山焦耐院已设计出炭化室高 6.95m 的大型焦炉，国外设计的焦炉炭化室高度已达到 8m 以上。

(3) 增加炭化室的宽度。增加炭化室宽度，可以提高劳动生产率，降低单位产品的生产费用，炭化室宽度的选择，应主要按冶金焦的质量和产率，综合考虑合理的炭化室宽度为 440mm，但宽炭化室有以下优点：

1) 炭化室有效容积可大大增加。

2）生产同样数量的焦炭，因炭化室容积大，推焦和装煤次数少，对环境造成的污染就少。

3）宽炭化室内的膨胀压力小，炉墙受力也小，可延长焦炉使用寿命。

4）在煤料中可配入更多的弱结焦煤或非结焦煤。

5）煤料中温度梯度平缓，使焦炭的 M_{40} 和 M_{10} 指标都有所改善。

6）宽炭化室中焦饼的收缩明显增大。

7）宽炭化室比窄炭化室推焦容易得多。

2004 年我国发布的《当前部分行业制止低水平重复建设目录》中炭化室高度小于 4.3m 焦炉已被列入禁止范围。最近国务院原则通过的《钢铁产业发展政策》中又明确规定：焦炉准入条件是炭化室高度应达 6m 及以上。

目前，世界各国 6m 及以上焦炉的炭化室高度有多种规格，如 6m、6.25m、6.74m、6.95m、7.1m、7.63m、7.85m、8.45m 等。而在我国，6m 焦炉正逐步成为主流炉型，近两年自动化程度更高的 7.63m 焦炉也在兖矿、太钢、马钢、武钢等企业相继投入建设中。本章将以 6m 焦炉和 7.63m 大容积焦炉为例作较为详细的介绍。

第一节　6m 焦炉设计参数及其结构特点

一、设计参数

我国最早设计炭化室高 6m 的焦炉是 20 世纪 90 年代初投产的 JN60 型焦炉，其基本尺寸见表 4-2。该焦炉的结构特点是双联火道，废气循环，焦炉煤气下喷，贫煤气和空气侧喷的复热式焦炉。也有仅仅燃烧贫煤气的单热式焦炉，炉体结构与 58-Ⅱ型焦炉相似。

表 4-2　6m 焦炉基本尺寸

炉型 / 部位	JN60	炉型 / 部位	JN60
炭化室全长/mm	15980	炭化室平均宽/mm	450
炭化室有效长/mm	15140	炭化室锥度/mm	60
炭化室全高/mm	6000	炭化室有效容积/m³	38.5
炭化室有效高/mm	5650	燃烧室立火道个数	32

二、结构特点

（一）燃烧系统

（1）炉头不设直缝。炭化室墙面采用宝塔砖结构，这种结构的炭化室和燃烧室间无直通缝，有利于炉体的检修维护。

（2）采用双联火道。6m 焦炉燃烧室被分成 32 个立火道，每两个为一对，连成一个双联火道，双联火道虽然结构稍复杂，砖型多一些，但鉴于焦炉炉体的重要性以及焦炭质量等方面的因素，双联火道结构型式有其独到之处。双联火道加热系统具有以下优点：

1）焦炉燃烧室结构坚固。

2）便于温度调节，高向加热均匀。

3）加热系统阻力小，这是炉体设计的一项重要标志。

4）充分保证炉头温度、横墙温度的均匀性，生产稳定。

（3）废气循环。循环废气可降低上升火道内的火焰温度，从而减少了燃烧过程中 NO_x 的形成，保证焦炉高向加热的均匀性。因此，在 6m 焦炉炉体设计中，普遍采用该项技术，加大了废气循环量，将煤气和空气稀释，导致燃烧速度减慢，拉长火焰。此外边部火道采用四联循环结构，即在 2 号、3 号火道间隔墙下部增开一个废气循环孔，取消 1 号、2 号火道间废气循环孔，当 1 号火道上升 2 号火道下降时，部分废气进入 3 号火道而减小了 2 号火道的下降阻力；当 2 号火道上升 1 号火道下降时，3 号火道的部分废气进入 2 号火道，相当于拉长了 2 号火道的燃烧火焰，有利于提高 1 号火道的温度。根据废气循环原理，高炉煤气加热时废气循环比为 20%左右。边部四联循环可使 1 号、2 号火道温度差缩小。

（二）蓄热室

（1）6m 焦炉蓄热室不分格，蓄热室主墙、单墙采用沟舌结构，单、主墙均用异形砖砌筑，增加了炉体的严密性。为了充分回收废热，以降低炼焦耗热量，节约能耗，蓄热室中装有薄壁九孔异形格子砖，大大地增加了格子砖蓄热面。采用合理的箅子砖孔型和尺寸排列，使蓄热室气流沿长向均匀分布。为了降低蓄热室阻力，安装时上下各层格子砖孔对准，高炉煤气含尘量控制在 15mg/m^3 以下。

（2）改进蓄热室封墙结构。20 世纪 80～90 年代初设计和投产的焦炉，蓄热室封墙的结构为：从里至外一层黏土砖，一层断热砖，外加隔热罩。当隔热罩压靠较好且侧面石棉绳挤得较紧时，封墙的严密程度应是很好的。但由于隔热罩是靠横梁固定在大小钢柱上的，当钢柱变形后，它就会随之离开封墙面，而里面封墙尤其是中上部缝隙是较多的。若要密封则需拆掉隔热罩，非常麻烦，生产中往往被忽视，从而造成炉头加热情况很差。为了改善操作环境，又便于维护管理，6m 焦炉将蓄热室封墙结构改为从里到外硅砖、断热砖和黏土砖 3 层砖体结构，再在外面用复合硅酸盐保温材料抹面代替隔热罩，这样大大提高了严密程度，且便于维护。

（三）斜道区

斜道区的高度与斜道长度应在保证炭化室底部有足够的厚度下尽可能短些。6m 焦炉斜道区高度在 800mm 左右。斜道由低到高其断面逐渐缩小，缩小值愈大，阻力愈大。6m 焦炉斜道正面设计除斜道第六层正面使用少量高铝砖外，其余全部使用硅砖，从炉体结构讲，减少了砖型，便于砌筑，有利于炉体膨胀。

（四）炉顶区

炭化室盖顶砖以上部位为炉顶区，其中炭化室盖顶砖及相应层的燃烧顶部砌体为硅砖，装煤孔和上升管周围使用黏土砖，炉顶表面用致密、耐水坚硬且耐磨的缸砖砌筑。在炉顶不受压部位铺硅藻土砖，防止炉顶温度过高，改善操作环境。炉顶表面设有坡度，以利于排水。改进了上升管孔和装煤孔的结构，增加了沟舌。新建 6m 焦炉多采用单集气管，炉顶操作条件较好。

第二节　6m 焦炉加热制度

焦炉加热调节中一些全炉性的指标如结焦时间、标准温度、全炉及机焦侧煤气流量、煤气支管压力、孔板直径、烟道吸力、标准蓄热室顶部吸力、交换开闭器进风口尺寸、空气系数等应相对稳定。通常把这些指标称作基本加热制度。

结焦时间改变时，各项指标均要做相应改变，因此对不同的结焦时间，应有一套相应的加热制度，6m 焦炉标准结焦时间为 19h。

一、温度制度

(1) 燃烧室所有立火道任一点在交换 20s 不得超过 1450℃，不低于 1100℃。

(2) 蓄热室顶部温度不得超过 1320℃，不得低于 900℃。

(3) 炉顶空间温度应保持在 800℃±30℃，不得超过 850℃。

(4) 延长结焦时间，焦炉任一点温度不得低于 1100℃。

(5) 炉头温度要求与其平均温度比较不得大于 50℃。

(6) 小烟道温度不得超过 450℃，分烟道温度不得超过 350℃。

(7) 高炉煤气不高于 35℃。

(8) 集气管温度 80～100℃。

(9) 焦饼中心温度 1000℃±50℃。

(一) 直行温度

6m 焦炉温度测量，在下降气流时测底部火嘴和鼻梁砖间的大砖温度。在换向 20min 后开始测量。测量顺序从焦侧交换机室端开始测量，由机侧返回，在两个换向时间内全部测完。

每间隔 4h 测量一次直行温度，测温时间固定。因所测各火道所处时间不同，要根据各区段火道温度在换向期间不同时间的冷却下降值，分别校正到换向后 20s 的最高温度值，然后分别计算出机焦侧的全炉平均温度。

将一昼夜所测得的各个燃烧室机焦侧的温度分别计算平均值。并求出与机焦侧昼夜平均温度的差，其差值大于 20℃以上的为不合格的测温火道，边炉差值大于 30℃以上的为不合格火道。

为考核直行温度的均匀与稳定，一般采用均匀系数与安定系数。

(二) 标准温度

6m 焦炉的结焦时间改变与标准温度的变化关系见表 4-3 所示。延长或缩短结焦时间，每昼夜允许最长变动时间见表 4-4、表 4-5。

表 4-3 结焦时间改变与标准温度的变化关系

结焦时间/h	19～22	22～24	24～26	26～32	>32
结焦时间每变化 1h，标准温度的变化值/℃	25～30	20～25	15～20	10～15	基本不变

表 4-4 延长结焦时间，每昼夜允许最长变动时间表

原有结焦时间/h	每昼夜允许延长时间/h
>24	4
20～24	3
<20	2

表 4-5 缩短结焦时间，每昼夜允许最长变动时间表

原有结焦时间/h	每昼夜允许缩短时间/h
>24	3
20～24	2
18～20	1
<18	0.5

结焦时间过短即强化生产时，标准温度显著提高，容易出现高温事故，烧坏炉体，并且炭化室内石墨生长很快，焦饼成熟不匀，常有生焦，容易造成推焦困难。同时，因炉温较高，装煤时冒烟冒火严重，易烧坏护炉铁件，上升管容易堵塞，所得焦炭也较碎。所以一般认为，炉宽450mm的焦炉，结焦时间不宜小于18h。结焦时间长于25h后，为保持炉头温度，防止炭化室装煤后炉头砖表面温度低于700℃引起体积剧变而开裂，标准温度应不低于1200℃。

机焦侧的温差随结焦时间延长而缩小。当小于21h后，大型焦炉的温差应小于40℃，因这时为保持炉头温度和散热需要，标准温度总比需要的高，在此结焦时间内，焦饼一般早已成熟，机侧温度相对较高。

当配煤水分每改变1%，标准温度约变化5～7℃。焦饼中心温度改变25～30℃，标准温度应变化10℃。

（三）6m焦炉温度的调节

1. 直行温度均匀性的调节

6m焦炉直行温度的均匀性是在直行温度稳定的前提下调节的，其影响因素如下：

(1) 周转时间和出炉操作。每个燃烧室的温度均随相邻炭化室处不同结焦期而变化，当周转时间越长，推焦越不均衡时，直行温度的均匀性往往较差。为避免调节上的混乱，不能只看一二次的测温结果，而应视2～3天的昼夜平均温度，确实有偏高或偏低的趋势时，再进行调节。

(2) 炉体情况。由于砖煤气道窜漏、格子砖堵塞、斜道区裂缝或堵塞等特殊情况造成加热不正常时，只有解决了炉体的缺陷后才能进行正常调温。在解决这些缺陷之前要做到心中有数。

(3) 煤气量的调节。只有供给各燃烧系统（边炉除外）相同的煤气量，才能保证直行温度的均匀。各燃烧系统的煤气量主要靠安装在煤气分管上的孔板来控制，各燃烧室煤气量的均匀分配，则需依靠孔板直径沿焦炉长向适当的排列来实现。

(4) 空气量的调节。炉温不仅由煤气量决定，还因空气量而变化，故在保证供给各燃烧室均匀煤气量的基础上，还须使各燃烧系统的空气量均匀一致。进入各燃烧系统的空气量取决于废气盘上进风门开度、废气盘翻板开度、废气砣杆高度和废气砣的严密程度。

废气盘进风门的开度除边炉外应全炉一致。废气砣杆高度全炉一致，废气砣密封面保持严密。各燃烧室的进空气量主要由废气盘翻板的开度来调节。各燃烧系统蓄热室顶部以上部位的局部阻力系数基本相同，当各同向气流蓄热室顶部具有相同吸力时，即表示各燃烧室进入等量的空气。因此，在进风门开度、废气砣杆高度、废气砣严密程度一致的条件下，进风量是按蓄热室顶部吸力用废气盘翻板开度来调节的。为使蓄热室顶部吸力一致，废气盘翻板开度应按距烟囱远近而定，焦炉投产时所配置的各废气盘翻板开度，应使其在以后的生产中有调节余量。

(5) 蓄热室顶部吸力的调节。用焦炉煤气加热时，调蓄热室顶部吸力也就是调节空气和废气量的分配。用高炉煤气加热时，直行温度均匀性的调节主要靠调节蓄热室顶部吸力。将各蓄热室的不同气流的吸力调节均匀后，就可以使供给各蓄热室的煤气或空气达到全炉均匀一致，从而达到炉温均匀的目的。

2. 焦炉高向加热的调节

焦饼沿焦炉高向加热不均，不仅影响焦炭质量和炼焦耗热量，还会影响炼焦化学产品的回收。所以，对于6m焦炉高向加热的调节是焦炉调火的一项重要内容。

（1）6m焦炉高向加热：

1）废气循环孔断面加大。6m焦炉与5.5m焦炉相比循环孔断面增加了37%，因废气循环量增加，所以气体循环量增加，流速增大，燃烧火焰拉长，使焦饼高向加热均匀。

2）立火道断面减少。由于立火道断面减少，提高了立火道内的气体喷射力和废气循环量，减少了炉头的热负荷，从而提高了炉头温度。

3）立火道高度增加。提高了上升、下降气流间的浮力差。

4）由于循环孔和跨越孔尺寸增大，增加了废气循环量，使高向加热均匀。

（2）控制空气过剩系数

当焦炉用高炉煤气加热时，根据加热煤气性质和6m焦炉的结构特点以及生产情况，采用控制α在1.20～1.25范围内，克服了焦炉上部温度高的问题，既改善了焦饼上下成熟的均匀性，又解决了炉顶易长石墨的问题。实践证明，控制适当的空气过剩系数，有利于改善高向加热的均匀性。6m焦炉空气过剩系数与炉墙温度见表4-6。

表4-6 6m焦炉空气过剩系数与炉墙温度

空气过剩系数	机侧			焦侧			上下差	
	上	中	下	上	中	下	机	焦
1.15～1.20	1000	1005	1010	1000	1005	1010	10	10
1.20～1.25	1000	1010	1020	1005	1010	1030	20	25
1.30～1.40	995	1010	1035	1000	1005	1045	40	45

3. 横排温度的调节

（1）用高炉煤气加热时，焦炉每个燃烧室的煤气量和空气量的分配是靠斜道口调节砖的厚度的合理安排来完成的。调节砖的排列，最终目的是使横排温度合适、各立火道的空气过剩系数均匀。

（2）在调节砖固定的情况下，上升气流蓄热室顶部吸力的变化对横排温度有一定影响，在正常结焦时间范围内，如果吸力增大，则横排温度头部下降，吸力减少则相反。

（3）采用焦炉煤气对边炉火道进行补充加热，此方法在较长的结焦时间内有利于炉头加热和横排温度均匀。

（4）加强炉体严密和隔热保护，是调节好横排温度和降低耗热量的有效措施。

4. 炉头温度的调节

为保证焦饼沿炭化室长向加热成熟均匀。炉头温度的调节是极为重要的环节。由于焦炉的边火道散热多、砌体窜漏等多种因素的影响，使其炉头温度波动，难于调节，造成焦炉温度偏低，生产不正常。在结焦时间大于24h时，炉头温度通常低于1100℃。这种情况下往往出现生焦，影响焦炭质量，对此采取以下措施进行调节。

（1）焦炉炉头温度低的主要原因是蓄热室封墙和斜道正面砖缝不够严密，吸入了冷空气所致。对此采取勾缝严密，即采用安装50mm厚的硅酸铝纤维隔热保护板，既严密了蓄热室和斜道正面墙。又起到了隔热的作用，还使炉头温度机侧上升50℃，焦侧上升约

45℃，降低标准温度5～10℃。同时也改善了焦饼长向加热均匀性，而且还降低了炼焦耗热量。

(2) 上升气流蓄热室顶部吸力的大小对炉头温度有明显的影响，吸力增加则炉头温度下降；反之，则上升。为降低加热系统吸力，可适当加大调节孔板，降低地下室主管压力，减少蓄热室顶部吸力。

(3) 在用高炉煤气加热时，为提高炉头温度，尤其在结焦时间长达24h以上或在焖炉时，采用焦炉煤气对炉头和边炉燃烧室火道进行补充加热，不仅改善了炉头温度，还有利于保护炉头墙。

(4) 采用高炉煤气富化加热，不仅有利于焦炉的高向温度均匀，而且还有利于炉头温度的提高，因高炉煤气中混入一定比例的焦炉煤气。使供入小烟道的煤气量有所减少，在调节孔板不变的情况下，可降低气流在小烟道的流速，使小烟道头部的煤气静压相对增加，并减少了小烟道两端静压差，使炉头部位进气量相对增加，又因进入蓄热室后的H_2容易在炉头上升而增加炉头煤气的热值，所以适当混入焦炉煤气补充加热，有利于提高炉头温度，改善横向加热，特别在较长结焦时间里，对改善炉头温度意义更大。6m焦炉混入的焦炉煤气体积比控制在5%以下较好。

二、焦炉压力制度

为了延长焦炉使用寿命和保证焦炉正常加热，必须制定正确的压力制度，以确保整个结焦时间内煤气只能由炭化室流向加热系统，而且炭化室不吸入外界空气。

(1) 燃烧室立火道看火孔压力应保持0～5Pa。

(2) 单个蓄热室顶部吸力与同侧蓄热室顶部平均吸力相比，上升气流为±2Pa，下降气流为±3Pa（边炉除外）。

(3) 煤气主管压力不低于500Pa。

(4) 集气管压力100～120Pa。

(5) 集气管温度80～100℃。

(一) 压力制度确定的基本原则

焦炉内炭化室与燃烧室仅一墙之隔，由于炭化室墙砖缝的存在，当集气管压力过小时，只能在结焦前半周期内气体由炭化室漏入燃烧系统内；而在结焦末期则燃烧系统废气将漏入炭化室内。当炭化室负压时，空气可能由外部吸入炭化室，在这种情况下，当结焦初期荒煤气通过灼热的炉墙分解产生石墨，逐渐沉积在砖缝中，将砖缝和裂缝堵塞。在结焦末期燃烧系统中废气（其中有剩余氧气）通过砖缝等进入炭化室，首先将砖缝中所沉积的石墨烧掉，因此炭化室墙始终是不严密的。由于空气漏入炭化室，使炉内焦炭燃烧，这不但增加了焦炭灰分，而且焦炭燃烧后的灰分在高温下将侵蚀炉墙砖，造成炉体损坏。另外，漏入的空气会烧掉一部分荒煤气，使化学产品的产量减少和煤气发热值降低，还会使焦油中游离碳增加。

此外，在炭化室严密状态不好时，结焦初期总有大量荒煤气漏入燃烧系统，从而影响了正常的调火工作。

如果控制炭化室内的压力始终保持荒煤气由炭化室流向燃烧室，就能避免烧掉沉积在砖缝、裂缝中的石墨，而保持炉体的严密性，从而避免了上述恶果。

6m焦炉炭化室压力也不应过高，过高会使荒煤气从炉门及其他不严密处漏入大气，既恶化操作环境，又使炉门冒烟着火烧坏护炉设备。因此，在确定压力制度时，必须遵循下列原则：

（1）炭化室底部压力在任何情况下（包括正常操作，改变结焦时间，延迟推焦与停止加热等）均应大于相邻同标高的燃烧系统压力和大气压力。

（2）在同一结焦时间内，沿燃烧系统高度方向压力的分布应保持稳定。

（二）各项压力的确定

1. 集气管压力

集气管内各点压力是不相同的，两端高而中部（吸气管处）低。即吸气管正下方的炭化室的压力（结焦末期）在全炉各炭化室中为最小。炭化室内的气体压力，在结焦周期内的变化是很大的。所以集气管压力是根据吸气管正下方炭化室底部压力在结焦末期不低于5Pa来确定的。

2. 看火孔压力

在各种周转时间下看火孔压力均应保持0～5Pa。如果看火孔压力过大，不便于观察火焰和测量温度，而且炉顶散热也多，使上部横拉条温度提高；如果压力过小即负压过大时，冷空气被吸入燃烧系统，使得火焰燃烧不正常。

看火孔压力的确定应考虑以下因素：

（1）边火道温度。因边火道温度与压力制度有一定的关系，特别是贫煤气加热时影响较大。如果边火道温度较低，在1100℃以下时，可控制看火孔压力偏高一些（10Pa或更高些），这些蓄热室顶吸力也有所降低，可减少封墙漏入的冷空气，使边火道温度提高。

（2）炉顶横拉条的温度。保持低看火孔压力，可以降低横拉条温度。

对双联火道的焦炉，同一燃烧室的各同向气流看火孔压力是接近的，只要控制下降气流看火孔压力为零即可。

3. 蓄热室顶部吸力

蓄热室顶部吸力与看火孔压力是相关的。蓄热室顶部至看火孔压力之间的距离越大，燃烧室和斜道阻力越小，则上升气流蓄热室顶部的吸力就越大。

（三）蓄热室顶部吸力

1. 标准蓄热室顶部吸力的确定和选择

（1）顶部吸力的确定。确定合理的标准蓄热室顶部吸力，是稳定全炉吸力的关键问题。在用高炉煤气加热时，蓄热室顶部上升气流吸力波动，不仅影响α值，还影响到横排温度曲线和看火孔压力，所以在某一结焦时间内，保持稳定上升气流蓄热室顶部吸力是很重要的。

（2）顶部吸力的选择。蓄热室顶部吸力的选择应具备以下条件：1）与标准蓄热室相连通的蓄热室必须无堵塞现象，炉体状况良好；2）煤气加热设备良好，无卡砣现象，进风门开度，砣杆提起高度等要求基本一致；3）与两个标准蓄热室相对应的燃烧室系统的阻力要求一致；4）蓄热室应在炉组的1/3和2/3处选择，避免在吸气管下方，以免导致吸力不稳定。

2. 影响蓄热室顶部吸力的主要因素

影响蓄热室顶部吸力的因素有：（1）大气温度及风向；（2）进风口开度、炉体窜漏及三班操作等。

(1) 由于小烟道、蓄热室、蓄热室封墙、斜道、炭化室等处泥缝以及单叉部承接处不严，造成气体窜漏。这些都会影响正常的吸力制度。

(2) 高炉煤气管道始末端的煤气静压和动压不同，容易使吸力产生假现象和分段。

(3) 刮大风和下雨会使吸力波动较大，造成看火孔负压，尤其是在测温时，大量的冷空气抽入立火道内，使温度下降。因此，在刮大风和下雨时不宜测温。

(4) 清扫空气小烟道时，下降气流因空气进入小烟道使蓄热室吸力变小，从燃烧室抽出的废气也就减少，这时应加大烟道吸力。相对提高蓄热室顶部吸力。

(5) 高炉煤气中混入焦炉煤气后，使高炉煤气量减少，上升气流蓄热室顶部吸力增加，下降气流吸力也略有增加。且随着混合比的增大，蓄热室顶部吸力也增大。

3. 蓄热室顶部吸力调节方法

燃烧室温度和蓄热室顶部吸力的变化范围及各因素的相互影响是复杂的，因此，应当根据情况，全面分析调节。蓄热室顶部吸力调节方法见表 4-7。

表 4-7　蓄热室顶部吸力调节方法

序号	蓄热室顶部吸力与标准蓄热室比较		α值与正常值比较	昼夜温度与标准温度	原　因	处理方法
	上升煤气	下降煤气				
1	正	负	小	偏高	煤气多	减煤气量
2	正	正	小	偏低	空气少	开下降小翻板
3	负	负	大	偏高	空气多	动风门减空气量
4	负	负	大	偏低	煤气少	加煤气量
5	正	负	大	偏高	空气，煤气多	减煤气量，关小翻板
6	正	负	小	偏低	煤气多，空气少	减煤气量，开小翻板
7	负	正	小	偏低	煤气、空气少	加煤气量，开小翻板

4. 蓄热室顶部吸力的稳定

蓄热室顶部吸力的稳定，当焦炉用高炉煤气加热时，调节蓄热室顶部吸力是调温的主要手段。当各燃烧系统阻力大致相当时，蓄热室顶部吸力的均匀是保证焦炉直行温度均匀的先决条件。蓄热室顶部吸力变化，不仅会使各燃烧室温度不均匀。而且还影响各火道煤气与空气量的分配变化，使横墙温度曲线、看火孔压力、空气过剩系数以及火焰状态发生变化。因此，稳定上升气流蓄热室顶部吸力对稳定横排温度十分有利。稳定蓄热室顶部吸力应注意以下问题。

(1) 当结焦时间及装入煤水分变化较大时，煤气量改变较多，应调节分烟道吸力，同时改变进风口开度。如煤气量增加时，应加大进风口和分烟道吸力，使蓄热室顶部上升气流吸力和空气过剩系数都保持原来的数值，如果仅用增加分烟道吸力来保持上升气流蓄热室顶部吸力不变，会造成空气过剩系数的减少。

(2) 当煤气供热量不变，而煤气温度又有较大变化时，使煤气流量发生较大变化。此时应改变进风口开度及分烟道吸力。否则会使空气过剩系数产生变化。

(3) 当大气温度有较大变化时，应改变进风口开度，同时改变分烟道吸力。如大气温度升高，在开大进风口的同时应减少分烟道吸力，仅减少分烟道吸力会使空气过剩系数减少。

（4）炉墙窜漏对吸力影响也很大。新装煤炉号由于炉墙不严，大量煤气流进蓄热室造成吸力偏小。如果只根据当时吸力的大小就变动废气盘翻板，势必造成吸力混乱。

5. 煤、空蓄热室顶部压差的意义与影响因素

上升气流煤气和空气蓄热室顶部的压力差代表着进入燃烧系统空气和煤气的配比。因为煤、空蓄热室顶部之间的压力差就是煤气斜道和空气斜道的阻力差。上升气流煤气、空气蓄热室顶部压差既表示上升气流煤气、空气斜道的阻力差，又代表着煤气与空气的分配比，它与下列因素有关：

（1）α 值。α 值越大表示同样 $1m^3$ 煤气完全燃烧所用的空气就越多，那么煤、空蓄热室之间的压差就越小，当煤气的热值在 $3700 \sim 3900kJ/m^3$ 时，若 α 值为 1.3，煤、空蓄热室的压差基本为 0Pa，也就是所谓等压操作。

（2）煤气热值。煤气的热值越高，说明煤气中可燃成分越多，$1m^3$ 煤气完全燃烧时所需要的空气量也就越多，煤气、空气蓄热室的压差就越小。当煤气热值达到 $4500kJ/m^3$ 左右时，若立火道 α 值为 1.2 ，此时煤气、空气蓄热室的压差也为 0Pa。若煤气热值进一步升高，如用发生炉煤气加热，在煤气斜道口与空气斜道口的调节砖排列一样时，若要立火道 α 值保持 1.2，上升空气蓄热室的压力将大于上升煤气蓄热室的压力。这时上升空气蓄热室中的空气将漏到煤气蓄热室中，造成炉头煤气质量变差，炉头温度降低。

（3）结焦时间。假如不考虑由于结焦时间的变化而引起的炼焦耗热量的变化时，立火道 α 值保持不变，上升气流煤气、空气蓄热室顶部的压力差与结焦时间的平方成反比。

下降气流煤气和空气蓄热室顶部的吸力差，代表着废气在两个蓄热室中的分配比。它同上升气流煤气和空气蓄热室顶吸力差一样，也是阻力差，即 $\alpha_{空} - \alpha_{煤} = \Delta P_{煤} - \Delta P_{空}$。一般情况下煤气量比空气量多，而单位体积的高炉煤气和空气的吸热能力相近，所以对于煤气蓄热室需要给予较多的热量，即要进入较多的废气。

因下降气流斜道的阻力约为上升气流斜道阻力的 80%，因此为了保持与上升气流煤气、空气的分配比例一致，应使下降气流煤气与空气蓄热室顶吸力差比上升气流小，约为 80%，一般约差 1Pa。而且应该是下降气流煤气蓄热室顶部的吸力比空气的大。

因为下降气流煤气与空气蓄热室顶的吸力差与上升气流是相关的，因此影响上升气流煤、空蓄热室顶吸力差的因素同样也影响下降气流的压差，而且关系不变。

废气在两个蓄热室中的分配是否合适，可以用下降气流小烟道出口处的废气温度来检查。在没有下火的情况下，两个小烟道出口废气温度相差在 20℃以内时，说明废气量分配基本合适。总之，在一切调节中都应保证立火道燃烧正常、温度均匀和稳定为最终的目的，不能顾此失彼。

第三节　6m 焦炉的操作

6m 焦炉采用 5-2 推焦串序一次对位作业，即推焦车对位一次，除完成摘、对炉门外，平煤、推焦及上升管根部清扫能各自相隔 5 个炉距同时进行，此外还可对炉门及炉框进行机械清扫，不需再移动推焦车；同样，拦焦车对位一次，除完成摘、对炉门及导焦作业外，还可对炉门及炉框进行机械清扫，不需再移动拦焦车。

6m 焦炉四大车电气系统采用了大量的 PLC 技术，同时还采用了较多的液压传动方

式。6m焦炉液压系统结构简单、布局紧凑、反应灵敏，易于实现无级调速以及自动控制，其超负荷保护装置设计合理，每个动作的互锁和控制程序简单可靠。机械、液压与电气的有机结合，使焦炉推焦车及拦焦车的自动化控制达到了较高水平。

焦炉四大车各主要操作单元都设计有联锁系统，以保证操作的可靠性和安全性，正常情况下每个操作单元必须在其联锁条件都具备的情况下才能运行，但在特殊情况下可以采取对部分联锁条件送上假信号甚至解除联锁条件来操作，在这种情况下，对每一步操作都必须确认到位，以免造成设备的损坏。

一、推焦车操作

6m焦炉推焦车联锁系统包括走行联锁、推焦联锁、平煤联锁、炉门开关联锁、平煤小炉门开关联锁、清扫小炉门开关联锁。推焦车有自动、手动、紧急3种操作方式，其中紧急操作因其不受任何联锁的控制，操作过程中每一步必须得到足够的确认；正常情况下使用自动操作，操作前应进行一系列的确认试运转工作：按控制电源按钮，确认灯亮；按信号灯检查旋钮，确认操作盘及其用配电盘所有信号灯亮；按空压机按钮，确认灯亮；按油泵运转按钮，确认灯亮；检查水箱水位，看刮板机是否需加水；No.1、No.2、No.3刮板机试运转；炉台清扫试运转；无线对讲机试通话：（1）有无杂音；（2）音量调整；（3）试通话。检查各限位开关有无松动；检查各装置是否到定位置；检查各油缸是否漏油；检查油箱内的油位、油量；走行试运转。

（一）走行操作

首先确认允许走行信号灯亮和确认轨道及运行前方无障碍物。走行前先鸣两声走行信号（一短一长），再将走行主令到1挡、2挡、3挡、4挡，进行走行；在接近所要停的位置时，将走行主令逐渐减少到4挡、3挡、2挡、1挡，再放入0挡，平稳停车。严禁打倒劲停车，严禁解除联锁走行。

（二）推焦操作

推焦车对准出焦号炭化室，启动No.2、No.1刮板机，按取门自动按钮，确认操作到位信号来，确认拦焦车允许推焦信号灯亮，确认电机车允许推焦信号灯亮，对讲机联络确认。按推焦自动按钮，推焦杆前进到炉前停止。接收到电机车可以推焦信号后向电机车发出推焦开始信号（载波电话），再按推焦自动按钮，推焦自动前进。确认前进端信号灯亮后向电机车发出推焦完毕信号（对讲机），确认导焦栅允许后退灯亮后向拦焦车发出导焦栅可以移动信号（对讲机），推焦杆到后退端时，推焦杆自动停止，推焦过程中注意观察装煤情况、推焦电流并作好记录，并注意观察炭化室墙面长石墨情况。

（三）推焦故障处理

（1）当推焦杆在炉内停止，手动、自动都不能快速退回时，按强制后退按钮，推焦杆则快速返回。由于此时推焦联锁全部解除，动作时须有人在旁边观察，以免使推焦杆跟其他机构发生碰撞。

（2）正在推焦时突然全部停电，如有备用电源，应尽快接上，将推焦杆尽快退回，经确认可以继续推焦时再行操作。如没有备用电源，切断推焦主回路电源，用手摇装置或手动葫芦把推焦杆拉回，需用的各种工具要事先准备好，操作方法要充分研究和训练。

（3）当减速机齿轮、齿接手等驱动系统出现故障时，采用手动葫芦拉回推焦杆，推焦杆齿条上如有异物应及时清扫。

(4) 当推焦杆前进过头，推焦主动齿轮啮合不上时，采用手动葫芦拉回超过的长度，然后再用手动或电动的方式将推焦杆退回，并重新调整行程控制器。

(四) 平煤故障处理

(1) 当平煤杆在炉内停止，手动、自动都不能将平煤杆退回时，按平煤强制后退按钮，则平煤杆快速返回，此时平煤联锁全部解除，操作时应注意安全。

(2) 正在平煤时突然全面停电，如有备用电源，应尽快接通，将平煤杆尽快退回，然后关闭小炉门。如没有备用电源，切断动力主回路电源，用手摇装置或手动葫芦把平煤杆拉回，再人工关闭小炉门，需用的各种工具要事先准备好，操作方法要充分研究和训练。

(3) 当减速机齿轮，齿接手等驱动系统发生故障或平煤杆钢绳断裂时，可采用手动葫芦拉回平煤杆，消除故障后继续平煤。

(五) 走行装置故障处理

(1) 走行联锁条件不成立时，把各装置退回原始位置。将走行联锁解除按钮按下，把车开到安全位置修理。

(2) 走行电机出现故障或减速机齿轮、齿接手等驱动系统出现故障时，松开走行主令控制器，用手动葫芦把推焦车拉到安全位置进行修理。

(六) 液压装置故障处理

(1) 油泵不能运转时，可通过设在液压站上的手动油泵及电磁阀进行操作。

(2) 当油泵与手动油泵与电磁阀都出现故障时，根据情况用手动葫芦把正在操作的部件拉回到原始位置。

(七) 取门机提升主缸与控制缸行程错乱故障处理

推焦车取门单元在点动状态下，如果不按程序操作，或者每一步动作确认不到位，往往会造成取门机提升主缸和吊上及再吊上控制缸之间的行程错乱，导致取门机不能动作。取门机行程错乱主要有以下两种类形。

(1) 取门机没挂炉门，操作台面的吊上、再吊上和落钩信号指示灯都是亮的，取门机不能动作，此时取门机提升主缸和吊上及再吊上两个控制缸之间行程错乱。处理步骤如下：1) 将司机操作台面上取门单元的转换开关打到点动位；2) 按住挂钩按钮，直到提升主缸向上运动到顶；3) 按住再吊下按钮，再吊下信号灯亮后松按钮，此时行程主缸向下运动一定行程；4) 按住吊下按钮，吊下信号灯亮后松按钮，此时提升主缸又向下运动一定行程；5) 按住落钩按钮，直到提升主缸向下运动到底；6) 将取门单元的转换开关打到手动位，恢复正常操作。

(2) 取门机挂着炉门，操作台面的吊上、再吊下和落钩信号指示灯都是亮的，取门机不能关门，此时取门机提升主缸和吊上控制缸行程错乱。处理步骤如下：1) 在液压阀站将提门溢流阀的压力从 2MPa 调高到 4～7MPa；2) 将司机操作台面上取门单元的转换开关打到点动位；3) 按住台车前进按钮，等台车快到前限端时松按钮；4) 按住挂钩按钮，提升主缸带动 6 吨炉门向上运动，等到炉门横铁高于炉钩上表面 20～30mm 时松按钮；5) 按住台车前进按钮，台车前限灯亮后松按钮；6) 将取门单元转换开关打到手动位，手动完成关门动作（如果手动不能动作，仍由点动关门，并用点动方式将各油缸恢复到原始位置后再转为手动）；7) 重新将溢流阀的压力由 4～7MPa 调回到原始的 2MPa，取门机恢复正常操作。

（八）三车联锁故障处理

（1）推焦作业前，发现三车联锁系统不正常而影响正常推焦作业时，可改自动方式为手动方式，并应加强与另二车的对讲联系无误后，才能进行特殊推焦作业。

（2）在推焦过程中，因三车联锁系统故障引起推焦作业突然停止时，须立即改自动方式为手动方式进行推焦作业，事后必须及时组织处理。

（3）自动方式与手动方式的倒接操作，在三车联锁控制器的面板上进行。

（4）当联锁系统均出现故障而影响推焦作业时，严禁擅自解除联锁系统进行推焦作业。

二、拦焦车操作

拦焦车联锁系统包括走行联锁、导焦联锁、炉门开关联锁。拦焦车操作前应注意如下事项：无线对讲机试通话，导焦栅不到后限不允许移动取门机，允许走行灯不亮不允许走行，不允许私自解除联锁，各电机温度不得超过 90℃，刮板机水位不足应及时加水，推焦时应观察导焦栅是否移位，锁闭未闭不允许发推焦信号，关炉门前应确认车辆是否移位。拦焦车特殊操作有以下情况。

（一）全面停电处理

（1）关炉门（有紧急电源时）。确认控制主回路断开，导焦栅在后限，当共用配电盘电源灯亮，电压表指示 380V 时合上控制主回路开关，确认灯亮；按控制回路通按钮，确认灯亮；按油泵启动按钮，确认灯亮；按空压机启动按钮，确认灯亮；将取门方式置于自动侧，确认灯亮；按自动开始按钮，确认灯亮、灯灭。确认炉门关好，等待送电。

（2）关炉门（无紧急电源时）。确认导焦栅在后限，推上并锁紧高速前进电磁阀，关卸荷阀，操作手动油泵，升高油压，直至到达前进端；松高速前进电磁阀锁紧装置，推上并锁紧吊下电磁阀，操作手动油泵，直至吊下到位；松吊下锁紧装置，推上并锁紧门闩退回电磁阀，操作手动油泵直至退回，松门闩退回装置；推上并锁紧提门钩下电磁阀，操作手动油泵直至门钩下，松提门钩下装置，等待送电。

（3）导焦栅后退（有紧急电源时）。确认控制电源主回路断，当配电盘电源灯亮电压表指示 380V 时合上控制电源主回路，按控制电源主回路通按钮，确认灯亮，按油泵启动按钮，确认灯亮；按空压机启动按钮，确认灯亮；置导焦栅方式于自动侧，确认灯亮；确认导焦栅可脱离后按自动开始，确认灯亮、灯灭；确认导焦栅到后限，确认炉门关好后，将导焦栅操作置于定位置，确认灯亮。

（4）导焦栅后退（无紧急电源时）。推上并锁紧锁闭开电磁阀，手动操作油泵，直至锁闭开，松开锁闭开装置；推上并锁紧导焦栅后退电磁阀，操作手动油泵直至后限，松开此阀，确认炉门关好后将导焦栅置于定位置，等待送电。

（二）其他运转中重大事故的排除措施

1. 液压装置的事故处理

（1）若油泵不能运转，电磁阀不能动作，可用辅助的手动油泵和电磁阀的手动操作，使各装置恢复到原始位置并对好炉门。

（2）若手动油泵和油缸也出现故障，则卸下油缸软管，用手动葫芦拖动机构，使之恢复到原始位置。

2. 走行装置故障处理

(1) 走行电机故障，将制动器打开，用备用拦焦车推（拖）动或用手动葫芦拖动至安全位置检修。

(2) 减速机、联轴器等机械传动系统有故障时，检查走行有无故障，松开制动器，用备用拦焦车或手动葫芦牵引到安全位置检修。

(3) 联锁条件不成立时，应将各装置返回走行安全位置后，按下联锁解除开关，操作走行主令控制器走行到安全位置检修。

3. 拦焦车走行轮掉道处理

(1) 当走行轮有1～2个掉离轨道时，需要准备长200～300mm、宽70～120mm的各种厚度的钢板若干块（如无合适钢板，用刮板机刮板替代也可），沿走行掉道的反方向，从掉道轮走行面的底部由薄到厚，紧贴轨道进行铺设，直至最后一块钢板的标高与轨面一致或略高于轨面（一般铺设距离1m左右），然后慢慢动车走行，在垫板的过渡作用中，走行轮自然上道。

(2) 当走行轮有2～4个掉道时，由于掉道轮较多，整个走行阻力太大，即使铺设了钢板过渡，拦焦车也可能走不动，在这种情况下，要准备50t或100t千斤顶两个，铁板若干，将千斤顶放在掉道轮走行台车的钢结构下部，起顶作业，使走行轮下轨缘高于轨道表面后，在掉道轮的下部铺设钢板，沿走行掉道的反方向将钢板铺实（一般铺设距离1m左右），松开千斤顶后用同样的方法处理其余掉道轮。如果最先掉道的走行轮的中心在焦炉钢柱处，就可以以钢柱为支撑点，用千斤顶将掉道轮顶上轨道后，沿走行掉道的反方向行车，就可使走行恢复；如果掉道轮的中心处没有支撑点，那么就要采取特殊操作，将千斤顶斜放70°～80°将掉道轮顶上轨道（在起顶作业时，要注意观察防止千斤顶蹦脱），将掉道轮顶上轨道后，沿走行掉道的反方向行车，就可恢复走行。

三、熄焦车操作

6m焦炉熄焦方式多样，有传统的湿法熄焦，有低水分熄焦和干熄焦等，这里主要就6m焦炉传统的湿法熄焦方式介绍熄焦操作。湿法熄焦要求接焦均匀，水分合格，熄焦时间根据结焦时间和实际情况而定，一般为90～160s/炉，风包压力要超过0.45MPa，才能接焦。严禁解除联锁操作，更不允许飞车接焦，要杜绝红焦落地现象的发生。

(1) 在推焦过程中，如果突然停电，应迅速鸣事故笛，制止推焦。

(2) 在推焦开始时，发现熄焦车身开门，应急速鸣事故笛，制止推焦并开“空压机启动”按钮，用风压住车身门子将红焦卸入大沟，打水熄焦，如在接焦末期发现车身开门子，补开“空压机启动”按钮，用风压住车身门子待推完焦后，将焦炭卸入大沟，打水熄灭红焦，严禁去熄焦塔熄焦。

(3) 熄焦车进入水塔，如遇停电，应立即通知大沟停水，关闭窗户，切断总电源，走行开关回零位。

四、装煤车操作

装煤车联锁条件较多，其中走行联锁条件有：揭炉盖机构全上限，全部导套在上限，全部闸板在闭限，煤塔嘴关，副台上取煤操作开关全部置于“0”位；揭炉盖机构联锁条件有：走行停止，全部导套上限，全部闸板闭限；导套动作的联锁条件有：走行停止，全部揭盖机构在上限，全部闸板机构关闸；闸板动作的联锁条件有：走行停止，全部揭盖机构在上限，全部导套在下限；取煤联锁条件有：煤车站位在 A、B、C 三跨中的一跨，走行停。

(1) 装煤时全面停电处理。确认保护盘电源灯灭及电压表为零，拉下全部控制开关，并将各主令控制器手柄放回零位，通知炉盖工打开上升管盖，关闭闸板，提起导套，松开走行闸，组织人员将煤车推到上风侧。

(2) 关闭炉盖动作失灵处理，按“消磁”按钮，解除走行联锁，炉盖落在炉顶上，煤车离开，处理时，确认各机构和人员处于安全位置。

(3) 导套动作失灵处理，确认是空压机故障时，用蓄气罐的压力，人工操作换向阀将导套提起，确认是导套因烧损变形而卡住时，在操作台解除联锁手动操作，确认电磁阀失灵时，将气缸与杠杆架连接的圆肩锁卸掉，靠配重提起。

(4) 闸板动作失灵，确认是空压机故障时，用蓄气罐压力、人工操作换向阀，将闸板打开（或关闭）。

(5) 走行失灵处理，走行电机发生事故时，将制动器打开，由机械牵引、拉走，减速机、联轴器等机械发生故障时，把尼龙锁从联轴器卸下，机械牵引拉走，电气联锁发生故障时，确认后解除走行联锁，再操作主令控制器，将车子开走。处理时，注意确认各机构均处于安全位置。

(6) 车内取煤“开”失灵处理，先将操作开关恢复到零位，到煤车顶部查看磁接近开关是否与上面的磁体正对，如有较大偏差，调节装煤车的站位，然后进行相应的操作；如果没有大的偏差，停掉用于车内取煤操作的总电源，到车顶部恢复手动箱的取煤操作。

(7) 取煤操作“关”不能到位处理，手按住“取解锁”，操作走行主令控制器，再次准确对位后，进行塔嘴“关”操作。

(8) 取煤操作“关”失灵处理，停掉车内取煤操作总电源，将塔嘴紧急关置“ON”位置，操作下面的 3 个旋钮可以紧急关掉三跨的 3 个塔嘴，也可在手动箱上操作关掉煤塔嘴。

第四节　6m 焦炉的烘炉与开工

焦炉的烘炉和开工是焦炉投产前的两项重要工作，烘炉和开工质量的好坏直接影响到焦炉砌体的寿命。因此，做好烘炉和开工操作的各项工作是不言而喻的。根据具体情况制订出科学合理的烘炉和开工方案，并严格执行操作规程、加强管理，是保证焦炉烘炉和开工的质量及安全的重要环节。

一、焦炉烘炉

烘炉是指将焦炉由常温升温到转入正常加热（或装煤）时温度的操作过程。烘炉时须配备烘炉设备，所需热量由燃料燃烧供给。烘炉前要指定烘炉机构，在严密的科学管理下使焦炉炉温按计划升到期望值，保持焦炉砌体的严密性，过渡到生产状态。

（一）烘炉气体流程

在烘炉过程中砌体各部位应遵循一定的升温曲线升温，使砌体在一定的水平负荷下升温，避免升温过程中损坏焦炉炉体，破坏炉体的严密性。

烘炉时加热气体的流程为：烘炉小灶（或炉门）→炭化室→烘炉孔→立火道→斜道→

蓄热室→小烟道→烟道→烟囱，最后排入大气。

（二）烘炉用燃料

烘炉可采用煤、焦炭等固体燃料，也可采用各种燃油等液体燃料，但最好采用各种煤气、天然气和液化气等气体燃料。采用固体燃料、气体燃料、液体燃料的消耗比较见表4-8。

单孔炉室每小时燃料消耗量以用焦炉煤气时最小，若以烧焦炉煤气的单耗为1.0，则烧油和烧煤的单耗分别是烧焦炉煤气的1.27和2.56倍。无论从节能角度还是操作方便程度而言，采用气体燃料烘炉都是较为经济实用的。

表4-8　3种烘炉燃料消耗比较表

燃料种类	发热量	每孔炭化室每小时标准煤耗量/kg	单耗比较	温度区间/℃
焦炉煤气	17.56GJ/km³	20.29	1.0	500～750
燃料油	41.82GJ/t	25.86	1.27	440～940
煤	30.1GJ/t	52.0	2.56	500～950

气体燃料、固体燃料、液体燃料烘炉方法的优缺点比较见表4-9。

表4-9　3种烘炉方法的优缺点比较表

烘炉方法	优　点	缺　点
气体燃料烘炉	操作方便，易于调节，无论在低温还是高温阶段，温度均易于控制和调节。且需用人员少，劳动强度小，消耗低	在无气源的地方，无法获得用气燃料，特别是对于新建厂的第一座焦炉
固体燃料烘炉	燃料易于获得	炉温不易控制，特别是在高温阶段升温困难，劳动强度大，消耗高，烘炉期长
液体燃料烘炉	发热量高，在高温阶段升温和调节都较方便，并易于操作和控制	在温度低时，喷嘴易于堵塞，所以450℃以下采用固体燃料烘炉

从表4-9可以看出，无论从节能还是烘炉操作来看，采用气体燃料都是较为理想的，如果能获得气源，采用气体燃料烘炉是不言而喻的。对于新建焦化厂的第一座焦炉，又无其他气源时，就可采取固体燃料—煤烘炉的办法，烘炉用的煤挥发分，发热量要高，灰分要低。近年来，我国已成功地采用了固—液体燃料烘炉的办法。在炉温为450℃以下时，在外部炉灶用煤加热升温，450℃以上在内部炉灶用雾化液体燃料加热升温，这样就克服了用固体燃料烘炉在高温时升温困难的弊病。本章所涉及的是用焦炉煤气烘炉。

（三）烘炉测温方法的发展

在烘炉过程中温度的测量和控制是十分重要的。传统的测温方法是在烘炉前期采用玻璃温度计测量，在测温中期（温度为400℃后）采用热电偶测量，当温度为800℃时采用光学高温计测量。在20世纪末鞍山焦化耐火材料设计研究总院开发了焦炉烘炉温度自动检测系统，降低了烘炉劳动强度，提高了烘炉温度的控制精度。

1. 传统的烘炉测温方法

传统的烘炉测温方法是在20世纪90年代中期以前采用的烘炉测温方法。

炉温在400℃以下采用水银温度计测温，其中炉温在250℃以下时采用0～360℃的水银温度计，炉温为250～400℃时采用0～500℃的水银温度计测温。炉温为400～800℃时采用K型热电偶、毫伏温度计或电子电位差计等测温。炉温在800℃以上时采用光学高温计测温。

2. 热电偶测温

数字显示温度仪表的应用，给在低温阶段也可采用热电偶测量创造了条件。使用玻璃温度计测温有易损坏、测温误差大、劳动强度大等缺点。

在炉温为800℃前采用热电偶测温后，克服了用玻璃温度计测温的明显缺点，使烘炉控温效果有了一定的提高。但是，采用人工测温，在测温点数量多的情况下，仍无法解决测温周期过长的问题，因为4h才能测一次，也无法解决各测温点数值不同步的问题。实践证明，采用热电偶和数值温度计后，烘炉控温效果有所提高，但还没有完全达到目标，所以需要更有效的测温方法。

3. 采用烘炉温度自动检测系统

采用热电偶测温，给烘炉温度自动检测系统的使用创造了条件。利用计算机、热电偶信号采集器和热电偶等设备自动采集炉体测温点温度，具有采集周期短、准确度高等优点，并可以在计算机上实现智能管理、智能分析、显示温度曲线等功能。

（四）烘炉曲线的制定

烘炉曲线是制定升温计划的主要依据。确定烘炉曲线需要有三方面的技术资料，一是焦炉各有关部位的硅砖线膨胀数据；二是焦炉高向各温度区间里的升温比例；三是确定干燥期和日最大膨胀率。

1. 选取砖样测定砖样的膨胀率

在焦炉各部位选择有代表性的砖号（砖量多、单重大）作为样品。应在燃料室、斜道、蓄热室3个部位选取两套砖样，一套样品用于线膨胀率的测定，另一套留着备用。

2. 确定焦炉上下各温度区间的升温比例

在测定3个部位的样品砖膨胀率之前，应根据生产时焦炉高向各部位实际达到的温度情况来确定该部位样品砖的升温范围，见表4-10。

表4-10 焦炉高向部位升温范围控制表

焦炉高向部位	温度控制范围/℃	焦炉高向部位	温度控制范围/℃
燃烧室	20～800	小烟道	20～400
蓄热室	20～700		

从表4-10可以看出，由于焦炉在加热时，高向温度分布的不同，其不同部位的硅砖在高向上将产生不同的膨胀量和膨胀速度。为了避免由于膨胀量和膨胀速度的不同而砌体彼此拉裂的危险，所以在焦炉高向的各个区段要按照一定的温度比例来进行升温操作。实践证明，在烘炉初期要求蓄热室温度为燃烧室温度的95%，但在烘炉末期要求蓄热室温度为燃烧室温度的85%。

3. 确定干燥期和最大日膨胀率

焦炉烘炉一般分为3个阶段，100℃以前为干燥阶段，100～600℃前为低温阶段，600℃以后为高温阶段。在第一阶段确定合理的干燥期是把好烘炉质量的第一关。

干燥的目的是要排除焦炉砌体所含的水分，在排除水分的过程中，如果排出的速度较快，将影响到灰缝的完整性。不仅如此，由于升温速度较快，造成焦炉上下部位温差过大，那么在上部已饱和的热气流流入下部时，温度很可能降到露点，析出水分，不但影响下部温度的控制，而且将损坏焦炉下部的砌体。干燥期应根据焦炉砖的管理情况和当地的气候条件，一般确定为8～12天。

烘炉过程中，随着炉温的升高，由于硅砖晶型的转换而伴随着体积的变化，使焦炉砌体膨胀而产生一定的应力。特别是温差较大时，因不均匀膨胀而造成的应力可能达到破坏砌体的程度。根据硅砖的线膨胀特性，当温度达117℃、163℃、200℃、275℃时，硅砖体积发生剧烈变化，尤其在300℃以前转化点较多，而且体积变化也十分剧烈。因此，在300℃以前往往采用较小的膨胀率，而在300℃以后，体积变化比较平缓，故可用较大的日膨胀率。根据烘炉经验，最大日膨胀率为0.035%～0.05%是安全的。这样，烘炉天数一般为60～80天。

4. 烘炉曲线的制定

根据上述选择干燥期和最大日膨胀率的原则来制定烘炉曲线。在300℃前采用最大日膨胀率为0.035%，在300℃后采用最大日膨胀率为0.04%。

（五）烘炉前焦炉工程及其他工程应达到的条件

焦炉烘炉一旦点火以后，就要连续不间断地烘至具备开工条件。如遇特殊情况，也只能采取保温措施，而不能冷却至原始状态。为慎重起见，烘炉前焦炉的烟囱、烟道、炉体砌筑及土建工程、设备及各种设备的安装、计器仪表、全厂其他工程等都应达到相应的条件，才能点火烘炉。同时还必须重视外部配套工程的同步，如运输、输配电、给排水、炼焦煤源等。对焦炉的隐蔽工程，烘炉所用的预埋构件和各种原始标志，在筑炉施工检查过程中就应严格按照有关规定和设计要求进行施工和检查。

（六）烘炉管理

在烘炉期间要按升温曲线进行控制，应使护炉铁件对炉体各部位合理施加负荷，应及时对炉体表面、烘炉小灶进行维护。

1. 升温管理原则

烘炉期间，按照管理火道平均温度以及高向比例控制温度。不允许有温度突然下降的现象发生，也不应有剧烈升温现象，以免硅砖由于膨胀不均匀而产生裂纹。在硅砖进行晶型转化温度附近更应注意。烘炉温度考核情况见表4-11。

表4-11　烘炉温度考核表

温度范围/℃	允许误差/℃	说　明
0～250	±1	考核的合格率达80%为合格；大于90%为优秀
250～400	±2	
400～600	±3	
>600	±5	

2. 升温比例

按烘炉计划表执行，烘炉末期小烟道温度不得高于400℃。

3. 燃烧状态

除更换孔板外燃烧器不得熄火。遇全面停火时，必须采取保温措施，并尽快恢复加热。

4. 膨胀管理

在烘炉期间，由于升温和硅砖晶型转化，焦炉砌体会膨胀。砌体会沿长方向（炭化室长度方向）、炉高方向、炉组纵长方向膨胀。如果膨胀时严重不均匀，则将破坏砌体的严密性，给焦炉生产带来困难并将影响焦炉使用寿命，所以烘炉升温的稳定性和炉温分布的均匀性是非常重要的。另外，由于炉高方向的温度是按一定比例分布的，对护炉设备合理施压才能使各层界面正常滑动，防止产生裂纹，各弹簧负荷控制值见表 4-12。

表 4-12 膨胀管理表

条 件	上部大弹簧（10kN）	下部大弹簧（10kN）	小弹簧（包括小炉柱）（10kN）
300℃前	9.5	8	小弹簧均为 1×2，蓄热室单墙为 1
300℃后	11	9	
500℃后	12	10	
700℃后	13	10.5	

5. 空气系数的监测

空气系数是通过废气采样分析测定的。采样是用长 2.5m 左右的不锈钢管由炉顶立火道取得，然后用奥氏分析仪分析成分，见表 4-13。

表 4-13 烘炉不同阶段空气系数控制范围

温度区间/℃	＜100	100～300	300～500	500～700	＞700
空气系数范围	＞20	＞10	＞5	＞3	＞2

注：表 4-13 仅供烘炉时参考，实际值应根据炉温情况掌握。

6. 压力监测项目

看火孔压力约在 250℃时转正压。烘炉期间压力监测项目见表 4-14。

表 4-14 烘炉期间压力监测项目表

监测项目	所用仪表	监 测 地 点	监 测 次 数	说 明
看火孔压力	斜形压力计	全炉每个燃烧室的 7，26 火道	白班测一次	
总、分烟道吸力	U 形压力计	总、分烟道测压点	每小时测一次	保持规定值
废气分析	奥氏分析仪	第 6，21，30，45 燃烧室的 7，25 火道	白班一次，每次取一个燃烧室，循环取样	

7. 炉体膨胀与护炉设备管理

（1）护炉设备及炉体膨胀管理。烘炉期间，护炉设备及炉体膨胀监测项目见表 4-15。

表 4-15 护炉设备及炉体膨胀监测项目表

监 测 项 目	监 测 位 置	监测时间及频度	说 明
炉柱曲度	炉柱距炭化室底上部 700mm 左右	炉温 700°C 前每两天测一次，700°C 后酌减	用三线法测定
炉长测量	上横铁，下横铁，箅子砖	炉温 700°C 前每两天测一次，700°C 后酌减	用三线法测定
大弹簧负荷	按固定测点测量	每天测一次并调节	测量用临时走台拆除后减少测量次数
纵拉条弹簧负荷	按固定测点测量	每周 1 次	
小弹簧负荷	按固定测点测量	每 50°C 测量 1 次	

续表 4-15

监测项目	监测位置	监测时间及频度	说　明
顶丝调节及炉门炉框（保护板）上移检查	炉框底部缝隙	顶丝与炉框接后每天调整1次	
纵拉条托架松放		每100°C测调1次	
上部拉条螺帽拧紧		每100°C测调一次	上部拉条隔热层施工同时
机焦侧走台支柱垂直度及滑动情况检查	支柱相对滑动点标记处	每100°C测定一次	滑动良好时可不测垂直度
抵抗墙垂直度测量	抵抗墙外侧测点固定并标记	每100°C测定一次	使用托盘及线锤
抵抗墙顶部外移测量		每100°C测定一次	
炉端墙膨胀缝变化测量	炉端墙30mm膨胀缝上下取两点，测点固定并标记	每100°C测定一次	
炉高测量	炉顶看火孔座砖（机、中、焦）	每100°C测定一次	按2，6，11，16，21，26，31，36，41，46，51，55，56燃烧室取测点
基础沉降测量		每100°C测定一次	测量队
炭化室底热态标高测量	机焦侧磨板面		烘炉末期
炉柱下部滑动检查	滑动点标记处	每50°C检查一次	
小烟道连接管滑动情况检查	每个连接管	每50°C检查一次	
炉柱与保护板间隙检查		每100°C检查一次	

（2）工作要点：

1）炉高膨胀测量：按标准号燃烧室的机、中、焦看火孔座砖打测点标记，点火前由测量队测定作为原始炉高值。

2）炉长膨胀测量：其一线在上横铁处；二线在下横铁处；三线在箅子砖处。

3）钢柱曲度：采用三线法进行测量。

4）操作平台支柱垂直度：在支柱上部、下部打上油漆标记，用托盘和线锤测定（上部为固定距离）。

5）操作平台、蓄热室走台及炉柱底部和废气开闭器两叉部的滑动的测定方法：在冷态时，先打好测定标记，测定预留距离的尺寸，烘炉中测定的距离与冷态时的差值，即是它们的滑动量。

6）抵抗墙垂直度。冷态做好测点标记，测定冷态原始数据，升温后按标记测量。

7）炉长的测量工具采用钢板尺。为防止钢板尺的弯曲而影响测量精度，可将钢板尺固定在木棒上。炉长测量时，读数统一规定在钢线的外侧。

8）膨胀测量：弹簧测量与调节作业的工作内容、测点、频度等见表4-15。

8. 焦炉热修工作

由于炉体各部分温度和材质不同，烘炉过程中会产生不同程度的裂缝，这些裂缝吸入冷空气而影响炉温，应采用不同方法密封。炭化室封墙及烘炉小灶有无损坏、倒塌的迹象并及时修缮。

蓄热室及炉顶部位的裂缝应用石棉绳临时密封，在烘炉末期勾缝及灌浆前取出石棉绳。

装煤口盖周围用灰浆密封。单叉部用散石棉绳临时密封，在烘炉末期填充编织石棉绳。

（七）烘炉点火及燃烧管理

严格的烘炉燃烧管理是稳定升温的可靠保证，因此必须制定严格的管理程序，这是达到烘炉预期目标的重要条件。

二、焦炉开工

采用气体燃料烘炉时的开工顺序一般为：拆除测温设备→改为正常加热→拆除烘炉管道及堵烘炉孔→扒火床→继续升温→装煤→联通集气管→继续装煤→确定初步加热制度→首次出焦。

煤塔以后的装煤车接煤、焦炉装煤及联通集气管后将荒煤气安全送至气液分离器的放散管为止属炼焦开工的范围。

（一）焦炉开工前所具备的条件

（1）焦炉烘炉温度达到1050～1150℃。

（2）焦炉附属设备安装完毕，达到投产条件，管道试压合格。

（3）焦炉车辆初步联动试运转完毕。

（4）熄焦系统、运焦筛焦系统试运转完毕。

（5）焦炉用水、电、蒸汽、压缩空气系统处于工作状态。

（6）氨水系统正常循环，桥管喷洒正常。

（7）岗位工人具备上岗资格。

（8）开工组织及人员已落实。

（9）抢修、救护、安全保卫、消防、卫生等组织完善。

（10）开工用各种临时设施及工器具已准备齐全。

（11）煤塔煤料已达到保证装煤的足够数量。

（12）鼓风冷凝系统、煤气净化系统及环保系统具备开工条件。

（13）焦炉的热态工程主要内容已完成，保证装煤及试生产时相应部位的严密性。

（14）全炉炭化室底热态标高测定完毕。

（15）推焦机、拦焦机与焦炉相关位置满足生产要求。

（16）暂时不开工的管道、设备与开工部分的管道、设备相连接的部位均应以盲板隔断，不得以关闭阀门代替盲板。

（17）焦炉开工方案经充分讨论完毕，并经批准。

（二）试运转

焦炉开工相关设备的试运转，包括单体设备的试运转及相关设备的联动试运转。只有在单体试运转合格的基础上才能进行联动试运转。

（1）交换机及交换传动系统试运转。在交换机单体试运转合格后，在烘炉温度达到600℃前进行交换传动试运转。交换机空负荷试运转不得少于4h。合格后带负荷联动试运转，正常联动试运转不得少于48h，才能正式使用。

（2）四大车联动假生产。火床扒完后，在两端及中间装煤号炭化室上进行四大车联动试运转生产，各车一切动作都按正常生产规定进行，在联动试运之前各车设备必须单体试运转合格，特别是推焦杆的操作，必须在假炭化室反复试运转，假炭化室底的标高应定为实测炭化室底热态标高。试推合格后才能联动试运转。

（3）氨水系统假生产。氨水系统的炉上氨水管道、泵房应提前试运，合格后将氨水送到炉上。确认以下内容：炉上部分的管道及喷洒状态；焦炉区的氨水总管闸阀、分管闸阀、集气管两端氨水支管旋塞及各喷洒旋塞（包括集气管、桥管及吸气管部分的喷洒旋塞）的开闭状况；氨水槽充水、冷凝泵房及气液分离器至氨水澄清槽的各种阀门的状况。

蒸汽系统要在此前2～3天达到正常运行。在氨水系统假生产同时要试验事故供水系统。高压氨水系统延至开工再运行。氨水系统试运要在开工前2～3天完成。

（4）上升管水封盖的供水及排水系统在开工装煤前调整结束。

（5）蒸汽系统的投运。

（6）压缩空气系统的试运，在烘炉中期已进行完毕，因热态工程中先期使用压缩空气。

（7）仪表系统测温、测压、流量显示在开工前投运。

（三）焦炉转正常加热

当烘炉温度达到800℃前，根据安排用高炉煤气改为正常加热。

（1）转正常加热前，确认加热煤气系统及空气、废气系统状态。

（2）煤气管道吹扫。煤气管道已试压并验收合格。在正式吹扫前1～2天可先通压缩空气试吹扫并检查有否泄漏、有否遗漏盲板存在。

（3）向煤气管道送煤气。高炉煤气管道用蒸汽（或N_2）置换，置换结束后，向焦炉加热煤气主管道送高炉煤气，取样作爆发试验（或含氧量分析），三次均合格后关闭放散管阀门，使煤气压力升高，当煤气压力达到2000Pa以上时准备向燃烧室送煤气。

（4）向燃烧室送煤气。向炉内送气步骤如下：爆发试验合格、压力达2000Pa以上→风门已安装规定的铁板→分烟道吸力调至规定值关闭烘炉煤气→逐组开上升号风门（取石棉板）落废气砣、开上升号旋塞→第一交换各组全部送完后加热20min→进行另一交换的逐组送煤气→冷凝液排管阀开启。

（四）扒火床

送煤气完成后，进行扒火床工作，同时机焦侧试摘、试挂炉门。

（五）装煤及接通集气管

1. 在装煤及接通集气管前，必须具备的条件

（1）上升管水封盖已供水并操作正常。

（2）桥管喷洒正常进行，水封阀工作可靠。

（3）集气管全部氨水清扫旋塞、吸气管氨水喷洒旋塞、焦油盒氨水喷洒旋塞全部关闭。

（4）吸气管手动翻板全关。自动翻板在开工后再投运。

(5) 汽液分离器放散管阀门打开，汽液分离器至氨水澄清槽管道由回收车间负责其正常运行。

(6) 开工时热氨水处于正常循环状态。

(7) 装煤前一小时向集气管两端通蒸汽或 N_2 驱赶集气管中空气。

(8) 集气管两端已安装 U 形压力计，并有专人监测集气管压力。

(9) 全部上升管水风阀处于关闭状态，即上升管与集气管处于用水封切断状态，翻板搬把用铁丝固定防止误操作。上升管工在装煤时要监视全部上升水封翻板，防止未装煤号翻板被其他人员误操作。

(10) 集气管上的放散管水封翻板全关，事先做好开关标记。

2. 装煤操作及接通集气管

在装煤前 1 天，焦炉开始有计划地进行升温，在装煤前燃烧室温度达到 1050～1150℃。装煤车驶入装煤号，装煤前用刺砣打掉上升管内石棉板，上升管盖处于开启状态。

以两段集气管 55 孔焦炉为例，第一批装煤号按以下顺序进行：

3 号—28 号—8 号—23 号—33 号—53 号—38 号—43 号—13 号—18 号—48 号—30 号

对于不分段的集气管，原则是先装两端，以便用荒煤气赶走集气管内空气。

第一炉装完煤后在上升管放散片刻后将荒煤气同时导入集气管，在集气管放散管放散；然后按上述方法进行。上升管着火时，熄灭后再接通集气管。在集气管放散管放散一段时间后，即关闭放散管，将荒煤气送向汽液分离器，在该处放散。在荒煤气导入集气管时，慢慢关闭集气管的蒸汽吹扫管。

在汽液分离器处放散的荒煤气经爆发试验合格后，关闭放散管，将荒煤气送向回收车间。(回收车间的开工设备与不开工设备的管段已在开工准备时用盲板隔断) 送入回收车间的荒煤气经爆发试验合格并且集气管压力达到 200Pa 后，即可并入老系统。系统连通后，集气管压力应保持 100～120Pa。上升管工及时与鼓风机联系，防止集气管出现负压。当集气管压力开始稳定后，按正常计划开始其余炉号的装煤。

(六) 首次出焦

装煤顺序按规定顺序加煤，加煤时间按计划结焦时间 28h，均匀分布装煤。全炉装完煤后才能首次出焦。

焦炉初装煤后的加热制度：

结焦时间约 28h，标准温度：机侧：1150℃；焦侧：1190℃ (不加校正)。以后根据情况，逐步缩短结焦时间，直到转为正常加热。

第五节　7.63m 焦炉的结构及特点

7.63m 焦炉是德国伍德公司 (UHDE) 设计开发的既有废气循环又含燃烧空气分段供给的“组合火焰型”(COMBIFLAME) 焦炉，在许多方面具有其独特的特点。

一、焦炉炉体结构的特点

(1) 7.63m 焦炉炉体为双联火道、分段加热、废气循环，焦炉煤气、低热值混合煤气、空气均下喷，蓄热室分格的复热式超大型焦炉。此焦炉具有结构先进、严密、功能性强、加热均匀、热工效率高、环保优秀等特点。

(2) 焦炉蓄热室为煤气蓄热室和空气蓄热室，上升气流时，分别只走煤气和空气，均为分格蓄热室。每个立火道独立对应 2 格蓄热室构成 1 个加热单元。蓄热室底部设有可调节孔口尺寸的喷嘴板，喷嘴板的开孔调节方便、准确、并使得加热煤气和空气在蓄热室长向上分布合理、均匀。

(3) 蓄热室主墙和隔墙结构严密，用异型砖错缝砌筑，保证了各部分砌体之间不互相串漏。

(4) 由于蓄热室高向温度不同，蓄热室上、下部分别采用不同的耐火材料砌筑，从而保证了主墙和各分隔墙之间的紧密接合。

(5) 分段加热使斜道结构复杂，砖型多，但通道内不设膨胀缝，使斜道严密，防止了斜道区上部高温事故的产生。

(6) 燃烧室由 36 个共 18 对双联火道组成。分 3 段供给空气进行分段燃烧，并在每对火道隔墙间下部设循环孔，将下降火道的废气吸入上升火道的可燃气体中，用此两种方式拉长火焰，达到高向加热均匀的目的。由于采用分段加热和废气循环，炉体高向加热均匀，废气中的氮氧化物含量低，可以达到先进国家的环保标准。

(7) 跨越孔的高度可调，可以满足不同收缩特性的煤炼焦的需要。

(8) 采用单侧烟道，仅在焦侧设有废气盘，可节省一半的废气盘和交换设施，优化烟道环境。

二、焦炉的炉体结构

焦炉由蓄热室、斜道、燃烧室、炭化室和炉顶组成，蓄热室下面是烟道和基础。7.63m 焦炉横断面如图 4-1 所示。

(一) 焦炉基础和烟道

焦炉的地下结构也是有坚固基础底板的钢筋混凝土结构，焦炉及其基础的重量全部由焦炉基础底板支承。在机焦侧均设有以基础底板为基础的钢筋混凝土结构的挡水墙和操作

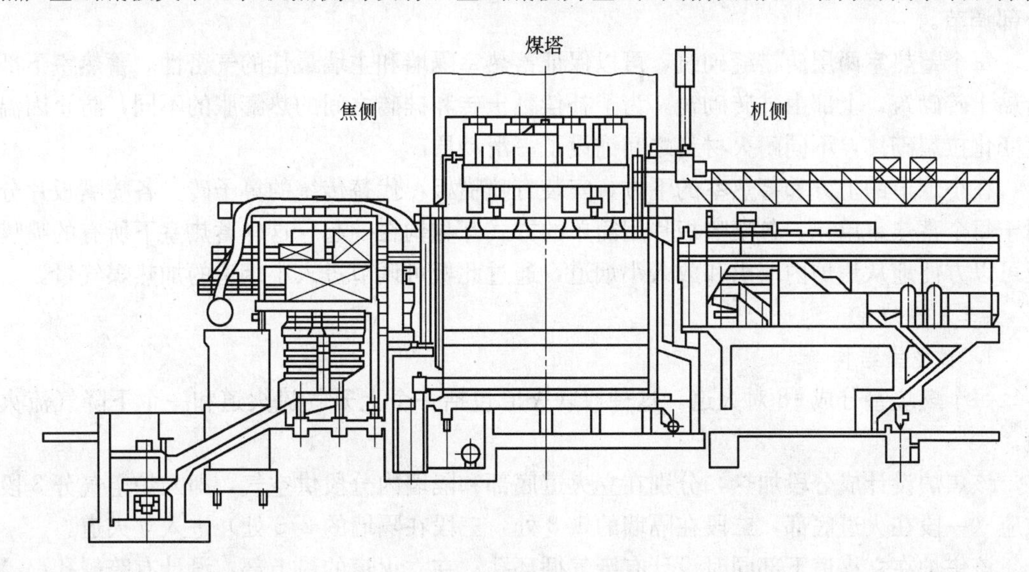

图 4-1 焦炉横断面图

走台。和其他焦炉不同的是：由于操作走台的高度设置在蓄热室上部，与炭化室底部有一定距离，而且焦侧拦焦车的轨道不再设计在焦侧走台上，因此机焦侧操作走台边缘均设计有安全栏杆，该栏杆不会影响推焦车、推焦杆和拦焦车的正常运行。而且焦侧走台没有拦焦车行走时的振动，使焦侧走台更加严密。

焦炉为单侧烟道设计。燃烧产生的废气，由下降火道、斜道、蓄热室，经金属喷嘴板分配后，进入小烟道，全部废气经过位于焦侧的废气盘，由位于焦炉地下室焦侧的废气集中烟道收集，经总烟道进入烟囱排入大气。为了防止外部混凝土遭到高温和热废气的化学侵蚀，废气集中烟道和总烟道内部均用红砖排列砌成，外部用钢筋混凝土建造。为了防止烘炉时产生热膨胀造成烟道砌体损坏，废气集中烟道和总烟道内部红砖通过膨胀接点分成若干部分。

（二）蓄热室

蓄热室在炭化室和燃烧室下面，该蓄热室没有中心隔墙，它们从机侧到焦侧贯通，并细分为连续独立的蓄热室单元。每个蓄热室单元用砖砌筑的蓄热室隔墙隔开，这样小烟道上部的蓄热室单元向上到蓄热室顶部完全是互相分开的。由于蓄热室单元严格分开，只需调节相关蓄热室单元，就可以确保各独立蓄热室单元的燃烧介质的流量在到达立火道前保持不变。

每个燃烧室对应两个蓄热室，分别为空气蓄热室和煤气蓄热室。蓄热室不仅在炭化室长向上分隔，而且在焦炉长向分为两格，中间也用隔墙隔开。空气蓄热室的左右两格通过斜道一个与对应燃烧室底部相连，一个与该燃烧室隔墙内的两个出口相连。煤气蓄热室的左右两格通过斜道均与对应燃烧室底部相连。

用焦炉煤气加热时，助燃空气在相邻的空气蓄热室和煤气蓄热室预热，通过在小烟道和废气盘之间的可调节的开口，燃烧室底部与隔墙空气段的空气的分配可由外部调节，燃烧产生的废气从另外两个蓄热室排出，并储存废气热量。用混合煤气加热时，助燃空气由空气蓄热室预热，混合煤气由煤气蓄热室预热，混合煤气均进入燃烧室底部，燃烧室底部与隔墙空气段的空气的分配可通过在小烟道和废气盘之间的可调节的开口由外部调节。

每个蓄热室两层砖错缝砌筑，可以保证蓄热室隔墙和主墙最佳的气密性。蓄热室下部由黏土砖砌筑，上部由硅砖砌筑。为了补偿黏土砖和硅砖之间的热膨胀的不同，防止因温度变化拉裂砌体，不同耐火材料之间铺设了一滑动层。

在小烟道的上方和蓄热室的下方，安装有喷嘴板，代替传统的箅子砖。各喷嘴板片分属于每个蓄热室单元，各喷嘴板片用简单的方式互相钩在一起，这样蓄热室下所有的喷嘴板可以方便地从焦炉内取出和放入小烟道，通过此板可调节进入小烟道的加热煤气量。

（三）燃烧室

1. 燃烧室结构

每个燃烧室分成 18 对火道。这种双联火道包括一个上升气流火道和一个下降气流火道。

该焦炉设计成分段加热，分别在立火道底部和隔墙内分段供空气，即入炉空气分 3 段供应（一段在火道底部，二段在隔墙的 1/3 处，三段在隔墙的 2/3 处）进入立火道。

该焦炉在立火道下部同时设计有废气循环孔；在立火道的最上部，设计有跨越孔。

当焦炉煤气或混合煤气加热时，煤气从火道底部供入，空气分 3 段供入。这样，煤气在火道底部由于空气量不足，不完全燃烧。未完全燃烧的气体，在火道中部继续燃烧一部分，但由于空气量仍然不足，燃烧仍然不完全，最后到火道上部才完全燃烧。由于煤气在立火道下部的不完全燃烧，降低了火道下部的燃烧温度，可以减少 NO_x 的生成；另外，在双联火道隔墙下部的循环孔将废气从下降气流导入上升气流，这样使下部的燃烧更加贫化，降低火焰的最高温度，更加减少了 NO_x 的生成。除了减少 NO_x 的生成，还可以改善高向加热均匀性。

炭化室炉头砖由更能耐温度变化的硅线石制成，硅线石砖与硅砖区域互相咬合，在硅线石与硅砖之间没有明显的接点，这样的炭化室炉头区域更能经受炉门开闭的温度变化。

2. 可调节的跨越孔

为了适应不同收缩特性煤和结焦时间变化，减少炉顶空间过多生成石墨并消除因此造成的推焦阻力，同时保证炭化室上部焦饼能完全成熟，该焦炉采用了可调节的跨越孔，可升高或降低炉顶空间温度。

可调节的跨越孔如图 4-2 所示。跨越孔分上下设计，上小下大，上孔有两块可滑动的砖，可以根据需要调节滑砖，控制孔的开度。当上孔全开时，从上面的通道可以分流部分废气，提高上部的温度，火焰拉长；当上孔部分打开时，从上面的通道分流废气量减少，相当于跨越孔下移；当上孔全关时，废气仅从下孔通过，相当于跨越孔下移到最低点，火焰缩短。因此，通过调节上孔的开度大小，相当于调节跨越孔的高度和阻力，调节火焰的长短。因此可根据煤料的收缩率，通过调节跨越孔的高度保证不同收缩率的煤上部能够成熟，并降低炉顶空间温度，减少石墨生成量。

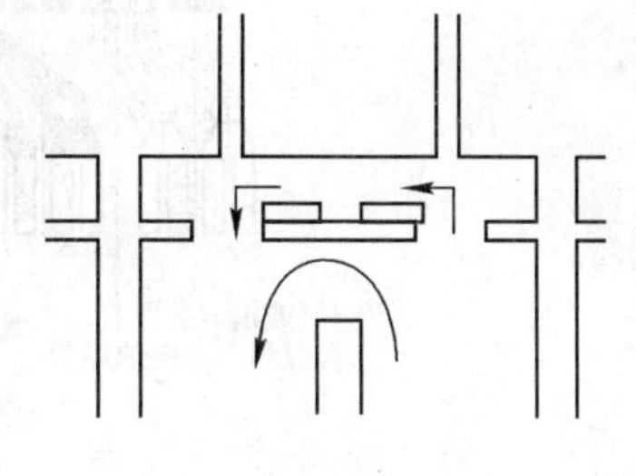

图 4-2　跨越孔示意图

第六节　7.63m 焦炉的加热系统

一、加热系统组成

7.63m 焦炉的加热系统分为独立的加热单元，每个加热单元包括两个加热火道（即双联火道），由混合煤气、燃烧空气和废气相关的蓄热室单元组合而成，在调节分配到每个燃烧室的气流量、调节分配到单个燃烧室每一组双联火道的气流量和调节分配到燃烧室高向的气流量等方面均比较容易，同时便于独立调节。该加热系统如图 4-3 所示。

（一）焦炉煤气加热

用焦炉煤气加热时，所需总煤气量用焦炉煤气主管上的压力调节翻板自动调节。单个燃烧室的煤气流量可通过孔板调节。

在焦炉自动加热模式下，总煤气量先换算到标准状态，根据加热煤气的标准发热值，得到煤气总热值。在一个换向期间内，煤气总热值通过时间积分，当积分量达到预先设定值时，交换考克关闭，加热停止。停止加热时间为换向时间（20min）减去燃烧时间、翻板动作时间和除炭时间后得到的。交换期间，煤气压力调节翻板将停在燃烧阶段中止前的最后位置。

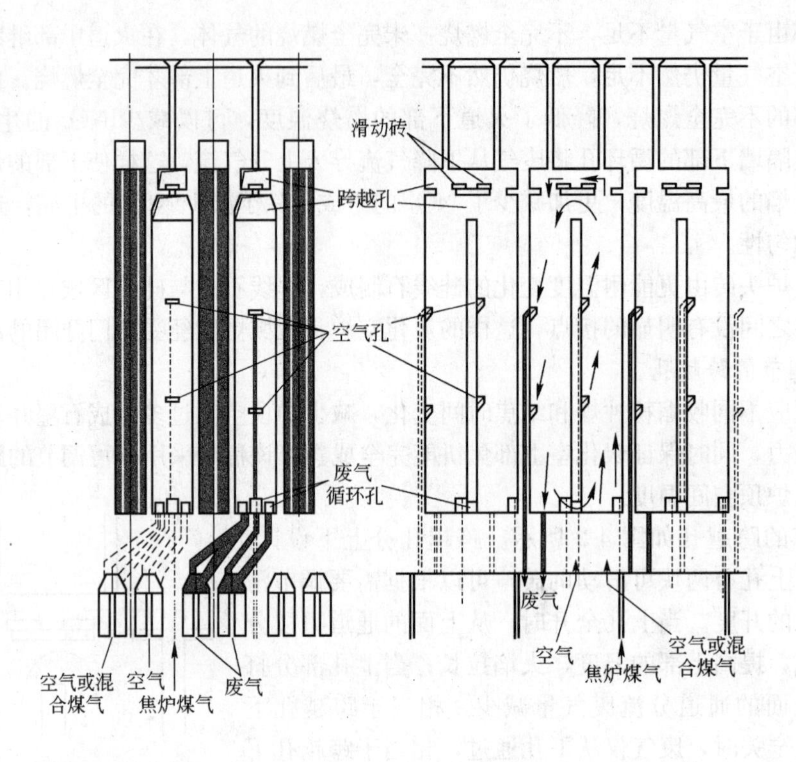

图 4-3　7.63m 焦炉加热系统各气体流向图

煤气压力在现场可显示，在控制室显示并记录。压力调节翻板的位置在控制室全程显示。如果调节失控，翻板可通过现场一个手动装置重新调节。

当焦炉煤气主管压力不足时，该系统将采取以下方式处理：当煤气主管压力低于第一个设定值时，缺煤气的报警装置将报警。低于第二个设定值时，换向单元通过一个压力继电器关闭供入焦炉的煤气考克。如果压力继续下降低于另一个压力继电器的设定值，压力调节翻板将快速关闭，并同时向管道内通入惰性气体（氮气），防止压力继续下降。当加热煤气恢复正常时，警报解除，恢复正常的交换。

（二）混合煤气加热

混合煤气的调节控制方式和焦炉煤气基本一样，所不同的是焦炉煤气主管在焦炉地下室机侧，预热后，焦炉煤气通过下喷管供入焦炉；混合煤气主管在焦炉焦侧，高炉煤气与焦炉煤气按一定比例混合后经废气盘供入焦炉。

（三）交换装置

交换装置采用电液驱动。交换装置包括两个液压泵组，一开一备，配备一个电机驱动和一个压缩空气驱动泵，一个液压油箱，一个蓄能器，该蓄能器可以在出现电源故障时保证 3 次换向。

交换装置配备有两套交换程序，从焦炉煤气变混合煤气或从混合煤气变焦炉煤气可以在控制室自动完成。

当交换出故障时，该装置会声光报警。同时，交换机将自动将所有的煤气阀关闭。即使液压组的电力出现问题，借助蓄能器，也可以达到安全位置。

每座焦炉均有一个集中润滑系统用来自动润滑焦炉煤气和混合煤气的交换阀。事先设定的自动润滑间隔可以确保考克不漏气并操作自如。由于两种阀门对油脂的要求完全不同，这个系统设计成双线系统，一个用于焦炉煤气，一个用于混合煤气。

（四）废气系统

焦炉产生的废气由小烟道收集，通过设置在焦侧的废气盘导出，然后进入位于焦炉地下室的废气集中烟道，通过总烟道和烟囱将废气排入大气。

为了控制焦炉的炼焦耗热量，焦炉加热系统事先计算出一个理论空气过剩系数，换算为理论氧含量，通过与实际测定的废气氧含量比较，用吸力翻板调节，保证废气中的氧含量控制在设定含氧范围内，这对减少 NO_x 的排放也有积极作用。

烟囱吸力通过吸力翻板自动调节，一旦翻板电液驱动失灵，翻板将会停止在原来位置，这时可在现场用一个手动装置来重新调节。如果烟囱吸力降低到设计值以下，控制系统中断加热过程。

在烟囱入口处，安装有一个闸板，可在烘炉和一些特殊情况下使用。该闸板用一个电动卷扬分 5 点调节，即全关、25%、50%、75%、全开。

二、焦炉自动加热系统（Coke Master）

为了保证焦炉正常生产，降低焦炉能耗，真正实现自动化，提高生产效率，该焦炉采用自动加热系统，控制焦炉加热。该系统采用了前馈和反馈结合的控制模型。如图 4-4 所示。该系统主要包括以下几个子系统。

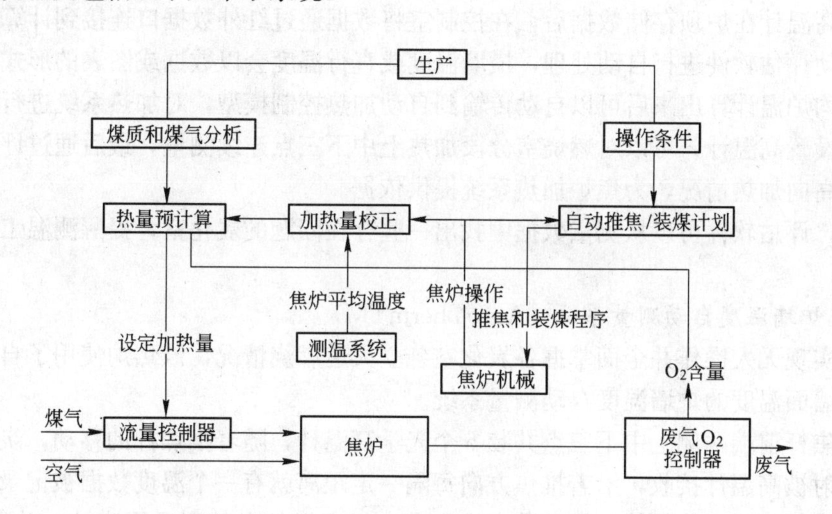

图 4-4 焦炉加热系统控制模型

（一）焦炉自动加热控制系统（Bat Control TM）

加热流量自动控制系统是自动系统的主要单元，其工作原理是：首先将装煤量、装炉煤性状、焦炉生产任务、焦炭的平均温度、废气热损失和散热等为输入函数，由供热模型计算单元计算出目标炼焦耗热量，再根据煤气热值、空气过剩系数等确定焦炉加热用煤气量。然后用实测的炭化室炉墙或立火道温度，采用增减停止加热时间的方法，校正炼焦耗热量，同时利用烟道吸力的控制环节，用废气的含氧量自动检测单元与设定的空气过剩系数比较，指导烟道翻板的开度实现烟道吸力控制。

加热流量自动控制系统与推焦装煤计划系统联系，缩短和延长停止加热时间来调节供热量，推焦装煤计划编制系统编制推焦装煤计划给焦炉机械作业，实际的推焦装煤时间再返回该系统来修正推焦装煤计划。

通常，采取停止加热时间和控制加热煤气流量结合使用的方式来控制实际供给焦炉热量。该系统主要通过增减停止加热时间来控制焦炉供热量，这种控制在每个交换周期仅进行一次。当实际输入热量发生波动（如煤气热值发生波动），则通过控制加热煤气的流量来补偿，使实际供热量精确达到理论热量。

（二）推焦和装煤计划系统（PushSched TM）

为了实现无人操作，伍德（UHDE）开发了推焦和装煤计划自动编制系统。该系统不仅可以制定推焦计划，还可以显示焦炉机械操作状况，实现炼焦过程的在线控制和监管。

焦炉机械将每一炭化室的推焦和装煤时间信号传给程序计算机计划系统，根据结焦时间，系统可以自动编制出下一次各炭化室计划推焦时间，并将之传给焦炉机械，把信号传给操作工。实际的推焦装煤操作数据又返回计划系统来修正计划。

该系统可以在不影响实际操作的前提下预排 5 天的计划。

（三）人工测量燃烧室温度系统（ManuThermTM）

人工测温是人工用光学高温计对着焦炉立火道测温，在测温的同时还可以将数据存储在高温计的存储器内。

该高温计可以评估所测量的温度数据，提醒测温工对错误数据进行修正，避免出现误测现象。高温计在炉顶存储数据后，在控制室将数据通过红外数据口连接到计算机上，然后通过手动评估软件进行自动处理，横墙温度或直行温度会以数据或图表的形式反映给测温工。平均炉温计算出来后可以自动传输到自动加热控制模型，对加热系统进行矫正。而且，通过设置高温计，可以对燃烧室分段加热上中下三点连续测量，最后通过评估软件得到燃烧室高向加热情况，为焦炉加热系统提供依据。

同时，评估软件可以从测量数据中找出一些存在问题的炭化室，提醒测温工对问题进行检查。

（四）炉墙温度自动测量系统（AutoThermTM）

为了实现无人操作并全面掌握各炭化室各立火道燃烧情况，该焦炉使用了自动测量每个炭化室墙面温度的炉墙温度自动测量系统。

在推焦杆前端两侧上中下三点共装 6 个光学高温计，随着推焦杆的移动，炭化室炉墙的强烈辐射被高温计接收，沿着推焦方向每隔一定距离就有一个温度数据被记录下来，通过光纤维将测得的光信号传输到安装在推焦车电气室里的自动测温程序站，并存储起来。在这里这些光信号数据由光温转换器转变为温度信号，通过无线方式传输到程序计算机，然后通过评估软件得到焦炉横墙温度、直行温度，并可快速找出加热系统存在的问题，自动提供给操作工。

为了保护每个光学高温计，满足光学纤维定位器和光纤扁平电缆长时间地附着在推焦杆上的工作要求，在推焦杆内设计有一个隔热间来抵御炉墙辐射和推焦杆传过来的热量，并且通过压缩空气冷却系统来冷却。压缩空气不仅起冷却作用，还可以清扫光学高温计的镜头。

第七节　7.63m 焦炉荒煤气导出系统及单炭化室压力调节系统

一、7.63m 焦炉荒煤气导出系统

（一）荒煤气系统概述

集气系统包括上升管、桥管及阀体、集气管、低压氨水喷洒装置、荒煤气放散点火装置、PROven 系统以及相应的操作台等。

焦炉炭化室内产生的荒煤气经上升管进入集气管，上升管为内衬耐火材料的钢结构，设计有隔热装置和防止煤气逸出装置。上升管盖设有水封，由气缸启动。桥管与集气管连接处通过石油沥青的密封与大气隔绝，在横向、纵向的任何偏移均由此吸收。

集气管设在焦炉机侧，它包括 3 段，每段连接一个吸气管，3 个吸气管汇集吸气总管最后到鼓风机。3 段集气管之间有一个连接阀，平时该阀保持全开，使 3 段集气管的煤气相通，便于整条集气管压力平衡。当某段集气管需要检修时，可以将该段集气管两端的阀门关闭，不影响其他两段的正常工作。每段集气管均安装两套放散装置，可以在紧急情况下直接放散荒煤气。放散管也采用水封密封。

（二）集气管压力调节

集气管在－300～－350Pa 的压力下工作。

集气管压力由每个支管的自动调节翻板控制，互不干扰。当调节翻板关闭时，喷洒氨水可以通过阀片边缘流走。一旦翻板的自动电液驱动装置失效，可以在现场使用手动装置操作，在控制室有该翻板位置显示。在现场和控制室里有荒煤气温度和压力的监测。

（三）荒煤气的冷却

荒煤气从机侧离开焦炉炭化室，在进入集气管前，被设在桥管上的喷头喷淋成雾状的氨水将煤气冷却、析出焦油。

氨水压力、流量在现场、控制室均可观察和控制，超过或低于设定极限均可报警。

氨水分配系统还在集气管两端安装喷头，用氨水间断地吹扫集气管底部的固体物质。

（四）荒煤气放散系统

当焦炉后道工序出现故障，荒煤气不允许进入吸气管时，需要直接在集气管上放散，为此，焦炉的每一个支集气管上安装了 2 个放散点火装置，可使荒煤气低烟燃烧。

放散管点火采用自动方式和手动方式。当集气管压力超过上限值时，可自动打开放散点火，也可通过在煤塔下的操作面板人工点火。

为稳定火焰需要喷吹蒸汽，蒸汽喷吹一方面可以拉长火焰，防止烧坏点火器，而且可以稀释荒煤气浓度，使荒煤气燃烧更充分。

（五）上升管水封

为防止荒煤气逸出，上升管盖设有水封。

上升管水封用水采用闭路循环，余水首先收集到布置在集气管沿线的水槽，然后用管道集中到澄清箱内第一格，在水箱内，固体被沉淀下来，并从水循环系统中分离，第一格中满流的干净水依次进入第二、第三格澄清箱中，干净水再从澄清箱中用泵抽入上升管盖。每座焦炉两台泵，一开一备。

水因为澄清、蒸发受到损失，从而使液位降低，这个液位通过监视仪由液位阀自动补

充，一套水位监测仪既充当用水保护装置，又能显示水箱中的水位。

二、7.63m焦炉单炭化室压力调节系统（PROven系统）

7.63m焦炉炭化室压力调节系统是伍德（UHDE）独特设计的。该系统的原理是：与负压约为300Pa集气管相连的每个炭化室从开始装煤至推焦的整个结焦时间内的压力可随荒煤气发生量的变动而自动调节，从而实现在装煤和结焦初期，负压操作的集气管对炭化室有足够的吸力，使炭化室内压力不致过大，以保证荒煤气不外泄，而在结焦末期又能保证炭化室内不出现负压。

PROven装置用于对单个炭化室的压力进行精确调节。该装置如图4-5所示，在集气管内，对应每孔炭化室的桥管末端安装一个形状像皇冠的管，上开有多条沟槽，皇冠管下端设有一个“固定杯”，固定杯由3点悬挂，保持水平。杯内设有由执行机构控制的活塞杆及与其相连的杯口塞，同时在桥管设有压力检测与控制装置。炭化室压力调节是由调节杯内的水位也就是荒煤气流经该装置的阻力变化实现的。其操作原理如下：在桥管上部有两个喷嘴喷洒的氨水流入杯内，测压压力传感器将检测到上升管部位的压力信号及时传到执行机构的控制器，控制器发出指令使执行机构控制活塞杆带动杯口塞升降，调节固定杯出口大小来调节杯内的水位，使炭化室压力保持在微正压状态。水位越高，沟槽出口越小，荒煤气导出所受阻力越大；水位越低，沟槽出口越大，荒煤气导出所受阻力越小。

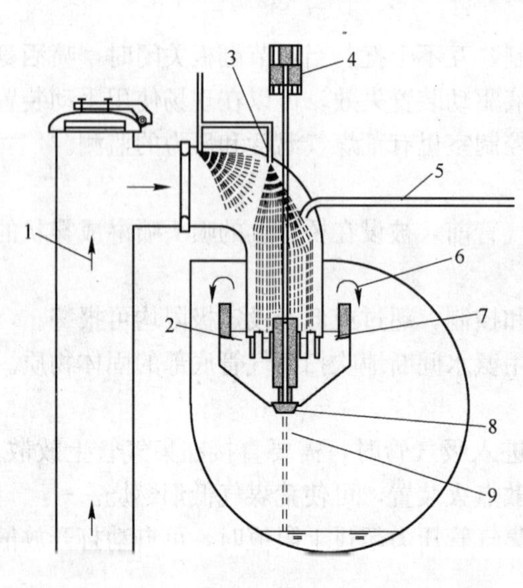

图4-5 PROven工作状态示意图

1—荒煤气；2—皇冠管沟槽部分水封；3—喷嘴；4—风动活塞；5—快速注水阀；6—调节的气流；7—满流装置沟槽部分水封；8—固定杯出口关闭口；9—通过固定杯口的水流

在装煤和结焦初期，炭化室产生大量荒煤气使压力增高，在上升管处的压力检测装置，将压力信号传到执行机构的控制器，控制器发出指令使执行机构控制活塞杆带动杯口塞提升到最高位置，使固定杯下口全开。桥管内喷洒的氨水从开口全部流入集气管，在杯内不形成任何水封，此时荒煤气通道阻力最小，集气管负压使得荒煤气从上升管、桥管、皇冠管到固定杯，一直顺利导入集气管，炭化室内压力不致过大。

随着结焦时间延长，炭化室产生的荒煤气逐渐减少，炭化室内压力也逐渐降低，在上升管处的压力检测装置，又将压力信号传到执行机构的控制器，控制器发出指令使执行机构控制活塞杆带动杯口塞逐步下降，使固定杯下口逐步关闭，从而在固定杯内形成的水位逐渐上升，荒煤气通道阻力也逐渐增大，使炭化室压力始终保持在一定压力。

在结焦末期，炭化室产生的荒煤气更少，压力控制装置通过执行机构，移动活塞杆使杯口关闭，大量氨水迅速充满固定杯，形成阻断桥管与集气管的水封，以维持炭化室的正压。

PROven系统正是通过压力控制装置自动调节固定杯内的水封高度，从而实现对炭化室内煤气压力的自动调节，防止因超压而造成的炉门泄漏。

推焦时，由于处于结焦末期，煤气发生量最少，为了防止将空气吸入集气管，炭化室需要与集气管隔断。这时活塞已经达到最低位置，将固定杯下口完全堵塞，固定杯液面上升，为了在最短的时间使氨水充满固定杯，快速注水阀也被打开，大量氨水迅速将固定杯充满，完全关闭皇冠管的沟槽，切断了荒煤气流入集气管的通道。由于荒煤气不能进入集气管，为了给残余煤气保留溢出通道，必须打开上升管盖；上升管盖的打开是通过推焦计划自动编制系统自动完成的，根据装煤时间和从焦炉机械上获取的信息，准确排出该炭化室推焦时间，推焦时间一到，上升管盖打开装置将自动打开上升管盖，将残余荒煤气放散。

在压缩空气源或电力中断时，为了完全隔绝炭化室与集气管应采用手动操作，即使用气动控制操作面板，把气缸停止在最低极限位置，打开快速注水管，将固定杯注满，可使集气管与炭化室隔绝。

使用PROven系统前后的效果比较：

未使用PROven系统前，当集气管压力控制在120Pa左右时，炉门底部的压力在结焦周期变化幅度很大：刚开始装煤时，炉门底部压力可以达到300Pa以上，很容易造成从炉体的不严密处逸出荒煤气；而在推焦前，炉门底部压力已经降到0附近，考虑到压力的波动，焦炉在结焦末期经常出现负压，会抽入空气。

使用PROven系统后，集气管压力保持在－300Pa左右，炉门底部的压力始终可控制在40～60Pa范围内变化。

使用PROven系统后，由于集气管负压操作，炭化室和炉门处压力处于微正压状态，因此焦炉散发出的荒煤气大大减少，改善了作业环境。实验显示，使用PROven系统后的污染物溢出量是未使用该系统污染物溢出量的30%左右。

第八节　7.63m焦炉的辅助部分

一、煤塔

煤塔位于两座焦炉中间，为现浇钢筋混凝土结构。煤塔分上下两层：上部为煤仓，用于存煤；下部为称量煤斗，用于称量。

煤仓分两格，每格存煤量为1350t。煤仓内壁倾角70°，内壁贴衬耐磨材料，在煤仓的墙上安装有两排空气炮，可保证下煤通畅。煤仓下部有两排各4个下煤口，下煤口下面安装有振动给料器可将煤送入称量煤斗。每个下煤口有一个应急用的针形闸门，可以在振动给料器检修和维护时，用人工方式关闭。

正常操作时，要轮流从两排下煤口取煤，这样可以保持两排煤仓有基本相同的存量。煤通过转运斜槽下到称量煤斗。每个称量煤斗安装在3个称量点上，称量值传到称量的电子系统。在称量煤斗下部，有一组闸门，由一个连杆互相连接，这些闸门可通过煤车上的液压推杆同时开关。该连杆机构可以保证闸门处在常闭状态。

称量煤斗中煤的装入和煤车取煤均自动进行，当每个称量煤斗达到预先设置的重量，煤仓的门自动关闭。经过片刻，总重称量出来并在记录纸上打印出来。煤车取煤时，用煤车上的液压推杆打开称量煤斗下的闸门，当煤达到所有煤车煤斗的最大量时，称量煤斗的闸门由推杆自动关闭，这时煤车可以离开了。当称量煤斗闸门关闭后，稍等片刻，得到称量煤斗的皮重（包括残留在称量煤斗中的煤），用总重减去皮重就可自动计算出装入煤车的煤的净重，也就是装入上一炭化室煤的净重，并将净重和相关炉号传到过程计算机。称量、打印和记录程序完成后，煤仓闸门自动打开，重新向称量煤斗装煤。

根据计划，如果装煤操作完成，安装在煤塔称量位置的绿色信号灯亮。如果称量煤斗未装满或全空，红灯亮。煤仓闸门打开时，空气炮将自动吹入压缩空气吹扫，大约每小时一次。如果称量煤斗在规定的时间内没有充满，说明煤仓发生“篷料”，这时安装在该煤仓的空气炮将自动操作。

在煤仓下煤口和称量煤斗的出口均安装有蒸汽保温加热器，可在冬天使用。

平煤带出的煤收集在推焦车的煤斗中，当煤斗满时，推焦车就开到煤塔附近，利用余煤输送装置将余煤送入安装在装料单元的供应仓，称出余煤的重量，并将数据传给过程计算机。称量完毕，由供应仓下的螺旋给料器将煤放入链斗升降机，通过链斗升降机将煤送入煤塔顶部，倒入煤仓。该系统主要通过安装在供应仓的传感器自动控制。

7.63m 焦炉湿法熄焦系统采用 CSQ 熄焦法，见第七章。

二、护炉铁件系统

焦炉均装备了“可控压力护炉铁件系统”，保证在烘炉和操作过程中焦炉砌体的完整性。

随着超大容积焦炉装煤堆密度的提高，结焦过程中煤料的膨胀压力亦随之增大，对炉墙水平和垂直方向的应力也增加。为保证炉墙在热态工作条件下的稳定性，需从外部施加足够的预应力来抵消上述应力。垂直方向可以通过增加炉顶厚度实现；而水平方向，预应力则需由纵拉条、上下横拉条、弹簧、炉柱和保护板施加于炉体。由于炉墙沿高向的弯曲应力是变化的，因此通过护炉铁件施加的预应力也应随之变化。

为了实现预应力的合理分布，焦炉采用弹性元件传递，而且为保证足够的弹力传递至炉墙，作为传递力的部件，炉柱、保护板、炉门框均有足够的刚度。

焦炉护炉铁件最重要的部分是机侧和焦侧的炉柱，炉柱为 H 型钢，每隔一段距离用小弹簧压紧，下部横拉条安装在基础底板内的套管中，上部横拉条安装在炉顶，由弹簧组将横拉条连接在一起，横拉条将弹簧组的可控力施加给炉柱。

铸铁保护板和炉门框安装在燃烧室的正面，依靠加装有弹簧的螺栓，将需要的力传给保护板和炉门框，并由保护板和炉门框最终传给里面的炉墙。炉柱将弹簧压力均匀分配到保护板，最终施加到燃烧室砌体上，通过调节弹簧使预应力在炭化室高向上满足要求。为了确保保护板与炭化室墙间密封，所有的连接处都安装有耐温的密封垫。

该焦炉还专门设计了一种特殊的保护系统，可在烘炉期间允许蓄热室上部硅砖平滑膨胀而不会损害蓄热室下部的膨胀系数较小的黏土砖。

三、焦炉的密封

1. 炉门和炉门框

炉门泄漏是焦炉的主要污染源之一。由于炉门数量多，需密封的长度大，要保证在长时间焦炉生产过程中炉门的良好密封状态并非易事。随着炭化室高度增至 7m 以上，其难度更为突出。

为解决超大容积焦炉的炉门密封问题，德国伍德公司（UHDE）在全面分析影响炉门密封性能的各种因素基础上，设计了一种带有Z形刀边的弹性自封炉门（FLEXITDoor），如图4-6所示。

炉门本体由耐热铸铁制造，这种耐热铸铁有足够的弹性，特别不受热应力影响。炉门与侧柱之间用Z形刀边密封，刀边用弹簧调节定位防止荒煤气泄漏。上下门闩施加给密封刀边适当的压力，并且在门闩外沿刀边长向到炉门末端，其压力均匀增加。炉门垂直方向的支撑是依靠水平安装的一个横铁，将炉门本体搁在炉门框上的凸轮铸件上。

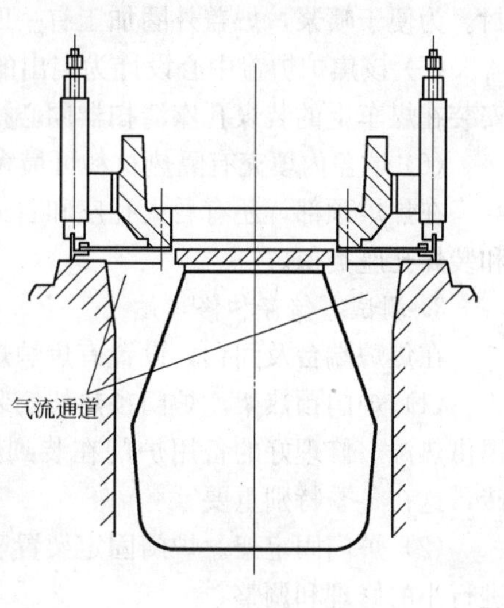

图4-6　自封炉门

由于在结焦初期，荒煤气发生量最大，炉门密封线需承受的煤气压力也最大。试验表明：结焦初期，炉门密封线后煤气压力最大值可达450Pa。为减小结焦初期荒煤气压力峰值，该炉门在炉门框内斜表面和炉门衬砖侧表面之间设计有两个竖向的气流通道，使在炉门区产生的荒煤气可沿该气道不受阻碍地流向炭化室上部的集气空间，这样可减少装煤时炉门密封线后的荒煤气压力。炉门衬砖与炉墙的间距只有15mm左右，这么小的距离可以防止煤进入到气流通道，清扫炉门时，这两个气流通道可自动清扫干净。

由于热负荷引起的炉门变形不仅与温度绝对值有关，而且与温度梯度和炉门高度有关。炉门的热变形量与温度梯度成正比并与炉门高度的平方成正比。因此虽然采用弹性炉门本体，但由于门闩数量有限，炉门本体的变形不可能与炉门框的变形完全吻合。因此，该炉门采用带刀边的弹性膜板来补偿炉门体与炉门框之间的变形差，这种通过弹簧加载的弹性膜板较薄，具有很好的弹性，不仅能补偿炉门体与炉门框变形的变化与差异，而且能在很大变形量情况下保证良好的密封效果。因此这个系统即使在炭化室内荒煤气压力高时也可保证炉门良好的密封效果。

小炉门也采用弹性Z形密封刀边，该刀边可以根据小炉门框接触面的机械加工面的变化自动适应。小炉门由一个弹簧插销铰接在炉门上，可以向上打开。

机焦侧炉门框也由耐热铸铁制作。炉门框由压力螺栓固定在保护板上，它们可以不用松开炉柱就能更换。每副栓钩都和炉门框用螺栓固定。与炉门刀边相接触的炉门框的密封面均是机械加工面。为了对炉门框和燃烧室之间进行密封，在所有接头处使用耐热陶瓷纤维毡。

2. 焦炉顶部密封

焦炉每个炭化室有4个铸铁装煤孔座和炉盖。装煤时，装煤车套筒可直接伸进装煤孔座，这样可以保证装煤车与炭化室良好的密封。

装煤孔座与炉盖有以下特点：

(1) 炉盖由铸铁制造，可供磁性取炉盖装置的使用。

(2) 装煤孔座和炉盖的外轮廓是圆的，这有利于在铸造过程中消除热应力，而且这种设计热辐射损失最小。

(3) 装煤孔座与炉盖之间的密封面加工成圆锥或球形，可以保证较好的密封效果。

(4) 由于金属与金属之间的密封并不能完全保证不透气，因此该焦炉炉盖采用喷浆密封。为便于喷浆，炉盖外圈加工有一凹槽。喷浆由装煤车上的一个专用装置完成。

(5) 该焦炉炉盖中心设计为突出的圆锥结构，这样可以保证炉盖、装煤孔座、套筒和安装在煤车上的装煤孔座清扫器同心操作，而且可以防止炉盖倾斜。

(6) 炉盖内填充有隔热材料可最大限度地减少热辐射。

在焦炉顶部，还有看火孔座和看火孔盖，它们也由耐热铸铁制成，它们的特性与炉盖和装煤孔座类似。

3. 测试、储存和修理站

在焦炉端台及间台，设置有焦炉炉门和检修设备所需的测试、储存以及修理站。

(1) 炉门预热架。炉门预热架安装在端台的抵抗墙。利用焦炉辐射热量，不需要专门提供热源。修理好的备用炉门在装到焦炉炭化室之前，要求放在预热架上预热炉门耐火砖，这在冬季特别重要。

(2) 炉门固定架。炉门固定架置于端台，用于存放炉门。存放于这些架子上的炉门可进行小的修理和调整。

(3) 炉门旋转修理架。炉门旋转修理架位于端台，用于维修炉门。存放于这些架子上的炉门可倾放至水平位置，以及可绕纵轴进行旋转，以便炉门体门闩系统、密封系统和耐火砖的各种修理和调整。

(4) 推焦和平煤杆调试站。调试站位于端台，并提供在热态炉区外部进行摘门、炉门、炉门框清扫以及推焦和平煤等系列焦炉机械的调试。检修平台装在调试站里，为调整相关设备和修理平煤杆提供便利。

(5) 推焦和平煤杆储存架。推焦和平煤杆储存架同样位于端台，它们方便了整个推焦杆（除推焦杆头）和平煤杆的储存和更换。

(6) 装煤车调试站。装煤车调试站位于炉顶端台顶部。它们包括一组装煤孔，用于在热焦炉以外调试装煤设备。装煤孔下方装有斜管，可将调试和紧急检修的煤车中的煤回收。这些煤被回收到地面平台上，通过翻斗车或卡车拉走。

(7) 导焦修理站。位于端台的导焦修理站，可将导焦栅与拦焦车分开，以便于整件更换或修理。此外，备用导焦栅可存放在该修理站上。

(8) 维修起重机。为便于处理在修理站区域内进行维修所需材料和设备，在端台的最顶端安装有一台维修起重机。

第九节　7.63m 焦炉的其他技术

一、7.63m 焦炉的快速装煤技术

在环保要求日趋严格的今天，减少焦炉污染物排放量是必须考虑的课题。在生产各阶段，装煤过程产生的污染物最多，占全部焦炉污染物的 60%左右，为了严格控制装煤过程中产生的烟尘，7.63m 焦炉装煤车采用了快速装煤技术。

常规的装煤技术一般采用高压氨水或高压蒸汽产生吸力，将烟尘抽入集气管。该技术

具有以下特点：装煤车在煤车闸套和炭化室之间没有密封；采用顺序装煤和阶段装煤；在装煤后期开始平煤；不收集烟尘或将逸出烟尘收集后处理排放。

要减少装煤过程中的污染物排放量，必须了解整个装煤过程气体流量和气体温度的变化情况。

在单集气管焦炉上，使用常规装煤技术装煤时，我们可以将装煤过程分成4个阶段。

第一阶段：高压氨水或蒸汽打开，放下闸套。气体流量首先迅速增加，然后下降直到所有的闸套全部与炭化室连接。此时有大量空气吸入焦炉，同时，由于刚开始装煤时，煤与灼热的炉墙接触，立即产生大量的荒煤气，气体流量迅速增加，形成一个峰值，然后，持续减小，直到炭化室关闭。

第二阶段：开始装煤直到平煤开始。气体流量首先增加，然后非常迅速地下降，再继续稳定下降。

第三阶段：装料和平煤同时进行。平煤杆进入炭化室后，平煤过程限制了炭化室内气体流动，这种限制随着炭化室内煤料的增多而增大，同时造成气体流量波动。当平煤杆向前滑动时，几乎没有气体能流到上升管，但是，当平煤杆向后滑动时，就有相对较多的气体流到上升管，因为没有平煤杆限制气体流动。因此，平煤过程中，气体流量的不同与平煤杆的前后运动有非常大的关系。煤装得越满，平煤杆的影响越大。

第四阶段：关上炭化室以后。气体流量稳定在一个较低的水平。

从以上分析可以看出，装煤过程污染物的排放与以下条件有关：

(1) 吸力系统能力和闸套与炭化室之间密封效果；

(2) 平煤的次数和平煤效果；

(3) 装煤的时间长短；

(4) 装煤的顺序；

(5) 收集并处理烟尘的效果。

和原来装煤技术相比，该技术主要有以下特点。

1. 装料系统完全不漏气

一般减少烟尘排放的思路是将逸出的烟尘完全收集并处理，该技术的思路是采用完全密闭装置将装煤过程中产生的烟气，控制在炭化室的密闭环境内，不让逸出，就可以很大程度上减少装煤污染物的排放量，减少烟尘收集和净化处理环节。

该装置是在装煤孔与闸套之间、所有的闸套的连接处和卸料口都有不漏气密封。

装煤孔和闸套之间的密封是靠将下闸套下部的密封嘴伸入装煤孔座中形成的，它们之间的挤压力在整个装煤期间一直保持，而且，还可以自动调节装煤孔中心与闸套中心之间的偏移，最大调节量可达50mm，也就是说，万一装煤孔盖中心与闸套中心发生偏离时，仍可保证很好的密封。闸套的操作顺序，如图4-7所示。

装煤车闸套包括一个上闸套和一个下闸套，下闸套在外，上闸套在内。下闸套上部内侧有一个密封沿，下面是一个密封嘴；上闸套的下部外侧有一个球形密封元件，上部有一个布袋型补偿器。上、下闸套的密封是靠下闸套上部内侧的密封沿和上闸套的下部外侧的球形密封元件接触后稍加挤压形成的。上闸套和螺旋给料器出口之间的连接是靠自我保护良好的布袋型补偿器实现的。

以上操作顺序是从左到右实现的。左图表明闸套的最初位置，也就是下闸套处于提升

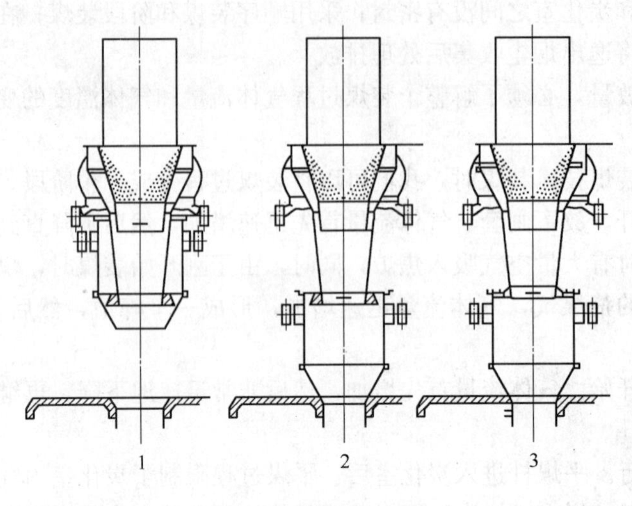

图 4-7 闸套操作顺序

状态，上闸套稍微下降。

操作的第一步，下闸套靠一个圆筒操作车架降低，并将它自身的中心对准装煤孔在水平和垂直上的中心，当闸套和装煤孔完成对接时，挤压力一直保持，迫使它们密封好。在下闸套的位置不可能降低时，上下闸套将连接。

操作的第二步，操作车架，上闸套被垂直提升，直到该闸套顶部与底部连接完成，并一直保持挤压力，顶部闸套和螺旋给料器出口之间距离的偏差靠灵活的布袋型补偿器补偿。

该装煤装置中的卸料口与螺旋给料器出口是一个整体，可防止煤粒撒落在炉台上。装煤过程中，螺旋给料器出口从外面完全打开。螺旋给料器的内外密封是靠普通旋转密封元件形成的。煤斗装煤口的密封是靠煤柱实现的，就是装煤后仍然有一定量的煤留在螺旋给料器和煤斗中。

正是以上各部位严格密封，可以确保该装置在整个装煤期间不漏气。经测试，该装置能达到高于 200Pa 的密封力。

2. 一次平煤

为了保证整个装煤过程不发生污染物溢出，除了采用以上的不漏气密封装置外，还要保证产生的气体顺利通过上升管排出，即必须保持在装煤过程中炭化室内荒煤气的通道。

因此，该技术采用最少次数平煤的装煤，即装煤过程中不平煤，仅仅在装煤完成后才执行一次平煤。

装煤过程中采用无平煤操作的理由如下：首先，在装完煤后，平煤线顶部的煤堆突出部分体积应与平煤线下谷的体积相等，这样可以保证在整个装煤期间炭化室煤堆与炭化室顶部有一自由的气体通道。正常情况下，煤堆在锥形装煤孔里形成，不会阻碍气体通道。其次，必须要求在平煤过程中平煤杆上部与炉顶之间有一个自由的空间，如图 4-8 所示。

3. 控制装煤

要满足在装煤后和平煤时保证气流通道，首先必须保证各煤斗装煤不能过量，同时保证各炉口煤堆高度偏差不超过 50mm。

要满足以上要求，必须采用控制装煤方法。即通过每个装煤孔进行独立的装煤，通过称量装置和变频电机精确控制每个煤堆的体积，使其满足以上要求。

在煤斗顶部配备有一个罩子，使煤斗中的煤填满罩子下面的整个容积，当煤斗中完全装满煤后，煤仓下面的一个滑动门会自动切断煤料，因此，每个煤斗都有各自固定体积的煤。

在每个煤斗下部均有称量装置可精确称出各煤斗中煤的实际重量。称重装置将煤的重量称出后传到煤车 PLC，在那里，煤斗内煤的实际堆密度靠测量重量和固定体积计算出来。然后形成每个螺旋给料器单独的体积进料曲线，存储在PLC存储器中。装煤过程中，卸料体积靠称量煤斗中煤的重量和使用计算出来的堆密度转换成体积。装料的实际体积会自动与理论装煤曲线进行比较。如果计算值超出理论值误差范围，变频电机会改变螺旋给料器速度来补偿探测到的误差。在任何煤料粒度和水分含量下，通过变频电机调节，每个装煤孔装煤体积与理论装煤体积相差不超过0.25m³。

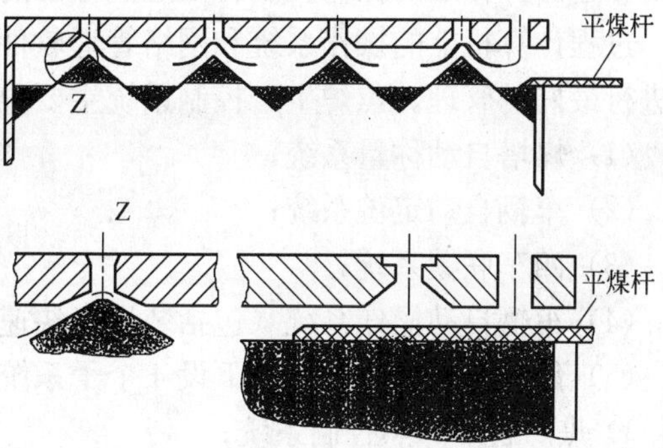

4. 同时装煤

采用以上控制装煤技术的前提，就是要采用同时装煤。同时装煤就是指所有的螺旋给料器同时开始和同时结束。如果炭化室中某一个煤峰提前和推迟下煤，就会影响相邻的一个煤峰的体积，自然会导致气体通道的阻碍。同时装煤时，每个煤堆在炭化室中与相邻的煤堆之间形成一个接触线，可确保每个煤峰由各个煤斗的煤形成。因此，除了使用上述专用的控制装煤系统，必须采用同时装煤。

平煤杆
Z
Z
平煤杆

图4-8 同时装煤示意图

根据以上分析，快速装煤和常规装煤技术相比，具有以下优点：

(1) 增加焦炭产量，改善焦炭质量。如果装煤同时进行平煤，煤下落动能会被平煤杆阻碍并吸收，在煤堆中会形成不均匀的堆比重。使用快速装煤，煤料以很高速度装进炭化室，煤碰撞固定墙面时，动能转化为撞击能，而且由于不平煤，煤的动能在煤堆内部转化为撞击能，不仅可以使煤均匀，还可以增加入炉煤的堆比重。实践证明，同样孔数的焦炉，其产量会增加1.0%～1.5%。由于各炭化室堆密度均匀，可使焦炉在最低加热温度下均匀炼焦，可改善焦炭质量。

(2) 减少了污染物的排放。由于采用全密闭系统，污染物溢出很少。同时由于装煤时间缩短，减少了污染物溢出的可能性。一般装煤技术的装煤时间通常在200s左右，快速装煤将时间缩短到50～75s。

(3) 操作更为简化。由于装煤仅一次平煤，使操作更为简化。不仅减少对平煤系统的磨损，还减少对气流通道的堵塞，降低污染物的排放，改善操作环境，带出的余煤也少。

(4) 延长焦炉的使用寿命。由于使用控制装煤系统，装煤方式可以重复进行，焦炉加热可保持长期均匀稳定，可以延长焦炉的使用寿命。

(5) 降低能耗。由于装煤均匀，焦炉可以在较低温度下均匀稳定供热，可降低耗热量。另外，原来装煤技术，由于吸入了大量的冷空气，会带走大量热量，增加耗热量。

(6) 减少化产系统的负荷。由于采用完全不透气密封系统，装煤过程中吸入炭化室的空气大大减少，气体总量降低，装煤气体可低速传送，减轻鼓风机的负荷。

二、7.63m焦炉的控制

为了实现焦炉无人操作，该焦炉采用了生产过程的控制模型，用计算机进行监控和控制，使焦炉生产始终达到并保持在最佳操作状态。

二级计算机是一种过程计算机，通过以太网将操作站和一级（低级）计算机系统相连。像DCS和焦炉机械同步PLC等低级系统是通过网关或直接通过TCP/IP和OPC和网络相连。操作工的操作控制台是通过标准的I/F卡同以太网相连的个人计算机。

过程计算机上的操作系统和网络管理软件一起对硬件和外围设备，以及应用的实时软件进行最好的管理。焦炉生产控制系统主要包括下列部分：

(1) 煤塔自动称量系统；

(2) 车辆自动定位系统；

(3) 四车联锁系统；

(4) 车辆自动操作系统（包括装煤车快速装煤系统）；

(5) 焦炉自动加热系统，下设4个子系统：

1) 焦炉自动加热控制系统；

2) 焦炉手动测温系统；

3) 焦炉自动测温系统；

4) 推焦装煤计划自动编制系统；

(6) 单炭化室压力自动调节系统（PROven系统）；

(7) 荒煤气导出和冷却系统；

(8) 稳定熄焦系统；

(9) 能源介质辅助系统；

(10) 控制过程报警系统。

车辆自动定位系统、四车联锁系统和车辆自动操作系统（包括煤车快速装煤系统）构成了全自动无人操作的基础，配合煤装入煤塔后，自动进入煤塔内的称量煤斗中，自动称量开始重量；煤车靠自动定位系统进入煤塔取煤位置。取煤时，煤塔内称量煤斗上口关闭，下口打开，到达一定体积后，下口自动关闭，称量煤斗自动计量出上一炭化室的装炉煤重量，供焦炉自动加热系统使用。

推焦装煤计划自动编制系统根据上次装煤时间和计划结焦时间自动编制出下一次推焦计划（有特殊原因可以进行人工修改），并将计划提供给推焦车、拦焦车、熄焦车和装煤车，推焦车、拦焦车、熄焦车分别按照计划经车辆自动定位系统到指定的炭化室，经四车联锁系统确认后，开始自动推焦程序，熄焦车装完红焦，将车开至熄焦塔，启动稳定熄焦系统开始熄焦，熄焦完毕，开至凉焦台，放出焦炭。推焦车在确认炉门关闭后，指令装煤车开始装煤。装煤车到达指定炭化室后，自动摘取炉盖，并清扫炉盖装煤孔座，然后将下闸套伸进炭化室，启动快速装煤系统开始装煤，装煤到指定装煤体积后，关闭炉盖，并喷浆密封，同时指令推焦车开始平煤。推焦车平煤完毕，关闭小炉门后，再开始下一循环操作。

焦炉自动加热系统是焦炉自动操作的核心，该系统先根据一些基本数据建立数学模型，计算出焦炉加热需要的热量，并通过手动或自动测温系统对加热过程通过停止加热时间来校正加热量，确保焦炭均匀成熟。

荒煤气导出、冷却系统和单炭化室压力自动调节系统（PROven系统）是该焦炉自动控制必需的。荒煤气导出和冷却系统先将集气管压力调节到－300Pa左右，然后通过炭化室压力自动调节系统根据整个结焦周期产生荒煤气量的不同，通过调节水封高度，将炭化室压力在整个结焦周期控制在微正压。

另外，该焦炉还有控制过程报警系统，可以检测并及时发现生产过程中发生的任何异常情况，在自动处理的同时，发出报警信号，及时提醒操作工采取措施。

三、7.63m焦炉的烘炉特点

由于该焦炉结构复杂，砖型较多，而且整个炉体较高，普通烘炉方法难度较大，因此采用特殊的烘炉手段，使烘炉顺利进行。

常规烘炉方法是采用先烘烟囱，使烟囱产生足够吸力后，再烘焦炉炉体。

由于该焦炉炭化室高度较高，仅靠烟囱吸力，不能保证焦炉炉体能均匀受热。特别是在烘炉初期，由于烟囱吸力小，热量太少，常造成焦炉下部出现凝结水，损坏炉体。

为了避免上述问题，该焦炉采用了更为可靠的方法，设计了专用的烘炉设备。

该烘炉设备工作原理：将烘炉用的加热煤气和空气，根据需要混合燃烧后，用鼓风机将燃烧产生的热废气，鼓入焦炉炭化室，由于煤气和空气流量可以自动控制，使产生的废气温度处于受控状态，从而可以有效保证升温曲线。

该设备主要包括加热管、烧嘴、鼓风机和自动控制系统。为了保证足够的热废气量，每个炭化室均配两个烘炉装置，机焦侧各一个，由于边炉散热较快，因此机焦侧各两个。

该装置由于煤气在炭化室外燃烧，而且可以根据需要调节供给燃烧的空气流量来保证废气温度处于控制范围内，因而不会对焦炉炉墙产生高温，损坏炉墙。如在烘炉初期，由于炉墙温度不高，如果突然供入大量高温废气，会对炉头炉墙有不利影响，因此要求加大空气供入量，使多余的冷空气降低热废气温度，而到烘炉末期，太低的废气温度，不仅起不到升温效果，还会对已经达到一定温度的炉墙起冷却作用，因此在烘炉末期，该烘炉装置会自动调节煤气与空气的配合，使升温曲线得到保证。

正是由于进入炭化室的是燃烧后的废气，而非火焰，温度不会太高，因此烘炉时，在炭化室内不砌火床，省去砌筑和拆除火床的麻烦。

由于烘炉用的热气体由鼓风机提供动力，因此，烘炉时，直接烘焦炉本体，而不用专门烘烟囱。烘炉时，只需将烟囱的闸门打开一点，使烘炉气体最终导入烟囱排出。废气从烟囱排出，实际上是在烘焦炉本体的同时，也同时烘烟囱。

烘炉时热废气的流向是：炉门→炭化室→烘炉孔→立火道→斜道→蓄热室→小烟道→集中烟道→总烟道→烟囱

整个烘炉过程全部由PLC自动控制。烘炉温度由热电偶测出，将温度信号传给控制PLC，PLC根据预先制定的烘炉升温曲线，调节各炭化室的烘炉设备加热煤气和空气流量，使温度完全符合烘炉升温曲线。

第十节　大型化焦炉机械

焦炉大型化的发展对焦炉机械提出了新的要求。近年来，由于液压、计算机控制和自动化、安全环保、可靠性及无维修设计、低维护量设计等领域的新技术的广泛应用，大型焦炉机械的机械化和自动化程度以及安全环保性能较中、小炉型有了大幅度的提高。

一、大型化焦炉机械的基本特点

大型焦炉机械在近年来的发展过程中，呈现出三大基本特点，一是自动化和高效率；

二是环保和节能；三是高可靠性低维护量，有大量的现代化技术得到应用。

(一) 6m 焦炉与 4.3m 焦炉机械特点的对比

4.3m 焦炉机械的推焦车只具有走行、摘、挂炉门，推焦和平煤装置；拦焦车也只具有走行、摘、挂炉门、导焦装置，装煤车只具有走行和给料装置，其余均为人工操作，劳动强度大效率低，而 6m 焦炉机械则大量采用了液压传动，以及 PLC 单元程序控制和单元手动控制，增加了清门、清框、炉台清扫等装置，同时采用了 5-2 串序一点定位作业设计，绝大部分作业可以实现自动化，大大提高了工作效率，在有些国家 6m 以上焦炉已实现了无人操作。4.3m 焦炉对操作工人的技术要求高和劳动强度大，而 6m 焦炉机械复杂，对维修工人的技术水平要求较高。随着 6m 焦炉自动化、环保化、安全化方面的发展，在我国也带动了中小型焦炉的技术进步，有些企业如济钢等对 4.3m 焦炉进行改造，也开始采用 6m 焦炉的技术，例如五炉距一次对位作业设计、液压传动、PLC 控制、地面除尘、三车联锁等。

(二) 7.63m 焦炉与 6m 焦炉机械特点的对比

7.63m 焦炉通常采用 2-1 串序推焦，全部机械均采用一点定位作业。相对于 6m 焦炉机械而言，7.63m 焦炉机械有以下特点：

(1) 供电方式更复杂。由于焦炉产量和效率的提升，焦炉机械单炉的作业吨位加大了，因此机械的电功率大幅提高。例如，7.63m 焦炉推焦电机功率为 415kW，而 6m 焦炉为 135kW。如果仍采用 6m 焦炉的 AC380V 摩电道和滑线供电方式，则会因电流大导致电能沿程损耗过大而无法满足供电要求的情况，因此对于功耗大的机车辆，供电往往采取高压（10kV）供电和车载变压器的方式（如推焦车和拦焦车），其他车辆虽有采用摩电道或滑线方式，但电压等级也有所提高。

(2) 自动化程度更高。由于普遍采用了变频技术、液压感应技术和精确的车辆、装置定位技术、装煤定量技术，加上先进的无线电、光纤通信技术和计算机地面站控制，绝大部分 7.63m 焦炉可以实现全自动操作，有一些已经实现了无人操作。

(3) 环保水平更高。由于在 7.63m 焦炉机械上大量采用了新型弹性炉门、全自动炉门炉框清扫、炉盖、炉圈清扫、上升管根部自动压缩空气清扫等铁件技术，同时应用了车载除尘、地面除尘、密封式无烟装煤等消烟除尘技术，加上先进的焦炉热工控制计算机系统，7.63m 焦炉的逸散物浓度水平较 6m 焦炉有明显的降低。

(4) 设备安全性和可靠性更高。由于 7.63m 焦炉机械在全自动化和无人操作上的努力和技术进步，使原有的无安全性可言的主动控制变为现在的部分反馈控制，例如，先进的取门机控制系统可以精确地感应到取门机所处的位置，被取炉门的前倾量和高低，并记忆下来，在下一次取该炉门时可以自动调整到最佳的前倾状态，在炉门位置参数异常时可以自动停止并发出报警，以避免可能发生的事故。因此焦炉机械的安全性比原来有了大的提高。

二、大型焦炉机械的基本功能

与大型化焦炉相配套的大型化焦炉机械，在尺寸、重量、电气容量、工作能力等方面都变大了，操作人员却减少了，而且国家法律、法规对环保要求越来越高。因此大型化焦炉的机械的基本功能要求与以往的中小型焦炉相比也发生了变化。定性而言，现代大型焦炉机械应具备以下基本功能。

（一）推焦车

一次对位，完成取门和挂门、推焦和平煤操作；实现尾焦收集和输送的机械化处理；能有效收集和处理摘门、平煤和推焦时产生的烟尘；实现平煤杆带出余煤收集和输送的机械化处理；机械清扫炉门、炉框、小炉门和炉台；上述功能的 PLC 单元程序自动控制；炉体大弹簧机械调整；有清扫炉顶空间和上升管根部石墨的空气吹扫或刮刀装置；四车联锁、推焦电流、电视监控车载通讯等安全联锁及显示、监视、通讯功能。

（二）拦焦车

一次对位，完成取门和挂门、导焦栅定位操作；实现尾焦收集和输送的机械化处理；能有效收集和处理摘门和推焦时产生的烟尘；机械清扫炉门、炉框和炉台；上述功能的 PLC 单元程序自动控制四车联锁、电视监控车载通讯等安全联锁及显示、监视、通讯功能。

（三）熄焦车

走行调速；定点接焦；自动开启和关闭排焦门；PLC 单元程序自动控制；四车联锁、电视监控车载通讯等安全联锁及显示、监视、通讯功能。

（四）装煤车

一次对位，机械开启和关闭装煤孔和上升管密封盖，炉圈机械清扫，炉盖密封浆液喷洒；可控的取煤量和装煤速度；机械式开关高压氨水喷洒（对于高压氨水喷洒无烟装煤）；能有效收集和处理装煤时产生的烟尘；炉顶清扫装置；PLC 单元程序自动控制；四车联锁、电视监控车载通讯等安全联锁及显示、监视、通讯功能；PLC 自动—手动操作控制。

另外，所有车辆必须有相应的电源故障应急装置。

三、大型焦炉机械的基本原理和新技术应用

（一）推焦车

推焦车的主要任务是推焦和平煤，但是随着环保的要求越来越高，加上焦炉大型化后，以前能用人力完成的工作现在几乎变得不可能，因此对机械化、自动化、可靠性的要求也越来越高。以 7.63m 推焦机为例，应用了在逸散物控制、自动化操作可靠性和低维护量等领域的最新技术。具有以下功能：

(1) 变频走行和机车、炉门精确定位；

(2) 一次对位，完成取门和挂门、推焦和平煤操作；

(3) 实现尾焦收集和输送的机械化处理；

(4) 能有效收集和处理摘门、平煤和推焦时产生的烟尘；

(5) 实现平煤杆带出余煤收集和输送的机械化处理；

(6) 机械清扫炉门、炉框、小炉门和炉台；

(7) 有清扫炉顶空间和上升管根部的石墨的空气吹扫或刮刀装置；

(8) 四车联锁、电视监控、与地面控制站通讯等安全联锁、监视、通讯功能。

上述功能的全自动控制。

1. 推焦装置

7.63m 推焦装置与 6m 炉子相似，均由电机、减速机、齿轮齿条装置、支承导向机构、推焦杆、推焦杆吹扫装置组成。推焦杆为焊接结构，其顶部带有一个螺栓连接的齿条。在推焦杆移动期间所产生的所有剪切力是经由铰接的剪切块从齿条上传送到推焦杆

上。推焦杆内侧固定式安装的管子给推焦杆头顶部的喷嘴提供吹扫石墨的空气。推焦机臂前部下方的大滑靴高度可调节，配备有一个可更换的防磨板。它在推焦期间把推焦杆支撑在炭化室内。在机器平台上，推焦杆的周围安装有防风罩。这些护罩用于保护已加热的推焦杆免受非受控的冷却。

7.63m与6m推焦杆的主要不同之处在于：由于尺寸大，在紧急情况下无法使用手摇装置将推焦杆退出。通常设计有大齿轮离合器和电动卷扬，并配备有车载柴油发电机，使得无论在什么情况下，都可以将推焦杆与原有的传动系统脱开，用卷扬拉出，或在停电状况下用柴油发电机供电利用原有传动装置将推焦杆退出。有的7.63m推焦机设计为在停电时，可以利用车载发电，以约20%的速度将剩余焦炭推出，并收回推焦杆。推焦杆驱动通常采用变频调速，以达到均衡推焦功率，适应推焦力波动的目的。

2. 平煤装置

平煤装置位于推焦车上部平台，它的中心线距推焦杆的中心线两个炭化室间距，由平煤杆传动装置、平煤杆、平煤杆支撑轮、小炉门开闭装置、密封罩和余煤收集系统组成。平煤杆的传动装置由电动电机、带制动盘的挠性联轴器、减速机、离合器联轴器、传动轴、钢丝绳卷筒、滑轮、张力设备和减震弹簧组成。

为了避免火焰和烟气通过打开的小炉门跑出，7.63m平煤装置带有平煤密封罩。它位于平煤杆的前端周边。在小炉门打开后，密封罩被液压缸向前推进到与小炉门框贴合，相当于一个临时小炉门。密封罩内部靠近小炉门口处，有一个灵活的重力翻板遮住小炉门的敞开区域，在平煤时，该翻板被平煤杆直接推开，而平煤杆收回时翻板由自重复位。另外，在密封罩的后端，沿平煤杆周向安装有带喷嘴的压缩空气管。压缩空气将用喷嘴向平煤杆吹，防止烟尘逸出。

平煤杆通常也设计有离合器和电动卷扬，使得无论在什么情况下，都可以将平煤杆与原有的传动系统脱开，用卷扬拉出，或在停电状况下用柴油发电机供电利用原有传动装置将平煤杆退出。车载发电，其容量完全可以满足平煤需要。平煤杆驱动通常也采用变频调速，以达到均衡平煤功率，减少机械冲击的目的。

3. 精确的焦炉炉号识别和车辆定位系统

精确的定位系统是机械自动化的保证。焦炉的自动炉号识别和车辆定位技术采用得较多的是格雷栅板红外识别定位技术。它的基本配置是：变频走行控制、测量轮+旋转编码器的粗定位系统、红外和固定栅板的炉号识别精确定位系统、PLC、激光手动定位装置。

粗定位是通过与车辆同步行走的测量轮的滚动带动旋转编码器，转变为脉冲信号，通过对脉冲信号的计数来确定车辆行走的距离。

在每一个炭化室对应的车辆轨道附近安装具有唯一对应性的红外遮挡栅板（编码牌），而车辆上装有一套红外的编码识别和精定位识别装置。编码牌除了参与识别炉号以外，还有精确定位的作用。炉号识别完成的同时，如果该炉号是需要停车的工作炉号，则在编码牌完全遮挡精确定位红外探头组时立即刹车，实现定位。如果冲出了范围，则要退回重新定位。一般来说，定位精度设定得越高，定位成功率就越低。通常要保证定位的可靠性，选择适当的精度即可。

粗、精定位的协调是通过PLC来完成的。PLC根据焦炉工作计划事先已经知道下一个将要定位的炭化室地址，并对变频调速的走行速度曲线进行了设置，根据粗定位的位置反馈信息，按照速度曲线对车辆的移动速度进行控制，在快要接近目标炭化室时，速度减至微速，精确定位系统开始进行炉号识别和精确定位工作。因此精定位和粗定位是相互协调配合和相互比照的，如果发生明显的偏差，则将发出故障信号，执行手动定位。

激光手动定位是通过车辆上发出的激光束射在各炭化室对应的标志上实现的。

4. 取门机

取门机是位于推焦杆旁边的钢结构中，并由带导向轮的固定走行梁（支撑在“S”形滑道中）和旋摆臂（其经由上下枢轴式支撑与旋摆臂相连）组成。

所有走行和升降移动均是通过液压缸控制。使门转入和转出炭化室是通过固定在旋臂上的那个液压缸来执行。有些取门机采用了带有行程检测功能的液压缸。这类液压缸是通过超声波位置编码器或电磁感应位移检测系统结合 PLC 来实现定量进给的。PLC 可以记住每一个炉门在不同作业位置的油缸行程状态，在下一次对该炉门进行作业时，以原来储存的状态对前倾量、提升高度、转门角度进行提前调整，在同一次作业中同样也可以在挂门时按取门时测量的前倾量和高度值进行调整。以确保炉门复位的顺利。

最合适的工作位置是由部件接触后的油压反馈信号（如溢流动作等）或极限反馈信号（如门钩认定极限）来确立的，这些也被记录到计算机中，如果在任一次作业中，油压或极限信号与位置信号超过给定的范围而没有匹配，取门机将停止工作，并报警。

5. 清门清框机构

清框机的机头多采用水平弹簧浮动定位，当机头进入炉框时，可以自由地左右平移，补偿对位的水平误差，补偿量有的可达 20～30mm。而类似取门机的前倾量补偿机构加上可以检测行程的液压缸可以补偿由于炉体膨胀产生的垂直对位误差。机头上的刀具靠弹簧力自紧，压在炉框正面和内侧，以确保清理的效果。其弹簧刚度远大于导架的水平浮动弹簧，以确保在对位偏差时，刀具对炉框的压紧力不受到影响。刀具垂直运动，完成炉框的清理。当清门机缩回时，炭化室底部的刮板或刷子清除门框区域内来自炭化室底部残余焦炭，以便保证门的正确复原。而且在清框机缩回期间，向炭化室底部吹入压缩空气，可以清除炭化室底前部的残余焦炭。

清门机是由一个清门机头和一个平行四边形移动装置组成。清门机把机头朝着炉门移动，直到挡板与炉门接触，从而使刀具与要清理的炉门表面接触。其水平定位偏差也通常采用弹簧浮动定位。机头垂直移动，以清理炉门两侧和刀边。炉门的上下部是由固定在导向架上的上、下水平清理刀具清理。炉门清理一般是在推焦或清框的同时进行。清门机沿着它的总高度方向有护罩，可以使清理过程中产生的烟尘通过热浮力而上升到固定在装置上方的集尘罩，并被送到位于推焦机上的除尘设备中。有的企业如济钢、武钢等的 6m 及以上清门机采用了高压水清理技术。

清门和清框机的详细介绍见第九章。

6. 头尾焦收集系统

机械化头尾焦收集和输送系统形式很多，目前国内多采用刮板输送机。但值得一提的是德国夏尔克公司的液压翻斗型设计。它位于推焦杆下方，由一个活动式可倾翻的带喷水熄焦系统的收集盘、一个输送溜槽和一个带排放门的储存舱组成。在推焦开始时，收集盘液压控制向下旋转约 90°，然后朝着焦炉钢柱之间的炭化室移动到位。这样就可以收集因推焦而产生的散落焦并喷水使红焦熄灭。在炉门关闭后，收集盘向后移并向上倾斜约

90°。收集的散落焦就被翻倒进输送溜槽，从而进入位于机器主平台下方的储焦仓中。

这种设计的优点在于推焦机与焦炉之间有较宽的炉台空间，炉台可以安装栏杆，炉门修理车辆和人员可以在推焦机不工作时自由穿越。

7. 上升管石墨吹扫装置

有两种形式，一种将压缩空气喷嘴安置在推焦杆头附近，在推焦杆离开炭化室之前，对上升管根部进行吹扫。还有一种是在清框装置上部设置压缩空气喷嘴，在清框时对上升管根部进行吹扫。

8. 应急系统

由于机构尺寸和重量大，7.63m 焦炉机械应急系统与 6m 焦炉有较大的区别，通常没有人力驱动的应急装置如手摇走行机构、手摇平煤杆和推焦杆等，而是配备柴油发电机组。推焦车上的柴油发电机组在停电等特殊情况下，可以为中断的推焦提供足够的电源。当通过利用发电机组进行推焦时，推焦杆的速度将被降至主速度的20%。平煤杆的工作可以不受影响，包括走行机构都可以临时使用机载供电设施。同时在推焦杆或平煤杆由于驱动系统的机械损坏而被中断无法正常收回时，分别装在推焦杆和平煤杆旁的电动卷扬将推焦杆或平煤杆拉回。

（二）拦焦车

7.63m 炉拦焦机的基本功能如下：

（1）精确的车辆定位技术和炉门定位技术；

（2）一次对位，完成取门和挂门、导焦栅定位操作；

（3）实现尾焦收集和输送的机械化处理；

（4）收集和处理摘门和推焦时产生的烟尘；

（5）机械清扫炉门、炉框和炉台；

（6）四车联锁、电视监控、与地面控制站通讯等安全联锁、监视、通讯功能。

上述功能的全自动控制，拦焦车在定位、清门清框装置上与推焦车原理相同不再赘述。

1. 走行

拦焦车走行相对于 6m 焦炉而言最大的不同就是拦焦走行轨道没有设置在炉台上，这是考虑到车辆的尺寸和重量而做出的改进，车辆对炉台的冲击消除后，对炉台的寿命、车辆的寿命均有好处。

拦焦车内侧轨道设置在地面，外侧轨道设置在高架的支撑梁上，这种前低后高的设计，更有利于化解推焦力对车辆倾翻力矩的影响，车辆更稳定，推焦时的轮压更均匀。而熄焦车则从拦焦车两轨道之间穿过。拦焦车走行轮组的结构与推焦车相似。

2. 导焦装置

导焦装置是布置在机器的中心，且它的轮子是走行在位于机器框架上部的轨道上。导焦槽两侧布置有引导轮，以防止壁板弯曲。导焦装置主要由一个刚性型钢框架、导焦栅和焦炭引导槽组成。导焦槽的内壁是用可更换 U 形槽板制造，形成光滑的内表面。焦炭引导槽在侧壁的下方，其配备有可更换的底板和侧板。导焦槽是借助两台液压缸向前推进和返回。在推焦期间，导焦槽是由一个液压操作的锁闭装置锁定。在缩回位置，导焦槽将停在熄焦车的上方。导焦槽用不锈钢板罩住，以避免推焦粉尘逸出。在后端，护罩延伸到主集尘罩中。而在前端，导焦槽护罩的垂直部分，装有一些弹压式密封条，这些密封条在导焦槽向前移动期间是对着支柱加压起密封作用。在导焦槽的后端上部装有一个挡焦饼装置（6m 焦炉使用的是挡焦链），其用于把焦块安全地输送到熄焦车上。

3. 头尾焦收集系统

拦焦车的头尾焦收集系统与推焦车类似。收集盘收集推焦产生的散落焦。在炭化室已被关闭之后，将收集的散落焦炭直接倒进导焦槽中，从而在下一次推焦时可以将这些焦炭推入熄焦车。

4. 推焦除尘装置

由于拦焦车的粉尘很大，通常采用除尘地面站方式，即在拦焦车的外道的架空支架上铺设除尘管与除尘地面站相连，除尘管与拦焦车除尘罩的连接可以通过两种方式，一种是多接口阀，即每一炭化室对应一个接口阀，当拦焦车对准工作炭化室后，同时也对准了接口阀，位于拦焦车上的液压开启装置将接口阀推开，并把吸尘管与接口阀对接后向地面除尘站发出信号，地面除尘风机开始提速，进行烟尘的抽吸处理。还有一种方法是皮带密封。除尘管断面为槽形结构，上部用一整条皮带盖住，靠除尘风机的抽吸负压，可以实现很好的密封，位于拦焦车上的皮带提升小车的任务是把皮带向上抬，并在公共集尘罩的管道和集尘管道的未封盖部分的开口之间建立连接。为了密封集尘罩的管道和集尘管道处的开口之间连接，则在皮带提升车上安装了一个专用密封滑座。密封滑座有其自身的滚轮支撑和引导，滚轮是走行在集尘管道的密封法兰上。为了也在除尘设备的主风机不可用时操作输送车，则在主集尘罩的顶部配有一个应急闸板。当主风机的满负荷风量不符合要求时，应急闸板自动打开。

（三）CSQ 湿熄焦车

现代的大型焦炉通常采用 CSQ 或 CDQ＋CSQ 互为备用的配置。CSQ 熄焦车是专门为特大容积焦炉订做的定点接焦式熄焦车。其熄焦水自底部进入的方式决定了在结构上与普通的湿熄焦车有明显的不同。

CSQ 熄焦车具备以下功能：

(1) 精确的炭化室炉号识别和定位系统；

(2) 走行变频调速，一次定位接焦；

(3) 自动开启和关闭排焦门；

(4) 四车联锁、电视监控、与地面控制站通讯等安全联锁、监视、通讯功能；

(5) 全自动控制。

1. 基本组成

走行台车、带内衬的焦箱、水入口和出口系统、内外翻板、机器框架、液压室、液压缸和车顶。

2. 焦箱

焦箱是方形的截面，它的底部朝着凉焦台，有一定的倾斜度，侧壁和底板是用耐磨材料制造。在前壁和底部提供有熄焦水的入口。为了允许快速地排水，箱的底部设计成双层底板构造，因而上层底板可使水通过，而把焦炭保持在焦箱中。焦箱能承载熄焦水以及正常熄焦期间生成的蒸汽压力。而且也能注水直到其顶部，而不会损坏焦箱。

3. 焦箱放焦门

放焦门分内外两层，均为翻板形式。内翻板的壁上开有槽孔，可以在排水的同时把焦炭留在焦箱之内（外门打开状态）。外翻板的任务是密封焦箱的出口，尽可能地把熄焦水保持在焦箱之内，以利于熄焦。外翻板配备有可调节的密封条，它起焦箱的密封框作用，能承受蒸汽以及水位所产生的压力。

（四）装煤车

装煤车具备以下功能：

(1) 一次对位，机械开启和关闭装煤孔和上升管密封盖；

(2) 炉圈机械清扫，炉盖密封浆液喷洒；

(3) 可控的取煤量和装煤速度；

(4) 机械式开关高压氨水喷洒（对于高压氨水喷洒无烟装煤）；

(5) 有效收集和处理装煤时产生的烟尘；

(6) 炉顶清扫装置；

(7) 四车联锁、电视监控车载通讯等安全联锁及显示、监视、通讯功能；

(8) 全自动控制。

1. 装煤斗

装煤车煤斗通常用具有抛光内表面的耐腐蚀耐磨材料制造。煤斗所有内侧焊接部位需经过精磨，以利于下煤。煤斗入口处应安装隔栅，可以防止杂物进入损坏给料设备。煤斗侧面开有槽窝状的检查孔，这些孔能监视煤流以及取煤样又不至于让煤溢出。

定容式煤斗在其顶部装配有锥面罩形结构，其倾角大于煤堆的安息角，这样煤能够充满整个内部空间，以便确保恒定的装煤容量。罩形结构的顶部调节到尽可能地靠近于煤塔的出口，这样可以确保煤塔闸门关闭时，不至于带出太多的余煤。每个煤斗靠 3 个重量传感器支撑。每个煤斗的重量可以得到随时监控。

2. 装煤给料设备

目前焦炉装煤车装煤方式有重力、圆盘给料装煤、螺旋给料装煤三种常用方式。我国大多数焦炉采用重力装煤，其优点是装煤堆密度大、速度快、利于焦炭的成型和强度，缺点是装煤速度和装煤量不易控制，容易出现各装煤孔下煤不均，导致烟尘偏大。圆盘给料装煤是 20 世纪 80 年代炼焦行业的先进技术，目前在日本应用得较好。它的主要优点是布料、堆密度均匀、利于焦炭质量的稳定，同时在装煤过程中有利于荒煤气的导出，减少环境污染。缺点是装煤的时间受煤的水分影响较大，煤水分大时，装煤时间较长，为此，国际上采用型煤生产线，使圆盘给料装煤车在装煤时煤中混入 30% 的型煤，从而很好的解决了这一问题，国内在攀钢等企业做了不用混入型煤而保证正常生产的尝试，但对国内企业而言，圆盘给料的应用不是很成功。螺旋给料装煤在国外普遍采用，国内的新型装煤车也普遍采用这一装煤方式，其优点是螺旋给料具有良好的自密封性，烟尘污染小，装煤堆密度均匀，利于焦炭质量的稳定，装煤速度和装煤量易于控制，利于实现自动化，缺点是装煤堆密度不够，容易出现装煤缺角，在我国南方雨季容易堵塞，检修和处理困难。武钢等企业在应用螺旋给料装煤过程中积累了大量经验，取得了较好的效果。螺旋给料装煤如图 4-9 所示。

3. 揭盖机和炉盖炉圈清理装置

揭盖机的作用是打开和关闭装煤孔。揭盖机布置在装煤车平台下面，通过专用电磁铁

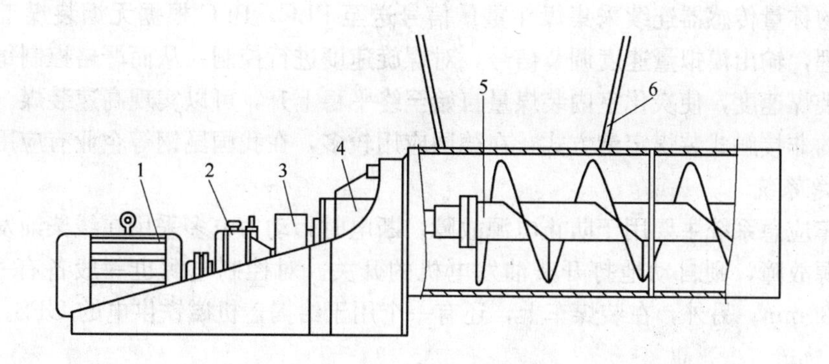

图 4-9　螺旋给料装煤示意图

1—电动机；2—变速箱；3—齿轮箱；4—轴承箱；5—螺旋；6—煤斗

揭取炉盖。揭取的炉盖通过炉盖清扫装置清扫。同时，炉圈清理机在炉盖抬起之后，下降到清理位置，对炉圈进行清理。

4. 炉盖泥封装置

炉盖泥封装置由两个位于平台顶上的泥封料搅拌槽、阀门、用于把泥封料输送到揭盖机臂上的管子和软管、喷嘴组成。为了确保把泥封料加到炉圈和炉盖之间的槽道中，配备对中圆锥接口，可以实现自动对中。

5. 煤塔闸门开闭装置

煤塔配备有从装煤车上打开和关闭的相互连接的闸门。有一个从车上打开和关闭闸门的液压驱动装置。该系统与煤车在煤塔定位联锁。煤塔闸门开闭装置在对位条件具备时启动，打开煤塔闸门。同时走行驱动被联锁。煤流进装煤车的煤斗，并将装煤车的煤斗和煤塔下斗之间的空间充满。煤斗称重设备控制煤斗的装入量。在达到重量均衡的要求后，自动地关闭闸门。闸门关闭位置由装在开闭装置液压缸上的一个传感器检测。该传感器将释放走行驱动的联锁。

6. 装煤定量技术

装煤定量技术通常采用不同形式的传感器对煤的容积（料位）或重量进行实时监控。传感器分为接触式（电阻式、电容式、配重自复位式等）和非接触式（雷达式、称量式等）。

接触式由探头组、料位计主机及输出电路组成，安装在不同高度上的探头被煤埋住后分别发出料位高、中、低位信号，经主机放大后输入到 PLC 输入模块，由 PLC 进行相应处理并监控，来实现相应的操作。接触式对煤车高温、多粉尘、雨雪天气、煤湿度大等特定环境的适应性稍差，容易产生错误信号，使得料位的高、中、低位信号不准确。其中配重自复位式料位计邯钢应用效果较好，它由动作机构和电感式接近开关等组合而成：受煤过程中，随着煤斗煤量的增加，低、中、高料位计的动作机构分别受到煤的挤压力，产生位移，接近开关将位移量转换成电信号送入 PLC、到达高料位后自动关闭装煤嘴；给煤过程中，随着煤斗中煤量的减少，到达中或低料位时，该处料位计就会自动复位，接近开关将位移信号转换成电信号，经 PLC 处理后，进行相应操作。雷达式料位计虽不受煤的湿度影响，但易受空中飞溅物料或发射接收口结垢、堵塞的影响。称量式由安装在煤斗下部支撑上的称量传感器连续采集煤斗重量信号送至 PLC，PLC 根据无烟装煤工艺经计算及优化处理，输出模拟量速度调节信号，对螺旋速度进行控制，从而严格控制每个煤斗的装煤量及装煤速度，使炭化室内装煤量自始至终平稳上升，可以实现高速装煤。称量式是比较理想的非接触式装煤定量方式，在德国应用较多，在我国昆钢等企业有应用。

7. 应急系统

装煤车应急系统主要用于防止电源故障。断电时，动力电多采用在线柴油发电机，如果发生电源故障，则自动地打开柴油发电机的开关。对控制电源也一般备有一台 UPS，可供电约 30min。另外，在装煤车上，还有一个用于给揭盖机磁铁供电的 UPS。

（五）轨道

焦炉熄焦车、推焦车的轨道通常坐在钢制垫板上，在调整好标高以后，进行二次灌浆，二次灌浆层厚度平均约 40mm，轨道采用鱼尾板对接或斜接，由于施工精度问题，二次灌浆层难以达到均匀，最薄处可能只有十几个毫米，而使承载能力下降，且由于混凝土凝固时收缩与钢垫板之间产生缝隙，有缝轨道的接头处载荷分布不均匀等原因，在车辆的轮压交变载荷的冲击下，容易出现轨道高低不平、断轨等现象。

(1) 无缝轨道的应用：鞍钢等企业在 6m 推焦车轨道采用无缝钢轨，即将轨道进行对焊，效果较好，未出现断裂现象和轨道上拱现象。

(2) 橡胶垫板：橡胶垫板具有较好的缓冲、减震效果，对轨道和基础起到了较好的保护作用，在日本等国已普遍采用。但常规的国产橡胶材料寿命较短，宝钢等企业在 6m 推焦车轨道上使用了一种国产尼龙短纤维-橡胶复合材料垫板，对橡胶垫板国产化进行了有益的尝试。

第五章　焦炉用耐火材料

第一节　焦炉对耐火材料的基本要求

焦炉是焦化厂的基础设备，是一种结构复杂和连续生产的热工设备。焦炉在运转周期内，大部分砌体不易热修，因此，筑炉用耐火材料必须能够适应炼焦生产工艺的要求，经久耐用。基于炼焦生产特点，对筑炉用耐火材料，有其自身的基本要求。焦炉炉体的不同部位，所承担的任务、经受的温度、承载的结构负荷、遭受的机械损坏和介质侵蚀等各不相同，所以各部位用的耐火材料应具有不同的性能。

一、燃烧室（炭化室）用耐火材料

炭化室的工作是周期性的，在正常生产时，燃烧室立火道的温度可高达1300℃以上，燃烧室墙是传递炼焦所需热量的载体，这就要求筑炉材料应该具有良好的高温导热性能，燃烧室隔墙还承受上部砌体的结构负荷和炉顶装煤车的重力，这就要求筑炉材料应该具有高温荷重不变形的性能，燃烧室墙的炭化室面又受到灰分、熔渣、水分和酸性气体的侵蚀、甲烷还渗入砖体空隙处产生炭沉积、立火道底部受到煤尘、污物的渣化侵蚀，这就要求筑炉材料应该具有高温抗蚀性能；在装煤时燃烧室墙的炭化室面温度从1000℃以上急剧下降到600～700℃，所以要求筑炉材料在600℃以上应该具有抵抗高温剧变的性能；由于受推焦的影响，还要求炭化室底面砖有较高的耐磨性能，因此燃烧室墙、炭化室底用硅砖砌筑。

炭化室两端的炉头，由于炉门开启时温度骤然变化，从1000℃以上降至500℃以下，超过硅砖体积稳定的温度界限（573℃），因此炉头应选用抗热震性好的材料，现在的6m焦炉使用了部分红柱石砖，而在7.63m焦炉中使用的是硅线石砖砌筑。

二、蓄热室用耐火材料

大中型焦炉蓄热室中上部砌体全部采用硅砖砌筑，使焦炉整体得以均匀膨胀。蓄热室内的格子砖上下层温差达1000℃左右，上升气流和下降气流时的温差在300～400℃之间，这就要求格子砖材质应该具有体积密度大、抗温度剧变能力强的特点。现在的6m焦炉趋向于选用含碱性氧化物杂质少的低铝黏土砖，7.63m焦炉根据使用温度的高低，自上而下分别选用了Al_2O_3≥40%、$Al_2O_3$30%～36%的黏土砖以及SiO_2≥70%的半硅砖。

三、小烟道用耐火材料

小烟道在上升气流时温度低于100℃，而在下降气流时则高出300℃，所以要求筑炉材料在300℃以下应该具有抗温度剧变的性能，现在的6m焦炉单墙和主墙选用的是硅砖，内部用黏土砖作衬砖，抵抗温度的周期性变化。而在7.63m焦炉中使用的是热震稳定性较好的半硅砖。

第二节 耐火材料性质

耐火材料的性质主要是指其结构性质、热学性质、力学性质、使用性质和作业性质。

一、耐火材料的结构性质

耐火材料宏观组织结构是由固体物质和气体孔隙共同组成的非均质体。气孔的存在，使材料在高温条件下对外界侵蚀的抵抗能力大大降低，并直接影响了耐火材料的气孔率、体积密度等指标。

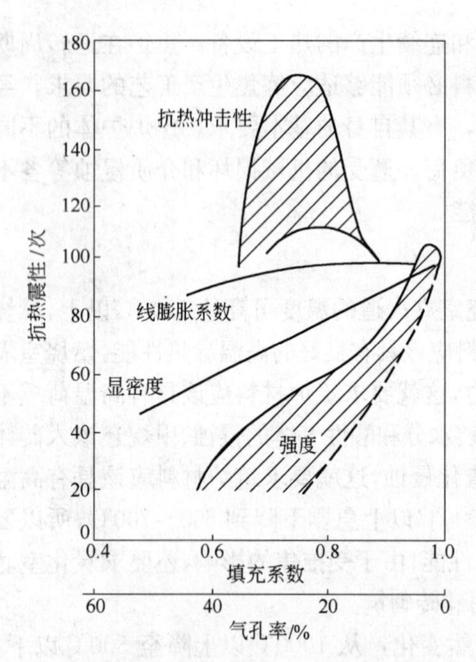

图 5-1 耐火砖的性质与气孔率关系图

（一）气孔率

耐火材料内的气孔是由原料内气孔和成型时颗粒间的气孔所构成的。气孔的体积、形状及大小的分布对耐火材料的性质有很大的影响。耐火材料的主要物理性质和气孔率之间的关系如图5-1所示。

气孔的存在形态非常复杂，呈网状，可粗略地分为：闭口气孔、开口气孔和贯通气孔。除某些特殊材料如熔铸材料和轻质材料外，在一般耐火材料中，开口气孔体积占总气孔体积的绝对多数，闭口气孔体积则很少且不能直接测定，因此材料的气孔率指标常用开口气孔率即显气孔率表示，计算公式如下：

$$\text{显气孔率}=\frac{\text{开口气孔体积}\times 100\%}{(\text{固体部分}+\text{开口气孔}+\text{闭口气孔})\text{体积}}$$

部分黏土砖、硅砖的体积密度和显气孔率见表5-1。

表 5-1 部分黏土砖、硅砖的体积密度和显气孔率表

材料名称	体积密度/$kg\cdot m^{-3}$	气孔率/%
普通黏土砖	1800～2000	30.0～24.0
致密黏土砖	2050～2200	20.0～16.0
高致密黏土砖	2250～2300	15.0～10.0
硅砖	1800～1950	22.0～19.0

（二）体积密度

体积密度是指多气孔材料的质量与总体积之比，即材料的单位体积质量，用 kg/m^3 表示。总体积是指多孔体中固体材料、开口气孔及闭口气孔的体积总和。

计算公式： 体积密度＝材料干重/材料的总体积

体积密度也是表示材料致密程度的重要指标。致密度高，可减小材料受侵蚀的总面积，增大材料的重量与侵蚀介质重量之比，从而提高其使用寿命。所以致密化是改进耐火材料质量的途径之一。

应该注意的是，材料的体积密度随着材料的气孔率和矿物组成的改变而改变，因此体积密度是材料中气孔体积数量和存在矿物相的一个综合概念。所以只有当材料的矿物组成一定时，体积密度指标才是衡量材料中气孔体积大小的指标。部分黏土砖、硅砖的体积密度见表 5-1。

真密度是指不包括气孔在内的单位体积对耐火材料的质量之比。

$$计算公式：真密度=\frac{试样的干重}{试样的总体积-（开口气孔体积+闭口气孔体积）}$$

耐火材料的真密度指标，可以反映材质的成分纯度或晶型转化的程度、比例等，由此亦可以推知在使用中可能产生的变化。

二、热学性质

由于耐火材料通常是热态下使用，因此耐火材料的热学性质也是其性质的重要方面。

（一）膨胀性

耐火材料的热膨胀性是指材料在加热过程中的长度变化。

耐火材料随着使用温度的变化而发生的膨胀（或收缩），会严重影响热工设备砌体的尺寸、严密程度及结构，甚至会使砌体破坏。此外，耐火材料的热膨胀情况还能反映出材料受热后的热应力分布和大小，晶体转变及相变，微细裂纹的产生及热震性等。

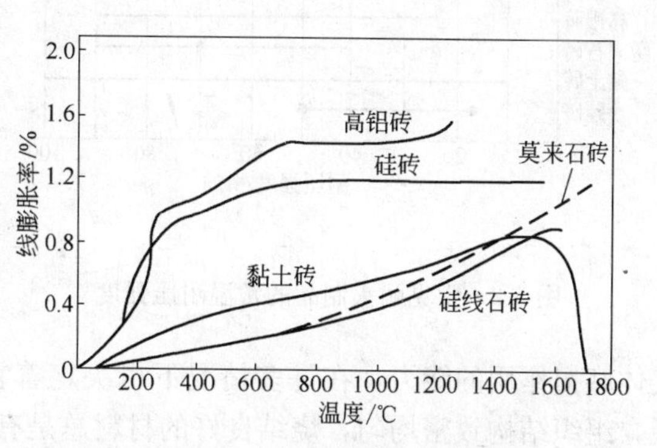

图 5-2　耐火砖的线膨胀率曲线图

由于晶型转变，相变化等多种原因，耐火材料的热膨胀变化率在各个温度区间内其数值经常是变化的，因此常用曲线来表示，几种常用耐火材料的线膨胀曲线如图 5-2 所示。常用耐火材料的平均线膨胀系数见表 5-2。

表 5-2　常用耐火材料的平均线膨胀系数

名　称	黏土砖	莫来石砖	莫来石刚玉砖	刚玉砖	半硅砖	硅　砖
平均线膨胀系数 α（20～1000℃）	(4.5～6.0)×10⁻⁶	(5.5～5.8)×10⁻⁶	(7.0～7.5)×10⁻⁶	(8.0～8.5)×10⁻⁶	(7.0～9.0)×10⁻⁶	(11.5～13.0)×10⁻⁶

多种矿物组成的材料，受热过程中，不同的温度范围会产生不同的热膨胀。

（二）热导率

材料的热导率是表示物体受热时热量传递速度的指标，是决定材料热震稳定性的重要因素，与材料的矿物组成、组织结构和温度有关。

热导率在一定的温度范围内，对一定范围的气孔率而言，气孔率越大，热导率越小，如以黏土砖的实测数字为例，体积密度分别为 $2200kg/m^3$、$1950kg/m^3$ 和 $800kg/m^3$ 的砖样，其热导率相应为 1.28W/（m・℃）、1.05W/（m・℃）和 0.58W/（m・℃）。而当气孔率总值大体相同时，热导率还与固相物的连续性以及气孔部分的大小、分布形状有关。

三、耐火材料的力学性质

耐火材料的力学性质是指材料在不同温度下的强度、弹性和塑性性质。该指标表征材料抵抗因外力而产生的各种应力形变而不被破坏的能力。耐火材料的力学性质指标包括耐压强度、抗拉强度、抗折强度、耐磨性和高温蠕变率等。但通常检验的是材料在不同温度条件下的耐压强度、抗折强度及高温蠕变等指标。

（一）常温耐压强度

常温耐压强度是指常温下单位面积上所能承受的最大压力。通常，耐火材料在使用过程中很少由于常温下的静负荷而导致破损。但常温耐压强度主要是表明材料的烧结情况，以及与其组织结构相关的性质，测量方法简便，因此是判断材料质量的常用检验项目。另一方面通过常温耐压强度可间接地评定其他指标，如材料的耐磨性，耐冲击性等。

常见耐火材料的常温耐压强度范围，如图 5-3 所示。

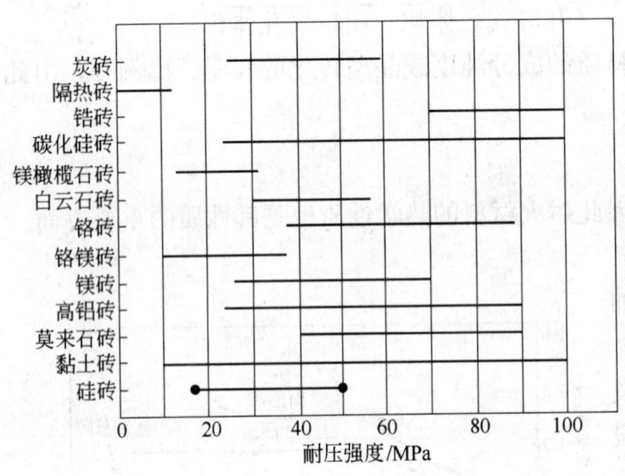

图 5-3 常见耐火制品的常温耐压强度

（二）耐磨性

耐磨性是耐火材料抵抗坚硬物料或气体磨损作用的能力，在许多情况下也决定着它的使用寿命。常温耐压强度高，气孔率低，组织结构致密均匀，烧结良好的材料总是有良好的耐磨性。

由于国内目前尚无检验耐磨性的标准方法，故一般也很少考虑此项指标。

（三）高温耐压强度

高温耐压强度是材料在高温条件下单位截面积所能承受而不被破坏的极限载荷。耐火材料的高温耐压强度如图 5-4 所示。随着温度升高，大多数耐火材料的强度增大，其黏土材料和高铝材料特别显著，在 1000～1200℃时达到最大值。这是由于在高温下生成熔液的黏度比低温下脆性玻璃相黏度更高些。使颗粒间的结合更为牢固。温度继续升高时，强度急剧下降。

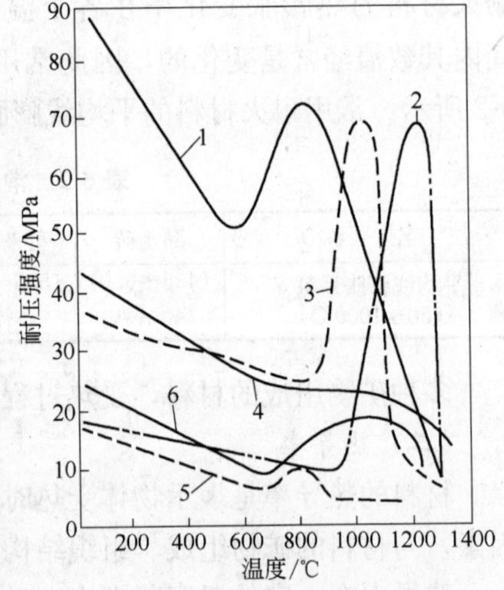

图 5-4 不同材质耐火制品的高温耐压强度曲线图

1—刚玉砖；2—黏土砖；
3—矾土砖（1300℃烧成）；4—镁砖；
5—硅砖 1；6—硅砖 2

耐火材料高温耐压强度指标可反映出材料在高温下结合状态的变化，特别是加入一定数量结合剂的耐火可塑料和浇注料，由于温度升高，结合状态发生变化时，高温耐压强度的测定更为有用。

（四）高温抗折强度

高温抗折强度是指材料在高温下单位截面所能承受的极限弯曲应力。其表征材料在高温下抵抗弯矩的能力。即柱状固体承受外力作用发生弯曲变形，凸面受到拉伸，凹面受到压缩，当所承受的外力的总和超过一定限度时，在弯曲的垂直断面发生折断，此时的强度称为材料的抗折强度。高温抗折强度大的材料会提高其对物料的撞击和磨损性，增强抗渣性。

材料的高温抗折是很重要的性能指标，与实际使用有密切关系。它取决于材料的化学矿物组成、组织结构和生产工艺。材料中的熔剂作用对材料的高温抗折强度有显著影响。

（五）高温蠕变性

当耐火材料在高温下承受小于其极限强度的某一恒定荷重时，产生塑性变形，变形量会随着时间的增长而逐渐增加，甚至会使耐火材料破坏，这种现象叫蠕变。在设计高温窑炉时，根据耐火材料的荷重软化试验和残余收缩率，在一定程度上可以推测耐火材料的高温体积稳定性，但对认识材料在长期高温负荷条件下工作的体积稳定性还是不充分的，因此，检验其高温蠕变性，了解它在高温负荷长时间下的变形特征是十分必要的。

耐火材料的高温蠕变性是指材料在恒定的高温下受应力作用随着时间的变化而发生的等温形变。根据施加外力的方式，高温蠕变性可分为高温压缩蠕变、高温拉伸蠕变、高温弯曲蠕变和高温扭转蠕变等，其中最常用的是高温压缩蠕变。低蠕变莫来石砖的高温蠕变指标见表 5-3。

表 5-3 低蠕变莫来石砖的高温蠕变指标

项　目	日本（H21）	日本（H23）	中国（H21）
实验温度/℃	1550	1450	1550
实验时间/h	50	50	50
荷重/MPa	0.2	0.2	0.2
蠕变指标/%	≤1.0	≤1.0	≤1.0

由于耐火材料在高温、荷重条件下的形变量及其时间—形变曲线，是随着材质、升温速率、恒温温度、荷载大小等诸多因素的变化而变化的，而且差异较大，因此对于不同材质的不同材料，根据其使用条件不同单独规定其高温蠕变试验温度等条件要求。

四、耐火材料的使用性能

耐火材料的使用性能是指耐火材料在高温下使用时所具有的性能。包括耐火度、荷重软化温度、重烧线变化率等。

（一）耐火度

耐火度指耐火材料在无荷重时抵抗高温作用而不熔化的性能。耐火度是判定材料能否作为耐火材料使用的依据。国际标准化组织规定耐火度达到 1500℃以上的无机非金属材料即为耐火材料。它与材料的熔点不同，是各种矿物组成的多相固体的混合物的综合表现。

决定耐火度的最根本的因素是材料的化学矿物组成及其分布情况。各种杂质成分，特别是具有强熔剂作用的杂质成分会严重降低材料的耐火度。因此在生产工艺中应考虑采取适当措施来保证和提高原料的纯度。

对于蜡石砖，其耐火度随 Al_2O_3 含量的增加而提高，波动在 1630～1710℃。而黏土砖的耐火度则随着 Al_2O_3 含量的不同（Ⅰ等 Al_2O_3＞40%、Ⅱ等 Al_2O_3 为 35%～40%、Ⅲ等 Al_2O_3 为 30%～35%）分别为大于 1730℃、1670℃和 1610℃，常见的耐火原料及材料的耐火度见表 5-4。

表 5-4　常见的耐火原料及材料的耐火度

名　称	耐火度范围/℃	名　称	耐火度范围/℃
结晶硅石 硅　砖 硬质黏土 黏土砖	1730～1770 1690～1730 1750～1770 1610～1750	高铝砖 镁　砖 白云石砖	1770～2000 >2000 >2000

虽然耐火度表征材料在高温下的难熔程度，但在使用中，在经受高温的同时还通常伴有荷重和外加的熔剂作用，因而耐火度不能作为材料的使用温度上限，可作为合理选用耐火材料时的参考，只是在综合考虑其他性质之后，才能判断耐火材料的价值。必须考虑到材料的其他性能，作为合理选用耐火材料时的参考。

（二）荷重软化温度

耐火材料在高温下的荷重变形指标表示它对高温和荷重同时作用的抵抗能力，也表示耐火材料呈现明显塑性变形的软化范围。荷重软化温度在一定程度上表示耐火材料在其使用情况相仿的情况下的结构强度，可作为确定耐火材料最高使用温度的依据。常用材料的高温荷重软化变形温度见表 5-5。

表 5-5　常用材料 0.2MPa 荷重不同变形量的温度

砖　种	0.6%（开始）变形温度 T_H/℃	4%变形温度/℃	40%（开始）变形温度 T_K/℃	T_K-T_H
硅砖（1730℃）	1650		1670	20
一级黏土砖（40%耐火度 1730℃）	1400	1470	1600	200
三级黏土砖	1250	1320	1500	250
莫来石砖（$Al_2O_3$72%）	1600	1660	1800	200
刚玉砖（$Al_2O_3$90%）	1870	1900		

决定荷重软化温度的主要因素是材料的化学矿物组成，同时也与材料的生产工艺直接有关。材料的烧成温度对荷重软化变形温度影响较大，如适当提高烧成温度，则由于气孔率降低，晶体长大，而且结合好而提高开始变形温度。提高原料的纯度、减少低熔物或熔剂的含量，会提高荷重软化变形温度。例如黏土砖中的氧化钠，硅砖中的氧化铝，均为有害的氧化物。

（三）高温体积稳定性（重烧线变化）

耐火材料在高温下长期使用时，其外形体积稳定不发生变化（收缩或膨胀）的性能称为高温体积稳定性。通常用重烧线变化来判断材料的高温体积稳定性，它是评定材料质量的一项重要指标。国家标准规定的常用耐火材料的重烧线变化指标见表 5-6。

表 5-6　常用耐火材料的重烧线变化指标

材　质	品　种	测 试 条 件	指 标 值
黏土质	N-1 N-2a N-2b N-3a、N-3b、N-4 N-5	1400℃，2h 1400℃，2h 1400℃，2h 1350℃，2h	+0.1 −0.4 +0.1 −0.5 +0.2 −0.5 +0.2 −0.5
硅　质	JG-94	1450℃，2h	≤0.2
高铝质	LZ-75、LZ-65、LZ-55 LZ-48	1500℃，2h 1450℃，2h	+0.1 −0.4 +0.1 −0.4

在重烧时，多数耐火材料都发生收缩，这主要是因为材料在高温下产生的液相将填充材料中的孔隙，使颗粒进一步地拉紧、拉近，发生重结晶，从而导致了材料的进一步致密化。当然也有少数材料在重烧时产生膨胀，如硅砖由于使用中伴随有多晶转变而产生膨胀。为了降低材料重烧收缩和膨胀，适当地提高烧成温度和延长保温时间是有效的。但不宜过高，否则会引起材料组织玻璃化，降低热震稳定性。

由于烧成和使用中，材料中的石英颗粒产生膨胀，可抵消黏土的收缩，因此半硅砖的体积变化小，有的还略有膨胀。

（四）热震稳定性

材料抵抗温度骤变而不破坏、即不生成裂纹、剥落、裂缝、碎块的性能，称为热震稳定性，也称作耐急冷急热性。

影响材料抗热震稳定性指标的主要因素是材料的物理性质，如热膨胀性、热导率等。一般来说，材料的线膨胀率越大、热震稳定性越差；材料的热导率越高、热震稳定性越好。此外，耐火材料的组织结构、颗粒组成和材料的形状等均对热震稳定性有影响。

第三节　焦炉用主要耐火材料

焦炉用主要耐火材料包括硅质、黏土质、高铝质等三大类，它们都属于硅铝系耐火材料。

一、Al_2O_3-SiO_2 系耐火材料组成

（一）Al_2O_3-SiO_2 系耐火材料种类

Al_2O_3-SiO_2 系耐火材料主要有硅质、硅酸铝质、刚玉质三大类。

1. 硅质耐火材料

硅质耐火材料是指含 SiO_2 93%以上的耐火材料，是酸性耐火材料的主要品种，主要产品为烧成硅砖，也有散状硅质耐火材料。

硅砖主要是由鳞石英、方石英、残存石英和玻璃相组成。采用硅石作原料，制造时在配料中外加少量石灰和铁鳞作矿化剂，以促进坯体中石英转化为鳞石英。硅砖属酸性耐火材料，抗酸性渣的能力较强，它的高温强度较好，荷重软化温度接近其耐火度，一般为1620～1660℃，具有高温下长期使用不变形的优点。硅砖在600℃以上一般无晶形转化，线膨胀系数较小，抗热震性也较好；而600℃以下正好相反。它主要用于砌筑焦炉。不宜在600℃以下且温度波动大的热工设备中使用。

2. 硅酸铝质耐火材料

硅酸铝质耐火材料的主要成分为 Al_2O_3 和 SiO_2，还含有少量起溶剂作用的杂质成分，如 TiO_2、Fe_2O_3、CaO、MgO 等。通常按 Al_2O_3 含量的多少分为半硅质（Al_2O_3 15%～30%），黏土质（Al_2O_3 30%～48%）、高铝质（Al_2O_3>48%）三类。

半硅质耐火材料有半硅砖、蜡石砖。半硅砖可用天然硅质黏土和蜡石作原料，也可用石英和黏土配制而成。适宜用作玻璃窑、盛钢桶、加热炉、均热炉、化铁炉等的内衬。蜡石砖又称叶蜡石砖，以蜡石为原料制成。由于蜡石的灼减和烧成收缩小，可以不经煅烧直接用于制砖。该产品主要用作盛钢桶内衬。

黏土质耐火材料主要由莫来石（25%～50%）、玻璃相（25%～60%）和方石英及石英（最高可达30%）所组成。通常以硬质黏土为原料，预先煅烧成熟料，然后配以软质黏土，以半干法或可塑法成型，温度在1300～1400℃烧成材料。也可以加少量的水玻璃、水泥等结合剂制成不烧材料和不定形材料。它是焦炉、高炉、热风炉、加热炉和耐火材料烧成窑中常用的耐火材料。

高铝砖的矿物组成为刚玉、莫来石和玻璃相，其含量取决于 Al_2O_3/SiO_2 比以及杂质的种类和数量，可按 Al_2O_3 含量划分等级。原料为高铝矾土和硅线石类天然矿石，也有掺加电熔刚玉、烧结氧化铝、合成莫来石的，以及用氧化铝与黏土按不同比例煅烧的熟料。它多用烧结法生产。但产品还有熔铸砖、熔粒砖、不烧砖和不定形耐火材料。高铝砖广泛用于钢铁工业、有色金属工业和其他工业。

硅线石砖是以硅线石族矿石为主要原料制成的高铝砖。此种材料中 Al_2O_3/SiO_2 比近于1，主要矿物为莫来石以及一定量的玻璃相和方石英。硅线石族原料中的硅线石和红柱石在煅烧过程中体积稳定性好，不需预烧即可用于制砖；蓝晶石在1300℃左右形成莫来石和方石英时体积膨胀约1%。此种高铝材料中的 Al_2O_3 和 SiO_2 等化学组成分布均匀，各种矿物晶体互相交错，结构均一。

莫来石砖是以莫来石为主晶相的高铝砖，Al_2O_3 含量一般在65%～75%。矿物组成除莫来石外，其中铝矾土熟料为主要原料，再加少量黏土或生矾土作结合剂，经成型和烧成制得。Ⅱ等高铝砖中含 Al_2O_3 较高的即属此种材料。按莫来石成分配料用熔铸法制成的，称为熔铸莫来石材料。该材料的高温性能取决于 Al_2O_3 的含量（即莫来石和少量刚玉的含量）和莫来石晶相与玻璃相分布的均匀性。

刚玉砖是指 Al_2O_3 含量不小于90%，以刚玉为主要物相的耐火材料。用烧结 Al_2O_3 或电熔刚玉作原料，或 Al_2O_3/SiO_2 比高的矾土熟料与烧结氧化铝配合，采用烧结法制成。也可用磷酸或其他化学结合剂制成不烧刚玉砖。

（二）Al_2O_3-SiO_2 系耐火材料的化学、矿物组成

Al_2O_3-SiO_2 系耐火材料是由多种不同的化学成分及其结构的矿物组成的非均质体。

化学组成是构成耐火材料的基础。通常将耐火材料的化学组成按各个成分的含量多少和其作用分成两部分，即占绝对多量的主成分和占少量的副成分（杂质成分及添加成分）。

主成分是构成耐火主体的成分，也是决定材料特征的基础。如果知道化学组成中的主成分就容易知道其中的耐火主体。

除使用特殊原料制成的耐火材料主成分接近100%外，使用天然原料制成的硅酸铝质耐火材料不可避免地要混入一定数量的杂质成分，因而耐火材料的质量规定中都规定了主成分的最低值。

材料中的杂质成分大部分在高温下起着溶剂作用，严重地降低了材料的耐火性能，通常将其视为有害成分。

耐火材料是矿物组成体，其性质是组成矿物性质的综合反映。硅酸铝耐火材料的矿物组成取决于材料（原料）的化学组成和工艺条件。因而即使化学组成完全相同的材料，由于所形成的矿物相的种类数量、结晶大小的不同以及分布情况的差异，其性质也可有很大的差别。

Al_2O_3-SiO_2 系耐火材料的化学矿物质组成及其化学性质的关系见表5-7。

表 5-7 Al_2O_3-SiO_2 系耐火材料的化学矿物质组成及其化学性质

材 料	化学组成/%	原 料	主要矿物相	化学性质
硅 质	SiO_2>93	硅石	鳞石英、方石英、残存石英、玻璃相	酸 性
半硅质	Al_2O_3 15～30	半硅质黏土、叶蜡石黏土加石英	莫来石、石英变体、玻璃相	半酸性
黏土质	Al_2O_3 30～48	耐火黏土	莫来石（约50%）和玻璃相	弱酸性
高铝质Ⅲ等 Ⅱ等 Ⅰ等	Al_2O_3 48～60 Al_2O_3 60～75 Al_2O_3>75	高铝矾土加黏土 高铝矾土加黏土 高铝矾土加黏土	莫来石（60%～70%）、玻璃相	弱酸性 近似中性
刚玉质	Al_2O_3 95～99	高铝矾土加工业氧化铝 电熔刚玉加工业铝氧	刚玉、少量玻璃相	近似中性

二、焦炉用硅砖

硅砖是SiO_2含量在93%以上的耐火材料。SiO_2的熔点为1723℃，它以多种晶体存在，在不同的温度条件下发生晶型转化。通常，SiO_2在不同温度下有7种不同的晶体状态和1种非晶体状态，即α-石英、β-石英、α-鳞石英、β-鳞石英、γ-鳞石英、α-方石英、β-方石英和非晶体石英玻璃。SiO_2的同素异晶体的转变极其复杂，随着温度的升降而变化，各晶型之间的相互转化都同时发生着不同的体积效应，一般硅砖烧成时，都要产生大约2%～4%的体积膨胀。在烧成的硅砖材料中主要为鳞石英，含量越多越好。因其结晶体为双晶交错的网络型结构，其α、β、γ各型之间的转换体积变化小，这样就能够保证硅砖具有较高的荷重软化温度、较好的抗热震稳定性和高温耐磨性等性能。其次为方石英，它使材料具有较高的耐火度。但方石英的α、β晶型之间的转化体积变化较大，这样就保证不了硅砖的优良性能。所以，在烧成的硅砖中方石英的含量少些为好。由于鳞石英与方石英的密度不同，通常用硅砖的真密度来衡量硅砖材料中石英转化的程度，见表5-8。

表 5-8 硅砖真密度与石英转化程度对照表

硅砖真密度/g·cm^{-3}	鳞石英/%	方石英/%	石英/%	石英玻璃/%
2.33	80	13		7
2.34	72	17	3	8
2.37	63	17	9	11
2.39	60	15	9	16
2.40	58	12	12	16
2.42	53	12	17	18

（一）硅砖的特性

（1）硅砖的化学成分，随硅石原料的不同而异，一般情况下SiO_2含量为93%～98%，其他杂质如Al_2O_3、Fe_2O_3和CaO等，其综合为2.0%～7.0%。

（2）硅砖的矿物组成，普通硅砖以鳞石英为主，约占30%～70%；高硅质高密度硅砖以方石英为主，约占20%～80.5%。残余石英和非晶体的石英玻璃在任何硅砖中均为少量。

（3）硅砖的耐火度，主要取决于SiO_2含量以及杂质含量和其性质。SiO_2含量越高，杂质含量越少，其耐火度越接近于SiO_2的熔点。反之耐火度就越低，硅砖的耐火度一般为 1690～1730℃。

（4）硅砖的荷重软化温度比较高，约为 1650℃。原因是鳞石英的晶体网络结构在硅砖内起骨架作用。虽有一些杂质熔点较低，但由于骨架有一定的承载能力，故其荷重软化温度接近其耐火度，这是硅砖的显著特点。

（5）硅砖的抗渣性，硅砖的主要化学成分为典型的酸性氧化物 SiO_2，这就决定了对酸性炉渣具有很强的抵抗能力。同时 Fe_2O_3 和 CaO 与 SiO_2 能形成新的化合物，所以硅砖对渣中的 Fe_2O_3 和 CaO 这种偏碱性的氧化物仍具有一定的抵抗能力。

（6）硅砖的真密度，真密度的大小反映出硅砖中石英转化的程度，从而可以判断出矿物组成。真密度越小越好，真密度小说明石英转化完全，在实际使用过程中产生的残余膨胀就小。

（7）硅砖的气孔率，它表示硅砖的致密程度。气孔率越小，结构越致密。硅砖的显气孔率一般为 21%～25%。气孔率的大小，除原料外主要取决于其工艺条件。

（8）硅砖的残余膨胀，残余膨胀是指硅砖经再次煅烧后发生的不可逆体积膨胀，称为硅砖的残余膨胀。其原因是由于硅砖中尚有未转化的石英或称残余石英继续转化所致。硅砖的残余膨胀越小越好，否则在窑炉上使用时，会因其膨胀过大而引起窑炉结构的破坏，甚至造成事故。真密度小的硅砖，残余膨胀一定小。硅砖残余膨胀的大小主要取决于烧成条件，当硅砖烧至 1450℃并保温 3h 时，残余膨胀一般为 0.3%～0.8%。

（9）硅砖的常温耐压强度，主要用来确定硅砖组织结构的优劣。常温耐压强度的大小，常与气孔率、真密度有密切关系。同时还取决于原料性质、工艺条件等。硅砖的常温耐压强度一般为 19.6～29.4MPa。

由于硅砖具有以上特点，采用硅砖砌筑焦炉，可以提高燃烧室温度，缩短结焦时间，增加焦炉生产能力，延长焦炉炉龄，因此现代大容积焦炉主要是用硅砖砌筑。中国冶标（YB/T 5013－2005）规定的理化指标见表 5-9。

表 5-9　焦炉用硅砖的理化指标

项　目		指　标	
		炉底、炉壁	其　他
化学成分/%	$w(SiO_2)$	≥94.5	
	$w(Al_2O_3)$	≤1.5	
	$w(Fe_2O_3)$	≤1.5	
	$w(CaO)$	≤2.5	
0.2MPa 荷重软化开始温度/℃		≥1650	
加热永久线性变化（1450℃，2h）/%		0～0.2	
残余石英/%		≤1.0	
显气孔率/%		≤22	≤24
常温耐压强度/MPa		≤40	≤35
真密度/$g\cdot cm^{-3}$		≤2.33	≤2.34
线膨胀率（1000℃）/%		≤1.28	≤1.30

随着焦炉超大型化的方向发展，焦炉用硅砖对影响高温性能的 Na_2O+K_2O 化学成分的含量作了明确的限制，并对相应的结构、热学和力学性质提出更高的要求，表 5-10 为国内某厂 7.63m 焦炉用硅砖的性能指标。

表 5-10　国内某厂 7.63m 焦炉用硅砖的性能指标

性　能		典　型　砌　筑		
		蓄热室斜道炉顶	炉　墙	炭化室底
化学成分/%	$w(SiO_2)$	≥94.5	≥95.0	
	$w(Al_2O_3)$	≤2.0	≤0.5	
	$w(Fe_2O_3)$	≤1.0	≤1.0	
	$w(CaO)$	≤3.0	≤3.0	
	$w(Na_2O+K_2O)$	≤0.35	≤0.35	
残余石英/%		≤3.0		
常温耐压强度（KDF）/MPa		≥28	≥35	≥45
显气孔率/%		≤24.5	≤22.0	≤22.0
荷重软化点温度（DFB）/℃		≥1640	≥1650	
耐火度/℃		≥1700	—	—
体积密度/kg·m^{-3}		≥1760	≥1840	
线膨胀率（1000℃）/%		≤1.30	≤1.28	

国外某些工厂对砌筑焦炉用硅砖的性能要求见表 5-11、表 5-12。

表 5-11　焦炉用硅砖的理化指标

指　标		牌号及数值	
		JG—93 致密砖	JG—93 一般砖
$w(SiO_2)$/%		≥93	≥93
耐火度/℃		≥1690	≥1690
0.1962 MPa 荷重软化温度/℃		≥1630	≥1620
重烧线膨胀（1450℃，3h）/%		≤0.4	≤0.5
显气孔率/%	炉底砖	≤18	≤22
	炉壁砖		≤23
	其他部位用砖		≤25
常温耐压强度/MPa	炉底砖	≥39.24	≥24.53
	炉壁砖		≥24.53
	其他部位用砖		≥19.62
真密度/kg·m^{-3}	炉底砖	≤2350	≤2360
	炉壁砖		≤2360
	其他部位用砖		≤2370
	单块质量大于 15kg 砖	≤2360	≤2380
线膨胀率（1000℃）/%		由制造厂提供数据	由制造厂提供数据

表 5-12　砌筑焦炉使用的硅质材料的性能

性　能	Still	Didier		BN-68/6765-11		
		Stella	StellaSD	SK-13	SK-11	SK-10
$w(SiO_2)$/%	≥94	≥95	≥95	≥94	≥94	≥93
$w(Al_2O_3)$/%	≤0.85	≤1.3	≤1.0			
荷重软化温度/℃	≥1620	≥1660	≥1660	≥1650	≥1620	≥1610
真密度/kg·m^{-3}	2330	2340～2350	2340～2350	2350	2360～2380	2360～2380
体积密度/kg·m^{-3}	1830	1830～1850	1860～1910			
开口气孔率/%	≤23	≤20	≤19	≤21	≤22	≤26
常温耐压强度/MPa	≥60	≥30	≥35	≥35	30～25	25～20
残余膨胀率/%				≤+0.3	≤+0.5	≤+0.8

（二）高密度硅砖

随着炼焦工业的发展，对焦炉硅砖的质量要求日益提高，特别是砌筑炭化室要求硅砖具有高密度、高导热性和良好的高温耐压强度等性能。因此，国内外在降低硅砖真密度、提高导热性，提高体积密度和提高硅质原料纯度等方面进行了大量的研究工作。我国已试制出高密度硅砖、高纯度高密度硅砖和高导热性高密度硅砖等新品种。

提高硅砖的密度是提高焦炉硅砖质量和使用寿命、缩短结焦时间的有效办法。高密度硅砖要求成品气孔率小于16%，硅砖真密度必须大于2380kg/m^3。高密度硅砖与普通焦炉硅砖的性能比较见表5-13。国外美、日等国高密度硅砖的性能指标见表5-14。国标GB 2605—1981对高密度硅砖的性能要求见表5-15。

表5-13　高密度硅砖与普通焦炉硅砖性能比较

品　种	物　理　性　能					
	气孔率/%	体积密度/kg·m^{-3}	耐压强度/MPa	荷重软化温度/℃	重烧线膨胀率/%	耐火度/℃
高密度硅砖	13～16	1960～2070	40.5～74.9	1650～1660	0.08～0.34	1710
一般焦炉硅砖	≤23	真密度≤2370	≥21.6	≥1620	≤0.5	≥1690

品　种	化学成分/%			
	$w(SiO_2)$	$w(Al_2O_3)$	$w(Fe_2O_3)$	$w(CaO)$
高密度硅砖	95.5～96.7	0.65～1.18	1.02～1.44	2.04～2.10
一般焦炉硅砖	≥93			

表5-14　高密度硅砖的性能指标示例

指　标		一般硅砖				高密度硅砖				
		中国	日本	美国	英国	中国	日本	美国	英国	前苏联
化学成分/%	$w(SiO_2)$	>93	94.73	95.2	95.2	94～95	95.83	93.3	95.2	94.3～94.9
	$w(Al_2O_3)$		0.72	1.0	0.9		0.70	1.0	0.8	
	$w(Fe_2O_3)$		1.51	0.9	0.8	1.2	1.13	0.9	0.8	
	$w(CaO)$		2.82	2.8	2.7		2.16	2.8	2.7	
	$w(CuO)$							1.8		
物理性能	耐火度/℃	≥1690	≥1710				≥1730			
	吸水率/%		12.4	12.6			9.2	9.0		
	体积密度/kg·m^{-3}	1900	1800	1800	1780	>1900	1910	1950	1890	
	真密度/kg·m^{-3}					2350	2320	2350		
	气孔率/%	≤23	22.3	22.8	23.2	16～17	17.5	17.6	17.3	16.2～19
	荷重软化温度/℃	≤1620	1625	1668		>1660	1665	1665		1660
	线膨胀率(1000℃)/%	1.15～1.4	1.2				1.18			
	热导率/W·(m·K)$^{-1}$	1.74	1.69	1.73		2.21	2.13	2.21		

表 5-15　高密度硅砖的性能

指　　标	JG-93 型高密度硅砖	指　　标		JG-93 型高密度硅砖
$w(SiO_2)$/%	≥93	炉壁砖显气孔率/%		≤18
耐火度/℃	≥1690	炉壁砖常温耐压强度/MPa		≥39.2
荷重软化温度/℃	≥1630	真密度/$kg \cdot m^{-3}$	炉壁砖	≤2350
重烧线收缩(1450℃,3h)/%	0.4		单重大于 15kg 的砖	2360

（三）高纯度高密度硅砖

高纯度高密度硅砖是以纯石英岩作原料加入少量矿化剂和结合剂制成的耐火材料产品。高纯度高密度硅砖的一般性能如下：

（1）化学组成：SiO_2≥97%，R_2O 1.55%，CaO 0.3%～0.5%；

（2）矿物组成：方石英 70%～80%，鳞石英 10%～12%；石英约 10%；

（3）物理性能：耐火度 1720～1740℃，荷重软化温度 1660℃。

真密度：2340～2370kg/m³，气孔率<13%～14%，耐压强度>16.66MPa。

（四）高导热性高密度硅砖

高导热性高密度硅砖是在其配料中加入高导热性高密度的添加物，如 CuO、Cu_2O、TiO_2 等物质所制成的耐火材料产品。采用高导热性高密度硅砖砌筑焦炉，能有效地缩短结焦时间，提高焦炉的产量。国内外普遍重视制造高导热高密度硅砖。其性能见表 5-16。

表 5-16　高导热高密度硅砖的性能

高导热硅砖	化学成分/%				耐火度/℃
	$w(SiO_2)$	$w(TiO_2)$	$w(Fe_2O_3)$	$w(CuO)$	
含铁硅砖	94.12		0.50		1670～1690
含铜硅砖	93.08			1.5	
含钛硅砖	93.52	1.68	1.08		1670～1690
高导热硅砖	显气孔率/%	体积密度/$kg \cdot m^{-3}$	耐压强度/MPa	荷重软化温度/℃	热导率①/$W \cdot (m \cdot K)^{-1}$
含铁硅砖	16.5	1960	48.3	1660	1.84
含铜硅砖	17.1	1960	69.0	1650	2.00
含钛硅砖	17.4	1950	56.4	1660	1.83

① 在 1000℃条件下的热导率。

三、焦炉用半硅砖

半硅砖的 Al_2O_3 的质量分数为 15%～30%，SiO_2 的质量分数大于 65%，它是一种半酸性的耐火材料。半硅砖一般用含石英砂的耐火黏土、叶蜡石（$Al_2O_3 \cdot 4SiO_2 \cdot H_2O$）以及耐火黏土或高岭土选矿的尾矿作原料。

半硅砖的使用性质介于黏土材料和硅质材料之间。其抗热震性较硅质材料好；在使用过程中因其中的石英膨胀抵偿了黏土的收缩，体积变化较小，有的还略有膨胀，因而有利于砌体的气密性，减弱熔渣对砌体的侵蚀作用；它的另一特点是当高温熔渣与砖表面接触后，在砖的表面产生一层黏度很大的釉状物质（熔渣与材料作用形成的 SiO_2 含量很高的熔融物，厚度为 1～2mm），堵塞了气孔，阻止熔渣继续向砖内渗透，形成一层保护层，从而提高了砖的抗侵蚀能力。

半硅砖所用的原料贮存量大，价格较低，可代替二、三等黏土砖，使用范围较广。由于半硅砖对酸性炉渣具有良好的抵抗性，并具有较高的高温结构强度、体积比较稳定。它主要用于砌筑焦炉、酸性化铁炉、冶金炉烟道及盛钢桶内衬等，我国焦炉用半硅砖的技术条件见表 5-17。半硅砖中比较有代表性和常用的是蜡石砖，其外观与黏土砖差别不大，呈白色或灰白色。材料比砖坯略有膨胀，其膨胀率约为 0.7%～0.9%。高温性能与黏土砖相近，耐火度波动于 1670～1710℃，荷重软化温度为 1300～1430℃（开始点）。

表 5-17 焦炉用半硅砖的技术条件

指　　标	焦　炉	指　　标	焦　炉
w（Al_2O_3）/%	—	重烧线变化（1400℃，2h）/%	—
w（SiO_2）/%	≥60	显气孔率/%	≤25
耐火度/℃	≥1670	常温耐压强度/MPa	≥15
0.2MPa 荷重软化温度/℃	≥1320		

国内某厂 7.63m 焦炉用了半硅砖，其性能指标见表 5-18。

表 5-18 国内某厂 7.63m 焦炉用半硅砖性能指标

性　　能		砌筑部位			
		格子砖	蓄热室	炉　顶	
化学成分/%	w（SiO_2）	—	≥65	≥70	—
	w（Al_2O_3）	—	—	—	≥19
	w（Fe_2O_3）	—	—	≤2.5	≤2.5
显气孔率/%		≤23	≤22	≤21	≤20
常温耐压强度/MPa		≥25	≥70	≥70	≥70
荷重软化温度/℃		≥1350	≥1320	≥1350	≥1320
耐火度/℃		≥1580	—	≥1580	≥1580
体积密度/$kg \cdot m^{-3}$		≥2000	≥2000	≥2000	≥2000
线膨胀率（900℃）/%		约 0.6	约 0.6	约 0.65	约 0.7

注：表中%的值为质量比；显气孔率以体积%表示；负荷下的线膨胀率是相对长度的绝对值。

四、焦炉用黏土砖

黏土砖是由煅烧后的耐火黏土（熟料）与部分软质耐火黏土（结合黏土）经过粉碎、混合、成型、干燥、烧成等过程的制成品。黏土砖的主要矿物成分为高岭石，即耐火黏土和高岭土，其化学成分为 $Al_2O_3 \cdot 2SiO_2 \cdot 2H_2O$ 占 90%以上，其余为 K_2O、Na_2O、CaO、MgO、TiO_2 及 Fe_2O_3 等杂质，约占 6%～7%。

黏土砖的特性如下：

（1）黏土砖的耐火度。黏土质耐火材料的耐火度较低，随材料中 Al_2O_3 含量的增加而提高，其耐火度一般为 1580～1750℃。

（2）黏土砖的荷重软化温度。黏土质耐火材料的荷重软化温度比较低，通常都低于 1300℃。从开始软化至变形（压缩）40%，其温度间隔在 150～250℃之间。

（3）黏土砖的热稳定性。黏土质耐火材料的热稳定性较好，加热到 1100℃时总的体积膨胀很小，而且变化均匀，所以抗温度剧变能力强。普通熟料黏土砖的水冷次数为 10～20 次，多熟料黏土砖的水冷次数一般在 50 次以上，有的高达 100 次以上。

（4）黏土砖的抗渣性。黏土质耐火材料的主要化学成分为 SiO_2 和 Al_2O_3，而 SiO_2 含量大于 Al_2O_3，故黏土砖呈弱酸性，因此抗酸性炉渣侵蚀的能力比抗碱性炉渣侵蚀的能力为强。

(5) 黏土砖的重烧线变化。黏土质耐火材料的制造以软质黏土为结合剂，由于在烧成过程中结合剂和熟料矿化不彻底，所以黏土砖在高温下长期使用会因再结晶而产生不可逆的体积收缩（残余收缩）。此种现象称重烧线变化，对于黏土砖材料要求残余收缩率不超过1%。

国内大容积6m焦炉用黏土砖理化性能指标按使用的条件差异分3种，见表5-19、表5-20、表5-21。

表5-19 普通黏土砖理化指标

指标名称	黏土砖
耐火度/℃	≥1690
0.2MPa荷重软化温度/℃	≥1300
显气孔率/%	≤24
常温耐压强度/MPa	20
重烧线变化（1350℃，2h）/%	+0.2～0.5

表5-20 低铝黏土格子砖

指标名称	黏土砖	指标名称	黏土砖
耐火度/℃	≥1730	重烧线变化(1400℃,2h)/%	+0.1～0.5
0.2MPa荷重软化温度/℃	≥1350	w (Al_2O_3) /%	30～35
显气孔率/%	≤24	w (Na_2O+K_2O) /%	≥1.0
常温耐压强度/MPa	25	w (Fe_2O_3) /%	≤2.5

表5-21 普通黏土格子砖

指标名称	黏土砖	指标名称	黏土砖
耐火度/℃	≥1730	常温耐压强度/MPa	24
0.2MPa荷重软化温度/℃	≥1350	重烧线变化（1400℃，2h）/%	+0.1～0.5
显气孔率/%	≤24		

国内某厂7.63m焦炉使用的黏土砖的性能指标见表5-22。

表5-22 国内某厂7.63m焦炉使用黏土砖的性能指标

性能		砌筑部位	
		格子砖蓄热室	格子砖
化学成分/%	w (Al_2O_3)	≥40	30～36
	w (Fe_2O_3)	≤2.0	≤2.5
显气孔率/%		≤24	≤22
常温耐压强度/MPa		≥30	≥20
荷重软化点温度/℃		≥1400	≥1350
耐火度/℃		≥1720	≥1640
体积密度/kg·m^{-3}		≥2000	≥2000
重烧线变化（1300℃，4h）/%		—	≤0.4
抗热震性（950℃，水冷）/次		—	≥30
线膨胀率（1000℃）/%		约0.6	约0.55

五、焦炉用高铝砖

高铝砖是Al_2O_3的质量分数在48%以上的硅酸铝质耐火材料。通常分为三等：

Ⅰ等：Al_2O_3的质量分数大于75%；

Ⅱ等：Al_2O_3 的质量分数 60%～75%；

Ⅲ等：Al_2O_3 的质量分数 48%～60%。

也可以根据其矿物组成进行分类，一般可分为：低莫来石质（硅线石质）、莫来石质、莫来石-刚玉质、刚玉-莫来石质和刚玉质五类。

（一）高铝砖性质

高铝砖的重要工作性质之一是在高温下的结构强度，这一特性通常用荷重软化温度来评定。近年来也测定其高温蠕变性来反映其高温结构强度。试验结果表明，荷重软化温度随 Al_2O_3 含量的增加而提高。

高铝砖的抗热震性比黏土砖差，这与材料中的矿物组成有密切相关。Ⅰ、Ⅱ等高铝砖比Ⅲ等高铝砖更差些。在生产中常通过改善材料的颗粒结构特征或配料中加入一定数量的合成堇青石（$2MgO \cdot 2Al_2O_3 \cdot 5SiO_2$）等其他矿物来改善材料的抗热震性。

高铝材料的抗渣性能随 Al_2O_3 含量的增加而增强。但它对碱性熔渣的抗蚀能力低于碱性耐火材料。杂质含量的降低，有利于提高抗渣性。同时，提高材料的密度、降低气孔率，也是提高其抗渣性的有效措施。

高铝砖比黏土砖具有较高的导热性，这同高铝材料中玻璃相减少及莫来石晶体或刚玉晶体的增加有关。

高铝砖的高温性能与材料的微观结构有关。其基质部分的耐高温性能远较颗粒部分低，在使用时熔渣首先熔蚀基质部分。因此可以采用改善调整材料的基质部分和结构来提高材料的高温使用性能。

（二）高铝砖的技术指标

高铝砖按理化指标分为 LZ-75、LZ-65、LZ-55、LZ-48 四种牌号，其按国家标准的理化指标见表 5-23。

表 5-23　高铝砖理化指标（GB/T 2988—2004）

<table>
<tr><th colspan="2" rowspan="2">项　目</th><th colspan="5">指　标</th></tr>
<tr><th>LZ-80</th><th>LZ-75</th><th>LZ-65</th><th>LZ-55</th><th>LZ-48</th></tr>
<tr><td colspan="2">w（Al_2O_3）/%</td><td>≥80</td><td>≥75</td><td>≥65</td><td>≥55</td><td>≥48</td></tr>
<tr><td colspan="2">显气孔率/%</td><td>≤22</td><td>≤23</td><td>≤23</td><td>≤22</td><td>≤22</td></tr>
<tr><td colspan="2">常温耐压强度/MPa</td><td>≥55</td><td>≥50</td><td>≥45</td><td>≥40</td><td>≥35</td></tr>
<tr><td colspan="2">0.2MPa 荷重软化温度/℃</td><td>1530</td><td>1520</td><td>1500</td><td>1450</td><td>1420</td></tr>
<tr><td rowspan="2">加热永久线变化/%</td><td>1500℃，2h</td><td colspan="4">0.1～－0.4</td><td></td></tr>
<tr><td>1450℃，2h</td><td colspan="4"></td><td>0.1～－0.4</td></tr>
</table>

在我国的 6m 焦炉中选用的是 LZ-48 牌号的高铝砖。

（三）高铝砖的发展

我国具有丰富的高铝砖的原料资源，为了充分利用这一资源，近年来许多耐火材料科研和生产单位对开发高铝砖做了大量工作，通过加入其他矿物或化学成分来改善高铝砖的性能；采用合成或电熔的方式来提高高铝砖中高温晶相的组成和高温性等取得了效果，从而扩大了高铝砖应用领域。

表 5-24　炉门堇青石衬砖的理化指标

<table>
<tr><th colspan="2">项　目</th><th>指　标</th></tr>
<tr><td rowspan="2">化学成分/%</td><td>w（Al_2O_3）</td><td>≥40</td></tr>
<tr><td>w（MgO）</td><td>≥3</td></tr>
<tr><td colspan="2">耐火度/℃</td><td>≥1710</td></tr>
<tr><td colspan="2">0.196MPa 荷重软化温度/℃</td><td>≥1350</td></tr>
<tr><td colspan="2">常温耐压强度/MPa</td><td>≥34</td></tr>
<tr><td colspan="2">体积密度/kg·m^{-3}</td><td>≥2100</td></tr>
<tr><td colspan="2">抗热震性（1100℃）/次</td><td>≥40</td></tr>
</table>

1. 高铝堇青石砖

在高铝材料的配料中加入一定数量的合成堇青石（$2MgO \cdot 2Al_2O_3 \cdot 5SiO_2$）制造高抗热震性的高铝材料，取得了明显的效果。6m焦炉炉门堇青石衬砖的理化指标见表5-24。

2. 硅线石砖、红柱石砖

硅线石和红柱石是同质异相天然无水硅酸铝质矿物，其分子式为 $Al_2O_3 \cdot SiO_2$。因这类矿物原料在加热过程中发生相转变反应，生成莫来石和少量熔融态游离 SiO_2，故用这类原料制作的耐火材料具有较高的莫来石矿物组成、重烧线变化极小、荷重软化温度较高、强度大、热稳定性好等特点，是一种性能优异的高铝砖。

硅线石砖和红柱石砖的理化指标见表5-25。

表5-25 硅线石砖和红柱石砖的理化指标

项目	硅线石理化指标		红柱石砖理化指标	
	WH23	WH31	WB-23	WB-21
体积密度/$kg \cdot m^{-3}$	≥2550	≥2600	≥2600	≥2700
显气孔率/%	15～19	15～16	≤19	≤18
耐压强度/MPa	80～95	≥100	≥80	≥90
荷重软化温度/℃	＞1650	＞1670	＞1650	＞1650
耐火度（0.6%）/℃	＞1790	＞1790	＞1790	＞1790
蠕变率（1450℃，50h）/%	0.158～0.5		0.2～0.5	0.12～0.3
抗热震稳定性/次	＞10			
$w(Al_2O_3)$/%	≥65	＞55	＞65	≥75
$w(Fe_2O_3)$/%	0.8～1.5	0.8～1.1	＜1.5	＜1

在6m焦炉中，在燃烧室炉头部位用到少量红柱石砖，其理化指标见表5-26。

表5-26 6m焦炉用红柱石砖理化指标

项目	指标	项目	指标
$w(Al_2O_3)$/%	＞50	荷重软化温度0.6%/℃	≤1400
耐火度/℃	≥1750	重烧线变化(1350℃,2h)/%	+0.2～0.1
显气孔率/%	≤24	热震稳定性（1200℃）/次	≥40
常温耐压强度/MPa	≥30		

国内某厂7.63m焦炉中在燃烧室炉头部位使用的是硅线石砖，其理化指标见表5-27。

表5-27 7.63m焦炉硅线石砖理化指标

性能		砌筑部位 燃烧室炉头
化学成分/%	$w(Al_2O_3)$	≥60.0
	$w(Fe_2O_3)$	≤1.3
显气孔率/%		≤16
常温耐压强度/MPa		≥50
荷重软化温度/℃		≥1700
耐火度/℃		≥1830
体积密度/$kg \cdot m^{-3}$		≥2550
抗热震稳定性（950℃，水冷）/次		≥25
线膨胀率（1000℃）/%		0.60

六、耐火泥

砌筑焦炉用的耐火泥，要求在常温下具有良好的可塑性和黏结性，以利施工；干燥后具有较小的收缩性，防止开裂；在使用温度下能发生烧结或固结，有一定的强度，以保证炉体的坚固性和严密性；其耐火度和荷重软化温度应高于使用温度。焦炉用耐火泥分为硅火泥和黏土火泥。砌筑硅砖时用硅火泥，砌筑黏土砖时用黏土火泥。

硅火泥是由硅石、废硅砖和结合黏土配制而成的。硅石是主要成分，硅石中 SiO_2 含量越高，耐火度就越高。加入废硅砖粉是为了改善硅火泥与硅砖的高温黏结能力，因废硅砖粉与硅砖的膨胀基本相同，可使砖缝贴靠砖面。在硅火泥中废硅砖粉含量在 20%～30%之间。硅火泥中加入结合黏土，可增加火泥的可塑性，降低透气性和失水率，一般加入量为 15%～20%左右。根据含量的多少可分成高温、中温、低温硅火泥。表 5-28 列出了硅火泥的技术指标。

表 5-28 硅火泥技术指标

项目		JGN—92	JGN—85	项目		JGN—92	JGN—85
耐火度/℃		≥1670	≥1580	粒度组成/%	+1mm	≤3	≤3
冷态抗折黏结强度/MPa	100℃干燥后	≥1.0	≥1.0		−0.074mm	≥50	≥50
	1400℃，3h 烧后	≥3.0	≥3.0	黏结时间/min		1～2	1～2
0.2MPa 荷重软化温度/℃		≥1500	≥1420	$w(SiO_2)$/%		≥92	≥85

黏土火泥是由煅烧黏土（熟料）、废黏土砖粉和结合黏土（生料）配制而成的。熟料是黏土火泥的主要成分，约占 75%～80%，生黏土是结合剂，它的加入是为了增加黏土火泥的可塑性，降低透气性和失水率。但配入量不宜过大，否则易产生裂纹，以配入 20%～25%为宜。黏土火泥在温度低于 1000℃的部位上使用。其技术性能指标见表 5-29。

表 5-29 黏土火泥技术指标

指标	牌号及数值			
	(NF) −40	(NF) −38	(NF) −34	(NF) −28
耐火度/%	≥1730	≥1690	≥1650	≥1580
水含量/%	≤6	≤6	≤6	≤6

国内某厂 7.63m 焦炉使用的耐火泥理化指标见表 5-30。

表 5-30 7.63m 焦炉耐火泥浆理化指标

性能		硅火泥 KS94	硅火泥 KS91	黏土火泥 KC—W	隔热火泥 M—11	高铝火泥 CWN1500
化学成分/%	$w(SiO_2)$	≥94	≥91	—	—	约 48
	$w(Al_2O_3)$	≤5.5	≤8.5	—	—	约 46
	$w(Fe_2O_3)$	—	—	—	—	约 1.1
	w(碱)	≤1.5	≤1.5	—	—	—
干燥后常温耐压强度/MPa					110℃≥1.0	—
抗折强度/MPa		≥0.1（110℃） ≥0.7（1000℃）	≥0.1（110℃） ≥0.7（1000℃）	≥0.1（110℃） ≥0.7（1000℃）	≥0.5（110℃）	约 5（110℃） 约 2.0（800℃）
使用最高温度/℃		—	—	—	840	1500
粒径/mm		≤2.0	≤2.0	≤2.0	—	Max 1.0
状态性质		陶瓷状	陶瓷状	陶瓷状	陶瓷状	陶瓷状
干燥后体积密度(110℃)/kg·m^{-3}		1600	1600	1600	750	2300
使用		塑状	塑状	塑状	塑状	塑状
运输储存		干体	干体	干体	—	准备使用
烧后永久膨胀/%		≥4.0	≥4.0	≥5.0	—	—
热导率/W·(m·K)$^{-1}$		—	—	—	0.17（400℃）	—

七、浇注料

浇注料是一种由耐火材料组成的粒状和粉状材料，加入一定量结合剂和水分共同组成的，具有较高流动性的，适宜于以浇注方式成型的不定形耐火材料。有时为提高其流动性或减少其加水量，还可另加塑化剂或减水剂。有时为促进其凝结和硬化，还可再加促硬剂。由于其基本组成和成形、硬化过程与土建工程中常用的混凝土相同，因而也常称此种材料为耐火混凝土混合料。

（一）浇注料的特性

浇注料的许多特性在相当大程度上取决于结合剂的品种和数量。强度取决结合剂的结合强度。

浇注料的流动性一般都比捣打料高。因此，多数浇注料仅浇注或浇注后再经振动，即可使混合料中的组分各相排列紧密和充满模型。

浇注料成型后，必须根据结合剂的硬化特性，采取适当的措施促进硬化。如对水泥要在适当的潮湿条件下养护；对某些金属无机盐要经干燥和烘烤等等。

浇注料的高温性质与结合剂的品种和用量也有密切关系。若选用的粒状和粉状料具有良好的耐火性，而结合剂的熔点既高又不致与耐火材料发生反应形成低熔物，则浇注料必具有相当高的耐火性。若所用的粒状和粉状料的材质一定，则浇注料的耐火性在相当大程度上受结合剂的控制。由于在一般铝酸盐水泥所配制的浇注料中多数或绝大多数甚至全部的易熔组分总是包含在水泥石中，所以水泥的用量对浇注料的高温性质的影响也十分显著。

当采用水泥作结合剂时，在高温使用过程中，由于水泥石可分解脱水和产生其他物相变化以及发生烧结，使浇注料在发生体积变化的同时还发生结构的变化。由于水泥石中物相的变化依温度不同而异，因而使由此种浇注料所制成的炉衬，在距工作面的不同距离处形成不同的组分与结构，即使炉衬变成层状结构。各种层带之间，在各种不同的物相形成之时，由于比容的改变可能产生内应力甚至产生裂纹。在烧结带，由于粒状料已预烧，随着升温只发生膨胀，而水泥石却产生大量收缩，两者的变形差值增大，从而使水泥石内和水泥石与粒状料之间的结合遭到相当大的破坏，极易产生裂纹。不仅在两者间的界面处可能产生局部裂纹，甚至可能产生垂直于工作面的片状裂隙。当温度波动时，因热膨胀率的不同而产生的应力，可导致炉衬沿此裂纹处剥落。这种因水泥石分解脱水使结构疏松和因形成层状结构使其易于剥落的状况，往往是水泥制成的浇注料毁损的主要因素之一。

目前，我国生产的耐火浇注料种类较多，黏土质和高铝质致密耐火浇注料是以黏土质和高铝质原料制成的致密耐火浇注料。其理化指标见表 5-31。

表 5-31　黏土质和高铝质致密耐火浇注料的理化指标

分　类	牌　号	$w(Al_2O_3)$/%	$w(CaO)$/%	耐火度/℃	烧后线变化率不大于±1%的实验温度（保温 3h）/℃	110℃±5℃烘干后	
						耐压强度/MPa	抗折强度/MPa
黏土结合耐火浇注料	NL-70	≥70		≥1760	1450	≥10	≥2
	NL-60	≥60		≥1720	1400	≥9	≥1.5
	NN-45	≥45		≥1700	1350	≥8	≥1

续表 5-31

分类	牌号	$w(Al_2O_3)$/%	$w(CaO)$/%	耐火度/℃	烧后线变化率不大于±1%的实验温度（保温 3h）/℃	110℃±5℃烘干后	
						耐压强度/MPa	抗折强度/MPa
水泥结合耐火浇注料	GL-85	≥85		≥1780	1500	≥35	≥5
	GL-70	≥70		≥1720	1405	≥35	≥5
	GL-60	≥60		≥1700	1400	≥30	≥4
	GN-50	≥50		≥1660	1400	≥30	≥4
	GN-42	≥42		≥1640	1350	≥25	≥3.5
低水泥结合耐火浇注料	DL-80	≥80	≤2.5	≥1780	1500	≥40	≥6
	DL-60	≥60	≤2.5	≥1740	1500	≥30	≥5
磷酸盐结合耐火浇注料	LL-75	≥75		≥1780	1500	≥30	≥5
	LL-60	≥60		≥1740	1450	≥25	≥4
	LL-45	≥45		≥1700	1350	≥20	≥3.5
水玻璃结合耐火浇注料	BN-40	≥40			1000	≥20	

（二）浇注料的应用

浇注料是目前生产与使用最广泛的一种不定形耐火材料。主要用于构筑各种加热炉内衬等整体构筑物。如磷酸盐浇注料可用于焦炉。国内某厂 7.63m 焦炉使用的耐火浇注料其性能指标见表 5-32。

表 5-32　7.63m 焦炉使用的耐火浇注料性能值

性能		干燥剂 F1320-3	F1320-7	F1320-7	炉门用 Linco T2
化学成分/%	$w(SiO_2)$	约 45.0	约 45.0	约 48.0	
	$w(Al_2O_3)$	约 40.0	约 40.0	约 39.0	
	$w(Fe_2O_3)$	约 5.0	约 5.0	约 3.5	
干燥后常温耐压强度/MPa	110℃	≥0.1	≥0.1	≥0.1	≥0.1
	1000℃	≥0.7	≥0.7	≥0.7	≥0.7
抗折强度/MPa	110℃	≥0.1	≥0.1	≥0.1	≥0.1
	1000℃	≥0.7	≥0.7	≥0.7	≥0.7
使用最高温度/℃		1300	1300	1300	1300
粒径/mm		≤3.0	≤3.0	≤3.0	0～6
加水量/%		9～11	9～11	11～13	约 12
状态性质		水硬性	水硬性	水硬性	水硬性
干燥后体积密度/kg·m^{-3}		约 1900	约 1900	约 1900	·约 1900
使用		添加剂	抹补	抹补	振动浇注
运输储存		干体	干体	干体	干体
线膨胀率（100℃）/%		0.042	0.042	0.046	—
烧后永久膨胀（800℃）/%		≥0.0	≥0.0	≥1.0	≥0.4
热导率/W·(m·K)$^{-1}$	400℃	0.81	0.81	0.81	0.64
	800℃	0.90	0.90	0.86	0.78
	1000℃	0.94	0.94	0.90	0.89
	1200℃	0.96	0.96	0.94	0.99

第四节　焦炉用隔热材料

隔热耐火材料是指气孔率高、体积密度低、热导率低的耐火材料。它包括隔热耐火材料、耐火纤维和耐火纤维材料。

隔热耐火材料的特性是气孔率高，一般为40％～85％；体积密度低，一般低于1500kg/m³；热导率低，一般低于1.0W/（m·K）。它用作工业炉窑的隔热材料，可减少炉窑散热损失，节省能源，并可减轻热工设备的质量。隔热耐火材料机械强度、耐磨损性和抗渣侵蚀性较差，不宜用于炉窑的承重结构和直接接触熔渣、炉料、熔融金属等部位。

一、6m焦炉用隔热材料

6m焦炉用隔热材料主要有：高强硅藻土砖、漂珠砖和CFBT—1993新型保温材料，其性能见表5-33。

表5-33　6m焦炉用隔热材料

项　目	指　标		
	高强硅藻土砖	漂　珠　砖	CFBT—1993新型保温材料
体积密度/g·cm⁻³ 常温耐压强度/MPa 重烧线变化/％ 热导率/W·（m·K）⁻¹ 耐火度/℃	≤0.6 ≥1.5 ≤2（900℃，8h） ≤0.15（平均温度300℃±10℃）	≤1.0 ≥10 ≤2（1250℃，2h） ≤0.5（平均温度350℃±25℃） 1650	使用温度－25～800℃ 热导率0.028～0.04W/（m·K） 膏体收缩率20％～30％ 干燥体积密度80～200kg/m³ 膏体体积密度800～930kg/m³

二、耐火纤维

耐火纤维是纤维状的新型耐火材料，它具有一般纤维的特性，如柔软、高强度，可加工成各种带、线、绳、毯、毡等，又具有普通纤维所没有的耐高温、耐腐蚀的性能，并且大部分耐火纤维抗氧化。

所谓耐火纤维，通常是指使用温度在1000～1100℃以上的纤维材料，而石棉、矿渣棉等早已作为建筑材料使用。从广义上讲，它们也应视为耐火材料，只不过多用在600℃以下。

（一）耐火纤维的特性

（1）耐高温。最高使用温度在1260～2500℃，甚至更高；而一般的玻璃棉、石棉、矿渣棉等，最高使用温度仅为580～830℃。

（2）低热导率。在高温区的热导率很低，100℃时，耐火纤维的热导率仅为耐火砖的1/5～1/10，为普通黏土砖的1/10～1/20。经统计，若在加热炉、退火炉以及其他一些工业窑炉上，用耐火纤维代替耐火砖等作炉衬，重量可降低80％以上，厚度可减少50％以上。

（3）化学稳定性好。除强碱、氟、磷酸盐外，几乎不受化学药品的侵蚀。

（4）抗热震性好。有耐火砖无法比拟的良好抗热震性。

（5）热容低。节省燃料，炉温升温快，对间歇性操作的炉子尤为显著，为耐火砖墙的

1/72，为轻质黏土砖的 1/42。

(6) 柔软、易加工。用耐火纤维材料筑炉效果好、施工方便，降低了劳动强度，提高了效率。

据有关资料报道，工业炉用耐火纤维，燃料可大大降低，其中以油、气和电为动力的窑炉，其能源消耗分别可下降 26%、35%和 48%以上。

表 5-34～表 5-38 列出了几种常用的耐火纤维的理化指标。

表 5-34 硅酸铝质耐火纤维的理化指标

项目		指标
长期使用温度/℃		1000
化学成分/%	$w(Al_2O_3+SiO_2)$	≥96
	$w(Al_2O_3)$	≥48
	$w(Fe_2O_3)$	≤1.2
	$w(R_2O)$	≤0.3
性能	纤维直径/μm	2～4
	纤维长度/mm	约 50
	渣球含量/%	≤10

表 5-35 高铝耐火纤维的理化指标

项目		指标
长期使用温度/℃		1200
化学成分/%	$w(Al_2O_3+SiO_2)$	≥98.50
	$w(Al_2O_3)$	≥59
	$w(Fe_2O_3)$	≤0.2
	$w(R_2O)$	≤0.3
性能	纤维直径/μm	2～4
	纤维长度/mm	约 50
	渣球含量/%	≤10

表 5-36 高纯高铝纤维棉的理化指标

项目		指标		
		XMH-60	XMH-55	XMH-50
$w(Al_2O_3)$/%		≥60	≥55	≥50
$w(Fe_2O_3)$/%		≤0.7		
渣球率/%	一级	≤10		
	二级	≤10.1～20		

表 5-37 氧化铝纤维的理化指标

项目		指标
长期使用温度/℃		1400
化学成分/%	$w(Al_2O_3+SiO_2)$	≥99.0
	$w(Al_2O_3)$	约 80
	$w(Fe_2O_3)$	≤0.06
	$w(R_2O)$	≤0.06
性能	纤维直径/μm	3～10
	纤维长度/mm	>50
	渣球含量/%	<10

表 5-38 莫来石耐火纤维的特性

项目		中国洛阳	美国
化学成分/%	$w(Al_2O_3)$	72～74	77
	$w(SiO_2)$	20～22	17
	$w(B_2O_3)$	3～5	4.5
	$w(P_2O_5)$	1.6～3.0	1.5

续表 5-38

项　　目	中 国 洛 阳	美　国
晶体尺寸/nm	55.0	
纤维直径/μm	2～7 占 80%～90%	<6(平均)
纤维长度/mm	20～25	10～13
材料加热收缩/%	<1(1300℃,6h)	0.4～1.0(1370℃,2h)
热导率/W·(m·K)$^{-1}$	<0.19(热面 1000℃)	
回弹率/%	80(常温)73(1000℃)	

（二）耐火纤维材料

耐火纤维材料是以耐火纤维为原料经加工制成的各种高温隔热材料。材料质量轻、热导率低，是一种新型优质高温隔热材料。

1. 硅酸铝耐火纤维毡

现行国家标准（GB3003—1983）规定，普通硅酸铝耐火纤维毡的牌号定为PXZ-1000。牌号中的字母均为汉语拼音第一个字母，P 表示普通，X 表示纤维，Z 表示毡，1000 表示工作温度为 1000℃。其化学成分、物理性能见表 5-39、表 5-40。

表 5-39　毡的化学成分　(%)

成分	要求	数值
$Al_2O_3+SiO_2$	不小于	96
Al_2O_3		45
Fe_2O_3	不大于	1.2
Na_2O+K_2O		0.5

表 5-40　毡的物理性能

项　　目	指　　标	
密度/kg·m^{-3}	130	±15
	160	
	190	
	220	
渣球含量（>0.25mm）/%	不大于	5
加热收缩率（1150℃，保温 6h）/%		4
含水量/%		0.5

2. 硅酸铝纤维毯

硅酸铝纤维毯适用于 1300℃以下，中性或氧化气氛的工业窑炉保温隔热，其规格及理化指标见表 5-41。

表 5-41　硅酸铝纤维毯的规格和理化指标

项　　目	低温型 LT	标准型 RT	高纯型 HP	高温型 HT
颜色	白	白	白	白
纤维直径/μm	2～4	2～4	2～4	2～4
热收缩率(1150℃，保温 6h/%	5.0（1093℃）	3.5（1232℃）	3.5（1232℃）	3.5（1399℃）
热导率/W·（m·K）$^{-1}$	0.084（316℃）	0.129（538℃）	0.158（760℃）	0.187（817℃）
最高使用温度/℃	980	1200	120	1370
w（Al_2O_3）/%	40～44	46～48	47～49	52～55
w（Fe_2O_3）/%	0.7～1.5	0.7～1.2	0.1～0.2	0.1～0.2

三、国内某厂 7.63m 焦炉使用的隔热材料

国内某厂 7.63m 焦炉使用的隔热材料有：高铝隔热砖、高铝陶瓷纤维、硅质隔热砖。其性能见表 5-42、表 5-43。

表 5-42　焦炉隔热砖性能值

性　　能		高铝隔热砖 A75S	高铝隔热砖 A75S	隔热砖	隔热砖
化学成分/%	$w(SiO_2)$			77.0	77.0
	$w(Al_2O_3)$	40.0	53.0	8.6	8.6
	$w(Fe_2O_3)$	1.3	1.0	6.8	6.8
	$w(CaO)$	—	—	0.8	0.8
显气孔率/%		约 70	—	—	约 80
常温耐压强度/MPa		≥5.0	≥5.0	≥4.0	≥1.2
温度等级/℃		≥1320	≥1430	≥900	≥900
抗热震稳定性(950℃,空冷)/次				≥50	≥50
体积密度/$g \cdot cm^{-3}$		0.75	0.80	0.75	0.525
重烧线变化/%		≤1.0(1290℃, 24h)	≤1.0(400℃,24h)	约 1.0(850℃,12h)	约 1.0(850℃, 12h)
热导率/$W \cdot (m \cdot K)^{-1}$		—	0.26(200℃)	0.15(200℃)	0.11(200℃)
		0.27(400℃)	0.28(400℃)	0.16(400℃)	0.13(400℃)
		0.30(600℃)	0.31(600℃)	0.18(600℃)	0.16(600℃)
		0.34(800℃)	0.35(800℃)	—	—
		0.37(1000℃)	0.38(1000℃)	—	
		0.43(1200℃)	0.43(1200℃)	—	—

表 5-43　陶瓷纤维性能

性　　能		陶瓷纤维毯 96-1425	陶瓷纤维毯 96-1260	陶瓷纤维黏结剂 1000
化学成分/%	$w\ (SiO_2)$	约 40	约 45	—
	$w\ (Al_2O_3)$	约 60	约 50	—
使用最高温度/℃		1425	1260	1000
体积密度/$kg \cdot dm^{-3}$		约 96	约 96	—
材质要求规格/$kg \cdot dm^{-3}$		—	—	—
运输储存		—	—	使用准备
状态性质		—	—	无机化合物
使用		—	—	涂上抹平

续表 5-43

性　　能	陶瓷纤维毯 96-1425	陶瓷纤维毯 96-1260	陶瓷纤维黏结剂 1000
热导率(WLT)/W・(m・K)$^{-1}$	约 0.08（200℃）	约 0.05（200℃）	—
	约 0.09（400℃）	约 0.08（400℃）	—
	约 0.14（600℃）	约 0.13（600℃）	—
	约 0.21（800℃）	约 0.19（800℃）	—
	约 0.30（1000℃）	约 0.27（1000℃）	—
	约 0.40（1200℃）	—	—

第六章 热回收焦炉

热回收焦炉是指炼焦煤在炼焦过程中产生焦炭，其化学产品、焦炉煤气和一些有害的物质在炼焦炉内部合理地充分燃烧，回收高温废气的热量用来发电或其他用途的一种焦炉。

热回收焦炉由于其独特的炉体结构和工艺技术，在炼焦过程中炭化室负压操作，不外泄烟尘，也不回收化学产品和净化焦炉煤气，很少产生污染物，因此热回收焦炉解决了炼焦过程中主要污染物的产生，基本上实现了清洁生产和保护环境。同时由于热回收焦炉炼焦煤种适用广，焦炭块度大，质量高，在我国的应用已显示出了其独特的优越性，也越来越受到了世界炼焦界的广泛关注和高度重视。

第一节 概 述

回收化学产品的常规焦炉使用100多年来，在其技术和经济方面获得了重要的成功，但常规焦炉发展到今天，遇到了环境保护、资源利用等方面的困难。为了使焦化工业健康发展，焦化工业的清洁生产已成为国内外焦化界重点研究的课题。焦化工业的清洁生产要充分体现经济、资源、环境的协调发展，从生产工艺过程中减少或控制污染物的产生，是焦化工业清洁生产的重要技术措施，也是最有效的办法。这样，热回收焦炉应运而生。

炼焦业最早是从蜂巢焦炉开始的，后来这种焦炉发展成为无回收焦炉和热回收焦炉。一段时间以来，因为人们青睐煤化学产品的回收，使无回收焦炉进展延缓。20世纪80年代以来，由于国际上控制污染的法律越来越严格和环保设施的投入越来越大，使得回收化学产品和焦炉煤气的常规焦炉在技术和经营方面出现了一些困难，这样，易于控制污染、投资少的无回收焦炉又吸引了世界炼焦业的关注。为了资源的综合利用，人们开始了回收利用无回收焦炉炼焦时产生的废气热量，也就有了热回收焦炉。

热回收焦炉最早在美国、德国、澳大利亚、印度等国使用。从这些国家使用的情况来看，热回收焦炉明显的特点是炼焦过程中不外排烟尘，对大气环境基本没有造成污染，同时由于不回收化学产品和净化焦炉煤气，不产生污水，对水资源没有污染。热回收焦炉所生产的焦炭在大型高炉上的应用是完全可行的。

我国的热回收焦炉的开发设计和应用是从20世纪90年代开始的。

20世纪90年代，山西省依靠煤炭资源优势，焦化工业发展非常迅速，其焦炭产量占全国焦炭总产量的百分之四十左右。但山西焦化工业采用的炼焦炉炭化室高度4.3m以上的只占少部分，大部分为炭化室高度2.8m以下的焦炉和改良焦炉，其焦炉设施简易，化产回收和煤气净化设施不完善，焦炉煤气没有用途，有的根本没有焦炉除尘和污水处理等环保设施，浪费资源和污染环境的情况十分严重。为了解决这一问题，山西省多次组织全国的专家对山西焦化工业的发展和炼焦炉的选择进行论证，认为焦化工业的发展，一是在传统机焦炉的基础上，加大炭化室的高度和炭化室的容积，完善化学产品的回收设施，充分合理地利用剩余的焦炉煤气，加强完善环境保护措施，二是开发清洁型的炼焦新工艺，在炼焦过程中制止和减少有害污染物的产生，从而达到清洁生产和保护环境的目的。

在这种情况下，山西省开始了清洁型焦炉的开发研究工作。一是在改良焦炉的基础上开发研究，开发出类似连体改良焦炉的冷装冷出热回收焦炉；二是借鉴了国外热回收焦炉的成功经验，同时结合了我国改良焦炉生产的一些经验，开发研究出热装热出清洁型热回收捣固式机焦炉。

我国的热回收焦炉首次采用了捣固炼焦，特别是液压捣固首次应用于炼焦行业，为炼焦新技术的发展做出了重要的贡献。我国的热回收焦炉技术起点高，技术经济合理，操作经验丰富，有些技术已经处于国际领先水平。

热回收焦炉与改良焦炉在炉体结构、机械配置、装备水平、工艺指标、自动化程度等方面有着根本的区别。热回收焦炉配备有与常规机焦炉基本相同的备煤、筛焦工艺，焦炉炉体有完善的焦炉保护板、炉柱、炉门等焦炉铁件，有装煤推焦车和接熄焦车，采用湿法熄焦，炼焦产生的废气余热经锅炉产生蒸汽发电，废气经脱除二氧化硫后经烟囱排放。热回收焦炉炉体结构合理、焦炉铁件配置完善、机械化程度高、工艺操作指标先进，已经实现了机械化和自动化生产，达到了炼焦行业清洁化生产的要求。热回收焦炉工艺流程如图6-1所示。

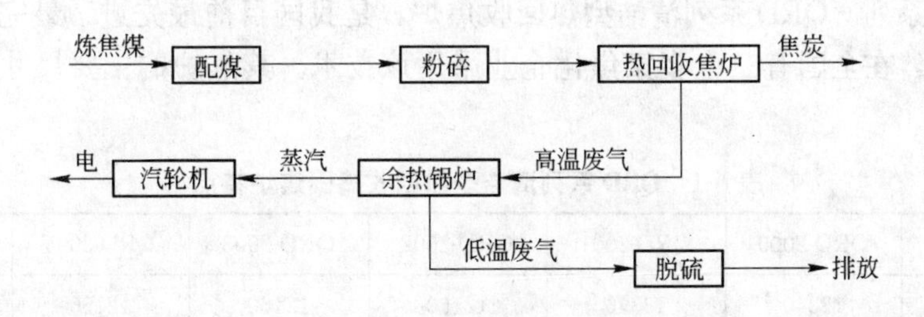

图6-1 热回收焦炉工艺流程方框图

第二节 清洁型热回收捣固焦炉的类型

一、清洁型热回收捣固焦炉的类型

我国的热回收焦炉由于采用了捣固装煤，全部机械化操作，并实现了清洁生产，因此，我国的热回收焦炉也叫清洁型热回收捣固焦炉。根据装炉和出炉的温度分为冷装冷出和热装热出两类热回收捣固焦炉。

（一）冷装冷出热回收焦炉

1996年山西三佳煤化有限公司开发的SJ-96型焦炉，炭化室长22.6m，宽3m，装煤高度2m，生产铸造焦结焦时间240h，以及1999年太原迎宪焦化集团开发的YX-21QJL-1型焦炉，炭化室长20m，宽3m，装煤高度1.8m，生产铸造焦结焦时间430h，均属于此类。这类焦炉均为炭化室冷态顶装煤，炭化室内人工捣固，炭化室内湿法熄焦，冷态焦炉两侧炉门出焦。经过实践证明这类清洁型焦炉炉体结构简单、装煤出焦采用半机械化，具有投资少、成本较低、焦炭质量高、余热可以发电、清洁生产等特点，特别适合生产出口铸造焦。但是由于捣固煤饼是由人工在炉体内进行，劳动强度大，工作环境差，并且炉内熄焦余热利用率低，因此，在应用上有一定的局限性。

（二）热装热出热回收焦炉

热装热出热回收炼焦技术是国际上普遍采用的热回收炼焦技术。该技术在我国开发时间较晚，但却发展很快，取得了显著的效果。

1. DQJ-50 型热回收焦炉

1999 年，山西寰达实业有限公司开始建设并于次年 6 月投产的 DQJ-50 型焦炉即为热回收清洁焦炉。该焦炉炭化室宽 3.6m，长 13.5m，高 3m，中心距 4.4m，装煤高度 1m。该炼焦工艺采用焦炉炉外捣固煤饼侧装煤，炼焦负压操作，全部实现了机械化，余热利用发电。特别要指出的是，该焦炉是我国第一代全部实现了机械化操作和首先在国际上采用捣固技术的清洁型热回收炼焦炉。虽然在炉体结构、耐火材质选用、焦炉机械性能等方面需要改进和完善，但是在焦炉炉体结构、焦炉机械、工艺操作指标等方面为我国热回收炼焦技术积累了宝贵的经验。

2. QRD 系列清洁型热回收焦炉

从 1990 年开始，山西省化工设计院就开始了热回收焦炉的开发研究，并于 2000 年和山西省有关焦化专家一起，研究设计出了 QRD-2000 清洁型热回收捣固焦炉，并经过几年的努力形成了系列。QRD 系列清洁型热回收焦炉，是我国目前最先进、最完善、最可靠的热回收焦炉，在全国有三十多家焦化企业采用该技术。其焦炉的主要尺寸及特点见表 6-1。

表 6-1　QRD 系列清洁型热回收捣固焦炉特点

焦炉型号	QRD-2000	QRD-2001	QRD-2002	QRD-2003	QRD-2004	QRD-2005
炭化室全长/mm	13340	13340	12160	12160	12160	13340
炭化室全宽/mm	3596	3596	2812	2812	2812	3596
炭化室全高/mm	2758	2812	2540	2540	2540	2812
装干煤量/t	47～50	47～50	33～34	33～34	33～34	47～50
结焦时间/h	65～90	80	90	80	80	60
主要耐火材料	硅砖	高铝砖	黏土砖	高铝砖	高铝砖	硅砖
集气管位置	焦炉上方	地下	地下	地下	焦炉上方	地下
是否烘炉	是	否	否	否	否	是
适用范围	冶金焦	冶金焦 铸造焦	铸造焦	铸造焦 冶金焦	铸造焦 冶金焦	冶金焦
冷炉后再生产	不可以	可以	可以	可以	可以	不可以

二、清洁型热回收捣固焦炉的工作原理及其特点

清洁型热回收捣固炼焦技术采用了独特的炉体结构、焦炉机械和工艺技术，与传统的焦炉相比具有明显的特点。下面以 QRD-2000 清洁型热回收捣固焦炉为例进行介绍。

（一）工作原理

热回收焦炉工作原理是将炼焦煤捣固后装入炭化室，利用炭化室主墙、炉底和炉顶储蓄的热量以及相邻炭化室传入的热量使炼焦煤加热分解，产生荒煤气，荒煤气在自下而上逸出的过程中，覆盖在煤层表面，形成第一层惰性气体保护层，然后向炉顶空间扩散，与由外部引入的空气发生不充分燃烧，生成的废气形成煤焦与空气之间的第二层惰性气体保护层。由于干馏产生的荒煤气不断产生，在煤（焦）层上覆盖和向炉顶的扩散不断进行，使煤（焦）层在整个炼焦周期内始终覆盖着完好的惰性气体保护层，使炼焦煤在隔绝空气的条件下加热得到焦炭。在炭化室内燃烧不完全的气体通过炭化室主墙下降火道到四联拱燃烧室内，在耐火砖的保护下再次与进入的适度过量的空气充分燃烧，燃烧后的高温废气送去发电并脱除二氧化硫后排入大气。

（二）特点

1. 有利于焦炉实现清洁化生产

焦炉采用负压操作的炼焦工艺，从根本上消除了炼焦过程中烟尘的外泄。炼焦炉采用了水平接焦，最大限度地减少了推焦过程中焦炭跌落产生的粉尘；在备煤粉碎机房、筛焦楼、熄焦塔顶部等处采用了机械除尘；在精煤场采用了降尘喷水装置。炼焦工艺和环保措施相结合，更容易实现焦炉的清洁化生产。焦炉炉顶污染物排放情况见表 6-2，焦炉烟囱污染物排放情况见表 6-3。

表 6-2　焦炉炉顶污染物排放情况

项目	$SO_2/mg \cdot m^{-3}$	$H_2S/mg \cdot m^{-3}$	颗粒物/$mg \cdot m^{-3}$	BSO/$mg \cdot m^{-3}$	BaP/$\mu g \cdot m^{-3}$
数值	0.029～0.042	0.003～0.005	0.25～0.49	0.001～0.003	$0 \sim 2.6 \times 10^{-4}$

表 6-3　焦炉烟囱污染物排放情况

项目	$SO_2/mg \cdot m^{-3}$	$CO_2/mg \cdot m^{-3}$	颗粒物/$mg \cdot m^{-3}$	CO/$mg \cdot m^{-3}$	BaP/$\mu g \cdot m^{-3}$
数值	80～100	$(1.26 \sim 1.33) \times 10^5$	30～40	3.50～56.0	$0 \sim 3.70 \times 10^{-6}$

该焦炉没有回收化学产品和净化焦炉煤气的设施，在生产过程中不产生含有化学成分的污水，不需要建设污水处理车间。在全厂生产过程中熄焦时产生的废水，经过熄焦沉淀池沉淀后循环使用不外排。

焦炉生产工艺简单，没有大型鼓风机、水泵等高噪声设备。在全厂生产过程中产生噪声的设备有精煤粉碎机、焦炭分级筛、焦炉机械等。精煤粉碎机和焦炭分级筛采用低噪声设备，在安装和使用过程中采取了降低噪声的措施，厂房周围的噪声低于 50dB。焦炉机械的噪声主要来源于捣固机，捣固工艺采用液压捣固，捣固过程中产生的噪声很低，一般低于 40dB。

2. 有利于扩大炼焦煤源

焦炉采用大容积炭化室结构和捣固炼焦工艺，捣固煤饼为卧式结构，改变了炼焦过程中化学产品和焦炉煤气在炭化室的流动的途径，炼焦煤可以大量地使用弱黏结煤。炼焦煤中可以配入 50%左右的无烟煤，或者更多的贫瘦煤和瘦煤，这对于扩大炼焦煤资源具有非常重要的意义。

焦炉生产的焦炭块度大、焦粉少、焦炭质量均匀，一般情况焦炭的 $M_{40}>88\%$，$M_{10}<5\%$。

焦炉采用了大容积炭化室结构和捣固炼焦工艺，可较灵活地改变炼焦配煤和加热制度，根据需要生产不同品种的焦炭，如冶金焦、铸造焦、化工焦等。

3. 有利于减少基建投资和降低炼焦工序能耗

焦炉工艺流程简单，而且配套的辅助生产设施和公用工程少，建设投资低，建设速度快。一般情况下基建投资为相同规模的传统焦炉的 50%～60%，建设周期为 7～10 个月。此外，QRD-2000 清洁型热回收捣固焦炉工艺流程简单，设备少，生产全过程操作费用较低，维修费用较少。

没有传统焦炉的化产回收、煤气净化、循环水、制冷站、空压站等工序，也没有焦炉装煤出焦除尘、污水处理等环境保护的尾部治理措施，生产过程中能源消耗较低，其炼焦工序吨焦耗水约 $0.7m^3$，吨焦耗电约 9～10kW。

（三）发展方向

清洁型热回收捣固焦炉虽然在保护环境和拓展炼焦煤资源方面具有优势，但在以下方面尚需要改进：

(1) 由于采用负压操作，对连续性烟尘排放可得到控制，但对阵发性的污染仍需采取防范措施，否则仍有污染问题。

(2) 由于无化产回收系统，所以无焦化酚氰污水产生，但仍存在燃烧废气的脱硫问题及脱硫后脱硫剂的处理问题（目前用石灰乳脱硫，脱硫后的废渣也需有适当的处理途径）需要解决。

(3) 生产过程中焦炭烧损仍偏高，导致表面焦炭灰分高，结焦率降低。

(4) 自动化水平偏低。由于测控手段落后，炉内温度不好控制，高温点漂移不定，影响炉体的使用寿命。

(5) 国产设备尚未形成规模化和系统化，设备可靠性低，有些车辆寿命偏短。

(6) 在成焦机理和焦炉炉体结构的研究方面仍然不够。

(7) 熄焦方式仍采用普通湿法熄焦，未回收红焦显热，同时产生大气污染，建议采用干法熄焦或其他熄焦方式。

第三节　清洁型热回收捣固焦炉的设备

不同类型的热回收焦炉的设备具有各自的特点，QRD 系列清洁型热回收捣固焦炉在我国应用最广，代表了目前的先进水平，本节对 QRD-2000 清洁型热回收捣固焦炉的炉体设备和焦炉机械进行介绍。

一、炉体设备

（一）焦炉炉体

QRD-2000 清洁型热回收捣固焦炉主要由炭化室、四联拱燃烧室、主墙下降火道、主墙上升火道、炉底、炉顶、炉端墙等构成。其炉体结构如图 6-2 所示。

1. 炭化室

焦炉根据炼焦发展的方向，采用了大容积炭化室结构，考虑到捣固装煤煤饼的稳定

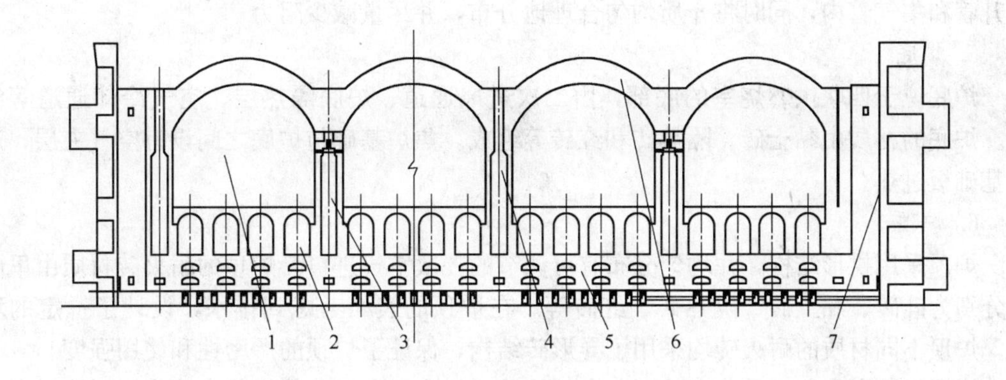

图 6-2 QRD-2000 清洁型热回收捣固焦炉立面图

1—炭化室；2—四联拱燃烧室；3—主墙下降火道；4—主墙上升火道；
5—炉底；6—炉顶；7—炉端墙

性，采用了炭化室和宽炭化室低的结构形式。炭化室用不同形式的异形硅砖砌筑，机焦侧炉门处为高铝砖，高铝砖的结构为灌浆槽的异形结构。炭化室采用不同材质异形结构的耐火砖，保证了炉体的强度和严密性，增加了炉体的使用寿命。炭化室全长 13340mm，炭化室全宽 3596mm，炭化室全高 2758mm，炭化室中心距为 4292mm，炭化室一次装干煤量 47～50t。

2. 四联拱燃烧室

四联拱燃烧室位于炭化室的底部，采用了相互关联的蛇形结构形式，用不同形式的异形硅砖砌筑。为了保证四联拱燃烧室的强度，其顶部采用异形砖砌筑的拱形结构。在四联拱燃烧室下部的二次进风口。燃烧室机焦侧两端耐火材质为高铝砖，高铝砖的结构为灌浆槽的异形结构。

炭化室内炼焦煤干馏时产生的化学产品、焦炉煤气和其他物质，在炭化室内部不完全燃烧，通过炭化室主墙下降火道进入四联拱燃烧室。由设在四联拱燃烧室下部，沿四联拱燃烧室的长向规律地分布的二次进风口补充一定的空气，使炭化室燃烧不完全的化学产品、焦炉煤气和其他一些有用和无用的物质充分燃烧。燃烧后的高温废气通过炭化室主墙上升火道进入焦炉的上升管、集气管送去发电和脱除二氧化硫。

3. 主墙下降火道

主墙的下降火道沿炭化室主墙有规律地均匀分布，主墙下降火道为方形结构。主墙下降火道的数量和断面积根据炭化室内的负压分布情况和炼焦时产生的物质不完全燃烧的废气量有关。主墙下降火道采用不同形式的异形硅砖砌筑。

主墙下降火道的作用是合理地将炭化室内燃烧不完全的化学产品、焦炉煤气和其他物质送入四联拱燃烧室内，同时将介质均匀合理地分布，并尽量减少阻力。

4. 主墙上升火道

主墙的上升火道在炭化室主墙的两端有规律地均匀分布，主墙上升火道为方形结构。主墙上升火道的数量和断面积根据四联拱燃烧室内的负压分布情况和完全燃烧的废气量有关。主墙上升火道采用不同形式的异形硅砖砌筑。

主墙上升火道的作用是合理地将四联拱燃烧室内燃烧完全的物质产生的废气送入焦炉

上升管和集气管内，同时将介质均匀合理地分布，并尽量减少阻力。

5. 炉底

炉底位于四联拱燃烧室的底部，由二次进风通道、炉底隔热层、空气冷却通道等组成。炉底的材质由黏土砖、隔热砖和红砖等组成。焦炉基础与炉底之间设有空气夹层，避免基础板过热。

6. 炉顶

炉顶采用拱形结构，并均匀分布有可调节的一次空气进口。炉顶的耐火砖材质由里向外分别为硅砖、黏土砖、隔热砖、红砖等。在炉顶的表面考虑到排水，设计了一定的坡度。炉顶不同材质的耐火砖均采用了异形砖结构，保证了炉顶的严密性和使用强度。

根据炭化室内负压的分布情况，有规律地一次进入空气。使炭化室炼焦煤干馏时产生的焦炉煤气和化学产品在炭化室煤饼上面还原气氛下不完全燃烧。通过调节炭化室内负压的高低，控制进入炭化室内的一次空气量。炭化室内煤饼表面产生的挥发分不和空气接触，形成一层废气保护层，达到炼焦煤隔绝空气干馏的目的。

7. 炉端墙

在每组焦炉的两端和焦炉基础抵抗墙之间设置有炉端墙，炉端墙的主要作用是保证炉体的强度，以及隔热降低焦炉基础抵抗墙的温度。炉端墙的耐火砖材质从焦炉侧依次为黏土砖、隔热砖和红砖。炉端墙内还设计有烘炉时排除水分的通道。

（二）护炉设备

QRD-2000 清洁型热回收捣固焦炉的护炉设备包括炉柱、上保护板、中保护板、下保护板、炉门架、横拉条、纵拉条、弹簧等。其护炉设备安装示意图见图 6-3。

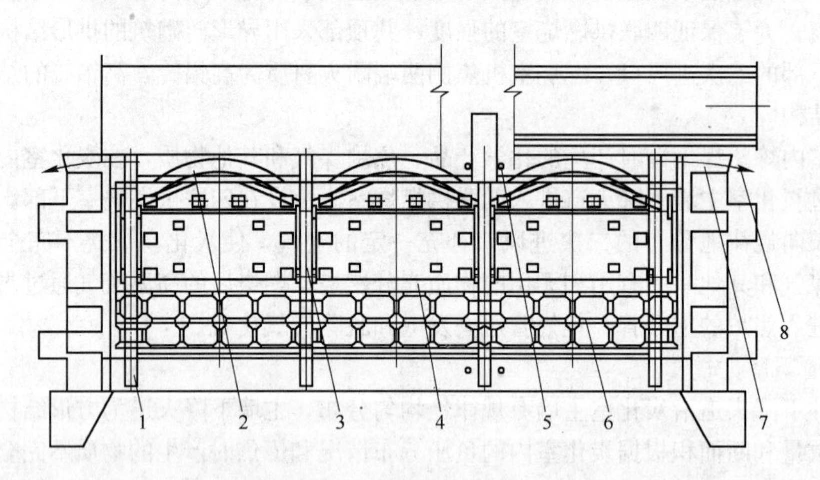

图 6-3　QRD-2000 清洁型热回收捣固焦炉护炉设备安装示意图

1—炉柱；2—上保护板；3—中保护板；4—下保护板；5—炉门架；
6—横拉条；7—纵拉条；8—弹簧

1. 炉柱

炉柱是清洁型焦炉主要的护炉设备，炉柱既要承受炉体的膨胀力，还要支撑集气管、机焦侧操作平台、焦炉机械的滑线架等。炉柱通过焦炉基础预埋的下拉条和安装在焦炉顶部的横拉条固定。炉柱由工字钢和钢板加工而成，在炉柱的钢板之间安装有小弹簧，通过调节小弹簧的受力来保证炉柱的强度。

2. 保护板

焦炉由于是大容积炭化室,需要保护的面积大，为了保证保护板有效地保护焦炉不受损害,同时保证保护板和焦炉炉头紧密接触,因此采用了上保护板、中保护板、下保护板结构。

上保护板支撑在中保护板上，通过炉柱压紧焦炉炉头。上保护板主要保护炉顶拱形部分。上保护板的材质为球墨铸铁或蠕墨铸铁。在上保护板靠近焦炉侧带有槽形结构，在槽形结构内填满浇注料。

中保护板安装在焦炉炉头炭化室主墙外表面，支撑在下保护板上，并且通过炉柱压紧焦炉主墙。中保护板还设置有挂炉门机构。中保护板主要保护焦炉主墙部分。中保护板的材质为球墨铸铁或蠕墨铸铁。在中保护板的靠近焦炉侧带有槽形结构，在槽形结构内填满浇注料。

下保护板安装在焦炉炭化室底炉头两侧，支撑在炉门架上，并且通过炉柱压紧焦炉炭化室底部的炉头墙。下保护板主要保护焦炉炭化室底部。下保护板的材质为球墨铸铁或蠕墨铸铁。在下保护板的靠近焦炉侧带有槽形结构，在槽形结构内填满浇注料。

3. 炉门架

炉门架的作用是支撑保护板，同时保护四联拱燃烧室。炉门架支撑在焦炉基础上，并且通过炉柱压紧在四联拱燃烧室两侧。炉门架的主要材料为角钢、槽钢和钢板焊接而成。

4. 横拉条

在焦炉的基础底部和焦炉的炉顶设置有横拉条，横拉条的作用是拉紧炉柱。焦炉基础底部预埋的横拉条为下横拉条，安装在焦炉顶部的横拉条为上横拉条。上、下横拉条均安装有弹簧，通过弹簧来调节炉柱对焦炉炉体的压力。

上、下横拉条都由不同直径的圆钢制作而成。一组上横拉条为两根圆钢制作，在上横拉条的两端有压紧螺母。一组下横拉条为两根圆钢制作，一端带有弯钩预埋在焦炉基础里，另一端露在焦炉基础外面有压紧螺母。

5. 纵拉条

纵拉条安装在焦炉炉顶，两端穿过抵抗墙的预留孔用弹簧和螺母压紧。纵拉条的作用是拉紧墙，避免抵抗墙由于焦炉膨胀而向外倾斜。一组焦炉设有 4 根纵拉条。纵拉条由圆钢制作而成，焦炉的孔数不同，纵拉条的直径也不同。

6. 弹簧

弹簧安装在纵拉条、上横拉条和下横拉条的端部，其作用是调节纵横拉条对焦炉炉体产生的压力，同时固定炉柱。弹簧一般采用圆形柱螺旋压缩弹簧。

（三）焦炉炉门

焦炉炭化室容积大，炉门表面积大。为了减少装煤出焦时从炭化室逸散的烟尘，减少炭化室的散热，同时为了减轻炉门的操作重量，炉门采用上下两节炉门。

1. 上炉门

上炉门安装在炭化室的上部和炉顶部分，上炉门正常生产时固定在炉门架上，装煤出焦时不开启上炉门。上炉门的材质为球墨铸铁和蠕墨铸铁，在上炉门内内衬有浇注料，在上炉门与下炉门接触的下边沿镶嵌有高铝砖，起到与下炉门的密封作用。

2. 下炉门

下炉门安装在炭化室的下部。装煤出焦时，利用焦炉机械开启关闭下炉门。下炉门的材质为球墨铸铁和蠕墨铸铁，在下炉门内内衬有浇注料。为了减少热量的散发，降低炉门表面的温度，以及改善操作环境和提高热能的回收利用率，下炉门内衬保温材料采用隔热效果更好和导热系数更低的硅酸铝陶瓷纤维。

（四）集气系统

焦炉的集气系统输送的物质和有回收的传统机焦炉不同，它输送的是炼焦产生的高温废气。集气系统的设备包括上升管、机焦侧集气管和集气总管。

1. 上升管

上升管按机焦侧分别设置。上升管安装在焦炉炉顶和集气管之间，其作用是将炼焦炉四联拱燃烧室完全燃烧的高温废气经炭化室主墙上升火道送到炉顶的废气送入集气管内。上升管还设置有调节炼焦炉吸力的手动调节装置和自动调节装置。

上升管外表面由钢板焊制而成，里面由硅砖、高铝砖和漂珠砖砌筑而成。上升管和焦炉顶部采用柔性连接，上升管和集气管采用法兰连接。

2. 机焦侧集气管

集气管分别在机焦侧设置，固定在焦炉炉柱上面。每组焦炉机焦侧分别设置有一根集气管。集气管的作用是将上升管送来的炼焦高温废气收集后送到集气总管。机焦侧集气管分别装有调节每组焦炉吸力的手动和自动调节装置。

集气管用钢板卷制而成，集气管内衬有隔热保温材料。集气管内的隔热保温材料可以采用隔热砖、硅酸铝陶瓷纤维，也可以用隔热捣固料浇注而成。不同的隔热保温材料的隔热效果不同，硅酸铝陶瓷纤维的隔热保温效果较好，可以减少机焦侧集气管高温废气的散热和降低集气管表面的温度。为了有效地利用高温废气的余热发电，改善操作环境，集气管表面的温度一般设计为 50℃。

3. 集气总管

集气总管的作用是将每组焦炉机焦侧集气管的高温废气集中起来送到发电车间的余热锅炉进口。集气总管的数量根据焦炭生产的规模、每组焦炉的布置方式，以及发电车间余热锅炉数量的配置确定。

集气总管用钢板卷制而成，集气总管内衬有隔热保温材料。集气总管内的隔热保温材料可以采用隔热砖、硅酸铝陶瓷纤维，也可以用隔热捣固料浇注而成。不同的隔热保温材料的隔热效果不同，硅酸铝陶瓷纤维的隔热保温效果较好，可以减少集气总管高温废气的散热和降低集气总管表面的温度。为了有效地利用高温废气的余热发电，改善操作环境，集气总管表面的温度一般设计为 50℃。

二、焦炉机械

QRD-2000 清洁型热回收捣固焦炉的机械配置采用了目前最先进的工艺技术，配置有捣固机、装煤推焦车和接熄焦车三大焦炉机械。捣固机也可以安装在装煤推焦车上，这样就只有装煤推焦车和接熄焦车。焦炉机械断面如图 6-4 所示。

（一）捣固机

捣固机是将焦炉煤塔送来的炼焦煤在煤塔下面的捣固站上捣固成煤饼的设备。捣固机为液压捣固，也可以采用机械捣固。液压捣固具有捣固机维修量小，捣固噪声低，煤饼密度均匀，煤饼表面平整等优点。

捣固机由布煤及平煤机构、走行机构、捣固机构、煤槽侧板定位机构、液压系统、电

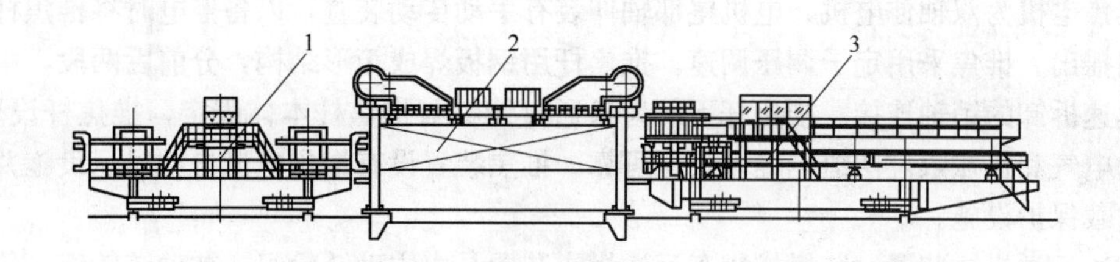

图 6-4　QRD-2000 清洁型热回收捣固焦炉机械断面图

1—接熄焦车；2—焦炉；3—装煤推焦车

气系统、钢结构等组成。

(1) 布煤及平煤机构。布煤及平煤机构主要是由贮煤斗、插板阀、平煤放煤口等组成。贮煤斗位于两排液压捣固板的中间，用于贮存和计量来自煤塔的炼焦煤。平煤放煤口由油缸驱动，可上下伸缩，随捣固机构前后移动，分层放煤，同时起到平煤的作用。插板阀控制放煤量。

(2) 走行机构。捣固机的走行机构是由两组主动轮驱动装置组成，走行装置采用变频调速。

(3) 捣固机构。捣固采用液压方式，采用双压头同时工作，每个压头采用两个油缸驱动。

(4) 煤槽侧板定位机构。煤槽侧板定位机构主要是将煤槽侧板上口定位，防止在捣固过程中侧板向外侧变形。定位装置采用液压控制。

(5) 液压系统。液压系统是液压捣固机的核心机构之一，分地面液压站和车载液压站。液压控制元件装在操作台上。液压系统的工作压力为 16MPa。液压系统采用有安全可靠的、可调控的卸荷装置，液压泵无负荷启动。

(6) 电气系统。电气系统是液压捣固机的关键设备，为确保各个机构的安全运行，电气元件安装在电气箱内。各机构的动作设置了必要的限位装置。

(7) 钢结构装置。钢结构是本车的承载部件，该结构主要是由钢板及型钢焊接而成。

(二) 装煤推焦车

装煤推焦车的主要功能为开启机侧焦炉炉门，将捣固机在捣固站捣好的煤饼送入焦炉炭化室内，关闭机侧焦炉炉门，以及推出焦炉炭化室内炼好的焦炭。装煤推焦车上也可以安装捣固机。

装煤推焦车由开启炉门机构、推焦装置、运送煤饼装置、挡板机构、走行装置、液压系统、电气系统、操作室等组成。

(1) 开门机构。装煤推焦车开门机构位于推焦装置的前端，与推焦装置处在同一中心线上，机构主要由提门机构、移门机构、移门架部分组成。提门机构安装在移门架的前端，由提门油缸驱动，平时启门仅开启下炉门，待要检修或清扫上炉门时，可通过提门机构开启上炉门。将开启的下炉门提升至一定高度，下部让出空间让推焦杆移出推出焦炭和装煤装置装入煤饼。移门机构由移门架和移门油缸组成，主要用于移进移出被开启的炉门。

(2) 推焦装置。装煤推焦车推焦装置在装煤推焦车的一侧，传动机构为一组集中驱动。推焦电机为双轴伸电机，电机尾部轴伸装有手动传动装置，以备停电时将推焦杆从炭化室内摇出。推焦采用定子调压调速。推焦杆用钢板焊成箱形结构，分前后两段，中间用能够迅速拆卸的销轴连接。推焦杆下部齿条通过铆钉与推焦杆本体固定，推焦杆设置前、后位的电气和机械限位两道，确保安全可靠。推焦装置设有推焦电流自动显示设施并设有电流过载保护设施。

（3）运送煤饼装置。装煤推焦车运送煤饼装置是由主动链轮组、被动链轮组、传动装置、输送链条、万向联轴器及托煤板组成。运送煤饼装置为链式传动。传动装置与主动链轮组之间用万向联轴器连接，链条松紧利用主动链轮组下面的滑道调节。装煤机构设置前、后位的电气和机械限位两道。有装煤电流自动显示的设施，设置装煤电流过载保护设施。运送煤饼装置采用定子调压调速。

（4）侧板机构。侧板机构起到保护煤饼和对后挡板的导向作用。

（5）后挡板机构。后挡板机构是由底部和两侧装有滚轮的后挡板、卷扬机装置组成，后挡板在运送煤饼时不仅起到保护煤饼的作用，而且在装煤饼时起到将煤饼挡在炭化室内的作用。后挡板的后退及定位装置的动作均由卷扬机操纵。

（6）后挡板定位装置。后挡板定位机构在煤饼进入炉体后在托煤槽退出时对后挡板定位，阻挡后挡板随托煤板一起后退，达到将煤饼留在炉体内的目的。

（7）走行装置。走行装置是由两组主动轮装置及两组被动轮装置组成，每组主动轮组为单独传动，结构紧凑，没有开式传动。走行装置采用变频调速。

（8）钢结构。钢结构为装煤推焦车的主体，主要由各承重大梁栓焊连接拼装而成。各梁之间先用螺栓、连接板定位与固定。校正完成后，各梁的接合处用连续焊缝将连接板与机架焊牢以确保机架的整体性。钢结构的平面上铺设花纹钢板。

（9）液压系统。液压系统是装煤推焦车的主要机构之一，液压控制方式是手动，控制元件装在操作台上。液压系统的工作压力为10MPa。液压系统采用有安全可靠的、可调控的卸荷装置，液压泵无负荷启动。

（10）电气系统。装煤推焦车的电气控制分为：走行控制、推焦控制、托煤板输送控制、液压站控制。所有动力控制柜均安装在司机室旁的配电室内，操作台安装在司机室前部。

装煤推焦车的走行采用变频调速；推焦、托煤板输送机构的传动均采用定子调压调速，共分五挡。装煤推焦车走行装置与启闭炉门、推焦、装煤的设置联锁，当其他装置工作时，装煤推焦车不能行走。

（三）接熄焦车

焦炉采用水平接焦，接熄焦车是焦炉关键的机械之一。接熄焦车的主要功能为开启焦侧焦炉炉门，接焦槽水平移动完成接受炭化室推出来的焦炭，关闭焦侧焦炉炉门，并将焦炭送去熄焦塔进行熄焦。

接熄焦车主要由开门机构、接焦槽装置、定位装置、支撑辊装置、传动装置、走行机构、钢结构、液压系统、电气系统等组成。除走行机构为电动传动外，接熄焦车的移门、提门、接焦槽横向移动、倾翻均为液压驱动。

（1）开门机构。接熄焦车开门机构位于司机室的前端，机构主要由提门机构、移门机构两个部分组成，均由液压驱动。

(2) 接焦槽装置。接焦槽是由侧板，接焦底架及铰链机构组合而成，侧板与接焦底架由型钢和钢板焊接而成。接焦槽的内表面盖以耐热铸铁板，耐热板是用埋头螺栓固定于接焦底架上的，这样便于更换损坏了的耐热板。安装耐热板时，各板之间留有缝隙 5～10mm。当铸铁板受热膨胀时作为膨胀余量。此外熄焦时水也能从缝隙中排出。其中接焦底架与耐热板之间的隔水板是为了与下面的工作装置隔热及隔水，起到防护作用，保证各组件正常工作。

倾翻铰链机构装置是将接焦槽绕铰轴旋转 28°～30°。倾翻装置采用两液压缸同时动作驱动，依靠两油缸活塞杆的伸出，达到倾翻卸焦的目的。

(3) 定位装置。定位装置用于接焦槽接焦时，为防止焦炭的推力把接焦槽推移而采用的卡位装置。当接焦槽接焦时，定位装置通过油缸动作杆伸出，与接焦底架上的定位块卡位，从而达到止退的目的。

(4) 支撑辊装置。支撑辊装置是为了分担其接焦槽重量的辊轮装置，减小铰链机构在动作过程中重力对它的影响。

(5) 传动装置。传动装置通过液压马达进行驱动，通过轴上齿轮与接焦底架上的齿条进行传动，通过液压油的流向控制接焦槽的移动方向。

(6) 走行机构。走行机构采用双边传动，电动机通过联轴器与减速机相连，减速机低速轴通过联轴器与车轮轴相连，从而驱动拦熄焦车行驶，本传动装置通过变频调速。走行时伴有声光报警装置。

(7) 钢结构。钢结构由钢板及型钢焊制的底架、司机室组成。司机室是操作人员进行操作的地方，司机室前部设有操作面板，操作面板上设有操纵按钮和主令控制器。

(8) 液压系统。液压系统是由液压站、操纵阀、油路等组成。液压系统的工作压力为16MPa。液压系统采用有安全可靠的、可调控的卸荷装置，液压泵无负荷启动。

(9) 电气系统。本机由三相交流供电，电压为 380V。电气系统是熄焦车的关键设备，为确保各个机构的安全运行，接焦熄焦车走行装置与接焦系统及开门机构设置联锁。

第四节　清洁型热回收捣固焦炉的加热制度

QRD-2000 清洁型热回收捣固焦炉属于大容积炭化室焦炉，为了保证焦炉能够达到设计的装煤量及结焦时间，保证焦炭均匀成熟以及延长焦炉的使用寿命，必须制定并严格执行合理的加热制度。其加热制度包括温度制度、吸力制度和空气过剩制度等。

一、温度制度

焦炉的温度制度包括炭化室顶部温度、四联拱燃烧室温度、集气管温度、集气总管温度以及高温废气回收热量产生蒸汽发电以后的温度。

(一) 炭化室顶部温度

焦炉的炭化室容积大，为了均匀加热和便于测温，在焦炉的炉顶设置有一次进空气口和测温口。在一个结焦周期内，其他的条件不变，炭化室内的温度在装煤和出焦一个结焦周期的不同时间温度不同。炭化室内的温度也受相邻炭化室温度的影响。结焦时间越长，在一个结焦周期中炭化室顶部的温度变化越平缓。影响炭化室温度的因素有入炉煤的水分、空气过剩系数、结焦时间以及相邻炭化室所处的结焦过程等。严格控制炭化室顶部温度，有利于提高焦炭质量、增加焦炭产量、延长焦炉的使用寿命。焦炉炭化室顶部温度通过改变炉顶的吸力控制进空气量来调节。

炭化室顶部温度最高不超过1400℃，正常操作温度为1300～1350℃，刚装入煤时温度不低于650℃。

（二）四联拱燃烧室温度

四联拱燃烧室温度控制非常关键，温度过高将影响焦炉的使用寿命，温度过低将影响结焦时间。四联拱燃烧室温度通过改变四联拱的吸力控制进空气量来调节。其温度最高不超过1350℃，正常操作温度为1200～1250℃，最低温度不低于600℃。

（三）机焦侧集气管温度

机焦侧集气管废气的温度，受每孔炭化室炼焦的操作状况的影响，有所波动。一般来讲，集气管废气的温度低于炭化室的最高温度。集气管的温度和集气管内衬所选的隔热材料也有关系。机焦侧集气管的废气温度一般控制在1050～1100℃，最高不超过1200℃，最低不低于850℃。

（四）集气总管温度

集气总管的温度略低于机焦侧集气管的温度，一般控制在1000～1050℃，最高不超过1150℃，最低不低于800℃。

（五）高温废气通过余热锅炉后的温度

炼焦产生的高温废气，通过集气总管送到发电站的余热锅炉产生蒸汽，蒸汽的压力为39MPa、温度为450℃。废气通过余热锅炉以后的温度一般控制在180～200℃，以便达到两个目的，一是尽可能地回收高温废气的热量，提高资源的利用率，二是利于废气脱除二氧化硫的操作。

（六）焦饼中心温度

焦饼中心温度是判断焦炭是否成熟的标志，是炼焦过程中重要的控制指标，焦饼中心温度的均匀性也是考核焦炉结构与加热制度控制程度的重要指标。生产冶金焦时焦饼的中心温度一般控制在1000～1050℃，生产铸造焦时焦饼中心温度一般控制在900～950℃。

二、吸力制度

焦炉各个部位的吸力制度非常重要，通过调节吸力，控制进入炭化室顶部空间和四联拱燃烧室的空气量，达到控制炭化室顶部空间温度和四联拱燃烧室温度的目的。为了保证焦炉的正常生产和延长焦炉的使用寿命，必须制定合理的吸力制度。正常情况下，焦炉系统的吸力通过设置在发电站余热锅炉之后的引风机来控制。发电站未建成投产时，或发电车间检修时，通过烟囱产生吸力来控制。其吸力制度主要包括炭化室顶部吸力、四联拱燃烧室吸力、机焦侧集气管吸力、集气总管吸力。

（一）炭化室顶部吸力

炭化室顶部的吸力制度是整个吸力制度最重要的环节。为了达到清洁生产和保护环境的目的，炭化室顶部空间为负压。若炭化室顶部空间的吸力过大，将造成进入炉顶空间一次空气量增多，改变炭化室炉顶空间燃烧的状况和还原气氛的情况，将造成煤饼表面的燃烧，降低炼焦煤的结焦率和增加焦炭的灰分。若吸力过小，一次空气量进入减少，将降低炭化室炉顶空间炼焦时产生的挥发分燃烧的程度，这样过多没有燃烧的挥发分进入炉底四联拱燃烧室进一步燃烧，造成四联拱燃烧室的温度过高，影响焦炉的使用寿命。

炭化室顶部吸力在一个结焦周期内是变化的，刚装入煤时和炼焦大部分的时间内吸力偏大一些，结焦的末期吸力偏小一些。正常生产时炭化顶部吸力为20～30Pa，装煤时为了减少从炉门外泄的烟尘，炭化室顶部空间的吸力为30～40Pa，在结焦后期炭化室顶部空间的吸力为10～15Pa。炭化室顶部的吸力可以通过调节安装在焦炉上升管部位的手动和自动调节装置来控制。

（二）四联拱燃烧室吸力

四联拱燃烧室的吸力，一是要克服焦炉主墙下降火道的阻力，二是控制二次进入空气量的过剩系数。其吸力一般为30～40Pa。

（三）机焦侧集气管吸力

机焦侧集气管的吸力与焦炉各个系统的阻力和炭化室顶部空间的吸力有关，一般控制在40～50Pa，可以通过调节安装在机焦侧集气管上的手动和自动调节装置来控制。

（四）集气总管吸力

集气总管的吸力，在建有余热发电站时指的是废气进入余热锅炉时的吸力，在没有建设余热发电站时指的是废气进入烟囱时的吸力。集气总管的吸力直接影响到焦炉各个部位的吸力大小和分配的合理性。为了保证焦炉炭化室顶部空间吸力和四联拱燃烧室的吸力，制定合理的集气总管吸力是非常重要的。集气总管的吸力要克服整个废气系统的阻力和保证焦炉炼焦时所需的负压。

集气总管的吸力正常生产时为300～350Pa，通过调节安装在集气总管进入余热锅炉或烟囱时的手动和自动调节装置来控制。

三、空气过剩制度

空气过剩量的控制非常重要，空气过剩系数过大，有可能造成炼焦煤的结焦率降低和焦炭的灰分增加，空气过剩系数过低将影响炼焦产生的挥发分燃烧情况，导致热能的利用率降低。

炭化室顶部空气过剩系数一般控制在0.7左右，四联拱燃烧室空气过剩系数一般控制在1.2～1.25，集气总管空气过剩系数一般控制在1.3～1.35，烟囱过剩系数一般控制在1.35～1.4。

第五节　清洁型热回收捣固焦炉的烘炉与开工

一、烘炉

QRD-2000清洁型热回收捣固式机焦炉的烘炉有自己的特点。烘炉的目标是将常温焦炉加热到符合装煤炼焦所需的温度，既要保证焦炉炉体的安全，同时也要考虑合理的时间、较低的成本和综合效果。

（一）烘炉前的准备

1. 烘炉前必须完成的工程项目

(1) 烟囱全部验收合格。

(2) 集气管全部验收合格。

(3) 各烟道闸板安装完毕，转动灵活，打好开关标记。

(4) 炉体膨胀缝检查完毕，炉体内清扫干净，并有记录。

(5) 焦炉铁件全部安装完毕，验收合格。

(6) 机焦侧操作平台施工完毕。

(7) 测线架安装完毕。

(8) 装煤推焦车、接熄焦车轨道已安装好。

(9) 备煤、筛焦、熄焦、电气、自控、给水等安装工程满足烘炉进度安排的要求，不得延误焦炉装煤和出焦时间。

(10) 有关工程冷态验收合格，并要做好记录。

(11) 烘炉燃料到现场。

(12) 烘炉工具、器具、烘炉用仪表全部准备齐全。

2. 烘炉临时工程

(1) 机焦侧烘炉小灶、火床、封墙施工完毕。固体烘炉时，在机焦侧操作平台下做好临时支撑。

(2) 气体烘炉时烘炉管道试压合格，测压管、取样管、蒸汽吹扫管、冷凝液排放管、放气管等安装齐全。

(3) 机焦侧防风雨棚在焦炉大棚拆除前已搭设完毕。

(4) 焦炉端墙临时小烟囱（高约 1.8m）施工完毕。

(5) 劳动安全、防火防燃、供电照明等设施条件具备。

3. 烘炉点火前的工作

(1) 对炭化室、上升管进行编号。

(2) 进行炉长、炉高、弹簧以及膨胀缝测点标记。

(3) 进行抵抗墙倾斜测点标记。

(4) 进行炉柱和保护板间隙测点标记。

(5) 将纵横拉条弹簧负荷调至预定数值。

(6) 测线架挂线标记全部画好。

(7) 将炉柱地脚螺栓放松至用手可拧紧的状态。

(8) 与炉柱膨胀有关的金属构件、管道等均应断开（烘炉膨胀结束后再连接好）。

(9) 核准纵横拉条提升高度（按设计），将纵横拉条负荷调整到规定值。

(10) 核准纵横拉条可调丝扣长度。

(11) 进行各滑动点标记。

(12) 测温、测压仪表安装完毕，并调试完毕。

(13) 编制弹簧负荷与高度对照表。

(14) 编制烘炉方案，制定出烘炉升温曲线。

(15) 烘炉人员全部到位，烘炉培训和安全教育合格。

(16) 烘炉人员熟练掌握烘炉工具、器具、仪表正确使用方法，以及其必要的检修维护方法。

4. 烘炉人员的组成

烘炉人员主要包括烘炉负责人、烘炉组、铁件组、热修组、仪表组、综合组等。烘炉负责人包括行政及技术负责人。烘炉组主要负责烘炉燃料等物质运输、烘炉小灶的管理，保证升温计划的实现。铁件组负责焦炉铁件的管理等工作。热修组负责膨胀热态管理及维护工作。仪表组负责烘炉温度、吸力的测量、计算和调节工作。综合组主要负责烘炉人员的后勤安全保障工作，以及小型烘炉工具、器具等维护工作。

5. 烘炉用工具器具

烘炉用工具器具主要包括烘炉燃料运输和加入烘炉小灶内的工具，以及出灰的工具；铁件管理的管钳子、活扳手、各种钢尺、手锤等；热修使用的筑炉工具等。测量焦炉烘炉温度和吸力的各种温度计、压力计，以及热电偶、补偿导线等；烘炉使用的计算器以及各种记录用表格等；烘炉必需的劳保用品和生活用品。此外，还要准备必要的通讯工具。

（二）烘炉基本原理

烘炉是指将焦炉由常温加热到装煤时温度的操作过程。烘炉初期（炭化室温度在 100～120℃之前）是排出焦炉砌体内水分的阶段，称为干燥期。干燥期过后是升温期，达到正常装煤（炭化室温度 850℃以上）的温度时包括扒封墙，烘炉才算结束。

1. 干燥期

干燥期从烘炉点火开始到焦炉砌体水分完全排出。干燥结束时，炭化室温度应为120℃左右。干燥是在保障灰缝严密性和砌体的完整性的前提下有效地排出水分。通过改变载热性气体（废气）的平均温度和流量，来调节砌体表面水分的蒸发速度。提高出口的温度是一种比较有效和安全的干燥方法。干燥期一般为 10～15 天（根据当地气候潮湿状况定），空气过剩系数（α=1.30～1.40）可以大一些。

2. 升温期

升温期从干燥期结束以后将焦炉温度升温到可以进行开始装煤的温度。由于焦炉砌体上下部位温度维持一定的比例而膨胀是不均匀的。另外砌体各部位的厚薄不均造成热阻不同也使膨胀不均匀。所以，必须严格按要求进行升温，即控制每天最大的安全膨胀率和安全的上下温度比例。要避免因烘炉升温过快或温差不均匀而造成砌体破裂，使砌体有缝，破坏焦炉的严密性和炉体结构的强度。

硅砖受热产生晶体转化并伴随大的体积变化，因此从干燥期结束到温度 300℃是砌体膨胀剧烈的阶段。要严格控制并采用不同的每天最大安全膨胀率。升温期一般为 40～45 天。

3. 烘炉用燃料

烘炉燃料有固体（如煤、焦炭）、液体（如燃料油、废油）、气体（如天然气、液化气、高炉煤气、发生炉煤气、焦炉煤气）。在实际使用时可采用全固体、全液体、全气体燃料烘炉，也可以用不同燃料搭配使用。有条件尽可能采用气体燃料烘炉。

烘炉燃料热值应稳定。对于固体燃料，要求灰分低，灰分熔点高（＞1400℃），最好选择高挥发分、低黏结性的煤。尤其是内部炉灶更需要高质量块煤。干燥期最好使用焦炭，其最大优点是有利于砌体水分的排出。另外焦炭升温稳定、易管理、污染轻。对于液体和气体燃料，要求便于管道输送，不堵塞管道和管件，并能连续燃烧。

4. 烘炉设施

烘炉设施为每孔焦炉机焦两侧的烘炉小灶，燃料在小灶内燃烧的热废气进入炭化室。烘炉小灶包括外部小灶、内部小灶、封墙及火床等。

气体或液体烘炉可以不砌封墙和外部小灶，采用带炉门烘炉。但火床要考虑热气流向炭化室均匀释放，防止局部高温现象的出现。

5. 烘炉温度测量方法

烘炉过程中温度测量和控制工作十分重要。

传统的烘炉测量方法，炉温250℃以下采用0～360℃的水银温度计测量，炉温250～400℃时采用0～500℃的水银温度计测温，炉温400～800℃时采用热电偶、毫伏温度计或电子电位差等测量，炉温在800℃以上时采用光学高温计测量。采用水银温度计测量时，将水银温度计装在铁套管中，并在水银温度计与铁套管间填充石棉绳，达到防震和减少散热的目的。

数字显示温度仪表的应用，为在低温阶段也采用热电偶测量创造了条件。数字显示温度仪表克服了玻璃温度计测量易损坏、测温误差大、劳动强度大等缺点。800℃以后也可以采用光学高温计测量。

（三）烘炉升温曲线的制定

QRD-2000型焦炉主要是由硅砖砌成的，在局部部位采用一些高铝砖、黏土砖、隔热砖、红砖及其他耐火材料砌筑。由于烘炉期间硅砖的膨胀量比其他耐火材料大，所以升温曲线制定的依据是所采用的硅砖的热膨胀性质。

1. 选取硅砖砖样测定其膨胀曲线

烘炉升温曲线是依据焦炉用硅砖代表砖样的热膨胀数据制定的。砖样选自炭化室和四联拱燃烧室两个部位。选择对焦炉高向和横向膨胀影响较大的砖，每个部位选3～4个砖号，每个砖号选两块组成两套砖，一套用于制定热膨胀曲线，另一套保留备查。炭化室选择墙面砖中用量多的砖，四联拱燃烧室选择每层中用量最多的砖以及拱角砖。

2. 确定各部位温度比例

烘炉初期，四联拱燃烧室温度要控制在炭化室温度的85%以上。烘炉末期，四联拱燃烧室温度要控制在炭化室温度的80%以上。

3. 确定干燥期和最大膨胀量

根据当地气候潮湿状况，干燥期确定为10～15天。升温期300℃以前，最大膨胀率0.035%。300℃以后最大膨胀率0.045%。

4. 烘炉升温曲线的确定

烘炉天数除与砖样化验数值有关外，还与烘炉方式、热态工程量等有关。有特殊情况，可以适当地延长烘炉天数。根据砖样的膨胀率和推荐的最大日膨胀率进行计算，结合干燥期得出烘炉天数。由此可编制烘炉升温计划表，绘制出升温曲线。

（四）烘炉的管理

1. 升温监测和管理

烘炉期间，为了使炉体各部位的温度按制定的烘炉升温曲线和速度均匀上升，防止焦炉砌体产生的裂缝，破坏砌体的严密性，要对各测温点进行严格的升温管理。

QRD-2000清洁型焦炉炭化室温度从炉顶不同的测温孔测量，四联拱燃烧室温度从机焦侧四联拱封墙测温孔测量。每4h测量一次。360℃以前测温误差要小于5℃，360℃以后测温误差要小于10℃。

烘炉期间，不允许有温度突然下降的现象产生，也不允许温度有剧烈升高的现象。烘炉时，如果上班超升，本班则应少升相应的度数或进行保温。烘炉原则上不允许降温。另外注意，燃料加减后10～15min炉温才能反映出来。

2. 吸力监测

吸力监测主要为炭化室、四联拱燃烧室、集气管、烟囱等部位。炭化室、四联拱燃烧室吸力每班一次，集气管和烟囱吸力每2h测一次。

有条件要进行废气成分分析，主要是监测空气过剩系数。空气过剩系数随焦炉炉温升高而逐渐减小，一般从α=1.40到α=1.30。

3. 护炉铁件和炉体膨胀管理

(1) 护炉铁件及炉体膨胀监测。炉柱弯曲度测量，炉温在700℃以上每周测两次。上下横拉条弹簧负荷测量，测量点要固定并按标记测量，每天测量一次并调到规定负荷。纵拉条弹簧负荷测量，测量点应按标记测量，每周测量两次。保护板上移量检查，每25℃测量一次。另外要每50℃检查一次炉柱下部滑动情况，及上升管和集气管移动情况。

焦炉炉长的测量，炉温在700℃以下每周测两次，炉温达到700℃以上每周测3次。焦炉炉高测量，每100℃测一次，每隔一个焦炉取一个测点。焦炉四联拱膨胀缝的测量，测点固定并做标记，每50℃测量一次。焦炉基础沉降量的测量，每100℃测量一次，直到装煤孔出焦一个周期结束。

在烘炉期间，焦炉升温使硅砖晶型转化，焦炉砌体会膨胀。砌体沿炉长（炭化室长度方向）、炉高方向、炉组纵长方向膨胀。如果膨胀时严重不均匀，将破坏砌体的严密性，给焦炉生产和使用寿命带来不利的影响。

(2) 焦炉热维修工作。由于炉体各部位温度和材料不同，烘炉过程中会产生不同程度的裂缝。如焦炉炉顶、四联拱封墙、焦炉埋设铁件周围、保护板二次灌浆、烘炉小灶等。要及时用火泥和纺织石棉绳填充。此外，要安排集气管及调节翻板的热维修。

(3) 烘炉记录。烘炉过程中，要对各种测量结果认真、准确记录，以便于分析、指导其后烘炉操作。同时以备查阅，装订存档。烘炉记录除以表格形式记录各种监测项目外，还有交接班日志，会议纪要等。

(五) 烘炉点火

1. 点火前状态

点火前要彻底检查各调节翻板的开闭状态。所有烘炉前准备工作全部结束。

2. 烘炉点火

首先要烘烟囱，一般情况烟囱要烘8～10天，烟囱吸力到达80～100Pa时，开始点燃焦炉烘炉小灶。开始时焦炉机侧单数炭化室烘炉小灶点火，焦侧双数炭化室烘炉小灶点火。当炉温到70～80℃时，点燃剩余的一半烘炉小灶。

3. 各种燃料烘炉的特点

固体、气体、液体不同燃料烘炉有其不同的特点。主要体现在燃料的燃烧性能、用量、计量、操作方法及安全方面。综合考虑，气体燃料烘炉是比较好的烘炉方案。

(六) 计算机在烘炉技术中的应用

近年来，随着计算机技术在烘炉管理上的应用和发展，采用计算机烘炉也是热回收焦炉的必然趋势。

二、开工前的试生产

焦炉在开工之前对焦炉的设备和装置进行试生产，在焦炉设备和装置能正常操作运行时，焦炉才真正具备开工条件。对焦炉的设备和装置进行试生产过程中，要及时解决发现的问题，确保焦炉机械的正常运行。

（一）焦炉机械

1. 捣固机

捣固机的试生产主要包括走行、布煤、捣固等方面。

（1）走行。捣固机在捣固站轨道上来回行走数次，检查行走的平稳程度和行走的速度，同时检验电气控制系统。

（2）布煤。捣固机装备的布煤漏斗接受煤塔漏嘴放下的精煤，然后布煤漏斗和液压捣固机构一起行走，布煤漏斗边行走边将煤均匀地布入捣固机煤槽内。布煤漏斗兼有平煤功能，要保证煤槽内布煤的高度一致。一般情况下，一个煤饼布煤 2～3 次。检查布煤的均匀性和平整度，布煤漏斗和平煤装置的可靠性。

（3）捣固。液压捣固在煤槽内捣固煤饼，捣固完一次后，捣固机移动到相邻的位置进行继续捣固。一般情况下，一个煤饼捣固 2～3 次。检查捣固煤饼密度的均匀性和煤饼密度的高低，同时检查液压系统的油泵、管道、阀门、仪表等部件的可靠性。

（4）煤槽挡板。装煤推焦车将托煤板送到捣固站上面，捣固机的煤槽挡板收缩成煤饼的宽度。然后布煤漏斗放煤，液压捣固机进行捣固。煤饼捣固完成后，松开煤槽挡板。装煤推焦车将托煤板和托煤板上捣固好的煤饼一起抽回装煤车内。检查煤槽挡板的收缩和开启灵活度和煤饼尺寸。

（5）电气系统和液压系统。检查捣固机电气系统和液压系统的合理性、可靠性和各种使用性能。

2. 装煤推焦车

装煤推焦车试生产主要包括走行、送煤饼、开闭炉门、推焦等方面。

（1）走行。装煤推焦车在轨道上来回行走数次，检查行走的平稳程度和行走的速度，同时检查电气变频调速控制系统。

（2）送托煤板和煤饼。装煤推焦车设置的托煤板，首先要送到捣固站上面，煤饼捣固完后，托煤板和其上面的煤饼一起抽回到装煤推焦车上。然后装煤推焦车将托煤板和其上面的煤饼一起送入焦炉炭化室，用专门机构挡住煤饼，将托煤板抽回到装煤推焦车上。检查煤饼在抽回装煤推焦车上、送入焦炉炭化室内的边角倒塌情况，以及托煤板的运行情况和托煤板的弯曲情况。

（3）开闭炉门。装煤推焦车上设置有开闭炉门机构，检查开闭炉门机构开闭炉门的准确性、灵敏性和可靠性。

（4）推焦装置。检查推焦杆的平整度，焦炉炭化室的配合尺寸，推焦杆运行电流等。

（5）定位系统。检查接熄焦车准确的定位位置和焦炉炭化室准确的对位关系。

（6）电气系统和液压系统。检查装煤推焦车电气系统和液压系统的合理性，可靠性和各种使用性能。

3. 接熄焦车

（1）走行。装煤推焦车在轨道上来回行走数次，检查行走的平稳程度和行走的速度，同时检查电气变频调速控制系统。

（2）开闭炉门。接熄焦车上设置有开闭炉门机构，检查开闭炉门机构开闭炉门的准确性、灵敏性和可靠性。

（3）接焦槽。接熄焦车上设置的接焦槽向着焦炉炭化室的方向可以移动，具有接焦和储焦的功能。检查接焦槽移动的灵活性和炭化室定位的准确性。

（4）定位系统。检查接熄焦车准确的定位位置和焦炉炭化室准确的对位关系。

（5）电气系统和液压系统。检查装煤推焦车电气系统和液压系统的合理性、可靠性和各种使用性能。

4. 炉门修理站

检查炉门修理站安装的平面尺寸和标高是否准确，并且要试挂炉门进行试运行。而且要和装煤推焦车、接熄焦车装备的摘门机构相配合。

5. 焦炉废气系统

检查焦炉上升管、集气管、集气总管废气的流动情况，以及其表面的温度。检查上升管、集气管、烟道安装闸板的升降情况，操作的灵活情况。

6. 熄焦系统

检查沉淀池等土建工程的合格情况。检查熄焦泵及其管道、阀门运行情况。检查熄焦塔内喷洒管道的喷洒孔是否堵塞。检查回水地沟的坡度和防渗是否合格。检查凉焦台的放焦设施是否能正常运转。

三、开工前的其他准备工作

1. 开工方案的确定

（1）装煤顺序的确定。QRD-2000 清洁型热回收捣固式机焦炉每组焦炉孔数较少，装煤顺序采用“5-2”串序。其优点是操作紧凑，车辆运行距离短，节省动力等。

（2）扒封墙和拆除烘炉小灶方案。扒封墙和拆除小灶要求时间要短、操作速度要快、不要损坏焦炉炉体，同时要注意安全，做到稳妥可靠。一般情况下，扒封墙和拆除小灶均用人工操作，拆除下来的耐火砖和杂物用机械运走。

2. 开工的组织和管理

（1）开工的组织机构。开工组织机构的设置一般情况下设有总指挥组，负责整个开工的行政和技术总指挥。一般下设有扒封墙和拆除小灶组、焦炉机械车辆组、废气系统组、后勤服务组。所有的开工人员都要认真学习焦炉有关开工规定和开工规程，熟悉本岗位的操作规程和安全注意事项。开工的全体人员必须听从开工总指挥组和总指挥的统一管理和协调，严格遵守劳动纪律，严格按开工规定和规程操作。所有的开工人员和在开工现场的其他人员必须穿戴规定的劳保用品和防护用品。

（2）开工的人员配置。开工的人员配置，以及各小组的人员配备根据工程的具体情况和开工焦炉的孔数确定。特别要说明的是做好开工的安全、保卫、消防、医务、生活、福利等工作。

3. 其他工作

焦炉土建、机械安装、电气安装、自控安装，以及备煤系统、出焦系统、全厂供水、全厂供电等全部合格，具备焦炉开工条件。

四、开工操作

QRD-2000 清洁型热回收捣固式机焦炉的开工过程主要包括扒封墙和拆除小灶、装煤和调整焦炉的温度和吸力。

1. 扒封墙和拆除烘炉小灶

（1）扒封墙和拆除烘炉小灶顺序。扒封墙和拆除烘炉小灶顺序采用5-2串序，同一炭化室机焦侧封墙和小灶不同时拆除。一般从第三孔焦炉机侧（或焦侧）开始扒封墙和拆除烘炉小灶，从第九孔焦炉焦侧（或机侧）开始扒封墙和拆除烘炉小灶。

（2）扒封墙和拆除烘炉小灶前的状况。装煤推焦车已装有捣固好的煤饼，装煤推焦车和接熄焦车分别挂好炉门停在准备扒封墙和拆除烘炉小灶的炭化室旁边。机焦侧炉门修理站挂有等待使用的炉门，以便下一个炭化室使用。

（3）扒封墙和拆除烘炉小灶的操作。

1）准备扒封墙和拆除烘炉小灶的炭化室温度要达到850℃以上，炭化室一侧扒封墙和拆除烘炉小灶时，另一侧要继续烘炉。同时该炭化室相邻两边炭化室也要继续烘炉，并要保持较高的温度。

2）扒封墙和拆除烘炉小灶采用人工拆除。首先拆除烘炉小灶和炭化室下端封墙，然后拆除火床，最后拆除炭化室上端封墙。将拆除下的废砖和杂物用特制的溜槽溜到地面，然后用铲车装入汽车内运走。注意要及时清理废砖和杂物，不要影响扒封墙和拆除烘炉小灶的正常操作，不要砸坏操作平台、焦炉机械滑线和有关电缆，不要影响焦炉机械的行走。扒封墙和拆除烘炉小灶一般采用两班人员轮流操作。

3）焦炉炭化室一侧的扒封墙和拆除烘炉小灶的工作结束后，用焦炉机械挂好炉门。约两个小时左右，待焦炉炭化室温度升高后，再进行焦炉炭化室另一侧的扒封墙和拆除烘炉小灶的工作，封墙和烘炉小灶拆除后要挂上炉门对焦炉进行升温。

4）焦侧的封墙和内部烘炉小灶也可以用装煤推焦车推焦杆推出炭化室，但推焦杆的速度不要太快，同时观察推焦杆电机的电流，不要将焦炉炭化室推得有振动和炉头砖的松动。推焦杆推不完全时，可以人工清理。

2. 装煤

（1）装煤。装煤的顺序与扒封墙和拆除烘炉小灶的顺序是一样的，采用5-2串序。将装煤推焦车开到准备装煤的焦炉炭化室前，进行对位。装煤推焦车开闭炉门机构将焦炉炭化室机侧炉门打开，并将炉门移高。装煤推焦车装煤饼机构将托煤板和煤饼推入炭化室，然后将托煤板抽回。最后装煤推焦车开闭炉门机构将炉门闭好。

（2）调火。焦炉炭化室装入煤饼后，利用炭化室蓄存的热量和相邻两边炭化室烘炉传来的热量，将煤进行干燥并产生焦炉煤气。煤饼产生的焦炉煤气在焦炉炭化室顶部空间不完全燃烧，通过调整焦炉炉顶一次空气进口的开闭程度以及焦炉炭化室的吸力进行焦炉调火。焦炉炭化室顶部煤饼产生的煤气着火后，标志着焦炉开工已经成功。

3. 焦炉加热制度的管理

焦炉开工装煤后的加热制度的管理工作十分重要，主要目的是使各个炭化室的煤饼在规定的时间内干馏成均匀成熟的焦炭，同时保证焦炉的使用安全。焦炉炭化室和四联拱燃烧室的温度，通过调节焦炉吸力改变焦炉炭化室顶部一次进空气量和四联拱燃烧室二次进空气量来控制。

第六节　清洁型热回收捣固焦炉的操作

QRD-2000清洁型热回收捣固式机焦炉的生产操作比较简单，主要有液压捣固、装煤推焦、接焦熄焦、焦炉的废气系统、焦炉加热制度等生产操作。由于其炼焦特点，备煤车间、筛焦车间的生产操作和工艺指标也有其特殊的要求。

一、备煤车间

由于其独特的炉体结构和采用液压捣固，可以使用的炼焦煤的范围很广。炼焦煤种可以采用贫煤、贫瘦煤、瘦煤、焦煤、肥煤、1/3焦煤、气肥煤、气煤、1/2中黏煤、弱黏煤、长焰煤、无烟煤等。根据焦炭质量和低生产成本的要求确定合适的配煤方案。

要求炼焦入炉煤的粒度小于3mm占90%以上，水分控制在9%～10%。炼焦煤采用一部分无烟煤时，无烟煤首先要经过一级粉碎，粉碎的粒度小于1mm占到90%以上。然后，经过一级粉碎的无烟煤和其他炼焦煤配合后进行二级粉碎，最终配合煤粉碎的粒度小于3mm占到92%以上。

二、筛焦车间

QRD-2000清洁型热回收捣固式机焦炉生产的焦炭块度大、焦粉少。根据用户对焦炭粒度的具体要求，在焦炭筛分之前要安装切焦机。切焦机的出焦粒度要符合用户对焦炭粒度的具体要求，同时要尽量减少焦粉的产生。

三、炼焦车间

1. 液压捣固

液压捣固机负责将焦炉煤塔送来的炼焦煤，在煤塔下面的捣固站上捣固成符合炼焦生产要求的煤饼。

(1) 闭合煤槽挡板。装煤推焦车将托煤板送到煤塔下面，捣固机设置的两侧煤槽挡板用液压缸驱动闭合成煤饼的有效宽度。煤饼焦侧端煤槽挡板为固定挡板。煤饼机侧端煤槽挡板当装煤推焦车将托煤板推入捣固站平台后，由托煤挡板作机侧煤槽挡板。要保证煤槽挡板的稳定性和煤槽容积尺寸的准确性。

(2) 布煤。捣固机装备的布煤漏斗接受煤塔漏嘴放下的精煤，布煤漏斗内存煤的量要和布煤的量相等。布煤漏斗内存煤量可以根据储煤的容积确定，通过布煤漏斗内储煤的高度来判断。同时，可以根据设置在捣固机轨道上面的称重装置来确定布煤漏斗内储煤量。布煤漏斗和液压捣固机构一起行走到煤槽一端，然后按一定速度向煤槽另一端行走，同时布煤漏斗打开设置在布煤漏斗底部的闸门布煤。布煤漏斗边行走边将煤均匀地布入捣固机煤槽内，布煤漏斗为连续行走，同时兼有平煤功能。在煤槽内均匀地布满煤，并且要保证煤槽内布煤的高度一样。煤槽内布满煤后，捣固机从煤槽的一端进行压煤捣固，一层煤捣固完后，再进行第二层的布煤。一般情况下，一个煤饼布煤2～3次。

(3) 捣固。液压捣固机在第一层煤布满以后，从煤槽一侧向煤槽另一侧进行液压捣固。一次液压捣固后，提升液压板，捣固机移动到和液压板相同宽度的位置，捣固机停止后，进行第二次液压捣固。煤饼的高度为1m，捣固机捣固时行走为间歇操作，每次行走的距离为1m。液压捣固的煤饼层数和布煤漏斗的布煤层数相同。最终捣固成煤饼的有效尺寸为13000mm×3400mm×1000mm，煤饼的水分含量为9%～10%，煤饼的干密度为1.05～1.10t/m³，从布煤漏斗接煤开始，到最后一次捣固，捣固操作一个循环的时间小于25min。

（4）松开煤槽挡板。一个炭化室的煤饼捣固完成后，液压缸驱动开模机构将煤饼两侧的煤槽挡板松开，便于煤饼的移动。煤饼焦侧端煤槽挡板为固定挡板。煤饼机侧作为煤槽挡板的托煤挡板、托煤板及托煤板上的煤饼一起抽回到装煤推焦车上。

2. 装煤

装煤车从往捣固站平台送托煤板开始，包括捣固的25min，到将煤饼装入炭化室内关闭炉门，最长的操作一个循环时间小于40min。

（1）机械送托煤板。将装煤推焦车行走到捣固站前，进行对位。然后开启送煤板电机，将托煤板送入捣固站平台上。要确定托煤送出的长度和托煤板在捣固站平台上的平稳度。操作时间小于1min。

（2）机械抽回托煤板及煤饼。捣固机将托煤板上的煤饼捣固完成后，松开煤饼两侧的煤槽挡板。开启托煤板电机将托煤板和煤饼一起抽回到装煤推焦车上。松开煤饼两侧的煤槽挡板和抽回托煤板及煤饼操作时间小于3min。

（3）开炉门。装煤推焦车装有捣固好的煤饼，走行到需要装煤的炭化室前，和焦炉炭化室中心线进行对位。开启液压控制的摘炉门机构，将炉门提高20mm左右，然后将炉门向焦炉外平移300mm左右，最后将炉门提高至距炭化室底高度1500mm左右。操作时间小于1.5min。

（4）推焦。开启推焦杆电机，将炭化室内成熟的焦炭推入位于焦侧的接熄焦车上，推焦杆电机可变频操作。一开始推焦时速度缓慢，正常推焦可以加快推焦速度。操作时间小于3min。

遇到突然停电时，利用设置在减速机上的手动装置人工将推焦杆摇出。

（5）往炭化室送煤饼。开启炭化室炉门后，装煤推焦车和焦炉炭化室中心线以及接熄焦车进行二次对位。开启托煤板电机，通过由电机—减速机—链轮—链条驱动将托煤板和煤饼一起送入炭化室内。托煤板端部到达炭化室焦侧，煤饼应尽可能接触焦炉炭化室底，锁定托煤挡板。托煤挡板电限位不少于两道，煤板运行应平稳，不得有颤动情况发生。开启托煤板电机，抽回托煤板。操作时间小于1.5min。如果煤饼机侧端头有塌饼现象，应将塌饼的煤清理到炭化室内。遇到突然停电时，应开启装煤推焦车上设置的柴油发电机将托煤板从炭化室内抽回。

（6）关闭炉门。装煤推焦车完成装煤饼后，再次和焦炉炭化室中心线进行对位。开启液压控制的摘炉门机构，将炉门下移1500mm左右，然后将炉门向焦炉内平移300mm左右，最后将炉门下移20mm左右，关闭密封炉门。操作时间小于1.5min。

（7）走行。开启走行电机，将装煤推焦车走行到捣固站前，进行下一次循环操作。最长距离的走行时间小于3min。每一个周转时间内，留有2h的检修时间。这时可将装煤推焦车行走到煤塔捣固站前面或者焦炉的炉端检查维护。

3. 接焦熄焦

从开启炭化室炉门开始，到接熄焦车熄完焦炭走行到下一个炭化室之前，最长的操作一个循环时间小于20min。

（1）开炉门。接熄焦车走行到需要出焦的炭化室前，和炭化室中心线进行对位。开启液压控制的摘炉门机构，将炉门提高 20mm 左右，然后将炉门向焦炉外平移 300mm 左右，最后将炉门提高至距炭化室底高度 1500mm 左右。操作时间小于 1.5min。

（2）向焦炉炭化室移动接焦槽。接熄焦车开启炉门后，接熄焦车和炭化室中心线以及装煤推焦车进行二次对位。开启接焦槽的移动电机，接焦槽平移到炭化室炉头前。接焦槽要和炭化室对位准确，并且和炭化室的炉头基本接触严密。操作时间小于 0.5min。

（3）移回接焦槽。接熄焦车接受从炭化室推出的红焦，接焦结束后开启接焦槽电机，将接焦槽移回至接熄焦车的中心位置。操作时间小于 3.5min。

（4）关闭炉门。接熄焦车完成接焦后，再次和焦炉炭化室中心线进行对位。开启液压控制的摘炉门机构，将炉门下移 1500mm 左右，然后将炉门向焦炉内平移 300mm 左右，最后将炉门下移 20mm 左右，关闭密封炉门。操作时间小于 1.5min。

（5）熄焦。接熄焦车载有从炭化室推出的红焦，走行到熄焦塔下。熄焦水泵自动开启，进行熄焦。熄焦水经过地沟流回熄焦沉淀池，沉淀粉焦后循环使用。沉淀池内的粉焦定期用粉焦抓斗抓出，放到粉焦脱水台上脱水。熄焦泵房内有跑漏水时，开启泥浆泵将水抽出送至熄焦沉淀池。熄焦塔顶部安装有除尘挡板，定期开启清水泵用清水清洗，清洗水流回熄焦沉淀池，可以作为熄焦补充水。操作时间小于 6min。

（6）倾翻接焦槽。接熄焦车熄完焦炭后，将焦炭含有的水分静止沥水。然后接熄焦车向凉焦台移动，开启液压系统，倾翻接焦槽将焦炭倒入凉焦台上。接熄焦车倾翻角度为 35℃。接焦槽倾翻机构由液压缸推动导向杆—曲柄杆系统，曲柄的另一端铰接在接焦槽底部，推动接焦槽绕其一侧的支点向侧边倾翻。操作时间小于 1.5min。

（7）走行。将接熄焦车走行到下一个准备出焦的炭化室前，进行下一次循环操作。最长距离的走行时间小于 3min。

4. 集气系统

集气系统主要包括上升管、机焦侧集气管、集气总管。集气系统的操作主要是各部位调节装置的控制，以及集气系统温度的检测管理。

（1）调节装置。集气系统每孔焦炉机焦侧上升管、每组焦炉机焦侧集气管、总的集气总管均设有手动和自动调节装置。手动调节装置时，在出焦时要基本关闭该炭化室机焦侧上升管的调节装置，在装煤时完全打开该炭化室机焦侧上升管的调节装置。在煤饼一个结焦周期内，根据炭化室内的温度控制，按一定开启度开启炭化室机焦侧上升管的调节装置。机焦侧集气管的调节装置，按一定的开启度调节整组焦炉的吸力。集气总管的调节装置，按一定开启度调节全部焦炉炉组的吸力。

（2）温度检测。上升管、机焦侧集气管、集气总管表面的温度需要定期检测。温度超高时，说明该部位的内衬隔热材料损坏或者脱落，要及时检修。

5. 加热操作

焦炉的加热操作的管理制度是按规定的装煤量、装煤水分、结焦时间等规定，调整焦炉加热系统的各有关控制点的温度、吸力，使焦炉各炭化室焦炭均匀成熟，使焦炉稳定生产。

（1）焦炉各部位的温度。焦炉各部位的温度控制十分重要，它既要保证焦炉的正常生产，又要保证焦炉的使用寿命和安全。生产冶金焦时，焦饼中心温度正常生产时为 1000

～1050℃。焦炉炭化室顶部空间的最高温度不超过1400℃，正常操作温度为1300～1350℃，装煤时温度不得低于650℃。焦炉四联拱燃烧室最高温度不得超过1350℃，正常操作温度为1200～1250℃，最低温度不低于600℃。机焦侧集气管的温度最高不超过1200℃，正常操作温度为1050～1100℃，最低不低于850℃。集气总管的温度最高不超过1150℃，正常操作温度为1000～1050℃，最低不低于800℃。废气通过余热锅炉后的温度正常生产时为180～200℃。

焦炉各部位的温度控制通过调整焦炉各部位的吸力来实现。吸力的调整可以通过焦炉各部位的手动调节装置的开启度调节。焦炉自动调节时，通过自动调节装置设定的开启度调节。

(2) 焦炉各部位吸力的控制。焦炉炭化室顶部空间的吸力正常操作时为20～30Pa，装煤时吸力为30～40Pa，结焦后期的吸力为10～15Pa，推焦时的吸力为3～5Pa。焦炉四联拱燃烧室最高吸力正常操作时为30～40Pa。机焦侧集气管的正常操作时吸力为40～50Pa，集气总管正常操作时吸力为300～350Pa。

焦炉各部位的吸力的调整通过焦炉各部位的手动调节装置的开启度调节。焦炉自动调节时，通过自动调节装置设定的开启度调节。在余热发电投产之前，或者余热发电检修时，整个焦炉生产系统的吸力由焦炉烟囱产生。余热发电生产后，整个焦炉系统的吸力由安装在余热锅炉和焦炉烟囱之间的引风机产生。控制高温废气通过余热锅炉，通过开关安装在旁通烟道和余热锅炉前后的烟道闸板来控制。

6. 焦炉的特殊操作

焦炉的特殊操作主要是指延长结焦时间的闷炉操作和特殊情况时焦炉的冷炉操作。既要达到生产的要求，又不损坏焦炉和影响焦炉的使用寿命。无论是闷炉操作还是冷炉操作，都要做好周密的准备工作，制定详细的操作计划，严格执行有关规定，确保安全可靠。

(1) 闷炉。闷炉操作在焦化生产中是经常遇到的特殊操作，在炼焦煤供应不足、焦炭运输销售困难、焦炉机械设备大修以及其他生产设施进行技术改造时均需要进行闷炉操作。闷炉操作采用的方法是将焦炉整个系统的吸力调低，减少进空气量，降低炼焦温度，来达到延长结焦时间的目的。闷炉操作可以使焦炉的结焦时间延长30%左右。

(2) 冷炉。焦炉停止生产时，需要进行冷炉操作，将正常生产的高温炭化室冷却到常温。冷炉操作的关键是要控制整个焦炉各部位缓慢降温冷却，以减少焦炉降温时，因为耐火材料的收缩引起焦炉砌体产生裂纹。冷炉操作采用的方法是逐步延长结焦时间，最终将焦炭冷却在炭化室内。冷炉的操作时间一般应大于20天。

第七节 国外主要热回收炼焦技术

一、美国的热回收炼焦技术

这种焦炉是在炼焦过程中通入适量空气，使炉内产生的煤气全部燃烧，来加热煤料炼焦，不回收煤气中的化学产品，其热烟道废气经锅炉回收热量，生成蒸汽用以发电。

Jewell Thompson焦炉，该焦炉建在美国弗吉尼亚州万森特的太阳炼焦厂和东芝加哥的印第安纳港焦炭公司。热回收原理首次应用于印第安纳港焦炭公司的工业规模的无回收焦炉炼焦厂，该厂从废气中回收热量生产蒸汽并发电。该焦炉示意图见图 6-5 和图 6-6。

对于无回收焦炉，温度在炭化室长向、宽度和炉底的均匀分布对于炼焦生产是至关重要的。炉墙上的下降气道数量、设计和分布对焦炉的加热过程、结焦时间和装煤量都有很大影响。

建在澳大利亚伊拉瓦拉的 Thyssen Krupp EnCoke 试验焦炉的每侧炉墙上设有 3 个下降气道。所有下降气道均安装有控制元件。可在开工期间调节煤气流量和热量分布，并使其达到最佳化。由于设计的改进，大大缩短了结焦时间。煤料层高只有 1.3m 的老焦炉的结焦时间需 72h，而新焦炉的结焦时间只需 48h。每孔炭化室的焦炭产量从 3200t/a 提高到 4500t/a，增长了 40%。尽管每孔炭化室的焦炭产量有了显著的增加，但这种增长势头仍在保持。对于炭化室有效容积约 $50m^3$ 的无回收焦炉，每孔炭化室的焦炭产量约 6500t/a。而容积相同的传统焦炉，每孔炭化室的焦炭产量约 1.3 万 t/a。德国史威根厂的 $93m^3$ 的大容积焦炉，每孔炭化室的焦炭产量高达 1.9 万 t/a。这说明，传统焦炉中煤料的堆密度要比无回收焦炉大，故产焦能力提高。

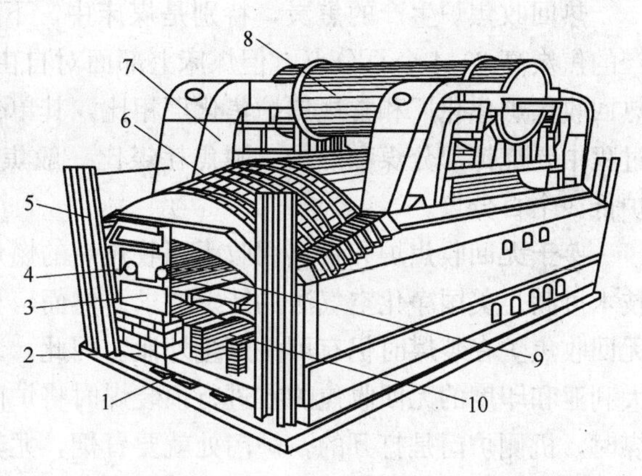

图 6-5　Jewell Thompson 无回收焦炉示意图

1—空气层；2—炉底板；3—炉门；4—空气口；5—炉柱；6—拱顶；7—上升管；8—公用废热管；9—炉底；10—炉底火道

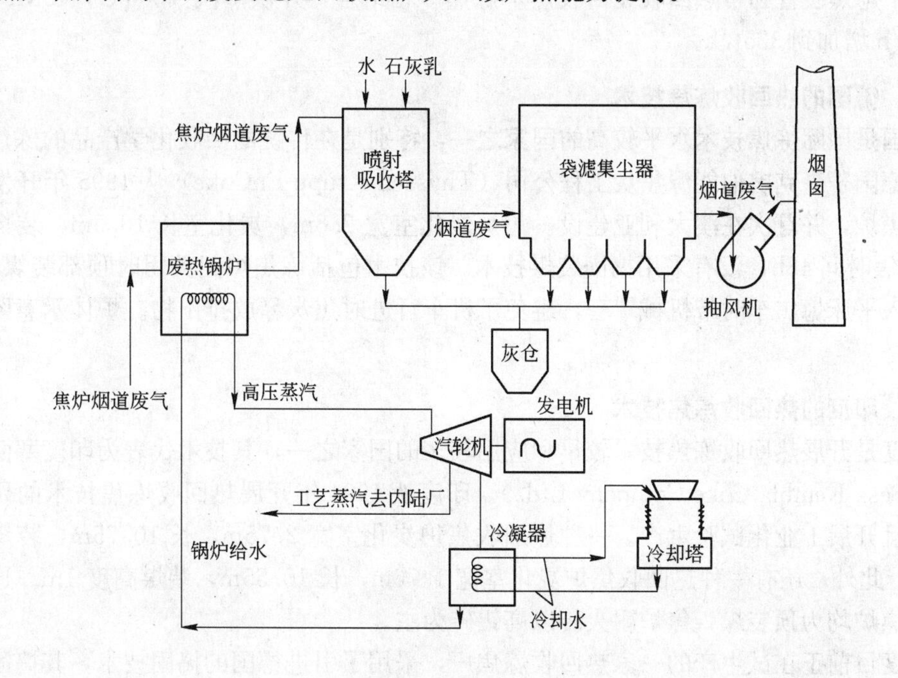

图 6-6　发电系统示意图

热回收焦炉生产的焦炭，特别是煤床中、下部焦炭，其热强度（Sar）比常规焦炉生产的焦炭高3～4个百分点，但煤床上部面对自由空间其焦炭质量差。环保设施都完善的热回收焦炉焦化厂和常规焦炉焦化厂相比，其单位投资相当。热回收焦炉煤耗高，在炼焦过程中要烧掉部分煤和焦炭，吨焦耗煤比一般焦炉高100～140kg，所以成焦率比一般焦炉低3个百分点。

鉴于无回收焦炉和带热回收无回收焦炉的燃烧过程完全是在负压抽吸下进行的，这些技术可满足美国净化空气法的特定要求。然而，尽管在燃烧过程中进行了抽吸，带热回收无回收焦炉在装煤时仍有可见烟尘外泄。因此，装煤过程是控制焦炉烟尘的重要环节。澳大利亚和印度的无回收焦炉在进行顶装煤时将炉门关闭。而美国的无回收焦炉在进行侧装煤时，机侧炉门是打开的，炉门处就要冒烟，尤其在装煤接近结束时更是如此。

对于侧装煤的带热回收无回收焦炉，装煤饼时，只需在下段炉门处开一个狭长口，将捣固煤饼从机侧推入炉内，而上段炉门是关闭的，这就可提供一个几乎全密封的炭化室空间，使整个装煤过程不会向外冒烟。由此可以看出，无回收焦炉的顶装或捣固装炉均可获得最佳的环境效果。在炼焦过程中，如果焦炉操作正常和维修及时，将会获得良好的环境效果。

从废气中回收热量将有助于提高炼焦厂的经济效益。带热回收无回收焦炉的炼焦厂和现有的发电厂结合已成为一种理想的方案，这种配置可节省大量投资。另一种是与化工厂组合，可将产生的蒸汽作为化工工艺蒸汽使用。如果热焦炭用干熄焦装置冷却，可回收的总热量还会增加。对于焦炭产量为100万t/a的带热回收无回收焦炉的炼焦厂，回收的总热量可发电80MW，若使用干熄焦装置冷却焦炭，还可额外增加发电量16MW。就蒸汽而言，干熄焦装置和带热回收无回收焦炉炼焦厂相结合，外供蒸汽（500℃，10MPa）可从270t/h增加到325t/h。

二、德国的热回收炼焦技术

德国是国际炼焦技术水平较高的国家之一，特别是在传统的回收化学产品的炼焦技术方面。德国蒂森克虏伯能源焦炭工程公司（Thyssen Krupp EnCoke）从1995年开发设计热回收焦炉，并首次在澳大利亚建设。焦炉炭化室宽2.8m，炭化室长10.5m，装煤厚度1m，结焦时间48h，没有采用捣固装煤技术。该技术包括炼焦炉门关闭时顶部装煤无烟，焦炭推入平床熄焦车时带机械罩套，避免了机车行进时焦炭释放排出物。炉体示意图见图6-7。

三、印度的热回收炼焦技术

印度是开展热回收炼焦技术较早和应用较多的国家之一，其技术代表为印度塞萨焦炭公司（Sesa Kembla Coke Company Ltd.）。印度从1994年开展热回收炼焦技术的研究工作，并且开展工业化试验生产。一种热回收焦炉炭化室宽2.75m，长10.75m，装煤高度1.18m。此外，还有一种热回收焦炉炭化室宽1.76m，长10.55m，装煤高度1m。这两种热回收焦炉均为顶装煤，焦炉耐火砖以高铝砖为主。

印度目前正在试生产的一家热回收炼焦厂，采用了引进德国的捣固技术，其捣固形式为挤压加振动的方式。该工厂试生产以来，由于种种原因，一直未能达到设计指标。此外，印度已采用山西省化工设计院的热回收炼焦技术QRD清洁型热回收捣固炼焦炉，正在建设五家热回收炼焦厂，还有多家正在谈判引进。

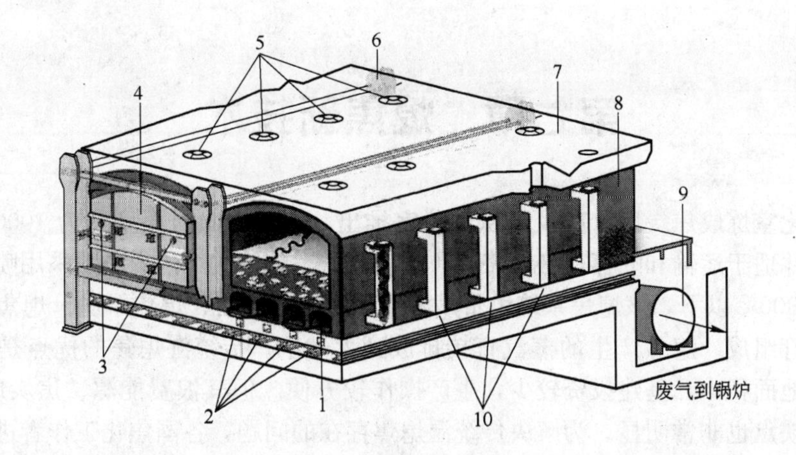

图 6-7　热回收焦炉剖面图

1—小烟道；2—二次空气入口；3—一次空气入口；4—炉门；5—装煤孔；6—坚固系统；7—耐火混凝土；8—耐火砖；9—废气集气管；10—下降火道

第七章 熄焦新技术

煤在炭化室炼成焦炭后，应及时从炭化室推出，红焦推出时温度约为1000℃。为避免焦炭燃烧并适于运输和贮存，必须将红焦温度降低。传统的熄焦方法是采用喷水将红焦温度降低到300℃以下，该熄焦系统由带喷淋水装置的熄焦塔、熄焦泵房、熄焦水沉淀池以及各类配管组成，熄焦产生的蒸汽直接排放到大气中。传统湿熄焦的优点是工艺较简单，装置占地面积小，基建投资较少，生产操作较方便。但其浪费能源、焦炭质量较低、污染环境的缺点也非常明显。为解决传统湿熄焦存在的问题，各国焦化工作者进行了不懈的努力，除对湿熄焦装置及湿熄焦工艺不断进行改进外，干熄焦技术也得到长足的发展。

第一节 概 述

一、低水分熄焦

低水分熄焦工艺是美钢联（United Stated Steel Corporation）开发的一种新型熄焦工艺，它是在传统湿法熄焦的基础上经过深入剖析熄焦原理发展而来的，可以替代目前在工业上广泛使用的常规喷洒熄焦工艺，该技术首先应用于美钢联所属的焦化厂，之后成功应用于多个焦化厂。其中应用最大的焦炉炭化室高度达7.3m，每孔焦炭量达26t。我国近几年也逐渐采用了该项技术。

低水分熄焦是相对于传统湿法熄焦后焦炭的水分而言的，与传统湿法熄焦相比该工艺只是改变了熄焦时的供水方式，焦炭的水分降低了。低水分熄焦在改善焦炭质量、节能等方面比传统湿法熄焦具有一定的优势。

二、稳定熄焦

稳定熄焦工艺是德国在传统的湿法熄焦工艺上发展而来的，英文缩写CSQ。CSQ工艺同时采用了喷淋熄焦和水仓式熄焦。主要工艺特点是提高了熄焦速度，能快速降低焦炭温度，缩短熄焦时间。水煤气和硫化氢减少，冷却后的焦炭机械强度高，稳定性好，颗粒分布均匀并由此而提高焦炭质量。所生产的焦炭转鼓强度和耐磨指标符合优质冶金焦的质量要求。这种熄焦工艺的优势可根据要求调整焦炭温度。

稳定熄焦同常规湿法熄焦的区别是常规式湿熄焦用水从上喷淋焦炭，熄焦时焦炭在车上静止不动，而CSQ熄焦过程中，水从下部进入，焦炭剧烈运动并受到机械撞击。焦炭沿着内部结构裂缝破碎，使焦炭颗粒均匀、稳定。这种焦炭颗粒分布比传统湿熄焦更均匀，因此它特别适用于高强度喷煤、喷油的大型高炉。

三、干熄焦

1917年，瑞士舒尔查公司丘里赫市炼焦制气厂建成世界上第一套干熄焦装置。20世纪40年代前后，一些发达国家开始研究开发干熄焦技术，干熄焦装置经历了罐室式、多室式、地下槽式和地上槽式等过程，但一般规模较小，生产也不稳定，无法进行大规模的工业化生产。直到20世纪60年代，苏联在干熄焦技术方面取得了突破性进展，实现了干熄焦装置的连续稳定生产，其干熄焦技术的先进性也得到了当时各国焦化界的公认。但苏联干熄焦装置在自动控制和环保措施等方面起点并不高，需要改进和完善的方面很多。

20世纪70年代开始，日本在干熄焦装置的大型化、自动控制和环境保护等方面进行了有效的改进。干熄焦装焦采用料钟布料，排焦采用旋转密封阀连续排焦，接焦采用旋转焦罐接焦等技术的应用，使气料比大大降低，极大地降低了干熄焦装置的建设投资和运行费用；对干熄焦装置采用了计算机控制，实现了全自动无人操作；还采用了除尘地面站方式，避免了干熄焦装置可能带来的二次污染。20世纪80年代，德国又发明了水冷壁式干熄焦装置，使气体循环系统更加优化，并降低了运行成本。德国成功地将水冷栅和水冷壁置入干熄炉，并将干熄炉断面由圆形改成方形，同时在排焦和干熄炉供气方式上采用了全新的方式，大大提高了换热效率，使气料比降到了1000m^3/t焦以下，进一步降低了干熄焦装置的运行费用。

20世纪80年代宝钢最先采用干熄焦技术，但近20年来这一技术在我国却未能大量推广应用。其中有干熄焦规格单一，不适应我国焦化厂生产规模的原因，也有干熄焦工程投资高、投资收益率低的原因。

宝钢从国外引进干熄焦装置后，浦东煤气厂、济钢也相继从国外引进干熄焦装置，但其单套干熄焦装置处理能力一直徘徊在70t/h、75t/h的中型规模水平，不能适应国内其他焦化厂实际生产规模的需要，也就不能经济合理地配置干熄焦装置。

由于没有专业制造厂介入干熄焦设备的消化吸收，设备未能实现国产化。例如提升机、循环风机、电机车、排焦及装入装置等设备，建干熄焦就要引进；再加上干熄焦控制系统复杂，要引进大量的电气和控制设备，导致工程投资居高不下。片面地追求100%干熄，即以干熄焦备用干熄焦，也是工程投资居高不下的原因之一。

长期以来我国能源价格一直处于比较低的状态，使干熄焦节能的经济效益不明显，造成投资收益率低，回收期长。但按照现在的能源价格，干熄焦回收能源所创造的效益是每吨焦炭10元，比较可观。过去因钢铁企业内部管理问题，前后工序之间没有严格进行成本核算，未对焦炭质量对炼铁经济效益的影响进行单独考核，致使干熄焦对焦炭质量的提高未能在炼铁获得的经济效益中体现出来，这是造成干熄焦工程经济效益差的另一个原因。实际上每吨干熄焦焦炭对炼铁系统带来的效益约14元。

目前我国能源价格及成本核算已逐步趋向合理，如果能够有效地降低工程投资，干熄焦技术就一定能够在我国得到广泛应用，并取得可观的经济效益和社会效益。而且我国产业政策也规定，建设炭化室高4.3m及以上焦炉，必须配套建设相应规模的干熄焦装置。干熄焦在我国的快速发展势在必行。

第二节　低水分熄焦

一、低水分熄焦的工艺流程

低水分熄焦系统主要由工艺管道、水泵、高位水槽、一点定位熄焦车以及控制系统等组成。其工艺流程如图7-1所示。

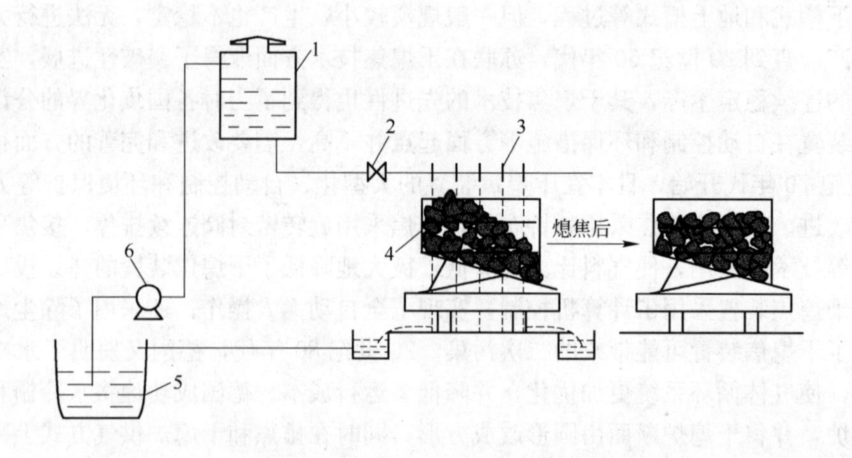

图 7-1 低水分熄焦工艺流程图

1—高位槽；2—调节阀；3—喷头；4—熄焦车；5—循环水池；6—水泵

熄焦车按照推焦计划准时达到对应接焦位置，通过其信号联锁，完成与导焦栅、炭化室定位后，向推焦车发出允许推焦信号。红焦推出过程中，熄焦车保持静止状态，即静止接焦。装完红焦后驶入熄焦塔熄焦。在熄焦塔前有一指示信号灯，显示高位水槽液位是否符合熄焦要求，符合熄焦要求后方可进行熄焦。

熄焦时，开始是小水量，调节阀按设定值设定，要求一般为50%左右，然后是大水量，调节阀全开。在熄焦塔水喷淋过程中，熄焦车保持静止状态，即定点熄焦。小水量和大水量的喷淋时间由调试标定后设定，6m 焦炉一般分别为 10s 和 70s 左右。熄焦下水管的调节阀出口水压信号及下水信号反馈给 PLC，控制电控调节阀的开关和开度。熄焦后，熄焦车和传统湿法熄焦车一样，送到晾焦台放焦，完成整个熄焦过程。

熄焦水回到熄焦水循环水池，由水泵输送至高位水槽。由于在熄焦过程中，有大量水蒸气产生并挥发，循环水池实行间断补水。高位水槽液位根据调试设定上下限，信号反馈至变频电机，水泵实行间断给水。

二、低水分熄焦的原理及优点

（一）原理

低水分熄焦工艺与传统的湿法熄焦工艺相比，最重要的是在控制熄焦的供水方式上有所不同。传统的湿法熄焦是在熄焦过程中等流量喷水熄焦，而低水分熄焦则是在整个熄焦过程中，按流量大小分段进行供水，即变流量喷水熄焦。

低水分熄焦系统水流有两种流速，在熄焦开始时，水的流速被减至设计流速的 40%～50%，这样低的速度既冷却了顶层焦炭，又稳定了焦炭表面，防止焦炭在高的水流速度时从熄焦车厢中迸溅出来。低水流所用时间通常为 10～20s，之后，水流增至设计高流速，并迅速渗入到焦炭层内部。熄焦后，车内多余的水通过车体设置措施快速排出车外。

在低水分熄焦系统中，熄焦水通过专门设计的喷嘴在一定压力下以柱状水喷射到焦炭层内部，使顶层焦炭只吸收了少量的水，大量的水迅速流到各层焦炭至熄焦车倾斜底板。当熄焦水接触到红焦时，水变为蒸汽时的快速膨胀力使蒸汽向上流动通过焦炭层，利用蒸汽由下至上地对车内焦炭进行熄焦。减少了水与焦炭的接触时间和水的用量，红焦不是完全被水渗透饱和而熄焦，使焦炭吸收水量降低。

低水分熄焦系统使用柱状水流代替了喷洒，改善了焦炭在深度方向的水分分布，达到了短时间内的完全熄焦，依据焦炭粒度、温度和熄焦车的条件，整个熄焦时间约 50～80s。

（二）优点

低水分熄焦与传统的湿法熄焦相比，从工艺和改善焦炭质量上具有很多优点。

（1）降低焦炭水分。焦炭水分在很大程度取决于焦炭粒度分布、水温及水的纯净程度等因素。在正常条件下，低水分熄焦与常规熄焦相比，焦炭水分可减少 20%～40%，水分可控制在 2%～4%且均匀。表 7-1 所示的是邯郸钢铁公司焦化厂，在 1999 年 5 号、6 号焦炉低水分熄焦投产后对焦炭水分做的对比分析数据。虽然低水分熄焦工艺取样为全焦，可其含水在粗调阶段也比传统熄焦工艺的冶金焦含水还低约 0.65%～1%。而在细调后，低水分熄焦的全焦含水，就比传统熄焦的冶金焦含水要低 2.5%～2.9%，可见其降低焦炭水分效果是很明显的。

采用低水分熄焦工艺后，冶金焦水分明显降低，直接给炼铁高炉的操作和节能带来非常可观的效益，按焦炭含水分每降低 1%，可降低炼铁焦比 1%～1.5%来计算，该工艺生产的焦炭可降低焦比 3%～4.5%。

（2）缩短熄焦时间。传统的喷洒熄焦时间需要 120～150s，而低水分熄焦时间只需要 70～85s。这将容许在推焦操作延迟后赶上计划推焦炉号，恢复正常的推焦计划。在熄焦车操作时间制约焦炭产量的情况下，采用低水分熄焦可以缩短操作时间。

（3）有利于大容积焦炉的熄焦生产。现已证实，低水分熄焦可有效处理在 17～20m 长的车厢内多达 26t 的焦炭。常规的喷洒熄焦对于较深的焦炭层不可能达到这样的效果。随着焦炉大型化的发展趋势，该工艺有很广的应用前景。

表 7-1　低水分熄焦两个阶段与传统熄焦时的焦炭水分对比

序　号	传统熄焦工艺焦炭含水/%		低水分熄焦工艺焦炭含水/%	
	1 号、2 号焦炉	3 号、4 号焦炉	粗润阶段	细润后
1	6.67	7.0	5.4	
2	6.60	6.2	4.6	
3	7.13	6.0	5.0	
4	6.33	7.0	6.0	
5	6.27	5.6	6.4	
6	6.67	—	5.8	
7	6.47	3.6	5.4	
8	6.80	7.0		3.4
9	6.78	6.4		4.4
10	6.60	5.8		3.8
11	6.80	6.0		3.8
12	6.27	6.8		4.0
13	6.73	6.6		3.6
14	6.87	6.0		3.2
15	7.20	5.8		5.0
16	6.40	8.6		3.6
17	6.27	5.6		3.2
18	6.20	4.8		2.6
平　均	6.58	6.16	5.51	3.69

注：1. 传统熄焦工艺焦炭取样地点在筛后的冶金焦皮带上；

2. 低水分熄焦工艺焦炭取样地点在筛前的焦炭皮带上。

（4）能适用于原有的熄焦塔。在低水分熄焦系统中，经特殊设计的喷嘴可按最适合原有熄焦塔的方式排列，它便于更换原有熄焦喷洒管。管道系统由标准管道及管件构成，因此能经济而快捷地安装在原有的熄焦塔内。

（5）节约熄焦用水。因熄焦时间缩短，吨焦耗水量也随之减少。根据武钢焦化公司3号焦炉统计，低水分熄焦可节约30%～40%的水量。

三、低水分熄焦的系统构成及生产操作

（一）系统构成

低水分熄焦系统由工艺管道及设备，一点定位熄焦车和控制系统组成。

1. 工艺管道及设备

（1）熄焦水泵。设置两台熄焦水泵（1开1备），每台都可向高位槽供水，其能力可以满足每小时15次的熄焦操作要求，高位槽通过压力继电器自动启动达到自动供水的目的。

（2）高位槽。使用高位槽可以在每次熄焦操作中以恒定压力提供可靠的供水。高位槽也改善了工艺的可靠性，因为在车进入熄焦塔前，司机可以通过信号判断是否有足够的水用于熄焦。

（3）管道。管道设计是配合一点定位熄焦车的要求进行的，喷水管根据熄焦车内焦炭的分布情况而设计。可满足在两次熄焦操作之间喷射主管及支管内充满水，这种设计可在每次熄焦开始时迅速供水。

（4）喷头。喷头的设计是一种可变换角度安装的等径管道，变换角度是为了控制喷洒水量在焦炭层的分布，在调试和标定过程中，可根据焦炭层的厚度分布对应需要喷洒的水量，变换喷头的角度，同时对喷头进行变径改动，从而达到均匀熄焦的效果，如图7-2所示。

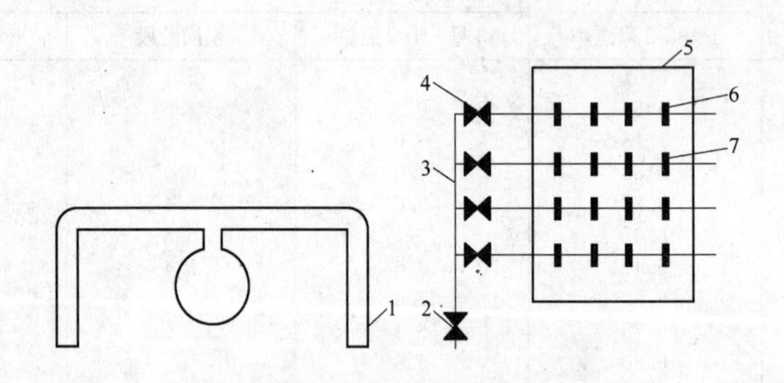

图7-2　低水分熄焦管道、喷头示意图

1—喷头；2—调节阀；3—变径管；4—分配阀；5—熄焦车；6—喷头；7—变径后喷头

2. 一点定位熄焦车

新型一点定位熄焦车在推焦操作中可在不移动熄焦车的情况下接受所有从炭化室推出的焦炭，这种操作的优点是焦炭在熄焦车中的轮廓及其在熄焦车厢中的分布对每炉焦炭都是一样的，也避免了使用常规熄焦车时每一炉焦炭在熄焦车中分布不一样的问题，这样就可以允许熄焦塔内水流分布固定，以提供合适的熄焦水量，可获得含水量更低的焦炭。

3. 控制系统

熄焦过程中水流量可由特定部位的主管和支管的压力控制器自动控制水压，另外，也可用计时器，并预设控制阀信号，以控制熄焦所需的水量，这种方法所需仪表较少，控制相对简单。低水分熄焦控制系统简图如图 7-3 所示。

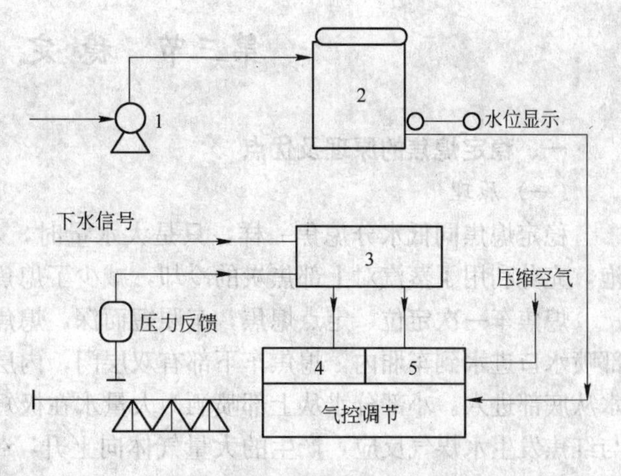

图 7-3　低水分熄焦控制系统图

1—水泵；2—高置水槽；3—PLC 调节器；4—阀位调节；5—电磁阀

（二）生产操作

低水分熄焦操作与传统的湿法熄焦相比，特点就是定点接焦和定点熄焦，即熄焦车接焦和熄焦时均保持车身静止状态。

1. 调试

低水分熄焦调试前，要将各支管的阀门开度和喷头布局予以检查，阀门开度先处在接近全开的位置，喷头对车厢焦炭都能给予喷洒。

低水分熄焦调试时，首先是将低水流速时间段设定为 10～20s，高水流速时间段设定为 90s，进行熄焦。观察熄焦后是否存在红焦，如果普遍都有红焦，需要增加设定的时间。如果仅有部分区域有红焦，就将没有红焦区域上方向水管喷头向有红焦区域方向调整，同时可调节分配管阀门开度，尽可能使全部焦炭在水平面方向上均能均匀熄灭。然后再将高水流段时间减少 5s，再观察是否存在部分区域有红焦，再用上述方法调整喷水管方向，如果还不能均匀熄焦，还可以将没有红焦区域（熄焦后焦炭颜色最深、水分最大的区域）上方向喷头管径减小，直至不出现红焦，再将高水流时间减少 5s，重复上述步骤，直至全水平面都均匀存在红焦时，将高水流时间加大 5s，至此，全部调试完成。

在结焦时间、焦炉标准温度发生变化时，适当调整高水流段时间，低水流阶段时间一般设为 15～20s，此阶段仅是稳定焦炭层表面的作用，对总体熄焦影响不大，一般不必进行调整，完全完成调试后将各喷头螺纹连接处用电焊固定。

2. 操作

当熄焦车接焦炭时，不能移动车辆，以便在每次接焦时，车厢内焦炭厚度相同。当熄焦车开入熄焦塔时，应正确定位在熄焦位置上，误差应在 75mm 以内。

熄焦车司机按下按钮开始熄焦，利用安装在熄焦车上的极限开关同时启动熄焦系统计时器，这个动作也可自动完成。当低水流量和高水流量阶段都完成时，熄焦系统控制阀将关闭，截断从高位槽流出的水。熄焦车厢应在熄焦塔内再停留 30s，以排净车厢内的水。

低水分熄焦工艺同样适用于老焦炉熄焦系统的改造。在鞍钢焦化厂、涟钢焦化公司先后对老焦炉的低水分熄焦改造中，可在原系统的基础上进行，且具有改造时间短、对生产影响小、利用原有的泵房设备及管道，减少部分投资的优点。在改造过程中，由于受到熄焦车轨道、晾焦台、焦炉炉台的标高制约，要实现定点接焦需对熄焦车进行系统计算和重新设计。

第三节　稳定熄焦

一、稳定熄焦的原理及优点

（一）原理

稳定熄焦同低水分熄焦一样，只是大水量时，水从熄焦车的底部进入，红焦被水浸泡，充分利用了蒸汽对上部焦炭的冷却，减少了熄焦水的停留时间和渗入焦炭的量。

熄焦车一次定位、定点熄焦，车厢短而深，熄焦车两侧有进水管，从熄焦车斜底板下部喷水口进水到车厢内，熄焦车下部有双层门，内层门挡焦炭，外层门挡水，大部分熄焦水从底部进入。小部分水从上部喷洒，大量水在极短时间内进到车厢，水面达到一定高度与红焦发生水煤气反应，产生的大量气体向上升，带动焦炭向上蹦，焦炭最高可蹦 30～35m。熄焦时，熄焦车与熄焦塔下口对齐，蹦起来的焦炭通过熄焦塔下口又回到熄焦车内，熄焦过程中，焦炭上蹦后又自由落体到熄焦车，有裂纹的焦炭从裂纹处破碎，焦炭表面的粉焦也随之摔落，焦炭强度较为稳定。

两个进水阀分别控制底部进水量和顶部喷洒量。常规熄焦时熄焦塔有烟囱效应，吸入大量空气。稳定熄焦时熄焦塔下口与熄焦车身对齐，基本上无缝，熄焦塔不能因热浮力产生的吸力向上抽空气，空气不能大量进入熄焦塔。蒸汽流速较慢，利于粉尘的捕集。熄焦塔上部有两层捕尘板，下层捕尘板为木结构支撑，不锈钢挡板，上层捕尘板为木结构支撑，塑料挡板，塑料挡板产生静电效应，吸附细微的粉尘。捕尘板上有清水喷洒，冲洗挡尘板上的粉尘，经过两层捕尘板后，粉尘排放控制在 15g/t 焦炭，熄焦时间大约 60s。

（二）优点

1. 稳定焦炭水分

焦炭水分是冶金焦一个重要质量指标。熄焦车进入熄焦塔内停在预定的位置不动，顶部喷洒管即水雾捕集装置开始喷水，顶部熄焦开始几秒钟后，高位水槽的熄焦水通过注水管注入熄焦车接水管，熄焦水从熄焦车厢斜底的出水口喷入熄焦车内，浸泡红焦而熄焦。该工艺避免了常规湿法熄焦因焦炭层厚度不均匀和车厢死角喷不到水，而导致局部熄焦不透和焦炭水分不均匀现象。CSQ 熄焦工艺通过熄焦时焦粒强烈的涡旋流动使其均匀冷却，水分可调整到 2%～4%之间，标准偏差为 0.5%～1%，与低水分熄焦工艺接近。

2. 改善焦炭的机械强度和粒度均匀性

稳定熄焦时，焦炭处于跳动状态，因此其具有整粒功能，可以使焦炭的潜在缺陷提前释放，使焦炭的块度均匀给高炉生产创造较好的条件。抗碎强度 M_{40}、耐磨强度 M_{10} 均明显优于传统湿法熄焦。CSR 和 CRI 数值在 CSQ 熄焦过程中不受影响。

3. 减少有害物的排放

稳定熄焦通过 3 种途径控制和减少熄焦逸散物：(1) 在稳定熄焦过程中，焦炭快速冷却时，H_2S 和 CO 等气体的生成量比常规湿法熄焦有所减少；(2) 采用定点熄焦车熄焦，熄焦车厢中熄焦层较厚（约 4m），所以熄焦时上层焦炭可以抑制底层粉尘向大气逸散；(3) 在熄焦塔顶部，采用喷洒水的方法（所谓水雾捕集），冷却含粉尘的熄焦水蒸气，降低粉尘逸散速度，使之逐步分离，再配合折流板式除尘装置捕集粉尘，降低粉尘排放和含有害物蒸气的逸散量。采用稳定熄焦，每吨焦炭散发的粉尘量可控制在不大于 15g。

监测表明，稳定熄焦散发的粉尘、H_2S 和 CO 等污染物仅是传统湿法熄焦的 25%，其吨焦污染物的排放量分别为：粉尘 15g/t，H_2S79g/t，$SO_2$2g/t，CO180g/t，其 SO_2 和 CO 的排放量甚至比干熄焦工艺还要低。

二、稳定熄焦的设备及操作

（一）设备构成

1. CSQ 熄焦车

CSQ 熄焦车按单点车设计，也就是熄焦车停到接焦位置后，在推焦时停止不动，将一炉焦炭全部装入熄焦车中。推焦除尘设备的烟罩同熄焦车焦炭料仓紧密接触，推焦时可将焦炭料仓完全罩住，使推焦过程没有烟尘排出。

熄焦车厢截面如图 7-4 所示，类似于四方形，料仓很深，将全部焦炭推在一个部位，只有很少的焦炭表面接触空气，因此开往熄焦塔期间明显减少了燃烧和污染物的排放。熄焦车沿其行走方向前后各有一方形接水管，该接水管与布置在车厢下的输水管相连，熄焦车厢的底为特制的夹层，车厢分两层，焦炭装入内层，外层底部布有进水口，侧面是进水管，其内侧分布若干出水口，倾斜夹层与输水管道相连。

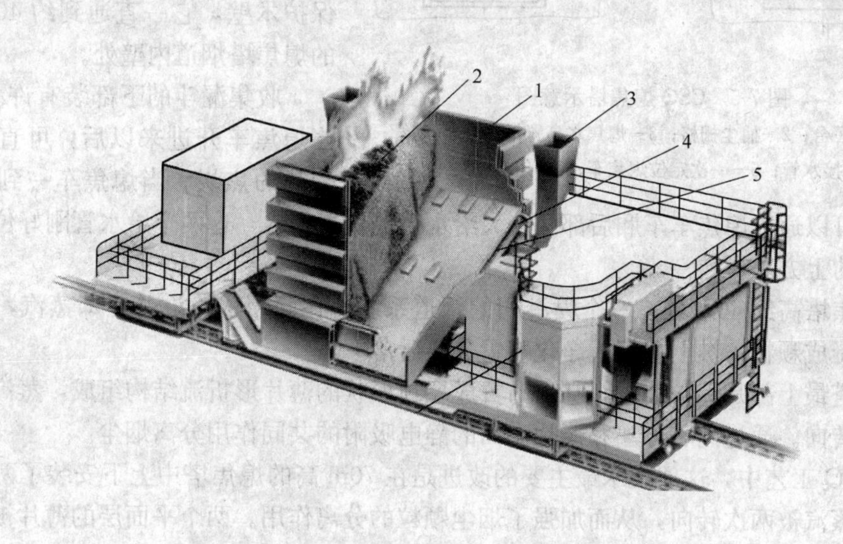

图 7-4　CSQ 熄焦车示意图

1—料仓；2—焦炭；3—接水管；4—夹层车厢；5—夹层底板

CSQ 熄焦车驶向控制系统预定的计划出焦的炉号，装的是灼热的焦炭，在烟罩下逗留片刻，驶向熄焦塔，进入熄焦塔内自动启动熄焦系统，开始熄焦。水进入熄焦车外车厢，然后迅速进车厢内层与焦炭接触。

熄焦结束后，熄焦车外挡板打开，排出焦炭料仓的水，然后熄焦车开到晾焦台，打开内侧门卸出焦炭，再驶向下一个待出焦的炉号。

2. CSQ 熄焦塔

CSQ 熄焦塔的下部一段是钢筋混凝土结构，内部用硬砖砌衬。上面是一个自支撑木结构的高大烟道。总结构高度为 70m，比目前湿法熄焦塔（约 20m）高，如图 7-5 所示。

在侧面水泥墙上，约向上 25m 处有一个熄焦水罐，熄焦水罐经一带有快速关闭阀门的管道一直通到塔内的熄焦装置上。

熄焦塔断面尺寸是根据熄焦烟气出塔速度4～7m/s设计的，仅在稳定熄焦开始时的短时间内能达到较高的蒸汽流速。

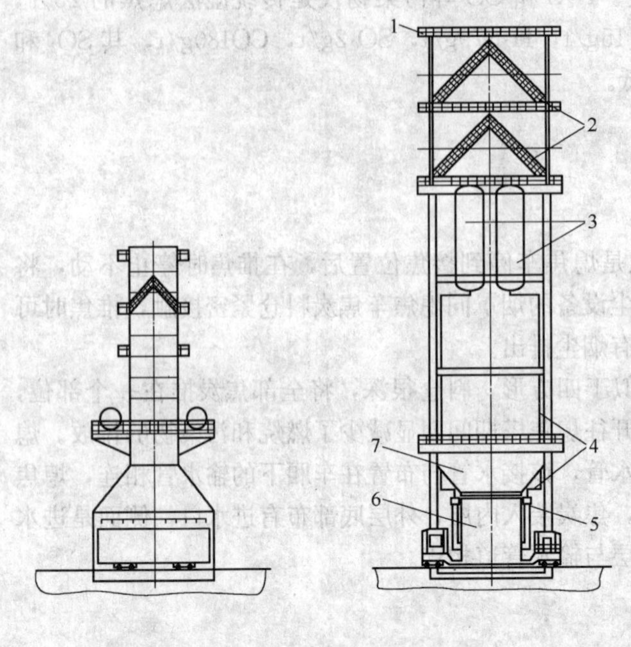

图7-5　CSQ熄焦塔示意图

1—操作平台；2—捕尘栅格；3—熄焦水高置槽；4—注水管；5—接水管；6—一次定位熄焦车；7—焦炭收集斗

在熄焦塔下部，熄焦车车厢的正上方，装有一个特殊钢材质的漏斗形钢箱，它占据了熄焦车车厢和塔内侧之间的空间，这样可阻止周围空气大量涌进，减少蒸汽体积膨胀，同时可阻止蒸汽从熄焦塔下部龙门框处逸出。此外，钢箱还作为收集漏斗将熄焦时甩出的焦炭收集起来，再将它们送回熄焦车。为了保护木壁，它一直通到约40m高处的熄焦塔烟道内壁处。

收集漏斗的下部装有许多喷嘴，当熄焦车开进来以后，可直接喷淋灼热的焦炭。当熄焦车一到达终点位置，就可以通过熄焦车车厢后部两个大给水管提供熄焦水，这两个给水管刚好位于熄焦车接水孔的上方。

在熄焦塔高约40m处有一个喷淋用的管道系统，在此用水喷淋并冷却蒸汽，蒸汽中的烟尘冷凝成颗粒，被上方板式净化装置分离后落下。

熄焦塔最上部是保护装置，它由布置成屋顶形状的薄片形折流结构组成，蒸汽在折流结构处被转向。通过离心分离和薄片表面的静电吸附的共同作用分离烟尘。

在CSQ工艺中，这项技术最主要的改进是在70m高的熄焦塔中上下安装了两个排放保护顶，蒸汽被两次转向，从而加强了烟尘颗粒的分离作用。两个平面层的薄片被设计成不同的流动结构，使得从底层上升的流动颗粒在上层平面被进一步吸附和分离。

3. 熄焦水澄清设备

澄清池布局如图7-6所示。合理设计澄清池是减少熄焦过程排放污染物的重要前提条件，澄清池的形状最好是纵向持续流动式的沉清池。通常设置两个并列的澄清池，如果一个停用，也能有足够的沉淀能力。从熄焦塔流出的夹带焦粉的水经过池底斜面前的流槽装置进入沉淀池。流速突然降低，使较大的颗粒沉淀，水缓慢向净水池方向流动，途中较小的颗粒沉淀。单位面积负荷为1.5m/h时，直径0.04mm以下的焦粒可以沉淀下来。沉淀在底部的焦粒被池底间隔板缓慢送到沉清池端部，经过斜面送进粉焦池，再将粉焦装车外运。

（二）操作过程

稳定熄焦工艺的熄焦和接焦过程同低水分熄焦工艺不同，熄焦车开进熄焦塔前就开始进行喷淋，这是为了保持塑料薄片、木质烟道和内部设施免受过热的损害，当车一到达终

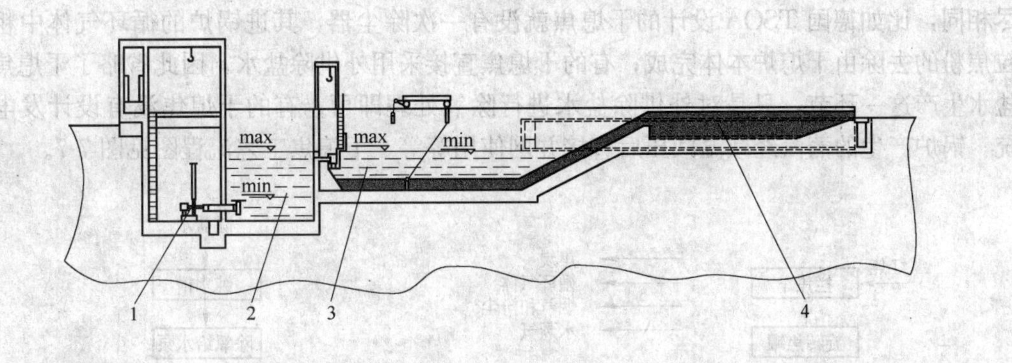

图 7-6　澄清池示意图

1—熄焦水泵；2—澄清水池；3—沉淀池；4—粉焦池

点位置，安装在漏斗壁上的喷嘴开始喷淋熄焦，由此产生的热气开始向上流动，并可保护熄焦塔内部表面免受灼热焦炭的辐射。这种喷淋熄焦约将三分之一的熄焦水喷到焦炭上表面，在整个熄焦过程中喷淋持续不断。

几秒钟后，水仓式熄焦开始，通过直径约 600mm 给水管将熄焦水像潮水般输进位于侧面的两个接水管，然后通过熄焦车底部的许多出水孔进入料仓。全部吨焦耗水量约为 $2m^3/t$，其中约 $1.5m^3/t$ 作为循环水流回澄清池。水仓熄焦结束后，车的排泄挡板打开，将积留在车内的水排出。

水与熄焦车底部 1000℃热焦炭快速接触产生蒸汽，同时蒸汽体积增大，位于上面的焦炭由此剧烈运动，部分向上运动。由于车底部产生剧烈的蒸汽运动，焦炭、水和蒸汽的混合物进行不规则的湍动。

CSQ 熄焦过程的熄焦速度比传统喷淋熄焦快一倍多。提高熄焦速度可快速降低焦炭温度，并由此缩短形成水煤气和硫化氢的反应时间。硫化氢的形成量随着熄焦速度的提高而降低。熄完焦后先开外车门排水，然后熄焦车开出熄焦塔到晾焦台，再开内车门排出焦炭。

第四节　干熄焦的原理及优点

所谓干熄焦，是相对湿熄焦而言的，是指采用惰性气体将红焦降温冷却的一种熄焦方法。在干熄焦过程中，红焦从干熄炉顶部装入，低温惰性气体由循环风机鼓入干熄炉冷却段红焦层内，吸收红焦显热，冷却后的焦炭从干熄炉底部排出，从干熄炉环形烟道出来的高温惰性气体流经干熄焦锅炉进行热交换，锅炉产生蒸汽，冷却后的惰性气体由循环风机重新鼓入干熄炉，惰性气体在封闭的系统内循环使用。干熄焦在节能、环保和改善焦炭质量等方面优于湿熄焦。

一、干熄焦的工艺流程

干熄焦系统主要由干熄炉、装入装置、排焦装置、提升机、电机车及焦罐台车、焦罐、一次除尘器、二次除尘器、干熄焦锅炉系统、循环风机、除尘地面站、水处理系统、自动控制系统、发电系统等部分组成。根据设计的不同，干熄焦系统包含的主要设备也不尽相同，比如德国 TSOA 设计的干熄焦就没有一次除尘器，其进锅炉的循环气体中粗颗粒焦粉的去除由干熄炉本体完成；有的干熄焦直接采用外供除盐水，因此省略了干熄焦除盐水生产这一环节，只是对外供除盐水进行除氧处理即可；有的干熄焦没有设计发电系统，锅炉产生的蒸汽经减温减压后直接并网使用等等。干熄焦工艺流程图见图 7-7。

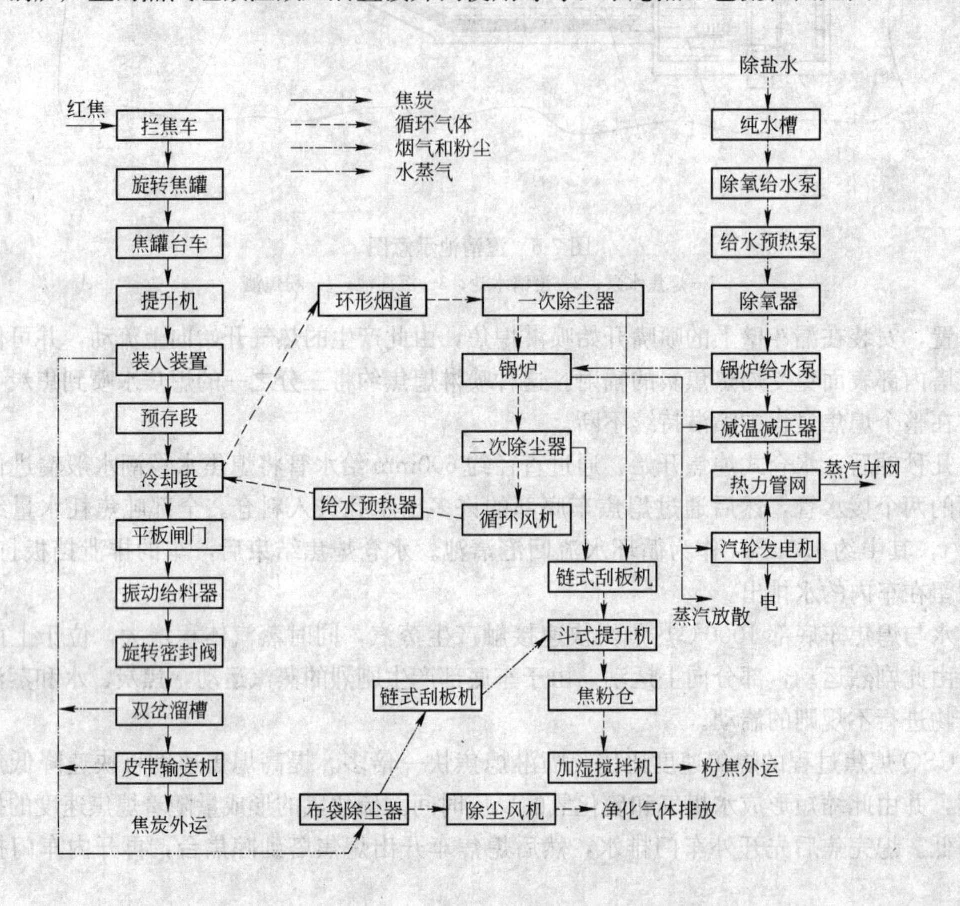

图 7-7　干熄焦工艺流程图

从炭化室推出的红焦由焦罐台车上的圆形旋转焦罐接受，焦罐台车由电机车牵引至干熄焦提升井架底部，由提升机将焦罐提升至提升井架顶部；提升机挂着焦罐向干熄炉中心平移的过程中，与装入装置连为一体的炉盖由电动缸自动打开，装焦漏斗自动放到干熄炉上部；提升机放下的焦罐由装入装置的焦罐台接受，在提升机下降的过程中，焦罐底闸门自动打开，开始装入红焦；红焦装完后，提升机自动提起，将焦罐送往提升井架底部的空焦罐台车上，在此期间装入装置自动运行将炉盖关闭。

装入干熄炉的红焦，在预存段预存一段时间后，随着排焦的进行逐渐下降到冷却段，在冷却段通过与循环气体进行热交换而冷却，再经振动给料器、旋转密封阀、双岔溜槽排出，然后由专用皮带运输机运出。

冷却焦炭的循环气体，在干熄炉冷却段与红焦进行热交换后温度升高，并经环形烟道排出干熄炉；高温循环气体经过一次除尘器分离粗颗粒焦粉后进入干熄焦锅炉进行热交换，锅炉产生蒸汽，低温循环气体由锅炉出来，经过二次除尘器进一步分离细颗粒焦粉后，由循环风机送入给水预热器进一步冷却，再进入干熄炉循环使用。

经除盐、除氧后的锅炉用水由锅炉给水泵送往干熄焦锅炉，经过锅炉省煤器进入锅炉汽包，并在锅炉省煤器部位与循环气体进行热交换，吸收循环气体中的热量；锅炉汽包出来的饱和水经锅炉强制循环泵重新送往锅炉，经过锅炉鳍片管蒸发器和光管蒸发器后再次进入锅炉汽包，并在锅炉蒸发器部位与循环气体进行热交换，吸收循环气体中的热量；锅炉汽包出来的蒸汽经过一次过热器、二次过热器，进一步与循环气体进行热交换，吸收循环气体中的热量后产生过热蒸汽外送。

干熄焦锅炉产生的蒸汽，送往干熄焦汽轮发电站，利用蒸汽的热能带动汽轮机产生机械能，机械能又转化成电能。从汽轮机出来的压力和温度都降低了的饱和蒸汽再并入蒸汽管网使用。

一次除尘器及二次除尘器从循环气体中分离出来的焦粉，由专门的链式刮板机及斗式提升机收集在焦粉贮槽内，经加湿搅拌机处理后由汽车运走。

除尘地面站通过除尘风机产生的吸力将干熄炉炉顶装焦处、炉顶放散阀及预存段压力调节阀放散口等处产生的高温烟气导入管式冷却器冷却；将干熄炉排焦部位、炉前焦库及各皮带转运点等处产生的高浓度的低温粉尘导入百叶式预除尘器进行粗分离处理；两部分烟气在管式冷却器和百叶式预除尘器出口处混合，然后导入布袋式除尘器净化后经烟囱排入大气。

二、干熄炉内焦炭冷却机理

在干熄炉冷却段，焦炭向下流动，惰性循环气体向上流动，焦炭通过与循环气体进行热交换而冷却。由于焦炭的块度大，在断面上形成较大的空隙，因而有利于气体逆流。在同一层面焦炭与循环气体温差不大，因而焦炭冷却的时间主要取决于气流与焦炭的对流传热和焦块内部的热传导，而冷却速度则主要取决于循环气体的温度和流速，以及焦块的温度和外形表面积等。

从焦炉炭化室推出的焦炭块度并不均匀，块度大的焦炭，由其表面向内部传热缓慢而使冷却时间延长，因此焦炭的冷却时间不可能一致。但是，焦炭在装入干熄炉以及在干熄炉内向下流动的过程中经受机械力作用而使块度大的变小，焦炭块度会逐步均匀化；此外，最先进的干熄焦工艺所设计的圆形旋转焦罐及带十字形料钟的装入装置都有利于焦炭在干熄炉内的均匀分布，虽然在焦炭向下流动的过程中部分大块焦炭会偏析到干熄炉的外周，也可通过调整循环气体进干熄炉风道上的入口挡板来调节干熄炉内中央与周边的进风比例。这几个有利因素可使焦炭冷却时间的差别降低，排焦温度趋于一致。

由于气体循环系统负压段会漏进少量空气，O_2 通过红焦层就会与焦炭反应，生成 CO_2，CO_2 在焦炭层高温区又会还原成 CO，随着循环次数的增多，循环气体里 CO 浓度愈来愈高；此外，焦炭残存挥发份始终在析出，焦炭热解生成的 H_2、CO、CH_4 等也都是易燃易爆成分；因此在干熄焦运行中，要控制循环气体中可燃成分浓度在爆炸极限以下。一般有两种措施可以进行控制，其一，连续地往气体循环系统内补充适量的工业 N_2，对循环气体中的可燃成分进行稀释，再放散掉相应量的循环气体；其二，连续往升温后流经环型烟道的循环气体中通入适量空气来燃烧掉增长的可燃成分，经锅炉冷却后再放散掉相应量的循环气体。后一种方法更经济便利。

三、干熄焦的优点

干熄焦能提高焦炭强度和降低焦炭反应性，对高炉操作有利，因而在强结焦性煤缺乏的情况下炼焦时可多配些弱黏结性煤，尤其对质量要求严格的大型高炉用焦炭，干熄焦更有意义。干熄焦除了免除对周围设备的腐蚀和对大气造成污染外，由于采用焦罐定位接焦，焦炉出焦时的粉尘污染易于控制，改善了生产环境。干熄焦可以吸收利用红焦83%左右的显热，产生的蒸汽用于发电，大大降低了炼焦能耗。因此，科学合理地利用干熄焦技术，可以收到很好的经济效益和社会效益。

（一）干熄焦可使焦炭质量明显提高

从炭化室推出的1000℃左右的焦炭，湿熄焦时因为喷水急剧冷却，焦炭内部结构中产生很大的热应力，网状裂纹较多，气孔率很高，因此其转鼓强度较低，且容易碎裂成小块；干熄焦过程中焦炭缓慢冷却，降低了内部热应力，网状裂纹减少，气孔率低，因而其转鼓强度提高，真密度也增大。干熄焦过程中焦炭在干熄炉内从上往下流动时，增加了焦块之间的相互摩擦和碰撞次数，大块焦炭的裂纹提前开裂，强度较低的焦块提前脱落，焦块的棱角提前磨蚀，这就使冶金焦的机械稳定性改善了，并且块度在70mm以上的大块焦减少，而25～75mm的中块焦相应增多，也就是焦炭块度的均匀性提高了，这对于高炉也是有利的。前苏联对干熄焦与湿熄焦焦炭质量做过另外的对比试验，将结焦时间缩短1h后的焦炭进行干熄焦，其焦炭质量比按原结焦时间而进行湿熄焦的焦炭质量还要略好一些。

反应性较低的焦炭，对提高高炉的利用系数和增加喷煤量起着至关重要的作用，而干熄焦与湿熄焦的焦炭相比，反应性明显降低。这是因为干熄焦时焦炭在干熄炉的预存段有保温作用，相当于在焦炉里焖炉，进行温度的均匀化和残存挥发分的析出过程，因而经过预存段，焦炭的成熟度进一步提高，生焦基本消除，而生焦的特点就是反应性高，机械强度低；其次，干熄焦时焦炭在干熄炉内往下流动的过程中，焦炭经受机械力，焦炭的结构脆弱部分及生焦变为焦粉筛除掉，不影响冶金焦的反应性；再次，湿熄焦时焦块表面和气孔内因水蒸发后沉积有碱金属的盐基物质，使焦炭反应性提高，而干熄焦的焦块则不沉积，因而其反应性较低。

据有关资料报道，干熄焦比湿熄焦焦炭M_{40}可提高3%～5%，M_{10}可降低0.2%～0.5%，反应性有一定程度的降低，干熄焦与湿熄焦的全焦筛分区别不大。由于干熄焦焦炭质量提高，可使高炉炼铁入炉焦比下降2%～5%，同时高炉生产能力提高约1%。

干熄焦与湿熄焦焦炭质量的对比试验结果见表7-2、表7-3和表7-4。

表7-2　前苏联两种熄焦方法焦炭质量对比

质量指标	转鼓强度/%		筛分组成/%					平均块度/mm	反应性/mL·(g·s)$^{-1}$	真密度/g·cm^{-3}
	M_{40}	M_{10}	>80mm	80～60mm	60～40mm	40～25mm	<25mm			
湿法熄焦	73.6	7.6	11.8	36	41.1	8.7	2.4	53.4	0.629	1.897
干法熄焦	79.3	7.3	8.5	34.9	44.8	9.5	2.3	52.8	0.541	1.908

表 7-3　日本两种熄焦方法焦炭质量对比

热转鼓 TI^{1400} 指标	湿熄焦/%	干熄焦/%
焦炭块度：>50mm	4.18	9.47
>25mm	57.67	62.12
>12.5mm	67.38	67.92
>6mm	68.73	68.77

表 7-4　武钢两种熄焦方法焦炭质量对比

质量指标	转鼓强度/%		反应性（CRI）/%	反应后强度（CSR）/%
	M_{40}	M_{10}		
湿法熄焦	80.4	7.0	30.0	58.0
干法熄焦	83.5	6.2	26.2	62.2

（二）干熄焦可以充分利用红焦显热，节约能源

湿熄焦时对红焦喷水冷却，产生的蒸汽直接排放到大气中，红焦的显热也随蒸汽的排放而浪费掉；而干熄焦时红焦的显热则是以蒸汽的形式进行回收利用，因此可以节约大量的能源。至于是否进一步利用蒸汽发电，主要根据其蒸汽生产规模及蒸汽压力而定。

干熄焦的产能指标，因干熄焦工艺设计的不同有很大的差别。不同的控制循环气体中 H_2、CO 等可燃成分浓度的工艺，对干熄焦锅炉的蒸汽发生量影响很大，采用导入空气燃烧法比采用导入 N_2 稀释法，其干熄焦锅炉的蒸汽发生量要大。此外，干熄焦锅炉设计的形式和等级的不同、循环风机调速形式不同，以及是否采用给水预热器等因素对干熄焦系统的能源回收都有影响。

同湿熄焦相比，干熄焦可回收利用红焦约 83%的显热，每干熄 1t 焦炭回收的热量约为 1.35GJ。而湿熄焦没有任何能源回收利用。

（三）干熄焦可以降低有害物质的排放，保护环境

湿熄焦过程中，红焦与水接触产生大量的酚、氰化合物和硫化合物等有害物质，随熄焦产生的蒸汽自由排放，严重腐蚀周围设备并污染大气；干熄焦采用惰性循环气体在密闭的干熄炉内对红焦进行冷却，可以免除对周围设备的腐蚀和对大气的污染。此外由于采用焦罐定位接焦，焦炉出焦的粉尘污染也更易于控制。干熄炉炉顶装焦及炉底排、运焦产生的粉尘以及循环风机后放散的气体、干熄炉预存段放散的少量气体经除尘地面站净化后，以含尘量小于 100mg/m^3 的高净化气体排入大气。因此，干熄焦的环保指标优于湿熄焦。

第五节　干熄焦设备及控制系统

干熄焦设备系统由红焦装入设备、冷焦排出设备、气体循环设备、干熄炉、干熄焦锅炉等主要设备以及锅炉用水净化设备、环境除尘设备等辅助设备组成。比较先进的干熄焦一般采用“三电一体化”控制系统，即 EI 系统。

一、红焦装入设备

干熄焦红焦装入设备由电机车、焦罐台车、旋转焦罐、APS 定位装置、提升机、装入装置以及各极限感应器等设备组成，起着接焦、送焦及装焦等作用。

（一）电机车

电机车运行在焦侧的熄焦轨道上，用于牵引、制动焦罐台车，控制圆形旋转焦罐的旋转动作和完成接送红焦的任务。电机车采用微速手动结合地面检测装置对位，对位误差在±100mm 以内。经 APS 定位系统夹住对位后，对位精度控制在±10mm 内。

电机车主要由车体、走行装置、制动装置、气路系统、空调系统及电气系统组成。

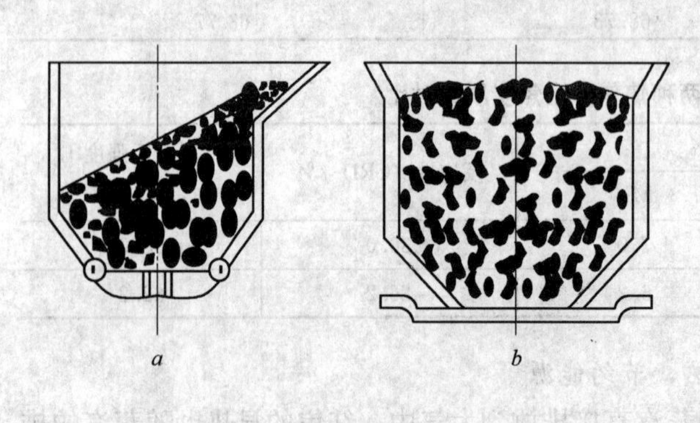

图 7-8 方形焦罐与圆形旋转焦罐接焦料线示意图
a—方形焦罐；b—圆形旋转焦罐

（二）旋转焦罐

干熄焦焦罐早期为方形焦罐。随着干熄焦大型化的发展，方形焦罐的缺点日益突出：容积效率低；焦罐重量大；接焦时由于红焦在方形焦罐中的分布偏析、温度不均匀而导致方形焦罐热应力集中和裂纹增加，使方形焦罐框架经常裂开。而圆形旋转焦罐既提高了焦罐的容积效率，又降低了应力集中，并使料线成流线型。方形焦罐与圆形旋转焦罐接焦时料线分布如图 7-8 所示。

旋转焦罐由焦罐体、外框架及对开的底闸门和吊杆等组成。焦罐体是由钢板、型钢和铸造内衬板构成的圆筒形容器。钢板与型钢组成焦罐体的骨架，一块块的衬板就卡挂在骨架上。衬板与骨架之间隔以陶瓷纤维垫，防止骨架过热烧坏。外框架两侧设有中间导辊与侧导辊，供升降导向，吊杆下端为辊轮勾头。焦罐上部设有用钢管制成的圆环，与焦罐盖相配合以减少罐顶散热。焦罐底部设柔性唇形遮挡罩，以保持焦罐底部与干熄炉顶装入装置紧密贴合，防止装焦时粉尘外逸。

（三）焦罐台车

焦罐台车由电机车牵引沿熄焦轨道运行，往返于焦炉与提升井架之间运输焦罐。

焦罐台车由车本体、车轮组、转盘、焦罐旋转传动装置、走行制动器和焦罐导向架等组成。还带有车轮制动用压缩空气及电缆管。走行车轮共 4 组 8 个。转盘上设有 4 个缓冲座，以减轻罐体下落过程中对转盘的冲击。另设 2 个楔形定位凸台，与底闸门底的 2 个半圆形洼槽相配，以使罐体与凸台精确定位。焦罐台车的制动由气缸驱动，压缩空气由电机车引入。

焦罐台车用于承载输送焦罐，并在电机车的控制下驱动旋转焦罐旋转接焦。旋转电机通过减速机驱动转动架旋转，转动架带着转盘旋转，转盘由辊轮支撑，转速为变频调节。为保证焦罐吊杆与焦罐底闸门之间的顺利复位，要求转盘旋转后的停止位置为其起始位置。为接焦时与拦焦车有效对位，设有检测器用来与拦焦车对位。

（四）APS 对位装置

为确保焦罐车在提升机井架下的准确对位及操作安全，在提升机井架下的熄焦轨道外侧设置了一套液压强制驱动的 APS 自动对位装置，主要由液压站及液压缸组成。

APS 装置主要由油泵、油缸、油冷却器、加热器、极限开关、阀类及配管等组成。焦罐台车位置检测器保证焦罐台车对位精度控制在±100mm 内，经 APS 对位装置夹紧对位精度可达±10mm，满足提升机升降对位要求。

（五）提升机

提升机运行于提升井架和干熄炉顶轨道上，将装满红焦的焦罐提升并横移至干熄炉炉顶，与装入装置相配合，将红焦装入干熄炉内。装完红焦后又将空罐经提升、走行和下降落座在焦罐台车上。提升机由PLC与其他设备联动，机上无人操作，采用变频调速运行。

提升机由提升装置、走行装置、润滑装置、吊具、焦罐盖、机械室及各限位检测装置等组成。

（六）装入装置

装入装置位于干熄炉的顶部，与提升机配合将焦罐中的红焦装入干熄炉。装入装置主要由料斗、台车、炉盖、驱动装置、集尘管道等部分组成。由装入电动缸通过驱动装置牵引设置在台车上的炉盖和料斗沿轨道行走，顺序完成打开炉盖，将料斗对准于干熄炉口；或将料斗移开干熄炉口，关闭炉盖的动作。

二、冷焦排出设备

干熄焦冷焦排出设备由排焦装置及运焦皮带组成。

排焦装置位于干熄炉底部，将冷却后的焦炭定量、连续和密封地排出到皮带机上。排焦装置由平板闸门、电磁振动给料器、旋转密封阀、台车、排焦溜槽、自动润滑装置、吹扫风机、除尘管道和检修吊车等设备组成。

在干熄炉冷却段冷却后的焦炭经平板闸门、振动给料器、旋转密封阀及排焦溜槽排至运焦皮带上，由运焦皮带运走。运焦皮带系统设有皮带电子秤、高温辐射计及超温洒水装置。

三、干熄炉

干熄炉的结构有圆形与方形之分，传统意义上的干熄炉的结构一般为圆形。

圆形干熄炉由预存段、斜道区及冷却段组成。干熄炉为圆形截面竖式槽体，外壳用钢板及型钢制作，内层采用不同的耐火砖砌筑而成，有些部位还使用了耐火浇注材料。干熄炉顶设置环形水封槽。干熄炉上部为预存段，中间是斜道区，下部为冷却段。预存段的外围是汇集从斜道排出气流的环形烟道，它沿圆周方向分两半汇合通向一次除尘器。预存段设有料位计、测压装置、测温装置及放散装置。环形气道设有空气导入装置、循环气体旁通装置、气流调整装置。冷却段设有温度测量孔、干燥时的排水汽孔、人孔及烘炉孔。冷却段下部壳体上有两个进气口，冷却段底部安装有供气装置。干熄炉顶部安装有水封槽，干熄炉最底部安装有调节棒装置。干熄炉的结构如图7-9所示。

四、气体循环设备

干熄焦气体循环通道包括循环风机、给水预热器、干熄炉、一次除尘器、锅炉和二次除尘器等设备以及一些测量元件。

（一）循环风机

循环风机为气体循环提供动力并根据工况调整转速来调节循环风量，一般采用双吸离心风机。风机由上机壳、下机壳、前后轴承座、叶轮和前后轴封组成，联轴器为齿式，风机叶片堆焊耐磨层，轴封为扇形石墨块，润滑系统为油站集中式。油站设冷却器、加热器、过滤器及各电气联锁装置。风机2个吸入口和1个排出口为径向布置，入口设置电动

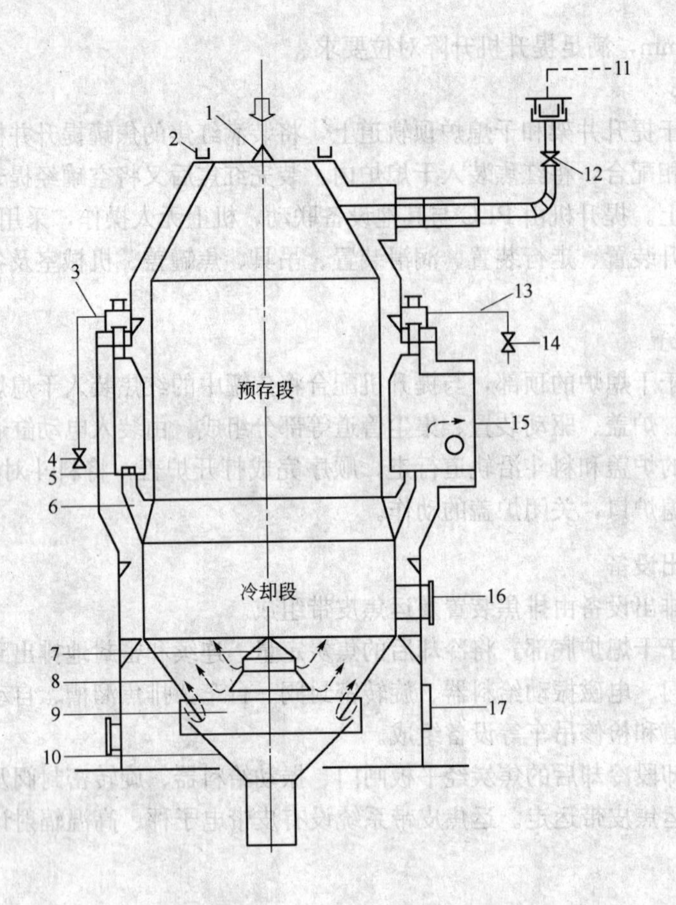

图 7-9　干熄炉结构图

1—料钟；2—水封槽；3—空气导入管；4—空气导入调节阀；5—调节板；6—斜道；7—供气装置上部伞面；8—上锥斗；9—十字风道；10—下锥斗；11—去除尘装置；12—手动蝶阀；13—旁通管；14—旁通管流量调节阀；15—去一次除尘器；16—人孔；17—进风口

百叶调节风门，轴承座上设置温度、振动检测口，壳体上布置有人孔及排水口。前后轴封上设氮气密封口，机壳做隔音处理。

（二）一次除尘器

一次除尘器利用重力除尘原理将循环气体中的大颗粒焦粉进行分离，减少循环气体对锅炉炉管（主要是二次过热器管道）产生的冲刷磨损，达到保护锅炉炉管的目的。

一次除尘器通过高温膨胀节与干熄炉和锅炉连接，外壳由钢板焊制，侧面设置 4 个人孔。内部砌筑高强黏土砖以及隔热砖，填充部分隔热碎砖，砖与钢板之间铺有隔热纤维棉。除尘挡板用耐磨耐火材料砌筑而成，当焦粉随着循环气体接触到除尘挡板，焦粉下降到底部。

（三）二次除尘器

二次除尘器采用立式多管旋风分离除尘，将循环气体系统中的小颗粒焦粉进行分离，达到保护气体循环风机的目的。由于离心力比重力大几百倍、甚至上千倍，因而离心式除尘器比重力除尘器可分离更小的尘粒。

二次除尘器由若干单个立式旋风分离器装配而成，由进口变径管、内套筒、外套筒、旋风子、贮灰斗、壳体、出口变径管及防爆装置等组成。进气室内抹浇注耐磨料，室A、室B、室C三者不得互相串气。

（四）焦粉收集装置

一、二次除尘器贮灰斗排出的焦粉由刮板输灰机收集，经斗式提升机送入预除尘器后进入焦粉贮仓。焦粉经过格式排灰阀以及排灰闸门进入到加湿搅拌机，最后将经加湿搅拌处理的焦粉由汽车运走。

五、干熄焦锅炉

干熄焦锅炉由“锅”、“炉”、附件仪表及附属设备构成。“锅”即锅炉本体部分，包括锅筒、过热器、蒸发器、省煤器、水冷壁、下降管、上升管和集箱等部件；“炉”由炉墙和钢架等部分组成。干熄焦锅炉结构示意图见图7-10。

锅炉系统可分为锅炉给水系统、锅炉汽水循环系统以及蒸汽外送系统3部分。

锅炉给水系统由除氧器、除氧给水泵、除氧循环泵、给水预热器、水-水换热器、锅炉给水泵以及除氧器液位调节阀、除氧器压力调节阀、给水预热器入口温度调节阀、锅炉给水泵出口电动阀及旁通阀和三冲量流量调节阀等设备组成。

锅炉汽水循环系统主要包括锅炉主体及其附件。锅炉主体结构由锅筒、膜式水冷壁、一次过热器、二次过热器、鳍片蒸发器、光管蒸发器和省煤器等设备组成；锅炉附件主要包括强制循环泵、安全阀、定期排污膨胀器、连续排污膨胀器以及取样冷却器等设备组成。

锅炉主体支吊在钢结构大板梁上，其整体可自由往下膨胀。锅炉炉墙由前、后、左、右膜式水冷壁组成，膜式水冷壁采用全悬吊结构。循环气体从上部水平引入锅炉，垂直往下先后经过二次过热器、一次过热器、光管蒸发器、鳍片管蒸发器和省煤器，最后排出锅炉。锅炉给水自省煤器下集箱进入锅炉，换热后从省煤器上集箱引出，经省煤器上升管进入顶部平台的锅筒。水循环分两路，一路从锅筒下部引出，经下降管进入四面水冷壁，经水冷壁上升管回锅筒，为自然循环；一路从锅筒下部引出，经强制循环泵加压后分别进入鳍片管蒸发器和光管蒸发器，再从蒸发器出口集箱引出进入锅筒，为强制循环。锅筒内饱和蒸汽从锅筒顶部引出，进入一次过热器后经喷水减温器再进

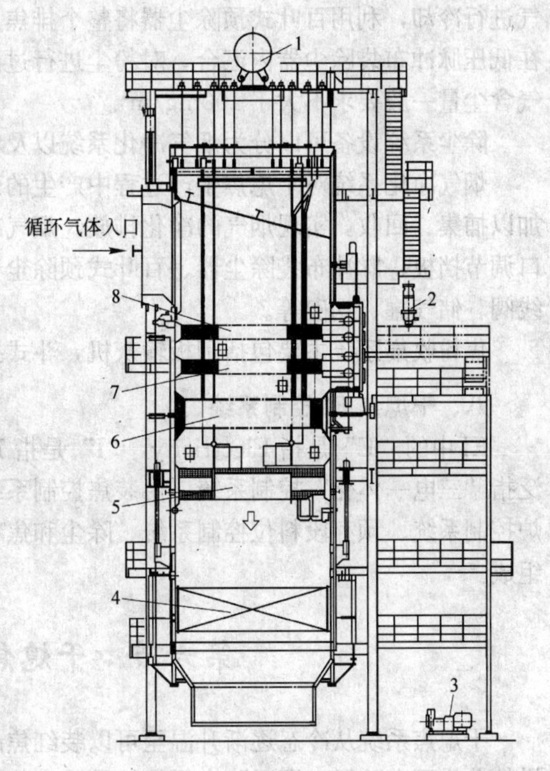

图7-10　干熄焦锅炉结构示意图

1—锅筒；2—减温器；3—强制循环泵；4—省煤器；5—鳍片管蒸发器；6—光管蒸发器；7—一次过热器；8—二次过热器

入二次过热器，二次过热器出来的过热蒸汽即为主蒸汽。

蒸汽外送系统主要由主蒸汽压力调节阀、主蒸汽放散阀、主蒸汽切断阀及其旁通阀、外送蒸汽压力调节阀以及暖管放散阀、主消音器、管道消音器和喷淋减温器等设备组成。

六、锅炉用水净化设备

水净化处理工艺的主要任务是制备锅炉所需的补给水。这个任务包括除去天然水中的悬浮物和胶体态杂质的澄清、过滤等的预处理；利用离子交换技术或膜分离技术降低或去除水中的成盐离子，以获得纯度更高的除盐水。

干熄焦锅炉用除盐水的处理工艺一般分为离子交换工艺、膜分离（渗透）工艺或两者相结合的工艺。

七、环境除尘设备

干熄焦地面除尘站的工作原理是：利用除尘风机产生吸力，在管式冷却器内对高温烟气进行冷却，利用百叶式预除尘器将整个排焦系统的低温烟气进行预除尘，上述两种烟气在低压脉冲布袋除尘器内汇合，对粉尘进行过滤，向大气排放，回收颗粒粉尘，排放中废气含尘量一般要求不大于 $100mg/m^3$。

除尘系统设备可以分为烟气净化系统以及粉焦输送系统两部分。

烟气净化系统对干熄焦生产过程中产生的烟气进行净化处理，将烟气中的粉尘分离并加以捕集、回收，实现烟气的净化排放。烟气净化系统的主要设备包括除尘风机，风机入口调节挡板、脉冲布袋除尘器、百叶式预除尘器、管式冷却器、振动器、脉冲控制仪、离线阀、储气罐、烟囱等。

焦粉收集系统主要包括刮板输灰机，斗式提升机，灰仓，加湿搅拌机等设备。

八、干熄焦 EI 控制系统

EI 中的“E”是指 Electricity，“I”是指 Instrument，即电气仪表系统。在干熄焦中泛指“三电一体化”控制系统，由装焦控制系统、排焦、运焦及称量控制系统、供水及锅炉控制系统、预存段料位控制系统、除尘和焦粉排出回收控制系统、气体循环控制系统等组成。

第六节　干熄焦烘炉与开工

干熄焦系统从冷态逐渐升温至可以装红焦的温度，这一过程称为干熄焦烘炉。干熄焦烘炉分为两个阶段，即以除去干熄炉及一次除尘器耐火砖砌体水分为主要目的的温风干燥阶段，以及以升温为主要目的的煤气烘炉阶段。干熄焦烘炉过程中锅炉也从冷态逐步转变为热态。当干熄炉预存段的温度上升到 800℃左右，与干熄焦正常生产时的温度接近时，即可进行干熄焦的装红焦作业，并逐步转入干熄焦的正常生产。

一、干熄焦烘炉

（一）烘炉应具备的条件

由于干熄焦系统工艺的特殊性，其大部分设备在烘炉期间不具备全面调试的条件。因此，一般情况下，干熄焦开始烘炉前，所有的设备都应安装调试完毕，达到能够正常运行的状态。

干熄焦烘炉曲线包括干熄炉的升温曲线及锅炉的升温、升压曲线，应在烘炉前制定完毕。烘炉所需的蒸汽、氮气、水、压缩空气、焦炉煤气等能源介质必须得到充分地保证。

（二）温风干燥

温风干燥主要是以除去干熄炉及一次除尘器耐火材料砌体的水分为目的，通过低温大流量的温风使整个系统的温度缓慢上升。因此，应向锅炉锅筒通入大量的中压或低压蒸汽，来加热由紧急放散阀导入的空气。被加热的空气通过循环风机在整个系统内部循环流动，加热干熄炉及一次除尘器的耐火材料砌体，从而达到排除砌体水分及缓慢升温的目的。温风干燥工艺流程如图 7-11 所示。

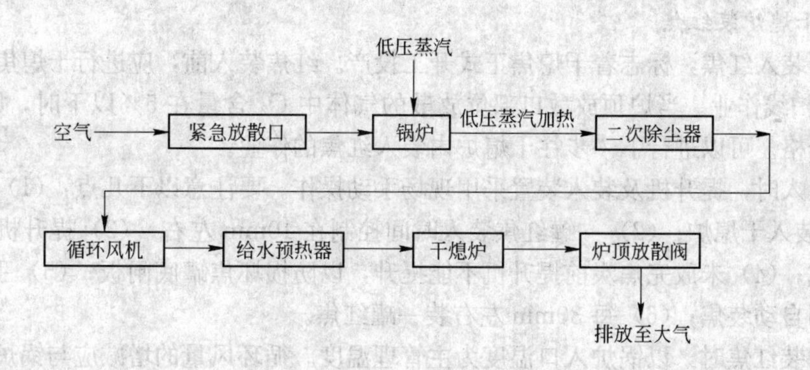

图 7-11　温风干燥加热工艺流程图

（三）煤气烘炉

煤气烘炉是以干熄炉烘炉人孔设置的煤气燃烧器，燃烧焦炉煤气为热源对整个系统进行加热。燃烧生成的热气体利用循环风机的抽力在整个气体循环系统通道内流动。煤气烘炉的加热工艺流程如图 7-12 所示。

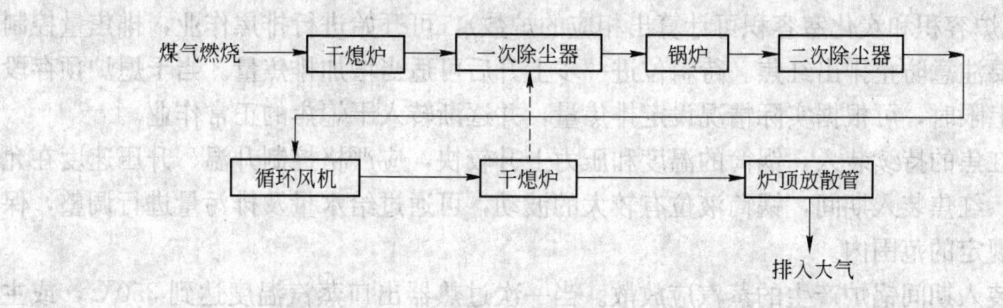

图 7-12　煤气烘炉加热工艺流程图

二、干熄焦开工

（一）干熄焦开工应具备的条件

干熄焦开工前，必须再次确认所有设备电机车及焦罐台车已调试到正常状态。如果发现干熄焦某些设备存在重大缺陷，应暂缓开工，并组织人员尽快对相关设备缺陷整改后再进行干熄焦的开工作业。

干熄焦开工前，中控室计算机控制系统应调试完毕并进行反复的模拟试验。需要特别注意的是，对于循环风机联锁条件、装焦联锁条件和排焦联锁条件不具备或未调试合格的干熄焦系统，从工艺上讲是不具备开工条件的。

干熄焦开工前，所有能源动力介质的质和量应满足干熄焦设备和工艺的要求。

干熄焦开工前，所有操作人员应进行严格的理论和实际培训。应对干熄焦的原理、工艺流程、各点工艺参数和各种调节方法熟知于心，对整个干熄焦设备的性能应有一定程度的了解。

（二）拆除煤气燃烧器

煤气烘炉用煤气燃烧器的拆除是干熄焦从烘炉转入开工必不可少的一个重要环节，包括煤气燃烧器的熄火作业、煤气燃烧器的拆除、烘炉用人孔砌砖及安装盖板作业等几个方面。

（三）干熄炉装红焦

干熄炉装入红焦，标志着干熄焦正式开工投产。红焦装入前，应进行干熄焦气体循环系统的 N_2 扫线作业。当炉顶放散口部位放散的气体中 O_2 含量在 5%以下时，则表明 N_2 扫线作业合格。可以进行下一步往干熄炉内装入红焦的作业。

红焦装入时，提升机及装入装置采用现场手动操作。要注意以下几点：(1) 一罐红焦分 4～5 次装入干熄炉；(2) 一罐红焦装入时间控制在 10min 左右；(3) 提升机应采取点动操作方式；(4) 未放完焦炭前提升机不能提升，以防损坏焦罐底闸板；(5) 手动装焦 5 炉后可采用自动装焦；(6) 每 30min 左右装一罐红焦。

干熄炉装红焦时，以锅炉入口温度为主管理温度。循环风量的增减应与锅炉入口温度的上升和下降相对应进行调节。随着每一炉红焦的装入，锅炉入口温度都会上升，此时应加大循环风量，使其减缓上升趋势直至下降。当锅炉入口温度下降到比前一次波动下限温度高约 25℃时，可再次装入红焦。

当锅炉入口温度上升到 650℃时，可从环形烟道导入空气对循环气体中 H_2、CO 等可燃成分进行燃烧，以控制其浓度的上升。

随着红焦的不断装入，干熄炉内焦炭的料位不断上升。当装入的红焦将斜道盖住后（根据干熄炉容积和炭化室容积可计算出相应的炉数），可开始进行排焦作业，排焦量控制在最小，要注意防止排出红焦。待料位进一步上升后可适当增加排焦量。当干熄炉预存段料位达到上限时，可根据实际情况设定排焦量，并逐渐转入干熄焦的正常作业。

随着红焦的持续装入，锅筒的温度和压力上升较快，应严格控制升温、升压速度在允许范围内。红焦装入期间，锅筒液位有较大的波动，可通过给水量及排污量进行调整，保持液位在规定的范围内。

红焦装入期间锅炉产生的蒸汽应放散。当一次过热器出口蒸汽温度达到 350℃，或主蒸汽温度达到 420℃时，减温器投用，锅炉开始正常运行。

干熄焦系统各联锁条件应及时投运，以防止事故的发生。当开始自动装焦后，即可投入装焦的联锁。当干熄炉焦炭料位达到校正料位后，即可投入排焦的联锁。循环风机联锁条件，应以相关设备稳定运行为前提及时投入。

第七节　干熄焦生产操作

干熄焦正常生产情况下的操作包括干熄炉的装焦及排焦、锅炉的给水、蒸汽的产生以及系统内各点温度、压力和流量的调节控制等方面的内容。干熄焦系统除计划的年修及定期检修外，应尽可能连续稳定生产，保证产生压力和温度稳定的蒸汽用于发电，或经减温减压后并网使用。

一、干熄焦运行计划及操作要求

正常情况下，干熄焦的运行计划应按焦炉的操作情况来决定。但当干熄焦系统有计划的检修以及故障状态时，其运行计划应按干熄焦设备的状况以及干熄焦工艺的要求来决定。

根据焦炉的周转时间及焦炉机械的状况编制焦炉的生产计划，按此计划可算出焦炉生产的红焦量，并根据干熄焦系统设备状况及工艺要求决定干熄的焦炭量。根据准备装入干熄炉的红焦量设定干熄炉的排焦量，即焦炭处理量。干熄炉红焦装入可以不强求均匀，但排焦量应尽量保持连续稳定，这一点可由干熄炉预存段的容积来进行调节。同时根据排焦量的大小，计算出将排出焦炭冷却到规定温度所需要的循环冷却风量。

排焦温度及锅炉入口温度应控制在设计允许值以下，而且应尽量控制稳定。

循环气体中可燃成分的浓度应控制在规定的范围，要求以 $H_2<3\%$和 $CO<6\%$为控制目标。

二、焦炭物流系统的操作

在干熄焦生产过程中，红焦由提升机和装入装置从干熄炉炉口装入，在干熄炉冷却段与循环气体进行热交换。冷却的焦炭从干熄炉底部由排焦装置排出，经运焦皮带系统运走。干熄焦的装焦及排焦操作在中控室计算机上都有独立的操作界面，可方便地进行中央自动监视及操作。另外，为方便检修、调试以及某些特殊情况下的操作，几乎所有的移动、运转设备都设计有现场手动操作，部分关键设备还设计有手摇装置或紧急操作方法。

与装焦联锁的料位有两个，即预存段上限料位及上上限料位。当干熄炉预存段焦炭料位达到上限高度时，提醒操作人员提升机还能往干熄炉内装一炉焦炭。当干熄炉预存段焦炭料位达到上上限时，受装焦联锁条件控制，提升机将不能往干熄炉内装入焦炭。在正常的生产过程中，干熄炉内焦炭的料位应控制在校正料位与上限料位之间，这就要求装焦与排焦配合恰当。但为安全起见，每隔一段时间要对干熄炉内焦炭料位进行强制校正。焦炭料位强制校正一般两小时一次，特殊情况下每班最少校正一次。

在自动操作状态下，为了防止焦炭堵塞运焦及排焦系统，设计有联锁条件。当离排焦系统远端的皮带停止运转时，近端的皮带立即停止运转。同时排焦系统联锁停机，停止排焦作业。当旋转密封阀因故障停止运转时，振动给料器立即停机。此外，当干熄炉预存段焦炭料位达到下限时，为了防止气体循环系统工艺参数出现非正常波动，排焦系统立即停止排焦。当循环风机因故停机时，为防止焦炭因无法冷却而排出红焦，排焦系统也会立即停止排焦。

排焦温度的均匀性，主要根据干熄炉冷却段上部及下部圆周方向温度的分布情况进行判断，若圆周方向温度分布较为一致，则基本可以判断排焦温度较均匀。若温度分布相差较大，应查明原因进行处理。处理方法主要是在干熄炉下部温度高的方向即焦炭下降速度快的方向设置调节棒进行调节，以使干熄炉内焦炭按圆周方向下降的速度均匀。

三、气体循环系统的操作

干熄焦气体循环系统包括循环风机、循环风机入口挡板、干熄炉入口挡板、循环气体除尘净化装置、环形烟道空气导入阀、预存段压力调节阀、旁通流量调节阀、紧急放散阀和循环气体流量计等设备。气体循环系统各设备运行正常与否，直接关系到干熄焦各工艺参数是否稳定，对干熄炉排焦温度、锅炉入口气体温度和锅炉蒸汽发生量等主要参数有直接的影响。因此气体循环系统是干熄焦非常重要的一个环节。

循环风机一般都设计有手动和自动两种操作方式，正常生产时采用自动方式，在中控室计算机画面上操作。手动方式只在调试及现场检修等特殊情况下使用。正常生产中循环风机的运转必须满足一定的条件，这是根据干熄焦的工艺特点，出于对循环风机本身及干熄焦锅炉的保护而设计的，通常称为循环风机的联锁条件。当联锁条件中的某一项未满足时，循环风机自动停止运转，以免损坏设备。

循环风量设定的大小因各干熄焦设计条件的不同而有较大差别，同时还受排焦温度和锅炉入口温度等因素的影响。任何一次循环风量的调节，都应在生产比较稳定的状态下进行。而且调节完后要观察一段时间，不要急于第二次调节。每次循环风量的调节幅度不要太大，以 2000～3000m^3/h 为宜。特别是增加风量时更应注意，以防止造成干熄炉斜道口焦炭的浮起现象。循环气体的总流量由设置在二次除尘器和循环风机之间的流量计连续测量。经循环风机升压后的大部分循环气体，进入干熄炉冷却段冷却红焦，另外一部分循环气体经过预存段压力调节放散管和旁通流量管分流。因此起冷却焦炭作用的并不是所有的循环气体。

当循环风机因故停机时，应迅速向循环风机前后循环气体通道以及干熄炉底部吹入 N_2，以使循环气体系统处于惰性气体环境中。同时要打开炉顶放散阀对干熄炉预存段压力进行调节，防止因循环气体中 H_2 和 CO 等可燃成分浓度过高而产生爆炸。

干熄焦一次除尘器、二次除尘器在气体循环系统中起着除去粉尘的作用。一次除尘器位于干熄炉出口与锅炉入口之间，采用重力沉降的方式除去干熄炉出口循环气体中粗颗粒焦粉，以降低焦粉颗粒对锅炉炉管的冲刷。二次除尘器位于锅炉出口与循环风机之间，采用多管旋风除尘器除去锅炉出口循环气体中的细颗粒焦粉，以降低焦粉对循环风机叶轮的冲刷。一次除尘器、二次除尘器收集和排出的焦粉，经链式刮板机和斗式提升机等设备送往焦粉贮槽，经加湿搅拌后外排运走。

干熄焦一般采用导入空气燃烧的方法控制循环气体中的可燃成分。当循环气体中 H_2、CO 等可燃成分的浓度升高时，通过从环形烟道处导入适量的空气，使可燃成分燃烧，以降低其含量。但当锅炉入口温度低于 600℃时，导入的空气不能使 H_2、CO 等可燃成分燃烧，此时应打开气体循环系统各 N_2 吹入阀进行控制。

四、锅炉系统操作方法

干熄焦锅炉是整个干熄焦系统中工艺操作最复杂的单元。锅炉系统可分为锅炉给水系统、锅炉汽水循环系统以及蒸汽外送系统 3 部分，均可在中控室进行操作。中控室计算机画面上可以监视干熄焦锅炉系统所有参与控制的压力、温度、流量和液位等参数。

干熄焦锅炉生产蒸汽的热源为从干熄炉出来进入锅炉的高温循环气体。锅炉给水泵将除盐、除氧后的水经锅炉省煤器预热后送入锅炉锅筒。达到饱和蒸汽压力的饱和水由锅筒下降管经锅炉强制循环泵送入锅炉蒸发器，吸热汽化成为汽水混合物后返回锅筒。在锅筒中进行汽水分离产生的饱和蒸汽由锅筒上部导出，经一次过热器升温至一定温度，再经减温器将蒸汽温度进行降温调整后送入二次过热器继续升温，最后产生一定温度和压力的蒸汽外送。

锅炉所产蒸汽质量的高低取决于炉水的含盐率和饱和蒸汽的带水率。炉水含盐率高，不仅使锅炉炉管结垢影响传热，而且还会使炉管焊缝渗碱脆化而破损，锅炉产汽含盐，还会使发电站汽轮机叶片受腐蚀和结垢，影响其正常工作。所以锅炉给水必须使用严格除盐的软水即纯水。锅炉使用的纯水还要进行除氧处理，以防止水中含氧对炉管产生氧腐蚀。对纯水的除氧有热力除氧和化学除氧两种方式。

锅筒内的水由于蒸发而浓缩，水中杂质浓度逐渐增加。如不及时清除会造成锅炉炉管结垢越来越严重，影响锅炉的正常工作。因此，根据锅炉的给水量，每吨水添加0.5g的阻垢剂与钙盐及镁盐反应生成松软的水渣，以排污的方式排出锅炉，阻垢剂为Na_3PO_4。锅炉排污量一般为锅炉给水量的1%～2%，根据炉水的化验指标进行调节。有连续排污与定期排污两种方式。

为减少出锅筒的饱和蒸汽的带水率，在锅炉锅筒内部的左右导汽箱设置有旋风分离器，顶部蒸汽出口设置有分离挡板以脱除水滴。要减少饱和蒸汽的带水率，还要求干熄焦及锅炉尽可能以连续稳定的负荷生产，防止锅筒产生虚假液位。虚假液位的信号会导致计算机对锅炉给水泵发出错误指令，从而造成锅炉给水量猛增或猛减。当锅炉锅筒的实际液位过高时就会造成饱和蒸汽大量带水，从而影响锅炉所产蒸汽的质量，甚至损坏锅炉及发电设备。

五、除盐水系统的操作

除盐水系统的主要任务是制备锅炉所需质量的补给水，包括除去天然水中的悬浮物和胶体态杂质的澄清、过滤等的预处理；利用离子交换技术或膜分离技术降低或去除水中的成盐离子，以获得纯度更高的除盐水。干熄焦系统用水的处理工艺一般为离子交换工艺、膜分离（渗透）工艺或两者相结合的工艺。有关除盐水系统的操作可参见相关专业书籍，本书不再介绍。但有一点需要注意的是，不管采用哪一种工艺，所生产的除盐水必须达到锅炉给水所需水质要求。锅炉给水水质指标见表7-5。

表7-5　锅炉给水水质指标

项目	pH值(25℃)	硬度($CaCO_3$)	碱度/%	氯离子/%	可溶SiO_2/%	电导率/μs·cm	油脂	溶解氧/%	全铁/%	联氨/%
指标值	8.5～9.2	微量	1.0×10^{-4}	1.0×10^{-4}	0.1×10^{-4}	≤10	微量	<0.01～5×10^{-4}	<0.05×10^{-4}	$(0.01～0.03)\times10^{-4}$

六、地面除尘系统操作方法

地面除尘系统除粉尘储存仓采用现场手动操作外，其余系统均可采用自动或手动操作。正常生产时，一般采用自动操作。开机时，先开启除尘风机，待风机运转正常后，打开风机进风阀。开启反吹清灰控制仪数码显示，根据灰量大小调整喷吹时间和脉冲间隔。检查数码显示和脉冲阀工作是否正常，喷吹是否有力。脉冲阀若不能动作或动作不够则无声或声音小，布袋破损或脱落则声音大。检查烟囱是否冒烟。灰量较小时应继续运行刮板，以防灰尘堆积，应检查灰斗灰量不得堵塞进风管道。停机时，先关闭风机进风阀后停止风机，最后关闭反吹清灰和卸灰控制仪。

第八节 干熄焦能源回收

干熄焦能源回收一般有两种形式，即将锅炉产生的蒸汽经减温减压后并网使用和利用蒸汽带动汽轮发电机发电。

一、蒸汽回收前的准备

（一）蒸汽管道扫线作业

随着红焦装入量的增加，干熄焦逐步转入到正常生产。在蒸汽并网使用或向干熄焦汽轮发电机供蒸汽之前管道内的杂质应除去，可采用蒸汽吹扫的方法进行处理。

吹扫作业分两条线路进行，第一条线路蒸汽从锅炉顶部主蒸汽放散阀放散；第二条线路蒸汽从进汽轮机前的管道放散。蒸汽吹扫的频次控制在 15～20min/次，以一天吹扫 5 次为准。蒸汽管道吹扫合格的标志以装在进汽轮机前的蒸汽管道内靶片上的干净度为准。

吹扫作业的条件有：汽包压力达到 3.0MPa；汽包液位－50mm；主蒸汽温度 420～450℃；锅炉入口温度 800～850℃；在吹扫作业实施时，汽包液位与循环风机的联锁解除。

（二）安全阀的校验

干熄焦锅炉系统设置有 3 个安全阀，二次过热器出口主蒸汽管道 1 个，锅炉汽包两个。这 3 个安全阀如没有经过校验，则锅炉所产蒸汽不能外送。因此，在干熄焦转入连续生产之后，干熄焦汽轮发电机发电或蒸汽并网使用之前，必须对锅炉安全阀进行校验，以确保锅炉系统的安全。

锅炉安全阀的调试校验除在制造厂家进行外，在锅炉现场还要进行实际操作的校验，以确保锅炉安全阀的安全可靠。

锅炉安全阀校验时要解除锅炉汽包液位与循环风机的联锁关系。将锅炉锅筒的液位控制在－100～－50mm，由现场校验人员通知中控室操作人员进行汽包的升压操作，要注意升压速度不能太快，应控制在 0.03MPa/min 左右。先校验锅炉主蒸汽安全阀，再校验锅炉汽包的两个安全阀。当各安全阀处蒸汽压力升到设计起跳压力后，如能正常起跳，应重复操作一次。确认合格后对锅炉安全阀进行铅封。如锅炉安全阀在设计起跳压力内不起跳或早起跳，应将压力降至安全阀起跳压力以下约 0.3MPa。由现场校验人员对安全阀进行调整，再重新升压对锅炉安全阀进行校验，直到安全阀合格为止。

锅炉安全阀校验时要严格监视和控制好锅炉汽包的液位，现场校验人员和中控室操作人员要密切配合，加强信息传递。锅炉安全阀校验合格后将汽包液位恢复正常，并投入汽包液位与风机联锁，恢复干熄焦的正常生产。

二、减温减压器启动及蒸汽并网

减温减压器的启动时，先开主蒸汽切断阀的旁通阀，然后开启入口电动主汽门旁通阀进行暖管至出口电动主汽门前，暖管时间控制在 15～20min；投入压力调节阀，微开至 5%，控制压力调节电动阀出口蒸汽压力与热网压力相等；用出口电动门旁通阀进行暖管至手动隔离门前；全开出口电动门，在启动过程中严禁超压；投入减温水调节阀，蒸汽温度保持在 250～280℃；减温减压器启动后即可进行蒸汽的并网。

三、利用蒸汽发电

干熄焦锅炉产生的蒸汽用来发电，实行热电联产是比较好的热能利用方式。目前全世界大部分干熄焦装置均采用这一方式，即通过汽轮发电机将蒸汽的部分热能转化为电能，同时提供低压蒸汽供化产工序或其他用户使用。一般当干熄焦稳定运行后即可投入发电机组的运行。

由于干熄焦自动化程度比较高，装置的连锁与保护多，有时很小的一个问题就可能导致干熄焦装置停产，因此，干熄焦蒸汽存在着不稳定因素。为了消除这些不稳定因素，除了保障干熄焦装置建设的水平和日常维护保障水平之外，还可以采用多套干熄焦供一套发电装置或提供外部热态备用汽源等方法。

目前干熄焦热-电联产的汽轮发电机组通常采用的汽机形式有背压式（B型、CB型）和抽汽式（C型、CC型）两种。

背压式利用排汽直接向外供热，热能利用率高，结构简单，价格便宜。背压机组的运行方式通常是按热负荷运行，即热负荷保持排汽压力不变，提供稳定的蒸汽压力保证。而电负荷则不能保证，即发电的多少取决于热负荷的变化。背压机组的缺点是：电和热不能独立调节，不能同时满足供热和供电的需要。另外，由于背压存在机组焓降小，因此对工况变化的适应力相对较差，背压波动（即热负荷波动）会导致供电的大幅波动，使电网的补偿容量大幅增加。因此使用背压机组必须确保有稳定可靠的热负荷。CB型抽汽背压式与B型背压式相比多了一路抽汽供热，可以提供两种不同参数的热负荷。

抽汽式的特点是电负荷和热负荷可以独立调节。即当热负荷为零时可按电负荷运行，也可同时保证供热供电，运行方式灵活，适应波动能力强。C型为一次调节抽汽。CC型为两次调节抽汽，可提供两种压力的蒸汽。抽汽式的不足：设备相对复杂，费用稍高，抽汽隔板存在节流损失，机组内效率比非抽汽式的低。

汽轮发电机组的开机和停机应严格遵循相应的操作规程。

汽轮发电机组的进汽温度和排汽压力不变时，进汽压力升高使蒸汽的做功能力增强，会使耗汽量下降。但进汽压力升高导致蒸汽的露点升高，从而可能导致末级的蒸汽及排汽湿度上升，对末级叶片以及后面的设备不利。进汽压力降低的影响大体与前者相反。

进汽温度升高，可使功率增加，排汽湿度降低，效率有所上升；但会使机组零部件热应力增大，有可能使材料发生蠕变，由此引起高压端零件松动或失去密封性能和漏汽等。进汽温度降低则会使机组经济性下降，效率降低，此外还会导致汽轮机轴向推力增加。如进汽温度降低过大过快，易导致蒸汽结露，引发水击，影响设备寿命与安全。因此，进汽温度应严格控制在规定的范围内，若超出范围应考虑降低负荷或停机。

汽轮发电机组的负荷对汽轮机的经济性有影响。负荷偏离设计工况时，汽轮发电机组的效率会下降。假定效率变化忽略不计时，则负荷与蒸气耗量成正比。因此汽轮发电机组在设计工况下工作是最经济的。

排汽压力变化对汽轮发电机组的经济性和功率影响很大。排汽压力升高，流量不变则功率下降。如保持功率不变则流量上升，可能导致叶片过负荷，轴向推力增加。排汽压力降低而流量不变时则功率上升，如保持功率不变则耗汽率减少。但由于蒸汽热能转变为机械能的比例增加，会使温度下降，湿度上升，轴向推力增大，且易产生水蚀，对设备不利。

第九节　干熄炉用耐火材料

一、对耐火材料的要求

干熄炉砌体属于竖窑式结构，是正压状态的圆桶形直立砌体。炉体自上而下分别是预存段、斜道区和冷却段。整个干熄炉外表为铁壳包围，内层采用不同的耐火砖砌筑而成，有些部位还使用了耐火浇注材料。

（一）预存段用耐火材料

预存段上部是锥顶区，因装焦前后温度变化大，其入口受焦炭磨损也大，此部位选用耐冲刷、耐磨损、耐急冷急热性好和抗折强度大的莫来石-碳化硅砖砌筑。预存段中部是直段实心耐火砖砌体要承受装入红焦后产生的热膨胀以及装入焦炭的冲击和磨损，此部位选用高强耐磨、耐急冷急热性好的A型莫来石砖砌筑。预存段下部是环形烟道，分为内墙及外墙两重环形砌体；内墙要承受装入焦炭的冲击和磨损，还要防止预存段与环形烟道因压力差而产生窜漏现象，因而也采用带沟舌的A型莫来石砖砌筑。

（二）斜道区用耐火材料

斜道区的砖逐层悬挑承托上部砌体的荷重，温度频繁波动，并且循环气体夹带焦炭粉尘对此部位激烈冲刷，因此斜道区选用抗热震性、抗磨损性和抗折性都很高的莫来石-碳化硅砖砌筑。

（三）冷却段用耐火材料

冷却段直段耐火砖砌体虽然结构简单，但其内壁耐火砖砌体由于要承受焦炭往下流动时激烈的磨损，所以是最易受损的部位之一，因此选用高强耐磨、耐急冷急热性好的B型莫来石砖。

二、耐火材料的性能

（一）莫来石砖

莫来石是 Al_2O_3-SiO_2 二元系统中唯一稳定的二元矿物相，其化学分子式为 $3Al_2O_3 \cdot 2SiO_2$。莫来石熔点高、硬度大、膨胀系数小、抗化学腐蚀性好。用纯莫来石矿物原料制作的莫来石耐火材料，具有强度高、蠕变率低、热膨胀率小、热稳定性好和抗化学侵蚀性好等优异性能。

用烧结合成莫来石作骨料，莫来石细粉作结合剂，高压成型法生产的莫来石砖中莫来石结晶细小，整个砖结构均匀，我国某厂生产的莫来石砖与国外产品的对比见表7-6。

表7-6　莫来石材料性能对比

性　能	国内某厂	日　本	性　能	国内某厂	日　本
Al_2O_3/%	80.94	80.46	显气孔率/%	15.6～16.5	13.2～15.5
SiO_2/%	18.20	18.45	常温耐压强度/MPa	195～267	73～125
Fe_2O_3/%	0.76	0.26	荷重软化温度/℃	>1700	>1700
耐火度/℃	1865	>1790	高温蠕变率（1550℃，50h）/%	0.08	0.26
密度/$kg \cdot m^{-3}$	2770～2790	2770～2790			

电熔莫来石砖的机械强度和荷重变形温度高，密度大，气孔率小，结晶相含量多，在热膨胀曲线上不存在异常现象，比成分相同的烧结莫来石抗蚀性好，但当这类制品与大量碱类物质接触时，莫来石不稳定，在使用温度1400～1450℃时会分解成刚玉和熔融的玻璃相。这在某种程度上降低了这种耐火材料的稳定性。

国外莫来石砖性能及用途见表7-7。

表7-7　国外莫来石耐火制品性能及用途

材　质	烧结合成莫来石					电熔合成莫来石			
	德国	日　本				前苏联	日　本		
密　度 /kg·m^{-3}	>2600	2450	>2400	>2500	2300	3100	2960	2560～2660	3140
显气孔率 /%	<22	12.1	<22	<20	31			12～16	1.5
耐压强度 /MPa	49	110	>98	>98	31.4	196～215.7	253	210～250	339
荷重软化温度/℃	>1650	1550	>1600	>1700	>1700	1700	>1700	>1700	>1700
w (Al_2O_3) /%	72	61.4	>80	70	74	66.05	76.63	75.1	74.4
w (SiO_2) /%		36.2		25	25	24.8	20.01	20.9	23.3
w (Fe_2O_3) /%	>1.7	1.4				3.35	1.06		1.2
用　途	高炉炉墙	高炉炉墙	滑动铸口	滑　板	多孔塞砖		加热炉底	热风炉	高炉炉墙

（二）碳化硅砖

碳化硅材料是以碳化硅为原料生产的高级耐火材料。其耐磨性和耐蚀性好，高温强度大，热导率高，线膨胀系数小，抗热震性好等优点。根据SiC含量的多少以及结合剂的种类和加入量，碳化硅材料可分为许多品种，但材料的质量在很大程度上取决于结合剂的情况，莫来石-碳化硅砖就是其中之一。

干熄焦炉用主要耐火材料部分理化指标见表7-8。

表7-8　干熄焦用主要耐火材料部分理化指标

类　型	耐火度 /℃	荷重软化温度 /℃	显气孔率/%	体积密度 /kg·m^{-3}	常温耐压强度 /MPa	抗折强度 (1100℃×0.5h)/MPa	热震稳定性 (1100℃水冷)	w (SiC) /%	w (Al_2O_3) /%	w (Fe_2O_3) /%
A型莫来石砖	≥1770	≥1500	≤18	≥2400	≥75	—	≥30	—	≥55	≤1.3
B型莫来石砖	≥1770	≥1500	≤17	≥2450	≥85	—	≥22	—	≥55	≤1.3
A型莫来石-碳化硅砖	≥1770	≥1600	≤21	≥2500	≥85	≥20	≥40	≥30	≥35	≤1.0

续表

类　型	耐火度/℃	荷重软化温度/℃	显气孔率/%	体积密度/kg·m^{-3}	常温耐压强度/MPa	抗折强度(1100℃×0.5h)/MPa	热震稳定性(1100℃水冷)	w(SiC)/%	w(Al_2O_3)/%	w(Fe_2O_3)/%
B型莫来石-碳化硅砖	≥1770	≥1600	≤21	≥2500	≥85	—	≥50	≥40	≥30	≤1.2
QN3型黏土砖	≥1690	≥1450	≤24	≥2200	≥25	—	—	—	—	≤2.0
QN53型黏土砖	≥1770	≥1500	≤16	≥2300	≥70	—	≥10	—	≥42	≤1.5

(三) 耐火泥

干熄焦根据部位的不同使用不同的耐火泥。其理化指标见表7-9。

表7-9　干熄焦耐火材料砌筑用火泥部分理化指标

类　型	耐火度/℃	荷重软化温度/℃	黏结时间/min	黏结强度(800℃×24h烧后)/MPa	SiC/%	Al_2O_3/%	Fe_2O_3/%
莫来石砖用火泥	≥1730	≥1450	1~2	6	—	≥65	—
莫来石-碳化硅砖用火泥	≥1770	≥1500	1~2	6	≥30	≥40	—
QN3型黏土砖用火泥	≥1690	≥1350	1~2	4	—	≥35	≤2.0
QN53型黏土砖用火泥	≥1710	≥1350	1~3	4	—	≥45	≤2.0

第八章　焦炉自动化

第一节　焦炉炼焦过程管理系统

一、概述

焦炉炼焦过程管理系统是对焦炉生产数据进行实时分析处理，实现焦炉稳定均匀加热，提高焦炉生产率和焦炭质量，降低能耗及延长焦炉寿命。20 世纪 70 年代以来，世界各主要产钢国都采用计算机来控制管理焦炉生产，日本、韩国、芬兰、德国等都进行了相当水平的开发，取得了丰硕的成果。

在我国，现代化焦炉一般均装备了完善的基础自动化系统，例如：焦炉机车 PLC 单元自动控制系统、煤气交换机 PLC 定时程序控制系统、三车联锁定位系统（推焦车、煤车、拦焦车），仪控 DCS 系统。这些基础自动化系统虽提高了焦炉的自动化装备水平，但因彼此间相互独立，没有联网，不能实现生产数据共享与统一管理，无法实现炼焦过程的综合优化控制。

为降低能耗、稳定和改善焦炭质量、延长焦炉寿命，国内焦化行业的先进企业都非常关注焦炉炼焦过程管理系统的技术发展状况，有的企业已应用了焦炉炼焦过程管理系统，本节以某企业为例介绍焦炉炼焦过程管理系统。焦炉炼焦过程管理系统即 CPMS 由下述子系统构成：

（1）仪控 DCS 系统，便携式红外立火道温度测量仪，导焦车焦饼温度成套测量装置，机侧和焦侧加热煤气的热值分析仪，机侧和焦侧废气氧含量分析仪，焦炉荒煤气温度测量装置，加热煤气温度测量装置，机侧和焦侧废气温度测量装置，环境温度计。

（2）焦炉交换机 PLC 控制系统，车上 PLC 控制系统。

（3）过程控制计算机系统，包括过程计算机系统硬件和系统软件、操作台系统软件和硬件、网络系统等。

（4）数据通讯软件与数据预处理程序。

（5）工艺模型：手动计划模型、动态计划模型、温度评估模型、加热控制模型。

（6）应用软件：人机界面。

二、焦炉炼焦过程管理系统原理

CPMS 系统通过通讯应用软件与三车连锁系统、仪控 DCS 系统、交换机 PLC 控制系统等基础自动化系统进行数据通讯，采集焦炉生产过程数据，经数据预处理程序处理成系统所需的数据。应用软件（包括工艺模型）对炼焦过程数据进行实时分析处理和报告；其加热控制模型每个交换周期计算出下次交换的“停止加热时间”，通过通讯软件传送到焦炉交换机 PLC 控制系统并闭环控制焦炉加热；同时将炼焦过程情况以趋势图等形式显示

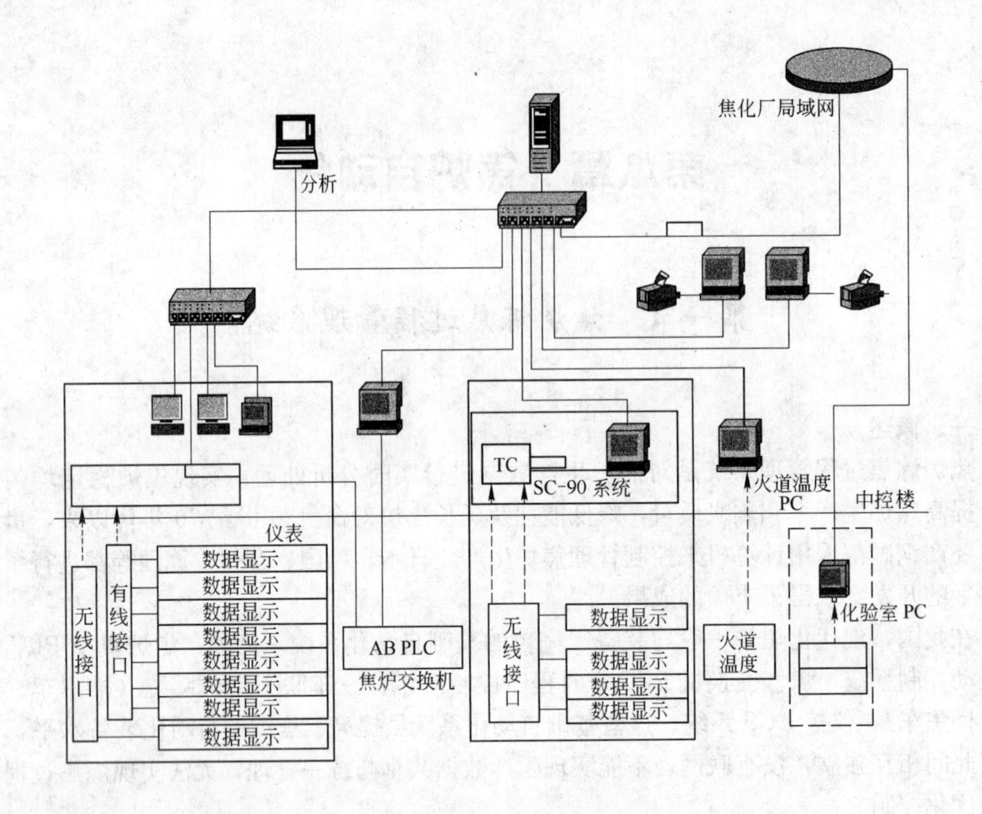

图 8-1　CPMS 系统结构图

在人-机接口画面上，供操作人员进行过程监控。CPMS 系统结构如图 8-1 所示。

三、焦炉炼焦过程管理系统

（一）焦炉炼焦过程管理系统

（1）现场检测仪表。直行温度、横墙温度、荒煤气温度、焦饼温度、热值仪、废气氧含量检测仪表等。

（2）基础自动化系统。仪控 DCS 系统、交换机 PLC 控制系统、三车连锁定位系统、车上 PLC 控制系统、火道计算机系统。

（3）过程计算机系统。

（4）数据通讯。

（5）应用软件。手动计划模型、动态计划模型、温度评估模型、加热控制模型、人机界面。

（二）现场检测仪表

CPMS 系统的主要测量项目及参数见表 8-1。

表 8-1　CPMS 系统主要测量项目及参数

序　号	测　量　项　目	点　数
1	1 号导焦车焦饼温度	6
2	2 号导焦车焦饼温度	6

续表 8-1

序号	测量项目	点数
3	3号导焦车焦饼温度	6
4	火道温度	3
5	1号、2号装煤车的装煤重量	2
6	煤的湿度	1
7	机侧加热煤气的热值	2
8	焦侧加热煤气的热值	2
9	机侧废气氧含量	2
10	焦侧废气氧含量	2
11	焦炉荒煤气温度	22
12	加热煤气温度	2
13	机侧废气温度	2
14	焦侧废气温度	2
15	机侧加热煤气流量	2
16	焦侧加热煤气流量	2
17	环境温度	1

（三）基础自动化系统

1. DCS 系统

仪控系统采用DCS系统，完成焦炉仪控系统的功能，及CPMS系统检测项目的数据采集功能。

为适应现场需要，对仪控系统的I/O模块应考虑10%以上的富裕量，配备两台计算机操作员站，并做到系统配置简明，使用维护方便，通讯接口标准化。

2. 焦炉交换机 PLC 系统

根据CPMS系统的要求，CPMS系统必须与焦炉交换机PLC进行数据通讯，一方面读取焦炉交换的实际中间间歇时间；另一方面，将经焦炉操作人员确认了的中间间歇时间设置到焦炉交换机PLC中，控制焦炉生产；同时，将标准时钟传送到焦炉交换机PLC，使其时钟保持与CPMS系统服务器一致。

3. 三车定位系统

三车定位系统具备采集推焦时间、推焦车的推力、装煤时间、装煤重量、推焦开始、推焦结束、平煤开始或结束、装煤重量等焦炉生产数据。三车定位系统与CPMS系统进行数据通讯，将上述数据传送到CPMS服务器。同时，接收来自CPMS系统服务器并经焦炉操作人员确认的下一个推焦孔号、推焦时间，显示在推焦机的显示屏上，指导生产。三车定位系统还能接受CPMS系统服务器发出的标准时钟，保持与CPMS系统服务器的时钟同步。

4. 火道温度计算机

火道温度计算机须与CPMS系统通讯，将火道温度传送给CPMS系统。

（四）过程计算机系统

过程计算机系统由下述设备构成：

（1）过程计算机系统数据库服务器；

（2）数据库服务器系统软件；

（3）数据库服务器硬件；

（4）操作站系统软件、硬件；

（5）网络设备；

（6）打印机。

（六）数据通讯

1. CPMS系统内部结构

CPMS的主要组成部分为数据库管理系统和产生有关过程状态以及控制过程设定点的计算程序。数据库中存储所有数据，逻辑上按照数据库表的号码排序。基于事件的和连续的测量值均存放在同一个数据库中，但在不同的表中。通常单个事件的数据包含在一个表中。所有连续测量值则存放在单个数据表中，并按时间标记排序。基础自动化系统级通讯程序使用数据库存储过程将测量值送到数据库中去。这些程序依次把测量值存放到数据库中去，并且把当前值拷贝给温度评估模型和其他需要该数据的程序。这个结构使得所有计算程序等待单个接口而不需要轮流检测，当测量值到达或者事件发生的时候，没有必要等待轮流检测的完成。这样使整个CPMS系统产生更好的响应时间。

2. CPMS服务器与基础自动化系统间通讯公用消息

CPMS系统提供3个不同的消息用于与基础自动化系统级系统通信：一个用于推焦，一个用于中间间歇时间，以及一个用于时间同步。

（1）消息：NPAUSE 触发事件：CPMS计划模型完成计算。

（2）消息：PUSH 触发事件：CPMS加热控制模型完成计算。

（3）消息：TIMESYNC 触发事件：每小时。

所有基础自动化系统级需要将其时钟与CPMS系统服务器同步。为此，CPMS基础自动化系统级通信程序含有时间同步消息，因而可以用此消息来设定这些系统的日期和时间。

3. CPMS服务器与定位系统的通讯

CPMS服务器与定位系统的通讯原则是只与正在运行的车辆向CPMS系统交换数据，即在任何情况下，停着的车例如维修的车不与CPMS系统交换数据。

服务器与定位系统的通讯包括以下4个消息：

（1）消息：PUSH _ INSERT　触发事件：焦炉推焦开始，推焦杆不在原始位置。

（2）消息：PUSH _ UPDATE　触发事件：焦炉推焦结束，推焦杆在远程位置。

（3）消息：CHARGING _ INSERT　触发事件：平煤开始，平煤杆不在原始位置。

（4）消息：CHARGING _ UPDATE　触发事件：在下一孔装煤之前（有煤）和本孔装煤之后（空车）装煤车已称重时。

4. CPMS与DCS系统的通讯

CPMS读取DCS系统中各仪表的数据，并保存到CPMS系统数据库中。但此时数据库中的数据为原始数据，需进行数据预处理后，使用以下过程保存到CPMS系统的数据库表中。

（1）消息：COKETEMP _ INSERT　触发事件：焦炭已通过导焦槽从碳化室推出。

（2）消息：AV01M _ INSERT　触发事件：1min 到。

5. CPMS 服务器与火道温度计算机的数据通讯

火道温度计算机的数据通讯软件，读出每个立火道温度并写到 CPMS 系统数据库中。

（1）消息：CONTROLFLUETEMP _ INSERT　触发事件：每次所有的火道被测量完的时候。

（2）消息：FLUETEMP _ INSERT　触发事件：每月一次，全炉火道全部温度。

6. CPMS 服务器与焦炉交换机 PLC 的数据通讯

包括两个功能：采集交换机实时数据和设置交换机中间间歇时间。

（六）应用软件

1. 手动计划模型

6m 焦炉一般按 5-2 串序进行生产的，在编制装煤和推焦计划时使用手动计划模型可使操作人员有时间进行设备维护工作，以便将检修期的干扰降到最低，如图 8-2 所示。

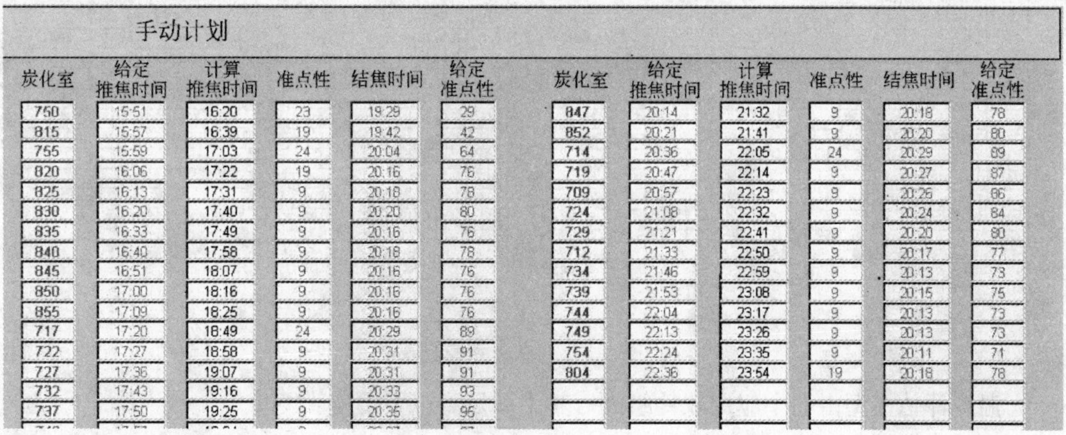

手动计划

炭化室	给定推焦时间	计算推焦时间	准点性	结焦时间	给定准点性	炭化室	给定推焦时间	计算推焦时间	准点性	结焦时间	给定准点性
750	15:51	16:20	23	19:29	29	847	20:14	21:32	9	20:18	78
815	15:57	16:39	19	19:42	42	852	20:21	21:41	9	20:20	80
755	15:59	17:03	24	20:04	64	714	20:36	22:05	24	20:29	89
820	16:06	17:22	19	20:16	76	719	20:47	22:14	9	20:27	87
825	16:13	17:31	9	20:18	78	709	20:57	22:23	9	20:26	86
830	16.20	17:40	9	20:20	80	724	21:08	22:32	9	20:24	84
835	16:33	17:49	9	20:16	76	729	21:21	22:41	9	20:20	80
840	16:40	17:58	9	20:18	78	712	21:33	22:50	9	20:17	77
845	16:51	18:07	9	20:16	76	734	21:46	22:59	9	20:13	73
850	17:00	18:16	9	20:16	76	739	21:53	23:08	9	20:15	75
855	17:09	18:25	9	20:16	76	744	22:04	23:17	9	20:13	73
717	17:20	18:49	24	20:29	89	749	22:13	23:26	9	20:13	73
722	17:27	18:58	9	20:31	91	754	22:24	23:35	9	20:11	71
727	17:36	19:07	9	20:31	91	804	22:36	23:54	19	20:18	78
732	17:43	19:16	9	20:33	93						
737	17:50	19:25	9	20:35	95						

图 8-2　手动计划模型

手动计划模型依据各炭化室的平煤与推焦时间，并主要考虑以下几个因素：

（1）计划结焦时间；

（2）连续推焦的最小时间间隙；

（3）推焦串序；

（4）推焦的孔数；

（5）焦炉的维修时间和操作的中断时间；

（6）乱笺的炭化室号。

2. 动态计划模型

动态计划模型根据焦炉组的生产实际情况，分析判断焦炉各炭化室的焦炭成熟情况，计算出下一个要推焦的炭化室号和推焦时间，并传送给推焦车上的操作人员，指导操作人员生产。动态计划模型也是加热控制模型的基础，如图 8-3 所示。

3. 温度评估模型

温度评估模型是通过在线检测仪表和人工测量仪器测得焦炉立火道温度、焦饼温度、荒煤气温度，并将该实时信息经过专门的画面和报告向操作人员提供。其主要功能是帮助形成一个对炉组进行手动加热控制的依据。

动态计划报表

炭化室	推焦时间计算值	结焦时间	炭化室	推焦时间计算值	结焦时间	炭化室	推焦时间计算值	结焦时间	炭化室	推焦时间计算值	结焦时间
822	2004.03.18 12:22	22:48	811	2004.03.18 16:32	20:24	848	2004.03.18 21:10	20:16	712	2004.03.19 03:52	20:00
827	2004.03.18 12:31	22:48	816	2004.03.18 16:41	20:24	853	2004.03.18 21:19	20:16	732	2004.03.19 04:01	20:04
832	2004.03.18 12:40	22:44	821	2004.03.18 16:50	20:22	705	2004.03.18 22:43	20:11	727	2004.03.19 04:10	20:09
837	2004.03.18 12:49	22:43	826	2004.03.18 16:59	20:11	710	2004.03.18 22:52	20:07	737	2004.03.19 04:19	20:11
842	2004.03.18 12:58	22:41	831	2004.03.18 17:08	20:15	715	2004.03.18 22:01	20:05	742	2004.03.19 04:28	20:07
847	2004.03.18 13:07	22:43	836	2004.03.18 17:17	20:13	720	2004.03.18 22:10	20:04	747	2004.03.19 04:37	20:07
704	2004.03.18 13:31	22:50	841	2004.03.18 17:26	20:08	725	2004.03.18 22:19	20:00	752	2004.03.19 04:46	20:09
852	2004.03.18 13:50	23:04	846	2004.03.18 17:35	20:04	730	2004.03.18 22:28	20:00	802	2004.03.19 05:05	20:17
854	2004.03.18 14:01	20:04	851	2004.03.18 17:44	20:00	735	2004.03.18 22:37	20:00	807	2004.03.19 05:14	20:17
709	2004.03.18 14:14	23:21	703	2004.03.18 18:08	20:17	740	2004.03.18 22:46	20:00	812	2004.03.19 05:23	20:17
714	2004.03.18 14:23	23:17	708	2004.03.18 18:17	20:14	745	2004.03.18 22:55	20:02	739	2004.03.19 08:27	20:00
706	2004.03.18 14:25	20:19	713	2004.03.18 18:26	20:19	750	2004.03.18 23:04	20:00	744	2004.03.19 08:36	20:00
719	2004.03.18 14:32	23:21	718	2004.03.18 18:35	20:21	755	2004.03.18 23:13	20:02	749	2004.03.19 08:45	20:03
701	2004.03.18 14:34	20:23	723	2004.03.18 18:44	20:05	805	2004.03.18 23:32	20:10	754	2004.03.19 08:54	20:00
724	2004.03.18 14:41	23:23	733	2004.03.18 18:54	20:00	810	2004.03.18 23:41	20:10	804	2004.03.19 09:13	20:15
711	2004.03.18 14:43	20:26	738	2004.03.18 19:03	20:02	815	2004.03.18 23:50	20:14	809	2004.03.19 09:22	20:19
729	2004.03.18 14:50	23:26	728	2004.03.18 19:12	20:04	820	2004.03.18 23:59	20:14	814	2004.03.19 09:31	20:20
716	2004.03.18 14:52	20:30	748	2004.03.18 19:21	20:06	825	2004.03.19 00:08	20:17	819	2004.03.19 09:40	20:22
734	2004.03.18 14:59	23:30	743	2004.03.18 19:30	20:06	830	2004.03.19 00:17	20:19	824	2004.03.19 09:49	20:24
721	2004.03.18 15:01	20:21	753	2004.03.18 19:39	20:09	835	2004.03.19 00:26	20:21	829	2004.03.19 09:58	20:28
726	2004.03.18 15:10	20:23	808	2004.03.18 19:58	20:25	840	2004.03.19 00:35	20:21	834	2004.03.19 10:07	20:28
731	2004.03.18 15:19	20:16	813	2004.03.18 20:07	20:28	845	2004.03.19 00:44	20:19	839	2004.03.19 10:16	20:31
736	2004.03.18 15:28	20:10	803	2004.03.18 20:16	20:28	850	2004.03.19 00:53	20:21	844	2004.03.19 10:25	20:33
741	2004.03.18 15:37	20:12	818	2004.03.18 20:25	20:32	855	2004.03.19 01:02	20:19			
746	2004.03.18 15:46	20:12	828	2004.03.18 20:34	20:14	702	2004.03.19 02:49	20:00			
751	2004.03.18 15:55	20:10	833	2004.03.18 20:43	20:19	707	2004.03.19 03:07	20:00			
801	2004.03.18 16:14	20:26	838	2004.03.18 20:52	20:19	717	2004.03.19 03:29	20:00			
806	2004.03.18 16:23	20:26	843	2004.03.18 21:01	20:21	722	2004.03.19 03:43	20:00			

图 8-3　动态计划模型

温度评估模型由 3 个应用软件组成，其中涉及到以下温度：

（1）直行温度、横墙温度；

（2）焦饼温度；

（3）荒煤气温度。

直行温度、横墙温度，用便携式红外测温仪进行测量，并将测量的温度校正为同一时间的温度值。

直行温度即机、焦侧标准立火道的温度，每班测量两次。

横墙温度即燃烧室每个立火道的温度，每月测量一次。

直行温度和横墙温度与标准温度的偏离必须在规定的范围内使全炉热量供应稳定，保证焦饼在规定的时间内均匀成熟。

焦饼温度：用双色红外测温仪在线自动测量。

通过推焦时所测的焦饼温度，可以获得焦饼温度分布情况和横墙温度分布的二次信息，从而了解炭化室高向和横向的加热状态。焦饼温度测量数据还可以用于焦炉加热控制模型。

荒煤气温度：用安装在若干个上升管处的测温热电偶测量荒煤气温度可以预测炭化结

束时间。

在炼焦过程中，荒煤气温度随着煤的炭化过程的结束而逐渐升高。在结束前的一段时间，温度开始下降，通过确定该转折点，可以预计炼焦的结束时间，从动态计划模型能获知装煤开始的相等时间，如图 8-4、图 8-5 所示。

4. 加热控制模型

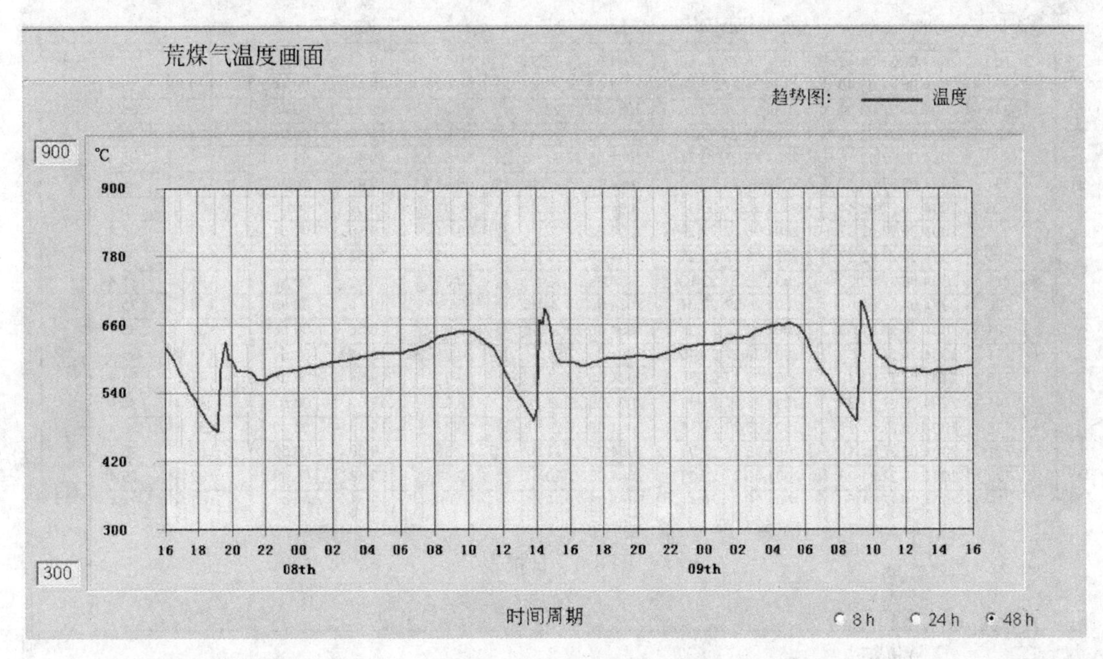

图 8-4　荒煤气温度

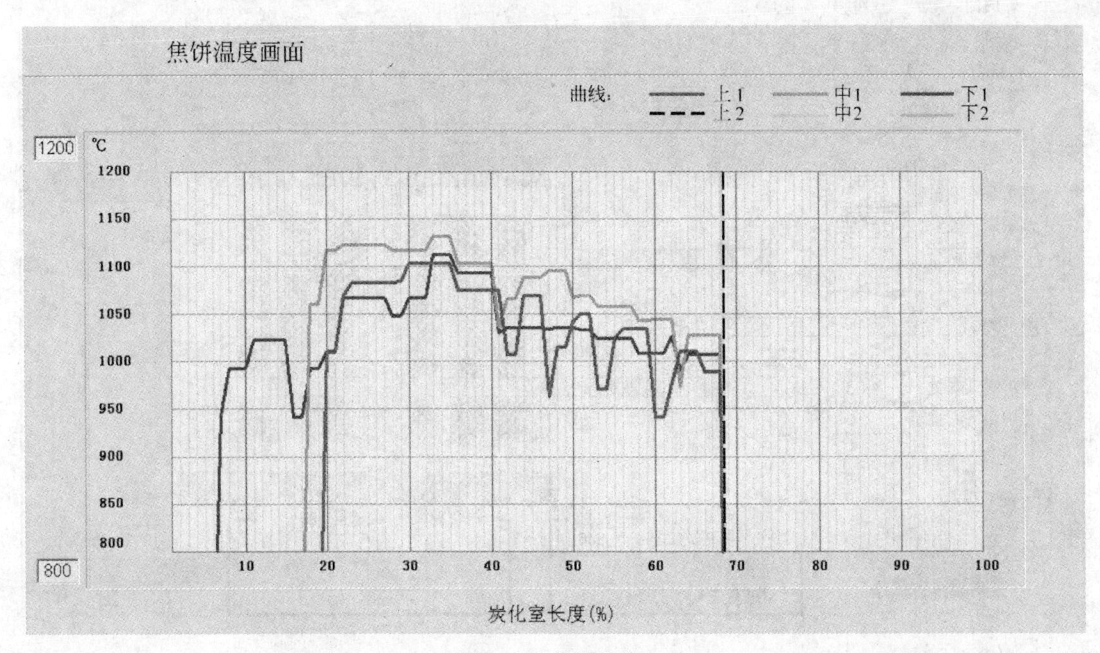

图 8-5　焦饼温度

在严格执行焦炉加热制度的情况下，CPMS系统对焦炉加热实行有效控制，可使炼焦加热过程控制最佳化。

CPMS通过焦炉加热控制模型，能够使焦炉供热输入最佳化，以达到节能的效果。采用“间歇加热时间”的设定值来调节焦炉加热输入值，从而在结焦时间内使焦饼成熟。

炭化室	平煤时间	推焦时间计算值	推焦时间	准点性	结焦时间	与给定时间差	推焦电流	装煤重量
703	2004.06.27 04:42	2004.06.27 23:50	2004.06.27 23:33	00:17	18:51	00:09	179	35.4
851	2004.06.27 03:40	2004.06.27 23:26	2004.06.27 23:24	00:02	19:44	00:44	174	35.4
846	2004.06.27 03:32	2004.06.27 23:18	2004.06.27 23:17	00:01	19:45	00:45	162	35.4
841	2004.06.27 03:25	2004.06.27 23:05	2004.06.27 23:03	00:02	19:38	00:38	164	35.4
836	2004.06.27 03:16	2004.06.27 22:57	2004.06.27 22:56	00:01	19:40	00:40	174	35.4
831	2004.06.27 02:59	2004.06.27 22:46	2004.06.27 22:45	00:01	19:46	00:46	182	35.4
826	2004.06.27 02:44	2004.06.27 22:37	2004.06.27 22:36	00:01	19:52	00:52	163	35.4
821	2004.06.27 02:37	2004.06.27 22:29	2004.06.27 22:28	00:01	19:50	00:51	177	35.4
816	2004.06.27 02:27	2004.06.27 22:21	2004.06.27 22:20	00:01	19:53	00:53	174	35.4
811	2004.06.27 02:20	2004.06.27 22:13	2004.06.27 22:12	00:01	19:52	00:52	191	35.4
806	2004.06.27 02:07	2004.06.27 22:04	2004.06.27 22:03	00:01	19:56	00:56	174	35.4
801	2004.06.27 01:59	2004.06.27 22:04	2004.06.27 21:55	00:09	19:56	00:56	180	35.4
751	2004.06.27 01:52	2004.06.27 21:45	2004.06.27 21:46	00:01	19:54	00:54	142	35.4
746	2004.06.27 01:43	2004.06.27 21:36	2004.06.27 21:37	00:01	19:54	00:54	147	35.4
741	2004.06.27 01:36	2004.06.27 21:29	2004.06.27 21:28	00:01	19:52	00:52	141	35.4
736	2004.06.27 01:27	2004.06.27 21:15	2004.06.27 21:16	00:01	19:49	00:49	138	35.4
731	2004.06.27 01:17	2004.06.27 21:06	2004.06.27 21:07	00:01	19:50	00:50	153	35.4
726	2004.06.27 01:08	2004.06.27 20:58	2004.06.27 20:57	00:01	19:49	00:49	162	35.4
721	2004.06.27 01:00	2004.06.27 20:41	2004.06.27 20:41	00:00	19:41	00:41	162	35.4

图8-6　日报表

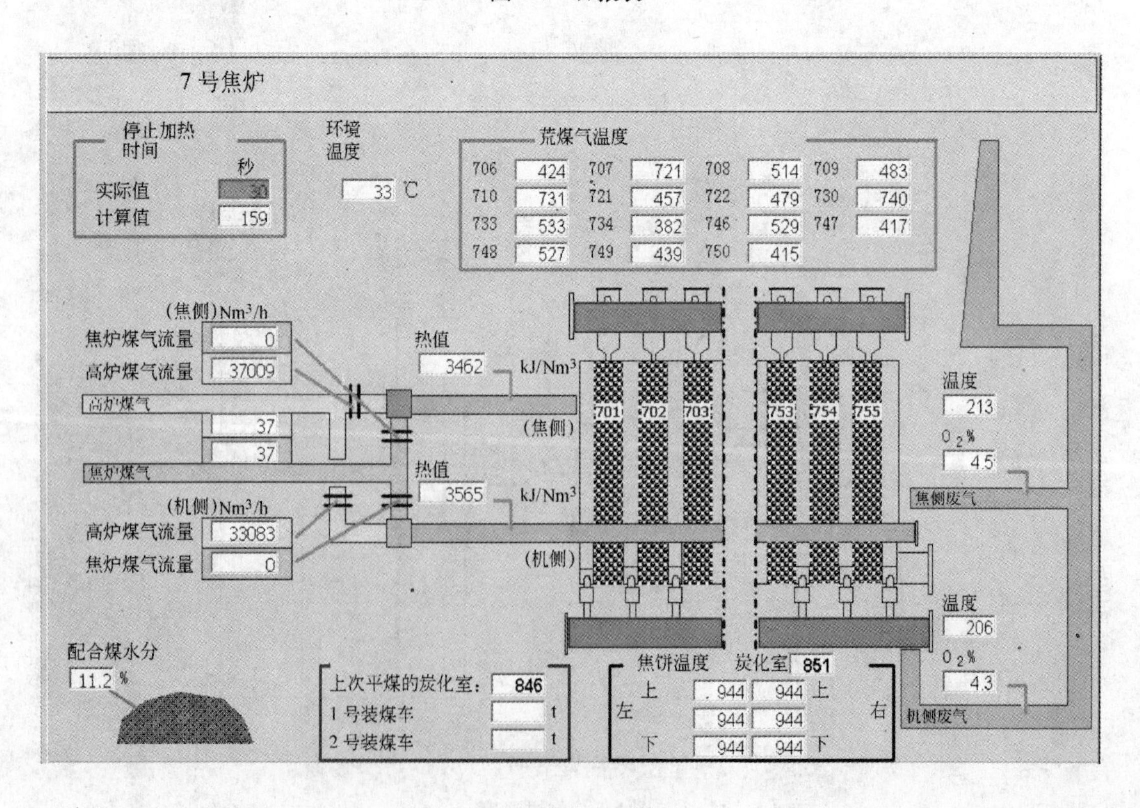

图8-7　焦炉监控

焦炉加热控制模型为前馈、后馈、模糊逻辑控制的集成。

焦炉加热控制模型将动态计划模型、预测能源模型作为前馈控制器；而炼焦指数控制模型作为后馈控制器；模糊逻辑控制器的用途是对系统进行智能微调。

5. 人机接口应用软件

CPMS 提供人机界面供操作人员实时监控焦炉生产。

（1）日报表，如图 8-6 所示。

（2）焦炉监控画面，如图 8-7、图 8-8 所示。

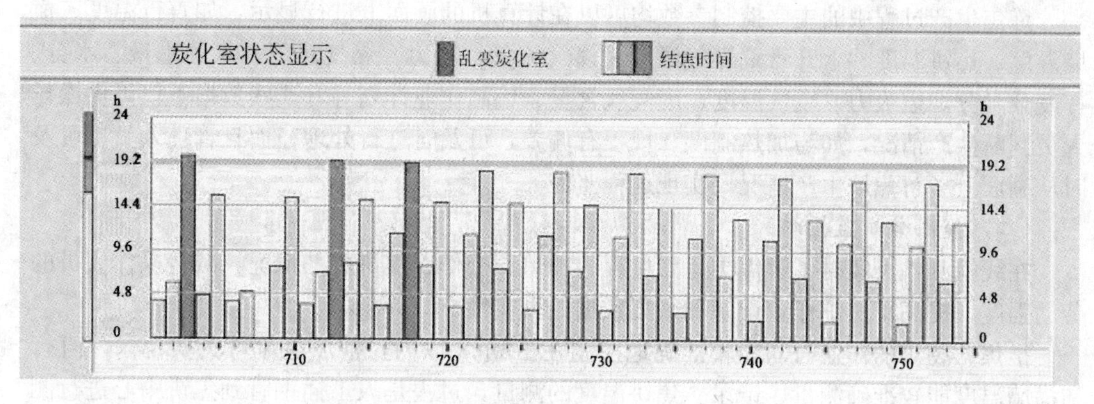

图 8-8　炭化室状态

（3）维护

炭化室推焦数据更新如图 8-9 所示。

炭化室推焦数据更新

炭化室	平煤时间	推焦时间	煤重	最大电流	乱笺	
823	2004.03.17 00:02		34640		0	0
817	2004.03.17 13:25	2004.03.18 09:05	34640	173	0	1
822	2004.03.17 13:35		34640		0	0
827	2004.03.17 13:43		34640		0	0
832	2004.03.17 13:56		34640		0	0
837	2004.03.17 14:07		34640		0	0
842	2004.03.17 14:17		34640		0	0
847	2004.03.17 14:24		34640		0	0
704	2004.03.17 14:41		33830		0	0
852	2004.03.17 14:47		34640		0	0
709	2004.03.17 14:53		33830		0	0
714	2004.03.17 15:06		33830		0	0
719	2004.03.17 15:12		33830		0	0
724	2004.03.17 15:19		33830		0	0
729	2004.03.17 15:25		33830		0	0
734	2004.03.17 15:30		33830		0	0
854	2004.03.17 17:58	2004.03.18 14:03	34640	200	0	1
706	2004.03.17 18:07		33830		0	0
701	2004.03.17 18:11		33830		0	0
711	2004.03.17 18:17		33830		0	0
716	2004.03.17 18:23		33830		0	0
721	2004.03.17 18:40		33830		0	0
726	2004.03.17 18:47		33830		0	0
731	2004.03.17 19:03		33830		0	0
736	2004.03.17 19:18		33830		0	0
741	2004.03.17 19:25		33830		0	0
746	2004.03.17 19:34		33830		0	0
751	2004.03.17 19:46		33830		0	0

炭化室	平煤时间	推焦时间	煤重	最大电流	乱笺	
801	2004.03.17 19:49		33830		0	0
806	2004.03.17 19:58		34640		0	0
811	2004.03.17 20:08		34640		0	0
816	2004.03.17 20:17		34640		0	0
821	2004.03.17 20:28		34640		0	0
826	2004.03.17 20:49		34640		0	0
831	2004.03.17 20:54		34640		0	0
836	2004.03.17 21:05		34640		0	0
841	2004.03.17 21:19		34640		0	0
846	2004.03.17 21:31		34640		0	0
851	2004.03.17 21:44		34640		0	0
703	2004.03.17 21:52		33830		0	0
708	2004.03.17 22:03		33830		0	0
713	2004.03.17 22:08		33830		0	0
718	2004.03.17 22:15		33830		0	0
723	2004.03.17 22:39		33830		0	0
733	2004.03.17 22:54		33830		0	0
738	2004.03.17 23:01		33830		0	0
728	2004.03.17 23:09		33830		0	0
748	2004.03.17 23:15		33830		0	0
743	2004.03.17 23:24		33830		0	0
753	2004.03.17 23:30		33830		0	0
808	2004.03.17 23:33		34640		0	0
813	2004.03.17 23:40		34640		0	0
803	2004.03.17 23:49		34640		0	0
818	2004.03.17 23:53		34640		0	0
828	2004.03.18 00:20		34640		0	0

图 8-9　炭化室推焦数据更新

四、系统应用效果

CPMS系统投运以来，运行稳定，帮助用户均匀地加热炉子，稳定地操作焦炉机器（推焦车，装煤车，导焦车），实现了以下目的。

（一）焦炉管理数据化

焦炉管理数据化，有利于操作人员、管理人员实时了解焦炉组的生产情况，对焦炉的生产运行系统、加热系统及焦炭成熟情况可从计算机的画面直接了解，有利于焦炉生产过程各个因素的判断，及时做出处理，提高了焦炉生产的管理水平。

炼焦生产过程中的主要控制参数均可以在计算机的画面上进行显示，如直行温度、横墙温度、焦饼温度、上升管荒煤气温度、煤气流量、压力、煤气热值、煤的重量、水分、挥发分、分烟道吸力、废气温度、废气氧含量、编制作业计划等，这些数据不仅可供操作人员判断生产情况，如与加热制度、规程有偏差，可及时进行处理；而且管理人员也可及时从画面上了解焦炉生产情况，实现远程监控。

（二）提高焦炉监控水平

在线检测，可实时了解焦炉炼焦过程的加热、操作、焦饼成熟情况，减轻操作人员的劳动强度，提高了焦炉作业记录和采集数据的真实性。

推焦、装煤的作业时间能较准确地控制在±5min以内，推焦电流可真实记录，直行和横墙温度能较准确测量、记录。焦饼温度的测量，过去是人工插钢管到焦饼中心进行测量，劳动强度很大，每半年测一次，现用红外测温仪在线测温后，不但能及时了解出炉焦炭的成熟情况，还可以分析炭化室横墙温度分布情况。

（三）实现焦炉加热的智能控制

在炼焦生产过程中，天气对焦炉生产有较大影响，例如阴雨天，配合煤的水分较高，这样对焦炉的加热能量需求也高。同时，还存在以下干扰因素。

1. 高炉煤气总管压力波动

正常生产时，高炉煤气流量稳定，其趋势如图8-10所示。

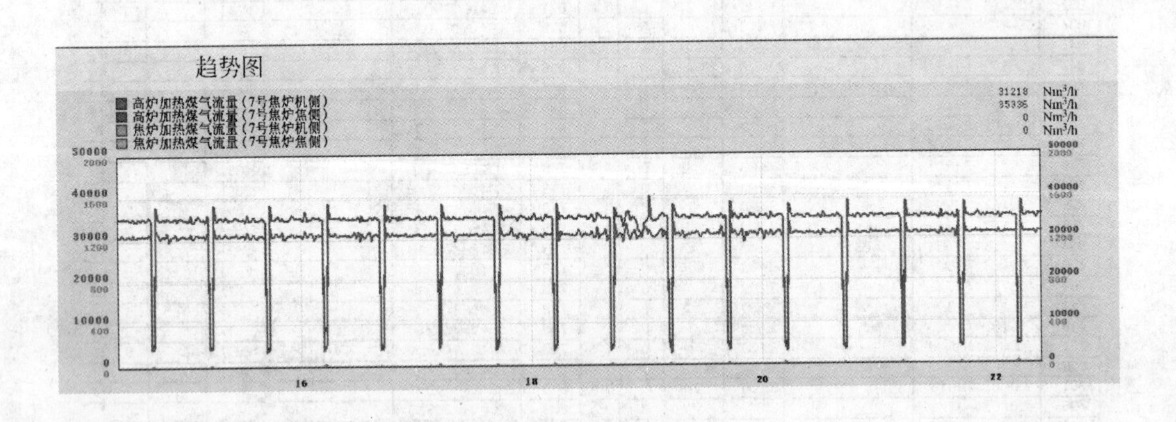

图8-10　高炉煤气流量趋势

在高炉休风等特殊情况发生时，煤气总管压力剧烈波动，高炉煤气流量波动很大，其趋势如图8-11所示。

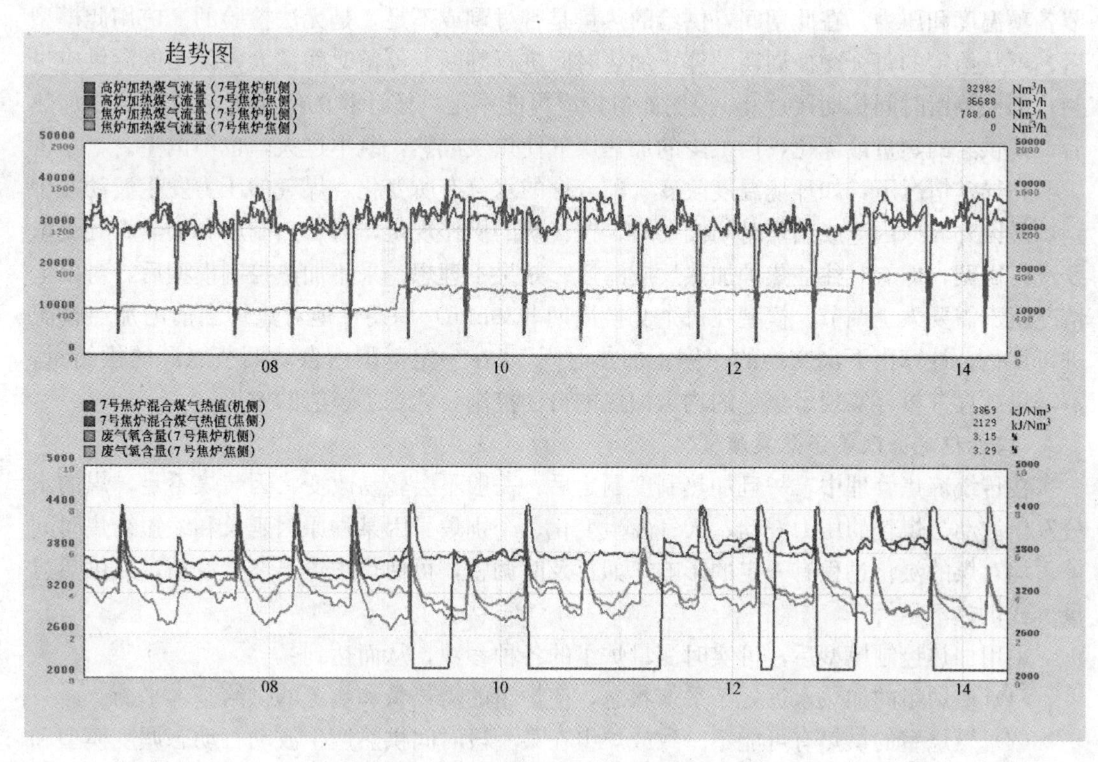

图 8-11　特殊情况下的高炉煤气流量趋势

2. 结焦时间波动

由于配合煤临时性供应短缺，焦炉机械故障等造成结焦时间的波动。推焦记录如图 8-12 所示。

推焦记录

炭化室	平煤时间	推焦时间计算值	推焦时间	准点性	结焦时间	与给定时间差	推焦电流	装煤重量
703	2004.06.27 04:42	2004.06.27 23:50	2004.06.27 23:33	00:17	18:51	00:09	179	35.4
851	2004.06.27 03:40	2004.06.27 23:26	2004.06.27 23:24	00:02	19:44	00:44	174	35.4
846	2004.06.27 03:32	2004.06.27 23:18	2004.06.27 23:17	00:01	19:45	00:45	162	35.4
841	2004.06.27 03:25	2004.06.27 23:05	2004.06.27 23:03	00:02	19:38	00:38	164	35.4
836	2004.06.27 03:16	2004.06.27 22:57	2004.06.27 22:56	00:01	19:40	00:40	174	35.4
831	2004.06.27 02:59	2004.06.27 22:46	2004.06.27 22:45	00:01	19:46	00:46	182	35.4
826	2004.06.27 02:44	2004.06.27 22:37	2004.06.27 22:36	00:01	19:52	00:52	163	35.4
821	2004.06.27 02:37	2004.06.27 22:29	2004.06.27 22:28	00:01	19:50	00:51	177	35.4
816	2004.06.27 02:27	2004.06.27 22:21	2004.06.27 22:20	00:01	19:53	00:53	174	35.4
811	2004.06.27 02:20	2004.06.27 22:13	2004.06.27 22:12	00:01	19:52	00:52	191	35.4

图 8-12　推焦记录

系统应用温度评估模型和加热控制模型，可以根据炭化周期的焦炉能源需求来计算每个反向周期的平均能源需量，炼焦指数控制模型又对预测的能量需求进行校正，计算出每一个交换周期需“停止加热的时间”。在正常情况下，焦炉根据结焦时间、配合煤的计划装入量确定了温度制度和吸力制度。炼焦车间调火班和煤气组的作业人员按规定，保持调节各项温度和压力。在此期间，供给的热量是否过剩或不足，是无法检验的。应用此模型后，可从给定的每个交换周期的停止加热时间进行判断。停留时间偏大，说明能源供应过剩；如果停留时间长期接近 0，说明能量供应可能不足。按计算的停止加热时间停止加热后，使供给的热量最优化，用最少的加热煤气使焦炭成熟，既不过火，也不偏生。

在异常情况下，如环境温度改变，配合煤的水分有所变化，煤气的压力发生波动，个别炉号因外界原因造成结焦时间波动时，按传统的操作规定，对加热制度和加热煤气流量要进行微调，但有时往往焦炉加热反应滞后，效果不理想。采用加热控制模型后，对以上情况就不需要人工调节，模型在每个交换周期（30min）周期性地对焦炉当前的加热情况进行评估，计算出下次交换的“停止加热时间”，在一定范围内自动调节能源的供给量，不需增减煤气量，实现了焦炉的均匀加热的自动控制，达到了节能的效果。

（四）稳定并改善了焦炭质量

在传统炼焦管理中，一旦加热制度制定后，一般不会轻易改变，因装煤不足，煤的水分发生波动、煤气的压力波动、天气发生变化、个别炉号因某种原因延长和缩短结焦时间等，均对煤的炭化过程有一定的影响，如不及时调整，可使焦炉炉温产生波动，或供热过量、或供热不足。

采用加热控制模型后，可实时测量炉组的各种参数，从而达到：

(1) 使炉组的加热永远处于平衡状态，使炉组的需热量和能源的供给基本平衡。

(2) 燃烧室的供热有可能不一致或炉组在某一段时间供热产生波动。动态调度模型和加热控制模型可以逐渐使全炉组的加热情况保持一致。

(3) 如果所测的各种参数与加热制度和规程规定的参数出现较大的偏差，将提示操作人员检查原因，及时给予处理。

因此，采用 CPMS 控制系统后，焦炉炉温稳定、均匀，炼出的焦炭可避免发生生焦和过熟的情况。使焦炭质量得以提高。

（五）延长焦炉寿命

焦炉组的炉温均匀、稳定，焦饼成熟状态好；焦炉操作程序控制，严格执行推焦计划。推焦时，焦饼顺利推出，不出现困难推焦，炉壁的温度不会出现过高和过低的现象。从而使焦炉炉体寿命延长。

第二节　焦炉机械自动化

一、无线感应技术的发展历程

无线感应技术是 20 世纪 80 年代初在国际上（以日本为主）发展起来的，英文为“Induction Radio”。中文也有译为“诱导母线技术”。

该技术主要应用于工业生产上的大型移动机车的自动化。因其具有很高的可靠性与抗干扰能力，特别是因为具有长距离连续检测，且地址检测精度可达厘米级以上的特点，使之在后来得到了很快的发展，并已广泛应用于钢铁、核能、电力、交通等行业，应用的设备种类主要是移动机车。图 8-13 所示为国外工业产业及设备应用无线感应技术的状况。

由以上分布图表可见，在行业分布方面，无线感应技术主要用于钢铁行业（含焦化行

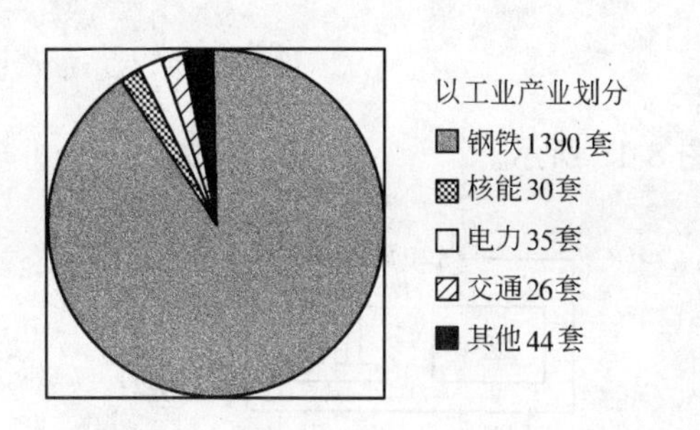

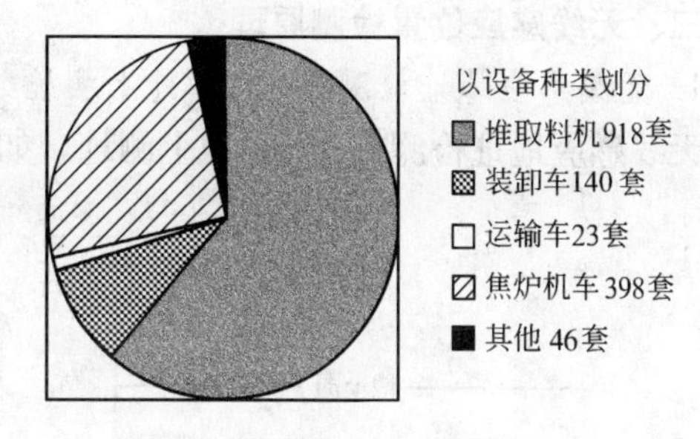

图 8-13　国外无线感应技术使用行业分布和使用设备种类的情况

业）；在设备分布方面主要用于焦炉大型机车和堆取料机，及自动化仓库中的装卸车等。近年来，该技术与计算机技术相结合，使机车自动化的水平朝着系统化、网络化和无人化的方向发展。

在我国，20 世纪 80 年代初期，宝钢原料场引进了 20 余套，用于堆取料机。秦皇岛煤码头引进 4 套，用于煤场的堆取料机。1989 年，国内自主研制了第一套无线感应设备用于武汉钢铁公司工业港料场。1997 年，武汉钢铁集团焦化公司与科研单位联合研制出了国内第一套用于焦炉联锁控制的无线感应系统，并投入使用。1998 年，在宝钢一期焦炉电气改造中，对焦炉机车联锁控制的技术方案均采用无线感应技术。

二、无线感应电缆的结构

无线感应电缆（俗称编码电缆）是一种结构独特的非屏蔽电缆，在无线感应技术的通信中可作为接受和发射天线，同时又作为地址检测的标尺与传感器。

编码电缆的外侧是两根起保护作用的钢缆，钢缆内侧为相距 100mm 的有多根导线绞合在一起的二组线组（分为若干对线），各对线分别在不同的位置交叉，整个电缆外敷塑料或橡胶材料保护。

图 8-14　实用电缆平敷图

这些对线根据功能区分可分为通信线（L），地址线（G），地址基准线（R）3 种，如果将这些对线平敷，可以得到电缆结构的平敷图 8-14，以下是 2 对 L 线，5 对 G 线，1 对 R 线的实用电缆平敷图。

三、无线感应位置检测原理

1. 无线感应地址检测方式1—地上测址

无线感应地址检测方式1—地上测址，如图8-15所示。

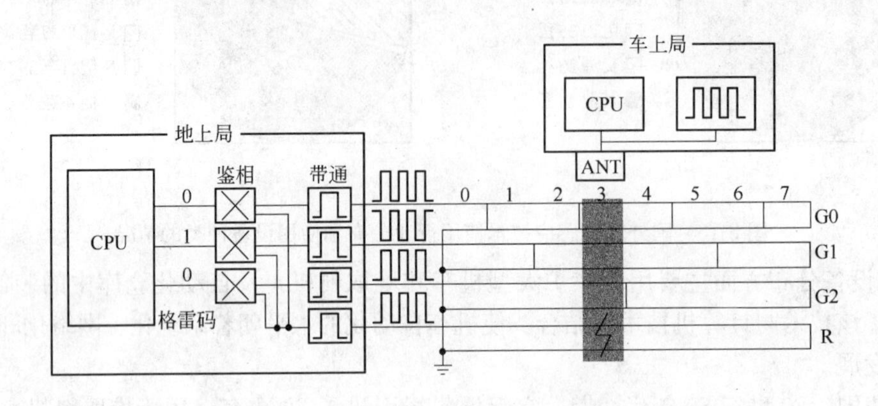

图8-15　地上测址示意图

图8-16为车上测址示意图，为了避免在同一位置上同时存在着多个交叉点，电缆的绕制采用格雷码的编码方法。

参阅图8-16，当天线ANT在电缆的3号位置发射载波信号时，在电缆的始端，R线与G2、G0对线收到的信号相位相同，而R线与G1对线收到的信号相位相反。

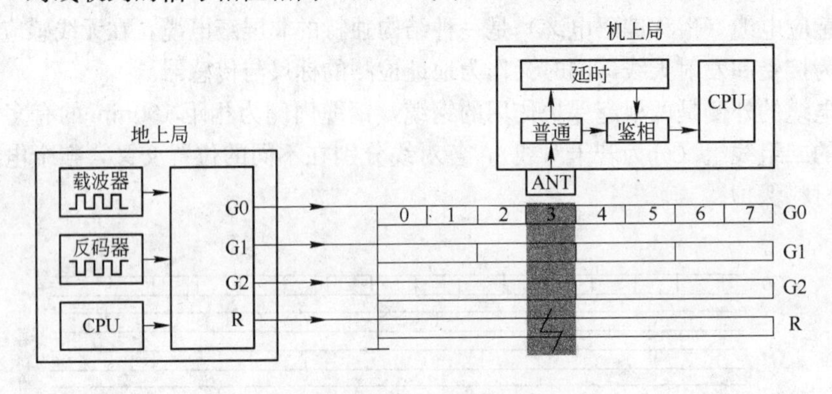

图8-16　车上测址示意图

电缆的端口信号分别经过地上局的带通滤波后，各路G线信号分别是与R线信号进行比较鉴相，同相为0，反相为1，鉴相器后得到格雷码为010，再通过计算机的读识和译码，此时，实际上已得到一个三位的二进制码011，即十进制数3。

在此后，地上的计算机通过感应电缆中的通信对线L，将刚收到的地址以串行通信的形式发送出去，以供机车接受识别本车位置。

2. 无线感应地址检测方式2—车上测址

无线感应地址检测方式2—车上测址，如图8-16所示。

此方法中，地上局的载波器信号和反码器信号经由各路G线和R线进行发送。按G0，R0，G1，R1，G2，R2，…，GN，RN的次序依次发送信号，周期循环运行，在机

车上可以收到如下图的信号，其中各信号是在不同的对线中发出的，比如，GN 信号延时

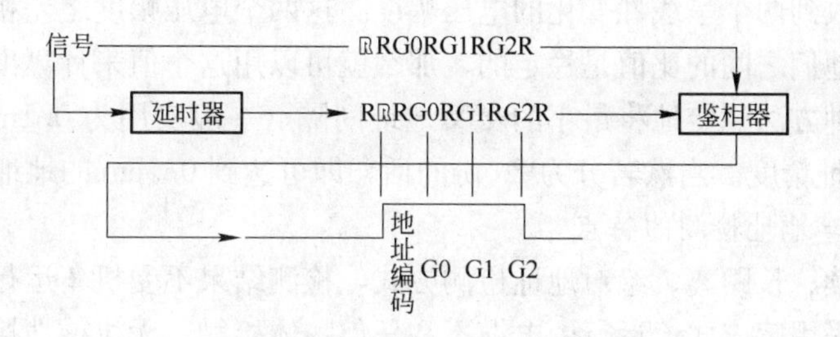

图 8-17 串行地址示意图

后与 RN 信号进行鉴相（同相为 0，反相为 1）。这样，就可在车上直接获得地址编码信号。串行地址示意图见图 8-17。

3. 两种无线感应地址检测方式的比较

“地上测址”方式，就是由车上往扁平电缆上发送地址检测用的载波信号、在地上检测出地址后再传送到机车上的方式。这是目前最常用的方式。适用于对实时性要求不高的场合。其缺陷是：

（1）在同一机车编码电缆上存在多台机车，若使用单一频率，因为共用一个地址检测通道，中控室只能分时进行测址，一次检测到一部车辆的地址。则耗时长；若每台机车分配一个频率，则地址检测设备要增加且模块之间不能通用，维护带来不便。

（2）机车不能直接检测到自己的位置，必须通过与中控室的通信才能知道自己的精确的地址，又存在着一定的时间延迟，

采用地上测址，机车一次测址存在数百毫秒的延迟，因为只用于一般联锁控制，尚无大碍，但若系统增加自动走行和自动定位功能，要求定位精度高，这种延迟就变得不可容忍。

而“车上测址”的方式，改为由地上往编码电缆上发送地址检测用的载波信号，车上直接检测地址，这样，在沿编码电缆方向上不同点的车上可同时检测其相应的地址位置。其优势体现在：

（3）在一条感应电缆上运行的多部车辆可以同时并即时检测到自己的绝对地址。不再排队争用编码电缆资源。

（4）减轻通讯负荷：不必通过中控室与车上的通信才能使车上得到自己的地址。

（5）“车上测址”只需几毫秒时间机车即可检测到一次自己的地址，约为“车上测址”方法的 50 倍以上。

总之，“车上测址”大大提高了系统地址的检测速度，为提高机车自动走行和定位的精确度和准确性奠定了基础。可以说是利用无线感应技术实现地址检测的一大突破。同时系统结构也更加简洁。

4. 提高精度的方法

根据编码电缆的结构，测得地址的最小单位是由电缆中地址对线 G0 交叉点间的距离决定的，若为了提高检测精度进一步缩小交叉点间的距离，将会影响天线与电缆之间收到的信号，所以必须另外采取方法来进行精密地址检测。

解决的方法是：采用两对最小交叉间隔的对线。这样，随着天线的移动距离 L 的变化，天线或电缆可收到两个呈线性变化的电压幅度。这两个电压幅度之差相对反映了天线的精密位置，因为他们之间的比值是稳定的，那么就可以用这个值来计算出精密地址的值来。目前可以用这种方法稳定地将最小的交叉地址间隔（一般实用为 0.1m）分为 10 份，即可达到 1cm 的地址精度。当然若分为 20 份的话，即可达到 0.5cm 的地址精度。

5. 无线感应机车地址检测的特点

(1) 它属于连续、长距离、绝对地址检测方式，检测结果不受机车运行过程的影响。

(2) 由于检测采用感应式，运行中电缆不和任何物体接触，无机械性接触磨损，既不要加油维护，也不要换附件，因而具有高可靠性，

(3) 载波信号强，发射/接收的电磁耦合感应距离短，能在恶劣的环境中应用。

(4) 编码电缆为交叉扭绞结构，能有效地抑制外部杂音和外部杂散电平的干扰。

(5) 由于是利用各对扭绞线的波形与标准相位相比较，以同相为“0”，反相为“1”进行组合而得到的数字式地址信号，所以电平波动影响小，稳定度高且误码率低。

四、无线感应通信原理

1. 通信原理

在编码电缆中，两对相互交叉的对线 L0. L1（参见图 8-14）用于通信，采用正交通信技术。这两对线中的感应电压信号相加后，幅度能均匀地变化，当车载天线沿着编码电缆移动时，在任意点上的感应信号电压不为零，保持通信的连续稳定。采用调频方式（也可用调相方式），载波频率为 40～100K 的超长波，辐射干扰小，误码率优于 1×10^{-6}，实现了稳定可靠的通信。

2. 通信特点

(1) 无线感应通信时由于两组天线（其中一组是感应电缆）可以靠得很近，所以信号交换的幅度很大，可以达到数百毫伏，是一般无线通信信号幅度的百倍，压住了杂波的干扰。

(2) 无线感应通信时采用的是频率为 40～100K 的超长波，因为在这个波长范围内电磁波发射不远，所以很少对外界产生电磁波干扰。

(3) 正因为处于超长波频段，不易造成辐射，所以无线感应大多采用宽带的调相调频技术，来保证优良通信的质量。

由上可知，无线感应的通信质量是较高的，一般在恶劣的工业环境下，可以达到 1×10^{-6}的通信误码率，保证了整个系统的可靠性。

五、无线感应在焦炉炼焦生产中的应用

（一）焦炉机车生产控制基本原理

以无线感应技术为核心，构建一个综合的地址检测、相互通信、联锁控制与信息处理系统。沿各机车运行轨迹敷设特制的编码电缆，就像为焦炉现场的一把地址标尺，车载天线装置就像读数指针，地址检测系统可视为读数计算装置，在中控室计算机控制下对四大移动机车进行精密地址检测、炉号对位、联锁控制、自动除尘和自动走行等全程自动监控。同时构成高准确性的数据通信和控制平台，来实现中控室计算机与各移动机车间无接触数据交换。其系统信号示意图见图 8-18。

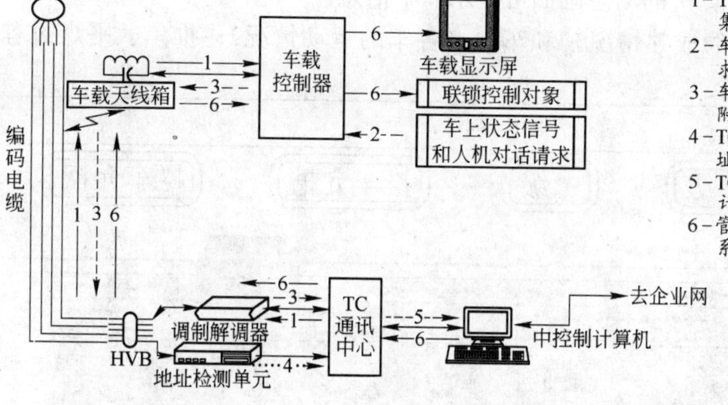

图 8-18　系统信号示意图

（二）系统构成

系统由中控室部分、车载部分、室外部分（包含编码电缆）、操作室部分和软件部分共4部分组成，系统结构图如图 8-19 所示。

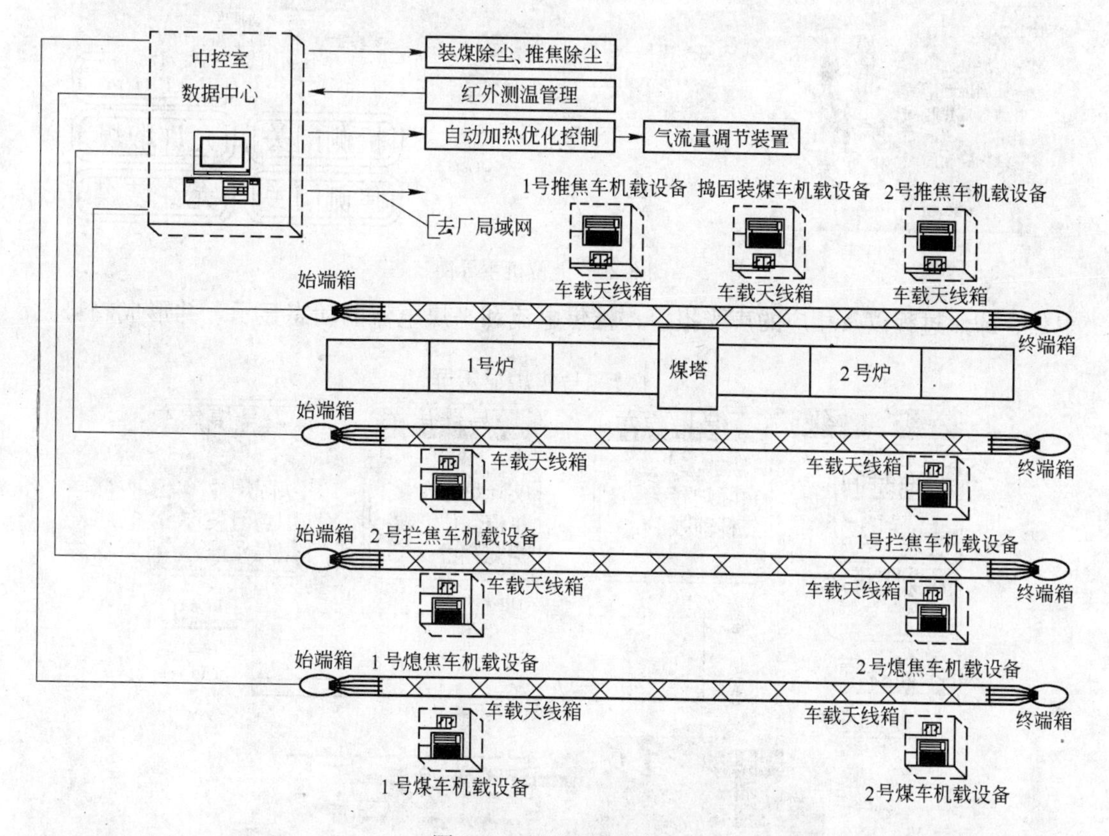

图 8-19　系统结构框图

（三）系统操作界面

操作人员凭借上位机界面全面管理系统操作，司机凭借显示屏管理机车的操作。

1. 上位机动画监视

如图 8-20 所示，系统计算机的动态画面可显示以下信息。

炉区炉况（炭化室焦炭的成熟情况）和车况（各车的运动情况）；推焦、平煤过程；

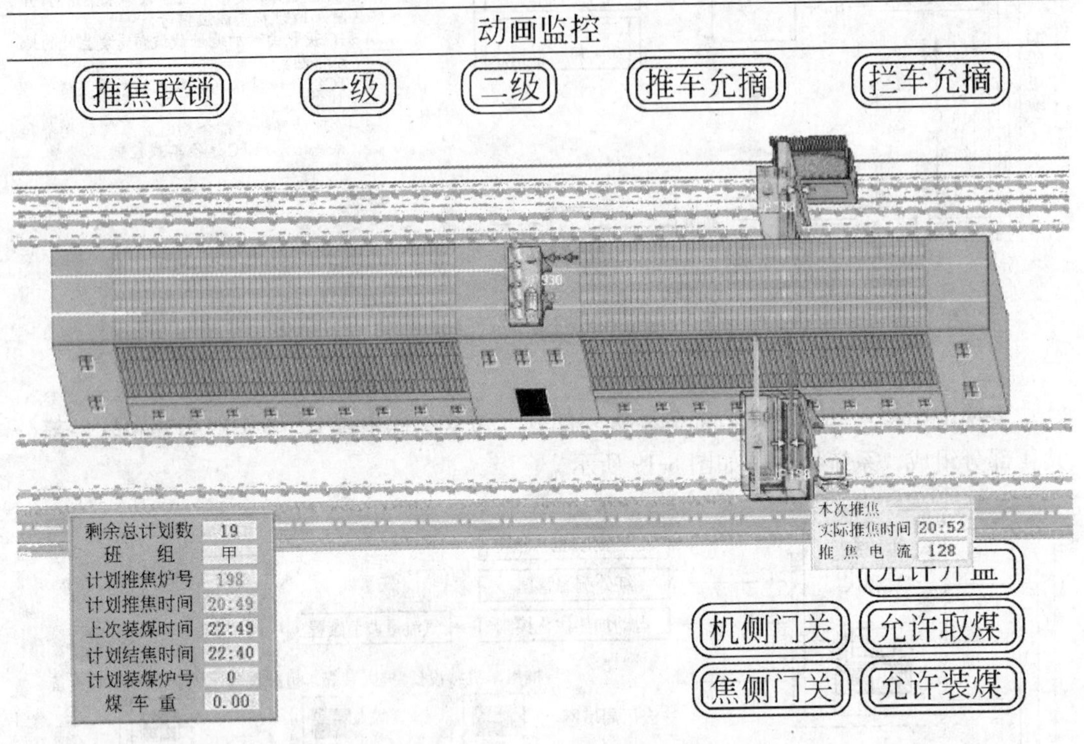

图 8-20 上位机主界面

熄焦、卸焦过程以及相应的声光报警；推焦电流和平煤电流的动态显示，并形成趋势图；

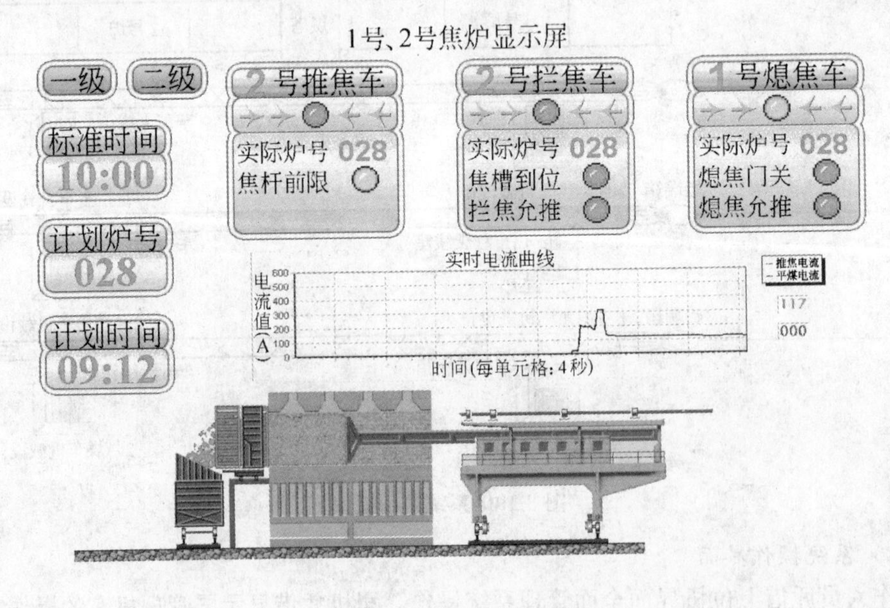

图 8-21 上位机“显示屏”

各车实际所在的炭化室号；系统要求各车的运动方向和速度快慢；显示机车所在位置与目标炉号中心位置的偏移量；计划推焦炉号和计划推焦时间；推焦联锁的一级允推和二级允推；推焦杆前进动作计时，可反映推焦杆伸入炭化室的长度；系统的标准时钟；导焦栅就位信号；

通过菜单操作可切换至显示屏图，如图 8-21 所示。

通过菜单操作还可以显示炭化室结焦状态一览表如图 8-22 所示。

1号、2号焦炉结焦时间——状态一览表

001 00:51	011 01:03	021 01:15	031 01:27	041 01:39	051 01:50	061 02:02	071 02:14	003 02:26	013 02:38	023 02:49	033 03:00	043 03:12
053 04:24	063 04:36	073 04:48	005 05:00	015 05:11	025 05:23	035 05:35	045 05:47	055 05:59	065 06:11	075 06:23	007 06:35	017 06:47
027 07:47	037 07:59	047 08:11	057 08:23	067 08:34	077 08:46	009 08:58	019 09:10	029 09:23	039 09:35	049 09:47	059 09:59	069 10:11
079 10:23	002 12:35	012 12:47	022 12:59	032 13:11	042 13:23	052 13:35	062 13:46	072 13:58	004 14:10	014 14:22	024 14:34	034 14:46
044 17:13	054 17:25	064 17:37	074 17:49	006 18:01	016 18:13	026 18:25	036 18:37	046 18:49	056 19:00	066 19:12	076 19:24	008 19:36
018 19:48	028 19:59	038 20:11	048 20:23	058 20:35	068 20:47	078 20:59						

图 8-22 炭化室结焦状态一览表

2. 车载系统的动画界面

车载系统的动画界面如图 8-23 所示。车载显示屏将参与生产的所有机车信息，以动画的形式显示。

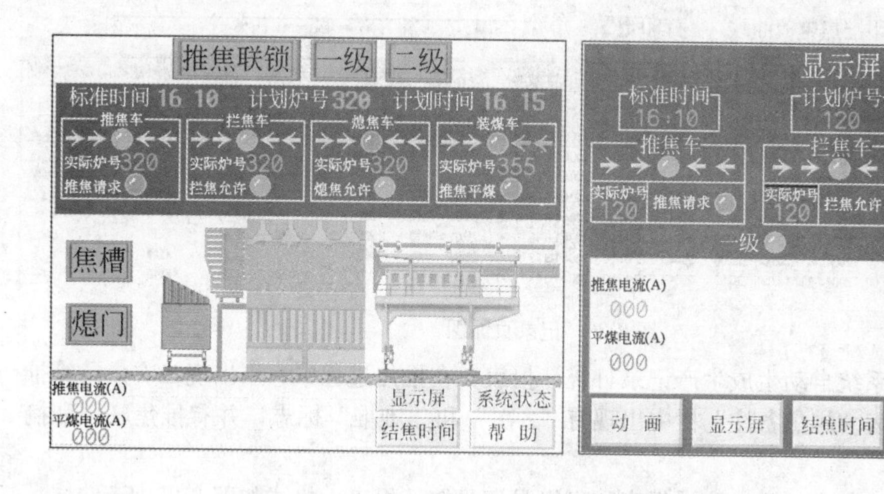

图 8-23 车载显示屏

3. 系统的信息管理

(1) 自动编排计划：

1) 按 5-2 串序（或 9-2 串序）自动编排计划；

2) 自动把计划传输到每一辆工作的车辆上；

3）人工根据生产情况编排计划；

4）在推焦过程中，发生生产意外，推焦车不能按计划进行推焦时，可以在中控室内人工修改推焦计划，又可以在推焦车上设置按钮自动更改推焦计划；

计划的编排格式举例如图 8-24 所示。

序号	班组	炉数	炉号	上次装煤时间	规定结焦时间	计划结焦时间	预定出焦时间	乱笺状态
1	甲	1	35	2004-02-18 10:56	23:45	23:43	2004-02-23 10:40	正常
2	甲	2	45	2004-02-18 11:07	23:45	23:45	2004-02-23 10:52	正常
3	甲	3	55	2004-02-18 11:19	23:45	23:45	2004-02-23 11:04	正常
4	甲	4	65	2004-02-18 11:31	23:45	23:45	2004-02-23 11:16	正常
5	甲	5	75	2004-02-18 11:43	23:45	23:45	2004-02-23 11:28	正常

图 8-24　计划页面图

（2）记录：

1）系统可自动生成各个炭化室进煤、出焦的各项实际重要数据和状况的记录，并立即根据记录统计出班组工作报表等各种统计报表（包括装煤时间、摘炉门时间、关炉门时间等）。该报表可以根据用户需要增加和减少有关字段（即记录、统计项目），系统数据可以保存 1 年以上（与计算机的硬盘容量有关）。

2）系统自动计算出 K1、K2、K3 等系数，供统计、查询、打印，如图 8-25 所示。

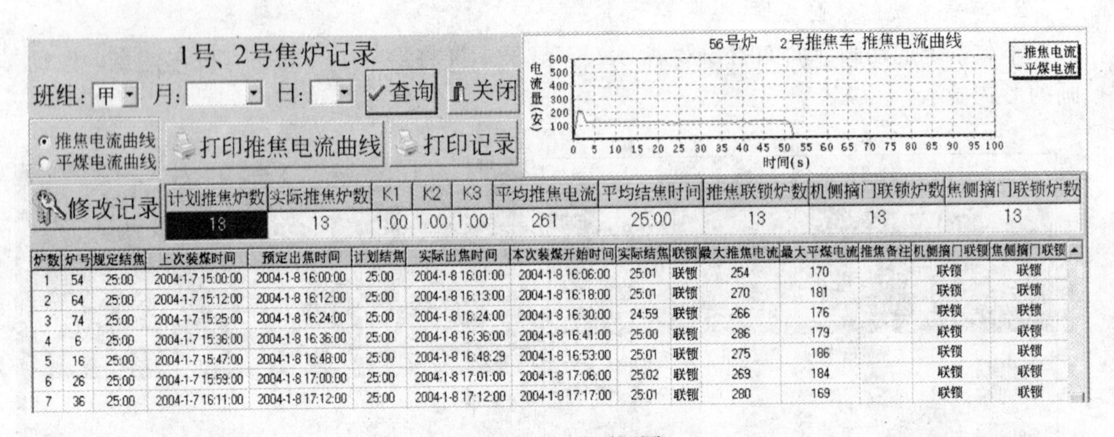

计划推焦炉数	实际推焦炉数	K1	K2	K3	平均推焦电流	平均结焦时间	推焦联锁炉数	机侧摘门联锁炉数	焦侧摘门联锁炉数
13	13	1.00	1.00	1.00	261	25:00	13	13	13

炉数	炉号	规定结焦	上次装煤时间	预定出焦时间	计划结焦	实际出焦时间	本次装煤开始时间	实际结焦	联锁	最大推焦电流	最大平煤电流	推焦备注	机侧摘门联锁	焦侧摘门联锁
1	54	25:00	2004-1-7 15:00:00	2004-1-8 16:00:00	25:00	2004-1-8 16:01:00	2004-1-8 16:06:00	25:01	联锁	254	170		联锁	联锁
2	64	25:00	2004-1-7 15:12:00	2004-1-8 16:12:00	25:00	2004-1-8 16:13:00	2004-1-8 16:18:00	25:01	联锁	270	181		联锁	联锁
3	74	25:00	2004-1-7 15:25:00	2004-1-8 16:24:00	25:00	2004-1-8 16:24:00	2004-1-8 16:30:00	24:59	联锁	266	176		联锁	联锁
4	6	25:00	2004-1-7 15:36:00	2004-1-8 16:36:00	25:00	2004-1-8 16:36:00	2004-1-8 16:41:00	25:00	联锁	286	179		联锁	联锁
5	16	25:00	2004-1-7 15:47:00	2004-1-8 16:48:00	25:00	2004-1-8 16:48:29	2004-1-8 16:53:00	25:01	联锁	275	186		联锁	联锁
6	26	25:00	2004-1-7 15:59:00	2004-1-8 17:00:00	25:00	2004-1-8 17:01:00	2004-1-8 17:06:00	25:02	联锁	269	184		联锁	联锁
7	36	25:00	2004-1-7 16:11:00	2004-1-8 17:12:00	25:00	2004-1-8 17:12:00	2004-1-8 17:17:00	25:01	联锁	280	169		联锁	联锁

图 8-25　记录页面图

（3）报表。系统自动生成生产记录日统计报表，在推焦过程中，当出现二次焦或难推焦时，在记录报表“推焦备注”栏中出现有“2 次”和“难推”标志，并有推焦联锁和摘门联锁状况记录。

系统自动生成生产记录日统计报表和班组月记录统计报表，格式如图 8-26 所示。

（四）系统其他功能

1. 系统联锁功能

包括摘炉门联锁，推焦联锁，装煤联锁，除尘启动的联锁等。

2. 目标炉号自动识别（地址炉号对应）

因为焦炉的各个炭化室与编码电缆的相对位置已经固定，炭化室的位置与电缆的码号也就一一对应。因此在机车上通过自身测址知道了自己的位置，也就能计算出一定范围内

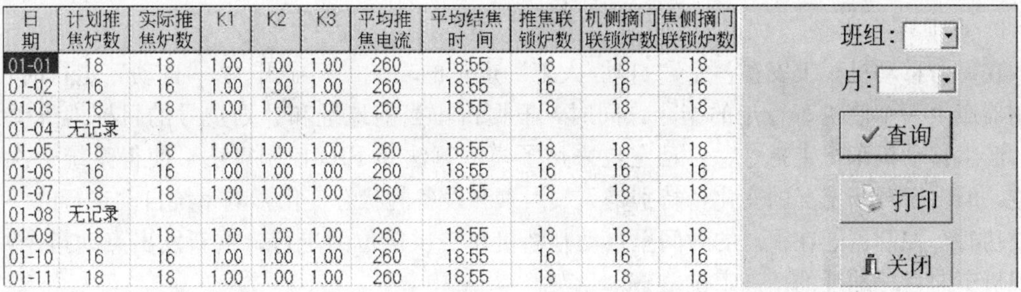

日期	计划推焦炉数	实际推焦炉数	K1	K2	K3	平均推焦电流	平均结焦时间	推焦联锁炉数	机侧摘门联锁炉数	焦侧摘门联锁炉数
01-01	18	18	1.00	1.00	1.00	260	18:55	18	18	18
01-02	16	16	1.00	1.00	1.00	260	18:55	16	16	16
01-03	18	18	1.00	1.00	1.00	260	18:55	18	18	18
01-04	无记录									
01-05	18	18	1.00	1.00	1.00	260	18:55	18	18	18
01-06	16	16	1.00	1.00	1.00	260	18:55	16	16	16
01-07	18	18	1.00	1.00	1.00	260	18:55	18	18	18
01-08	无记录									
01-09	18	18	1.00	1.00	1.00	260	18:55	18	18	18
01-10	16	16	1.00	1.00	1.00	260	18:55	16	16	16
01-11	18	18	1.00	1.00	1.00	260	18:55	18	18	18

班组：

月：

✓查询

打印

关闭

图 8-26　月统计报表格式

的地址所对应的炉号。

3. 相互通信功能

各机车上的控制器通过无线感应 FSK 调制解调器与中央控制室保持联系，进行频繁的数据交换。

4. 紧急处理功能

（1）考虑到系统应急和安全，在机车上设置必要的系统联锁/解锁的开关或某动作联锁/解锁开关。

（2）紧急情况下，拦焦车和熄焦车司机能通过操作台上的“禁止推焦”按钮使推焦杆停止前进，实现远方停止推焦。

（3）在推焦车上装有乱笺和恢复按钮，因生产事故需要更改推焦计划时，推焦车操作员可按下“乱笺”按钮更改计划，事故排除后可按“恢复”按钮恢复计划。也可以在中控室内人工修改推焦计划。

5. 系统的自动识别功能

系统能自动识别推焦车、拦焦车、熄焦车、装煤车的工作状态（工作车，备用车）、车号及所处的实际位置，并正确作出是否满足推焦条件、装煤条件、除尘条件的判断，防止误动作。

6. 参数的自动采集功能

只要现场提供相关动作的触点信号，或相关量的电平信号，这些信号都可以进入车载系统柜进行各种功能的组态，包括机车作业参数，称煤计量，推焦电流信号、平煤电流信号等。

7. 语音提示功能

包括联锁某动作前的提示，动作中的提示，动作后的提示，提示还包括当前系统状态，是否联锁，注意事项等。

推焦电流、平煤电流最大值的声光报警：可设置允许的推焦电流、平煤电流的最大值；在车上有推焦电流、平煤电流超过最大值的声光报警。

8. 系统具有自适应功能

炭化室中心地址自动修正功能：由于焦孔或焦杆变形等各种原因急需改变炭化室的中心地址，本系统会自动适应，并将此新地址去更新原数据区储存的中心地址。

工作车辆自动更换功能：因生产需要更换机车时，系统会自动更换车号，而不需应急修改计划。

9. 自动走行功能

在每台移动机车上安置一个“自动/人工”走行的功能的钮子开关。“自动”走行时，控制器产生一个使机车行走的指令，同时，根据机车当前地址和计划炉号的目标地址差值，产生移动机车行走指令。自动定位采用了模糊算法和 PID 控制算法，使得系统一次到位。但由于现场工况的变化，特别是天气因素和设备的状态变化影响系统自动走行的一次成功时，控制器能在很短的时间里自动判断机车二次定位的走行，重新发出点动指令，实现机车向目标地址的精确定位。

10. 全自动操作功能

将自动走行的到位信号发往焦炉车辆的 PLC 自动操作系统，可以实现自动走行到位后，车辆判断联锁条件完成后，自动执行自动摘门、推焦、装煤、平煤操作。

第三节　焦炉集气管压力调节

一、引言

焦炉集气管的作用是汇集各炭化室产出的荒煤气，而集气管压力则是焦炉操作的重要参数之一，一般应保持 80～120Pa（视炉型及炉况有所变化）。

在焦炉炭化室里，配合煤高温炭化过程中，焦炉荒煤气集气管受到多种因素影响，如推焦、装煤、煤气交换机换向、煤气发生量非均衡发生、工艺设备运行状况及管道阻力变化、鼓风机机后压力波动等，上述各种因素的突变都会造成焦炉集气管压力波动。

对焦炉集气管压力进行控制，使其稳定在生产工艺所需范围内，是保证安全生产、提高焦炭产量与质量、节约能源、减少环境污染、延长焦炉炉龄的重要技术措施。

多座焦炉集气管压力系统是一个强耦合、非线性、时变的多变量系统，焦炉本体的正常操作如：焦炉摘炉门、关炉门、推焦、装煤、平煤、结焦时间的变更和加热制度的变化等，都将造成焦炉煤气发生量的变化，产生对集气管压力的直接扰动。当一个集气管压力产生波动时，就会引起相邻的另一个集气管压力的波动，当波动较大时，就会造成全局的集气管压力出现波动现象。目前，在国内焦化行业，针对多座焦炉集气管压力控制大多数仍采用互不相干的单回路 PID 控制，没仔细研究被多座焦炉控制对象的特性，谈不上从系统论的全局观角度出发解决问题。可喜的是，国内焦化行业随着管理水平的提高，已重视此问题，并做出了积极的探索，取得了较好的效果。

目前，对焦炉集气管的压力控制效果较好的做法一般有两种。一是，变积分 PI 控制与基于相关分析的解耦控制相结合的综合控制策略；二是，模糊神经网络控制策略。分别介绍如下。

二、变积分 PI 控制与基于相关分析的解耦控制相结合的综合控制策略

（一）控制对象特性分析

某公司 4 座焦炉的集气管生产工艺流程如图 8-27 所示。图中焦炉 1、焦炉 2 为单集气管，焦炉 3、焦炉 4 为双集气管，从焦炉出来的荒煤气被冷却净化后分两路进入风机，经风机加压送往下道工序。

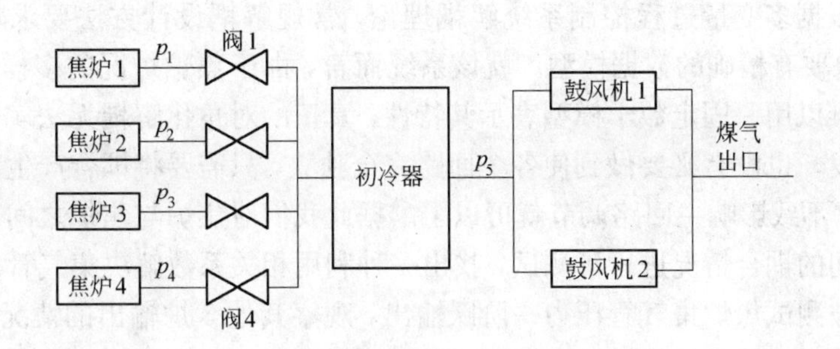

图 8-27　集气管生产工艺流程图

由生产工艺，集气管压力调节系统可近似用大气容连接组成的节流通室来模拟。对象的阻力系数定义 $R_i=\dfrac{\mathrm{d}p_1}{\mathrm{d}Q_i}$（$i=1, 2, \cdots, 5$），即气体压力对流量的导数。由于气体具有可压缩性，当压力发生变化时，会产生类似于电容一样的储存或释放能量的效应，定义容量系数为：$C_i=\dfrac{\mathrm{d}V_i}{\mathrm{d}P_i}$（$i=1, 2, \cdots, 5$），即气体体积对压力的导数。根据物料平衡关系建立气压系统的动态平衡方程如下（以 1 号炉为例）。

$$C_1\frac{\mathrm{d}p_1}{\mathrm{d}t}=Q_1-\frac{p_1-p_5}{R_1} \tag{8-1}$$

$$C_5\frac{\mathrm{d}p_5}{\mathrm{d}t}=\frac{p_1-p_5}{R_1}+\frac{p_2-p_5}{R_2}+\frac{p_3-p_5}{R_3}+\frac{p_4-p_5}{R_4} \tag{8-2}$$

式（8-1）中 Q_1 为 1 号焦炉煤气发生量，$p_1 \sim p_4$ 为 1～4 号集气管压力，p_5 为鼓风机前吸力，对上述方程进行拉氏变换，并整理后得到对象的特性方程如下：

$$p_1(S)=\frac{R_1Q_1(S)+p_5(S)}{T_1S+1} \tag{8-3}$$

$$p_5(S)=\frac{K_1p_1(S)+K_2p_2(S)+K_3p_3(S)+K_4p_4(S)}{T_5S+1} \tag{8-4}$$

式（8-4）中 $K_1 \sim K_4$ 为比例系数，T_1、T_5 为时间常数，按照同样方法不难得到 p_2（S）、p_3（S）、p_4（S）。显然，系统是一个多输入多输出系统，它们互为条件，互相影响，一旦出现装煤、推焦、炉门开启等扰动操作或煤气发生量、用户使用量发生变化，就会造成系统的不稳。式中各参数 R_i、K_i、T_i（$i=1, 2, \cdots, 5$）均与阀门开度、管道长度、管道直径等外部因素密切相关，是时变、非线性的，具有明显的不确定性，无法求得对象的数学模型。因此，若采用单一的、传统的控制方法，很难得到理想的控制特性。

（二）控制算法的研制与实现

应用变积分 PI 控制与基于相关性分析的解耦控制相结合的综合控制算法，针对不同的影响因素，采用不同的控制算法，并最后综合于输出端对系统进行控制。

1. 基于相关性分析的解耦控制算法研究

由对象的特性方程可知，多座焦炉的集气管压力控制系统为一多输入输出系统，输入输出的关系矩阵表达式为：

$$Y_i=G_{ij}U_j\ (i=1, 2, \cdots, 5;\ j=1, 2, \cdots, 5) \tag{8-5}$$

式（8-5）中 Y_i 为输出变量，U_j 为输入变量，G_{ij} 为第 j 个输入量与第 i 个输出量之间的传递函数。根据多变量过程控制系统解耦理论，常规解耦设计方法要求对象是线性定常，且被控对象要有精确的数据模型。就该系统而言，由于焦炉炉况的多样性，煤气用户用量的随机性难以用一固定数学模型表示其特性，真正的对角化解耦无法实现。事实上从实用的角度出发，也没有必要做到使各个回路完全独立，只需要将耦合产生的影响降低到最低限度，使它不致影响主回路调节就可以了。据此我们对焦炉与焦炉之间、集气管压力与机前吸力之间的耦合情况进行了测试，找出一种利用相关系数解决集气管压力耦合的方法。人为给出被测试焦炉集气管压力一阶跃输出，观察其他 3 炉输出的情况，分别找出其他 3 炉在这一阶跃下输出的波动量。所谓相关系数就是波动量与对应炉集气管压力测量范围之比，若以 α 表示相关系数，Δy 表示输出波动量，M 表示压力测量范围，则

$$\alpha=\frac{\Delta y}{M}，这里\ \Delta y=y(n)-y(n-1) \tag{8-6}$$

由于焦炉集气管压力在 80～120 Pa 范围内变化，因此取最大扰动量为±100Pa。今以 20Pa 为一档做阶跃扰动实验，表 1 给出了回路 1 在设定值上正阶跃时与其他三炉的相关系数表。在设定值上的负阶跃扰动也存在与表 8-2 相类似的表格，用同样的方法还可得到其他回路的相关系数。该系统 5 个回路从正负扰动出发共有 10 个相关系数表。

表 8-2　回路 1 相关系数表

$\alpha \backslash \Delta y$	20	40	60	80	100
α_2	−0.02	−0.05	−0.08	−0.13	−0.17
α_3	0	−0.01	−0.03	−0.05	−0.05
α_4	0	−0.01	−0.02	−0.04	−0.05
α_5	−0.01	−0.03	−0.05	−0.01	−0.15

这样，对某一固定回路，在任一调节周期内，可根据其他回路的输出波动，通过查表算出对该回路的综合影响。以回路 1 为例，在某调节周期内，依据回路 2、3、4、5 的输出波动，通过查表得相关系数为 α_2、α_3、α_4、α_5，则其他回路对回路 1 的综合影响为：

$$\Delta_{Y1}=\alpha_2 M_2+\alpha_3 M_3+\alpha_4 M_4+\alpha_5 M_5 \tag{8-7}$$

若折合为电信号输出，则：

$$\Delta U_i^{(n)}=U_0\times\Delta_{Y1}/M_1 \tag{8-8}$$

2. 变积分 PI 控制器的设计

单座焦炉的集气管压力检测系统为一小惯性环节，改造前模拟调节系统采用的是常规 PI 控制算法，对小偏差控制效果明显。但当系统出现扰动，尤其在装煤、推焦、炉门开启等操作时，其压力波动范围相当大，甚至出现回零。

此时若采用固定的比例度与积分时间常数，势必引起系统较大的超调及较长的过渡时间，有时还会引起系统的振荡，造成调节质量下降，损坏外围执行设备。为解决这一问题，我们引入变积分 PI 控制，在比例度固定情况下，依据回路偏差分段按一定规律自动修改积分常数，使回路适应范围增宽，抗干扰能力增强。通过现场反复实验与调试，将积分时间常数 $T_i(n)$ 修定为一随偏差 $e(n)$ 变化的变量。其数学表达式如下：

$$T_{i1} \qquad\qquad e(n)<e_1$$

$$T_i(n)\begin{cases}\dfrac{T_{i2}-T_{i1}}{e_2-e_1}e(n)+\dfrac{T_{i1}e_2-T_{i2}e_1}{e_2-e_1} & e_1\leqslant e(n)<e_2 \quad (8\text{-}9)\\ \dfrac{T_{i3}-T_{i2}}{e_3-e_2}e(n)+\dfrac{T_{i2}e_3-T_{i3}e_2}{e_3-e_2} & e_2\leqslant e(n)<e_3 \quad (8\text{-}10)\\ T_{i3} & e_3\leqslant e(n)\end{cases}$$

对不同焦炉，式中 T_{i1}、T_{i2}、T_{i3}、e_1、e_2、e_3 数值不同，可通过操作站修改。令采样周期为 T_S，则离散后输出电压的增量式数学表达式为：

$$\Delta U(n)=K\left[\Delta e(n)+T_S e(n)/T_i(n)\right] \quad (8\text{-}11)$$

由于积分时间可变，既保证了小偏差下系统的调节精度，也保证了大偏差下系统的快速、稳定。综合上述考虑，以回路 1 为例，将解耦输出与单回路输出叠加，便可得到基于相关性分析解耦控制的回路 1 的增量式输出：

$$\Delta U(n)=\Delta U_i^{(n)}+\Delta U_1(n) \quad (8\text{-}12)$$

回路 1 简化后的控制结构，如图 8-9 所示。用同样方法，还可得到其他几座焦炉集气管压力控制回路的解耦输出，从而保证了整个焦炉系统的集气管。

三、集气管压力模糊神经网络控制系统

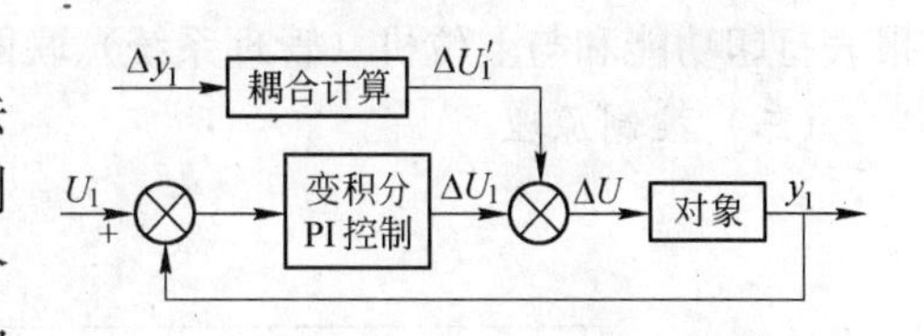

图 8-28 回路 1 控制结构图

近年来，神经网络、模糊技术和遗传算法已成为智能计算的三大信息科学，是智能控制领域的三个重要基础工具，将三者有机地结合起来，取长补短，不仅在理论上显示出诱人的前景，在实际应用中也取得了突破。本系统采用一种基于遗传算法和模糊神经网络的智能模糊控制器，实现了模糊规则的在线修改和隶属函数的自动更新，使模糊控制具有自学习和自适应能力。本文将系统的硬件高可靠性、软件灵活性与现代智能控制相结合，在分析控制对象的基础上采用智能协调解耦控制方案，应用 PLC 的逻辑梯形图语言编程实现，保证了集气管压力稳定在工艺要求范围内。

（一）工艺简介

图 8-29 所示为某公司焦炉集气管系统的结构。焦炉煤气从各炭化室通过上升管时被循环氨气冷却到 100℃左右，然后进入集气管。焦炉煤气从焦炉到初冷器分为两个吸气系统，即 1 号和 2 号焦炉为一个系统，3 号焦炉为一个系统。1 号和 2 号焦炉的煤气从各自的集气管进入共用吸气管后，在初冷器前与 3 号焦炉的煤气会合后进入初冷器。通过初冷器被冷却到 35～40℃，然后由鼓风机送往下道工序。

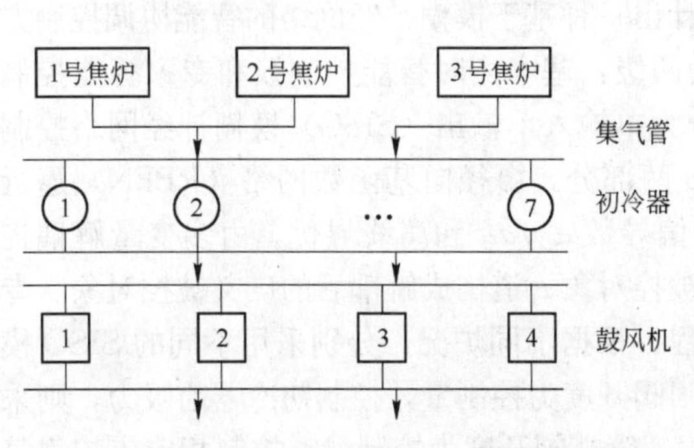

图 8-29 焦炉集气管系统的结构

（二）系统硬件结构及系统功能

焦炉集气管压力控制系统采用高可靠性的两级计算机集散控制系统，由监控、控制器和通讯网及仪表系统构成，如图 8-30所示。监控站由计算机和软件构成，完成对焦炉集气管压力系统的监视和操作，

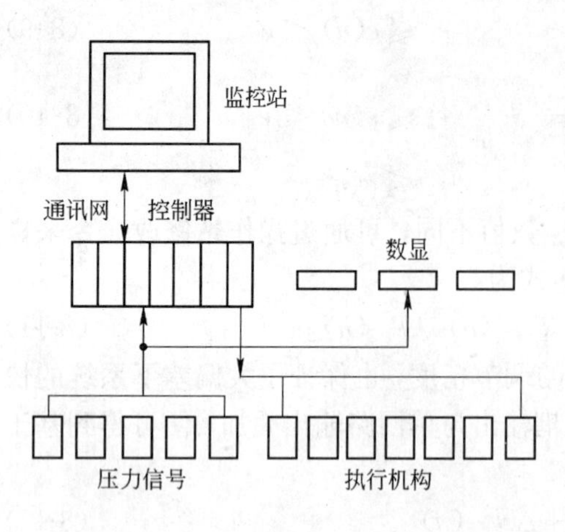

图 8-30　控制系统硬件结构

对历史数据进行存档。控制器采用 PLC，通过智能控制算法对 3 座焦炉的集气管压力和鼓风机压力进行控制。仪表系统由变送器、配电器、隔离器、调节器和执行器等构成，主要完成压力信号的获取和阀门的控制执行。

系统主要功能为：

（1）实现 3 座焦炉集气管压力的解耦控制，实现初冷器前和鼓风机前及鼓风机后压力智能协调控制，保证 4 台鼓风机安全稳定运行。在发生较大扰动的情况下，集气管压力稳定在设定值±20Pa 内。

（2）实现过程的实时数据采集、数据处理、显示、报警、故障监测及诊断功能，手、自动无扰切换和设定操作，对历史趋势数据进行存储（存储 240 天的历史数据）和显示。具备报表打印功能和与上位机（管理系统）联网功能。

（三）控制原理

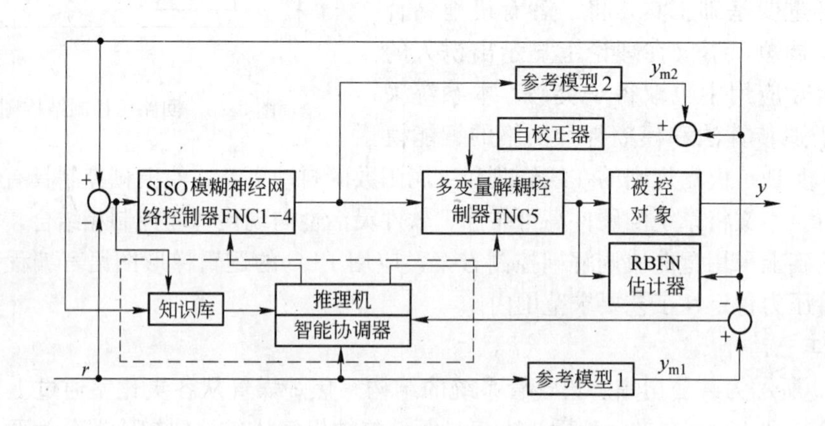

图 8-31　多变量控制系统方案图

针对焦炉集气管系统的结构和特点，设计出一种基于模糊神经网络的智能协调控制方案。控制系统的结构如图 8-31 所示。它分为两级：基本实时智能控制级和专家智能控制协调级（虚线框内）。基本实时智能控制级分为单输入单输出（SISO）模糊神经网络控制器 FNC1～FNC4 和多变量解耦控制器 FNC5 两部分，由径向基函数网络（RBFN）逼近过程模型，计算过程输出对过程输入的一阶偏导数 ay/au 和离线寻优，由多变量解耦控制器根据解耦参考模型 2 进行解耦控制，与被控对象一道构成解耦后的广义被控对象。专家智能控制协调级在线实时监测被控系统过程，根据不同炉况，分别采用不同的 SISO 模糊神经网络控制器进行控制，即如以鼓风机闸阀开度为控制量，控制初冷器前吸力，则采用模糊神经网络控制器 FNC4；如以各焦炉集气管蝶阀开度为控制量，控制相应焦炉集气管压力，则采用模糊神经网络控制器 FNC1～3。

1. 模糊神经网络结构

3 座焦炉集气管压力和初冷器前压力控制算法 FNC1～FNC4 采用同样的模糊神经网络结构，取误差 e、误差变化率 Δe 及其导数 $\Delta 2e$ 作为模糊推理控制器输入，e 为 Δe 分别划分为 7 个模糊子集，$\Delta 2e$ 划分为 3 个模糊子集，模糊子集隶属度采用高斯型函数表示。上述的模糊推理控制器可用一个如图 8-32 所示的初始神经网络构成。初始神经网络共有四层：输入层、隶属函数生成层、推理层和去模糊化层。输入节点数 n 为 3，第一层隐含节点（模糊化）为 17，第二层隐含节点（推理）L 为 $7\times7\times3=147$，一个输出点节。模糊化到推理连接权重为 1。

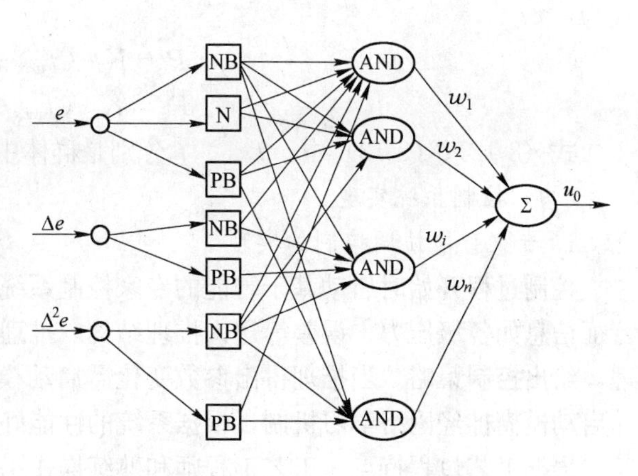

图 8-32　初始神经网络构成图

多变量解耦控制器 FNC5 采用 T-S 模糊模型，取 FNC1～FNC4 输出作为模糊控制器的输入，3 座焦炉集气管蝶阀和鼓风机前闸阀实际控制输出作为模糊控制器的输出，考虑到系统的动态解耦，每个输入分别取当前 3 个时刻值，从而构成 12 输入、4 输出多变量解耦模糊控制模型。

2. 模糊神经网络 GA 优化学习

对于单变量和多变量解耦模糊神经网络，可用遗传算法（GA）来调整和优化参数和结构，而推理规则的结论部分中的权值 W_i 较多地具有局部性，可采用智能梯度算法在线调节。把两种学习算法结合起来，可发挥 GA 算法的全局搜索结构优化能力和梯度算法局部优化快速性。

采用遗传算法离线训练模糊神经网络参数的步骤如下：

（1）采用实数编码方式，随机产生 n 个实数字符串，每个字符串表示整个网络的一组参数；

（2）将各实数字符串译码成网络的各参数值，然后计算每一组参数的适合度值 $f_i=1/E_i$（$i=1, 2, \cdots, n$），式中 E_i 为定义的误差指标函数，按下列步骤产生新的群体，直到新群体中串总数达到 n：

1）以概率 $f_i/\sum f_i$，$f_j/\sum f_j$ 从群体中选出两个串 S_i，S_j；

2）以概率 P_c 对 S_i，S_j 进行交换，得到新串 S'_i，S'_j；

3）以概率 P_m 使 S'_i，S'_j 中的各位产生突变（取随机数）；

4）返回第 1）步，直到产生（$n-1$）个新一代的个体；

5）所产生的（$n-1$）个新一代的个体连同一代中性能最好的那个个体，共同组成新的群体。

（3）返回第（2）步，直到群体中的个体性能满足要求为止。群体中适应度最好的字符串译码后的参数即为所求参数。

这里采用一种自适应 P_c 和 P_m 方法。用适合度函数来衡量算法的收敛状况，其表达式为：

$$P_c = K_1\ (f_{max} - f) \tag{8-13}$$

$$P_m = K_2\ (f_{max} - f) \tag{8-14}$$

式（8-12）、(8-13）中，f_{max}、f 分别是群体中的最大适合度和平均适合度。

（四）控制系统实现

1. 专家智能协调控制的实现

控制过程开始时启动基于智能的专家控制系统，通过过程特征提取将系统运行过程的特征信息如各级压力、误差等送入推理结构，推理机构根据知识库中的规则和事实执行推理，给出控制策略。当推理得出参数变化需启动模糊神经网络学习功能时，保存原参数，并启动模糊神经网络学习机制，根据系统的性能好坏决定是否接受学习后的整体参数。

根据工艺过程特点、工艺工程师和熟练操作工的知识和经验，初冷器前压力专家设定采取如下协调原因：首先保护设备的安全运行，如果鼓风机机前吸力 P_4 高于工艺允许上限制值 P_{4max}，则降低鼓风机闸阀开度；如果鼓风机控制闸阀控制输出 u_4 低于喘震闸阀开度 V_{4min}，则维持 V_{4min} 闸阀开度。然后将鼓风机机后压力大小分 8 段折线，根据经验和实验数据给出初冷器前压力初步设定值，并根据实际状态进行调整，如果集气管压力超过设定上限制值 P_{max}，阀位超过灵敏区上限制值 V_{qmax}，则降低初冷器前压力给定；如果 3 个集气管压力均超过设定上限制值 P_{smax}，则增大鼓风机闸阀控制输出；如果集气管压力小于设定下限制值 P_{min}，阀位低于灵敏区下限制值 V_{qmin}，则增加初冷器前压力给定；如果3个集气管压力小于设定一下限制值 P_{smin}，则降低鼓风机闸阀控制输出。“IF conditions THEN results”形成的主要规则为：

R1：IF$(P_5 \geqslant X_i - 1)$AND$(P_5 < X_i)$

THEN $r_4 = (Y_i - Y_i - 1)/(X_i - X_i - 1) + Y_i - 1$

R2：IF$(P_1 > P_{1max})$AND$(V_1 > V_1 q_{max})$

THEN $r_4 = r_4 - \Delta r$

R3：IF $(P_2 > P_{2max})$AND$(V_2 > V_2 q_{max})$

THEN $r_4 = r_4 - \Delta r$

R4：IF $(P_3 > P_{3max})$AND $(V_3 > V_3 q_{max})$

THEN $r_4 = r_4 - \Delta r$

R5：IF $(P_1 > P_{smax})$AND$(P_2 > P_{smax})$ AND$(P_3 > P_{smax})$

THEN $u'_{04} = u_{04} + Limit$

R6：IF$(P_1 < P_{1min})$AND$(V_1 < V_1 q_{min})$

THEN $r_4 = r_4 + \Delta r$

R7：IF $(P_2 < P_{2min})$AND$(V_2 < V_2 q_{min})$

THEN $r_4 = r_4 + \Delta r$

R8：IF$(P_3 < P_{3min})$AND$(V_3 < V_3 q_{min})$

THEN $r_4 = r_4 + \Delta r$

R9：IF$(P_1 < P_{1min})$AND$(P_2 < P_{2min})$AND$(P_3 < P_{3min})$

THEN $u'_{04} = u_{04} - Limit$

R10：IF $P_4 > P_{4max}$

上述规则中 X_i、Y_i（$i=1, 2, \cdots, 7$）为初冷器前压力设定经验数据，r_4 为初冷器前压力设定值，Δr 为设定增量，u_{04} 为集气管模糊神经控制器输出值，u'_{04} 为前级合成控制输出，u_4 为解耦控制鼓风机闸阀控制输出，u'_4 为鼓风机闸阀控制最后合成输出，Limit 为可能的最小闸阀开度调节量，取决于执行机构的调节精度。可编程控制器梯形图很适合上述规则的编程。4 套鼓风机机组均采用智能专家协调控制系统，只是参数不同。不同机组运行时自动选用相应参数。

2. 时间比例数字输出控制的实现

经过专家智能协调控制后的输出，还要经过非线性修正，然后采用时间比例数字输出算法并用固态继电器直接控制阀门。控制输出经过标度变换，转换成相应的时间。由于小于某一值的脉冲不但不会驱动伺服电机，还会使电机过热，因此需极小值切除，并且根据上次开阀方向和本次开阀方向进行死区补偿，并根据阀位测量数据进行故障处理。其框图如图 8-33 所示。

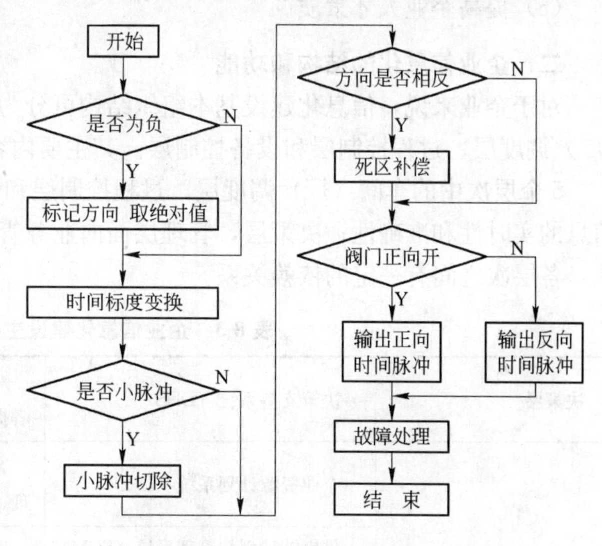

图 8-33 时间比例控制输出框图

四、使用效果

上述两系统均已在不同的焦化厂投入运行，实际应用表明，系统工作可靠、性能稳定、功能齐全、操作方便，控制精度达到要求。单座焦炉的调节对其他焦炉压力的影响较控制前明显削弱，对压力的最大扰动幅度下降显著，当出现扰动时，能快速调节达到稳定，保证压力稳定在工艺要求范围内。两系统所采用的控制策略对国内同类焦炉具有一定的推广价值。随着焦炉的大型化及控制技术的不断进步，焦炉集气管压力控制技术也将进一步提高。

第四节 炼焦系统信息网络

一、企业信息化建设的目的

“以信息化带动工业化”是“十六大”提出的重大战略决策，对于传统钢铁企业来说，信息化建设的根本任务，就是以信息化带动工业化，走新型工业化的道路实现跨越式发展。走新型工业化的道路，就是要“走出一条科技含量高、经济效益好、资源消耗低、环境污染少、人力资源优势得到充分发挥”的新路子。

具体到一个企业而言，信息化建设的目的有 5 个：

（1）提高生产效率，降低成本；

(2) 进行业务流程重组，提高竞争力；

(3) 整合利用信息资源，加强企业管理；

(4) 宣传品牌，企业产品和服务，整合各部门信息；

(5) 提高企业人才素质。

二、企业信息化的结构和功能

对于企业来说，信息化建设基本组织结构可分为5个层次，即决策层、管理层、车间（厂）调度层、过程控制层和设备控制层。其主要内容见表8-3。

5个层次中的车间（厂）调度层，过程控制层和设备控制层是面向生产控制的，强调信息的实时性和准确性；决策层，管理层面向业务管理，强调的是信息的关联性和可管理性，各层次之间有一定的依赖关系。

表8-3 企业信息化建设主要内容表

决策层	决策支持系统（DDS）	对业务数据进行挖掘、分析、提炼、为企业管理者提供有价值的决策参考
管理层	企业资源计划系统（ERP）	客户订单管理、采购与库存管理、生产计划管理、人力资源、财务管理等
	供应链计划与管理系统（SCM）	需求管理、询单应答、计划与作业排程优化
	客户关系管理系统（CRM）	客户、市场、服务管理辅助工具
	电子交易系统（E-COMMERCE）	在线采购、销售与协作
车间（厂）调度层	制造执行系统（MES）	生产作业执行与监控，生产实时数据的采集、整理和归档等
过程控制层和设备控制层	基础自动化（PLC/DCS）	生产设备自动控制和优化
	基础网络架构	实现企业数据共享和管理应用系统集成的硬件基础

三、企业信息化建设实例

与信息化发展相对应，国内实力较强的焦化公司逐步建成了各具特色的信息化系统，对推动焦化行业的进一步发展做出了贡献。下面以某焦化公司为例介绍如下。

某焦化公司信息化建设工作经过二十余年不断地推进技术进步，紧扣提高生产效率，降低成本，减少污染；着重强调以信息化建设带动业务流程重组，改变传统管理模式，逐步建立和完善现代企业管理制度；与此同时不断提高企业人才素质。为该公司实现跨越式发展打下坚实的基础，该公司具体主要做了以下几个方面的工作。

(一) 不断加强基础自动化建设，有效提高生产效率

该公司是1958年投产的传统钢铁企业，通过最近二十余年不断进行技术革新和技术改造，在基础自动化方面着力采用新的技术和设备，改造传统的控制系统，自动化控制水平得到全面的提升。该公司九大车间（5个炼焦车间，2个回收车间，备煤车间，焦油车间）95％以上生产设备已经由PLC和DCS所控制，总共在线运行的大、中型PLC和DCS自动控制系统30余台（套），极大地提高了该公司的自动化控制水平，使公司整体

生产效率得到大幅度的提高。以备煤车间为例，其生产线由传统继电器控制系统改造为计算机自动控制，人工跑盘配煤改由核子秤自动配煤，在生产量增加2～3倍的情况下，整个备煤车间生产和管理人员由400多人降低到现在的200多人，生产连续作业率，配煤准确率都有了很大程度的提高，电力能源消耗得到大幅度降低，工人的生产方式和生产条件也有了很大的改善，劳动强度不断降低。

特别是在近几年随着生产规模的扩大，新建和扩建的生产系统和设备系统，在自动化控制系统的水平上，紧跟世界潮流，其技术装备达到或接近世界先进水平。例如：回收车间的自动化控制系统；焦炉干熄焦工艺自动化控制系统；焦炉炼焦过程管理系统（CPMS），焦炉三车连锁定位控制系统等等。从目前情况来看，焦化公司现有生产设备的基础自动化改造和建设工作已经基本完成。

（二）建立制造执行系统（MES），逐步实现管控一体化，进一步提高信息化水平

为实现企业管控一体化，生产信息的获取、处理与整合是必须要解决的问题。企业需要一个信息平台为企业生产信息提供信息集成。

该公司根据自身基础自动化的发展现状，已经具备了把信息化建设工作提升到制造执行系统（MES）层次的建设条件。在2004年，公司决定采用美国HONYWELL公司的Uniformance产品，建设焦化公司生产管理的信息平台，它对生产过程的数据、设备状况、产品质量和产量等各种实时数据，进行采集、存储并加工成新的信息资源，一方面直接供企业各级生产管理人员使用；另一方面提供给企业信息化结构中的管理层和决策层使用。目前，Uniformance项目的第一阶段开发工作已经圆满完成（Uniformance网络系统见附图1）。焦化公司所有PLC和DCS里的所需要的实时数据，都已经采集到Uniformance的PHD实时数据库中，并将整个焦化公司各生产车间，由实时数据控制的动态工艺流程图，以现今流行的WEB方式进行发布（见附图2）。Uniformance信息系统的建成，标志着焦化公司的信息化建设迈上了一个新的台阶。下一步的工作重点是如何解决好

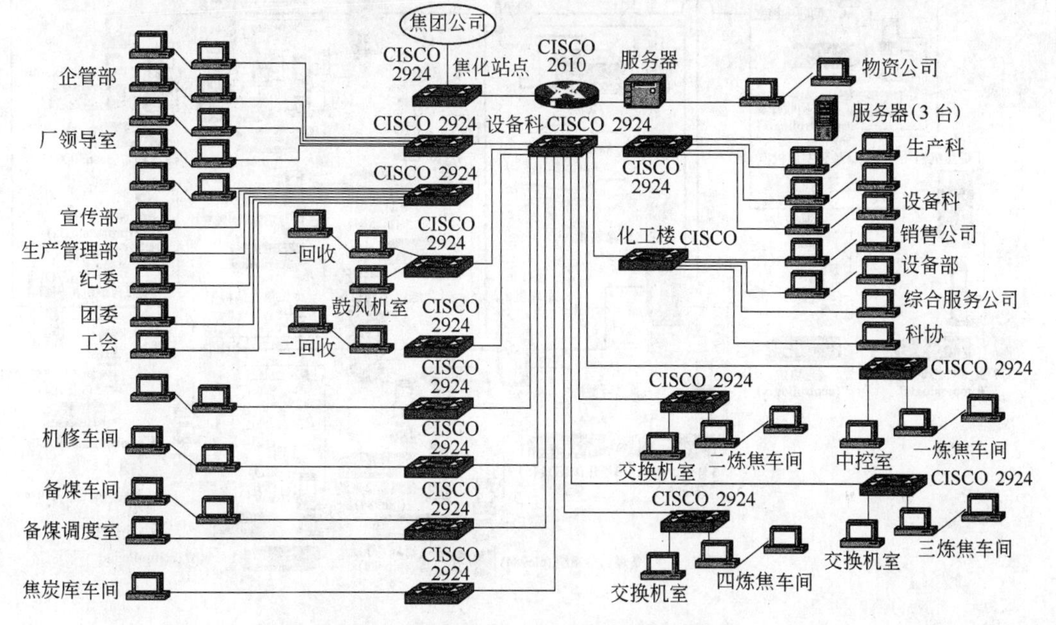

图8-34　焦化公司管理网络拓扑图

信息化结构中管理层和决策层对采集到的实时数据的开发、利用和挖掘问题。

（三）不断推动管理层软件开发与应用，提倡管理创新，努力带动业务流程重组，提高企业竞争力

管理层软件的开发和应用是传统老企业信息化建设的一个重点和难点，也是许多老企业信息化建设达不到预期效果的关键环节。这是由于信息化工作的特点和要求与传统管理方式之间的差异所造成的。在传统企业实现信息化管理的过程中，必然带来管理理念，管理方法和管理手段的变化。这就要求用创新的思维进行业务流程的重组，在业务流程的重组的过程中，要着重解决好“人流，物流，财流”的数据流向和数据责任到人，不断优化企业管理流程，以适应企业信息化的要求。

该公司领导层多年来非常注重管理层软件的开发和应用，以期全面提高公司的整体管理水平。早在 1995 年该公司就建成了基础网络架构，现在已经形成遍布焦化公司各车间、科室和生产岗位的 250 个工作站点的局域网系统，并相继开发了人事管理、工资管理、生产管理、设备管理、备品备件管理、材料管理、资料档案管理、办公自动化、销售管理和焦化公司内部网站，这些管理软件的成功应用，在很大的程度上提高了焦化公司的管理效率，详见图 8-34、图 8-35、图 8-36。例如：焦化公司物资供应公司的备品备件管理系统软件投入运行后，对整个备品备件仓库进行一次最全面的账目盘点，仅需要一个人不到 5min 的计算机操作即可完成，而这项工作在以前需要十几个人工作一个星期才能干

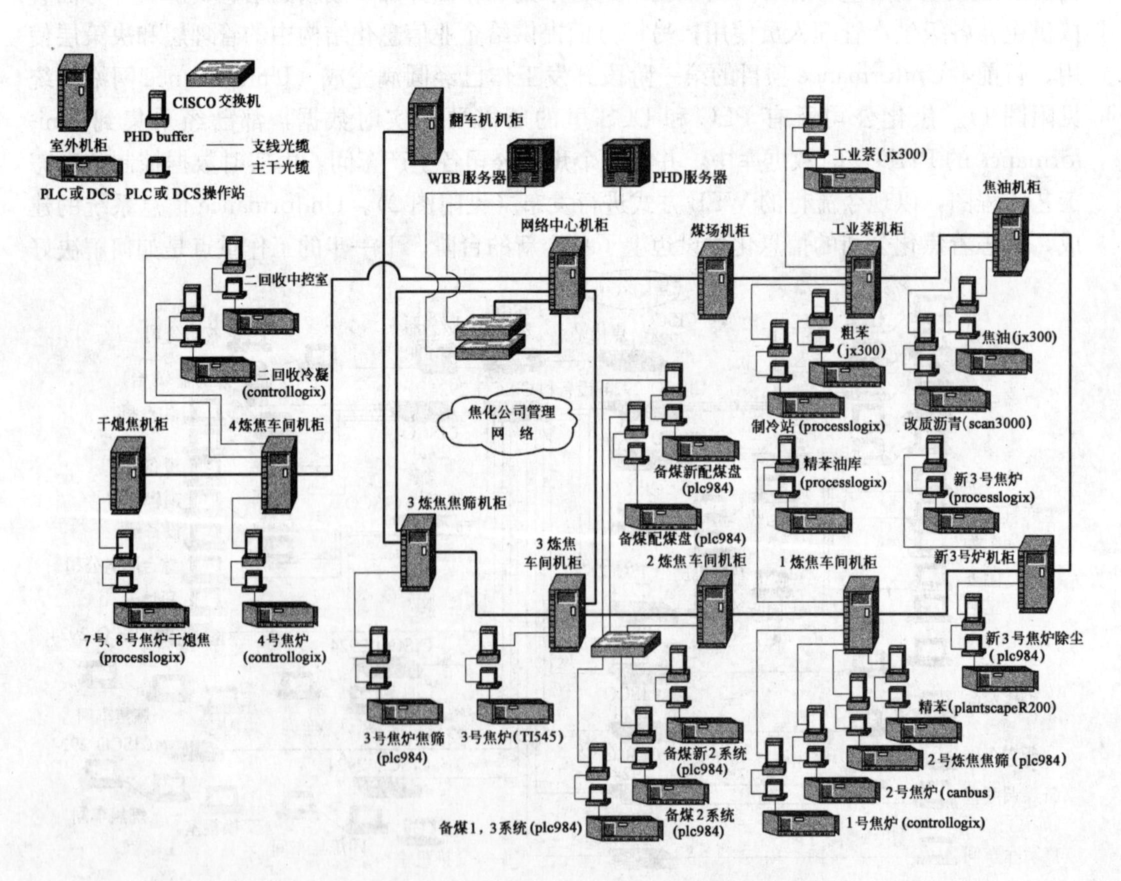

图 8-35　焦化公司管理网络拓扑图

完。在提高效率的同时，管理流程也得到了相应的规范，管理数据落实到人，数据信息责任到人，人员结构也进行了合理的调整，使管理的效率得到了一定的提高。

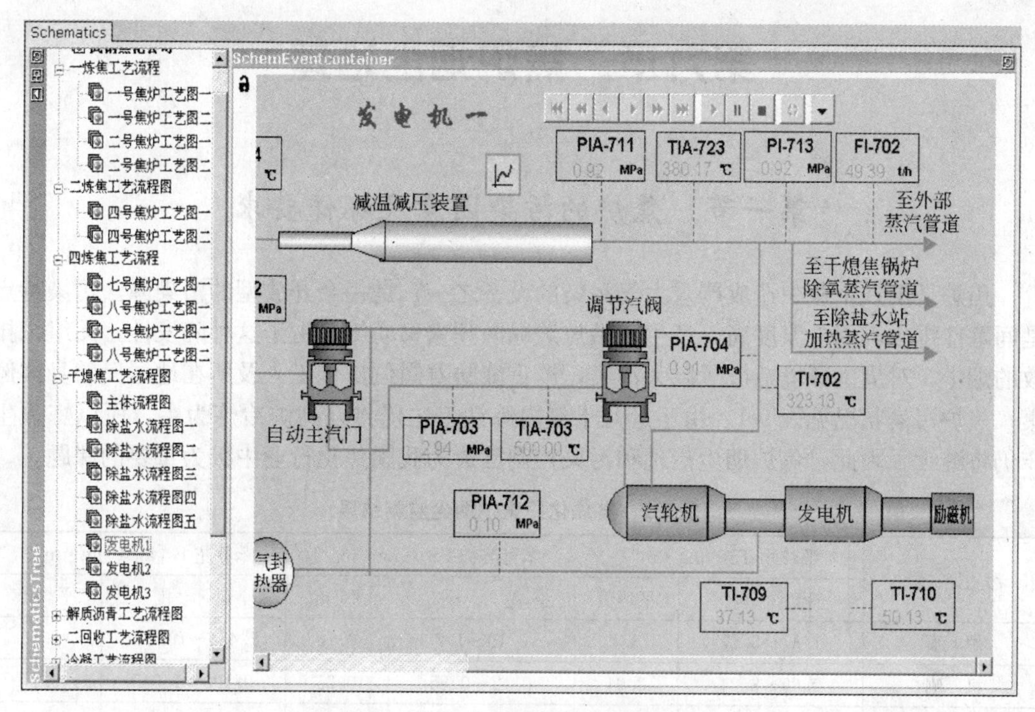

图 8-36　焦化公司管理网络拓扑图

（四）以信息化建设培养和提高企业人才素质

通过不断的信息化建设工作，焦化公司培养了一批掌握现代技术和管理的人才。在基础自动化方面，各生产车间都有一批掌握计算机自动控制技术的设计、开发和维护的技术型人才，他们面对先进的技术和设备，能够通过不断的学习和培训，掌握和维护好这些先进生产设备。随着管理软件的不断开发和使用，越来越多的管理人员开始注重向管理要效益，他们越来越愿意使用现代化的管理理念和手段去解决管理中遇到的问题，这是我们企业发展的动力和希望。

第九章 焦炉烟尘治理

第一节 焦炉的污染因素及环保要求

焦炉是钢铁企业中造成严重大气污染的设备之一，是一个开放型的污染源。污染特点是间歇性排放，烟尘温度高，产生点沿焦炉纵向频繁移动等，由于这种阵发性，无组织排放的烟尘，对周围环境造成了巨大污染，严重威胁着岗位操作工人及所在地居民的身体健康，焦炉污染状况见表 9-1。由于近几十年内炼铁工艺仍将以高炉冶炼为主，所以炼焦生产仍将继续。因此，焦炉烟尘治理和污染控制已成为我国焦化行业中极为重要的课题。

表 9-1 某焦化厂焦炉烟尘监测结果

污 染 物	颗粒物 TSP/mg·m^{-3}		苯可溶物 BSO/mg·m^{-3}		苯并芘 B [a] P/μg·m^{-3}	
	范 围	平均值	范 围	平均值	范 围	平均值
炉 顶	1.87～5.17	3.1	0.19～1.2	0.70	2.454～10.212	5.8
机 侧	0.69～8.24	3.01	0.12～0.65	0.25	0.193～1.345	0.7
下风向 100m	0.65～1.34	0.98	0.02～0.07	0.05	0.011～0.181	0.052
下风向 1.5～3m	0.47～0.6	0.54	0.01～0.04	0.02	0.003～0.011	0.007
上风向 1.5～3m	0.19～0.78	0.48	0.02～0.05	0.03	0.001～0.012	0.006

一、焦炉烟尘来源

炼焦生产过程中，在装煤、推焦及熄焦时，要向大气中排放大量煤尘、焦尘及有毒有害气体（以下统称烟尘）。吨焦烟尘量达 1kg 之多，这个数字对于一个日产 7000t 焦炭的焦炉组，每天就有 7t 多烟尘排放到大气中，造成对人与环境的严重危害。

（一）焦炉装煤过程中产生的烟尘

焦炉装煤过程中，从装煤口向炭化室装煤时，煤料突遇高温产生大量荒煤气和烟气，炭化室内压力突增，喷出大量的烟尘，炭化室装煤时的烟尘主要来自以下几方面：

（1）炭化室的煤料置换出大量空气，且装煤开始时空气中的氧气和入炉的煤料燃烧生成炭黑而形成黑烟。

（2）装煤时湿煤与高温炉墙接触升温，产生大量水汽和荒煤气。

（3）上述水蒸气和荒煤气同时扬起的细煤粉以及装煤末期平煤时带出的细煤粉。

（4）因炉顶空间瞬时堵塞而喷出的荒煤气。

焦炉装煤过程中向外排放的污染物占炼焦过程中全部排放物的 50%～60%。装煤烟尘中粉尘的散发量为 0.2kg/t，按这个数字计算，一个年产焦炭 40 万 t（成焦率按 75% 计）的中型焦化厂，每年仅装煤一项散发到大气中的烟尘量就达 106t 之多。

装煤过程中喷出的烟尘有以下特点：

（1）烟气温度高，正常操作时一般在500～600℃范围内；

（2）瞬间散发量大，污染物多；

（3）烟气成分复杂，危害性较大，气体中含有煤尘及多种化学物质，其主要有害气体组成为硫化物、氰化物、一氧化碳及苯可溶物，微细的煤尘具有吸附苯可溶物的性能，从而增大了这类废气的危害性。据估测，在无污染控制手段状况下，每生产1t焦炭由装煤时所排放的总悬浮微粒为：0.5～1.0kg，苯并［a］芘量为：（1～2）$\times 10^{-3}$kg；

（4）烟气具有可燃性和爆炸的可能，由于烟气中含有氢气、一氧化碳等可燃成分，当混入空气后，在一定条件下，可能产生燃烧或爆炸。

（二）焦炉出焦过程中产生的烟尘

焦炉出焦过程中的烟尘主要来自以下方面：

（1）炭化室炉门打开后散发出的残余煤气，及由于空气进入使部分焦炭和可燃气体燃烧产生的废气；

（2）推焦时炉门处散发的粉尘；

（3）推焦时导焦槽散发的粉尘；

（4）焦炭从导焦槽落到熄焦车或电机车中散发的粉尘；

（5）载有焦炭的熄焦车或电机车运行过程中散发的粉尘。

推焦时每吨红焦散发的烟尘为0.4kg之多，其中上述（2）、（3）、（4）项散发的粉尘为装煤时散发粉尘的一倍以上，尤其是第4项，焦炭在落入到熄焦车上由于撞击而产生的粉尘会随着高温气流的上升而飞扬。如果当焦炭成熟度不足时，焦炭中残留的大量热解产物由于与空气接触，燃烧形成大量的浓黑的烟尘。

（三）其他的烟尘

（1）焦炉炉门密封不严产生的烟尘；

（2）焦炉炉盖密封不严产生的烟尘；

（3）焦炉上升管盖密封不严产生的烟尘；

（4）焦炉炉体密封不严产生的烟尘；

（5）焦炉炉墙窜漏导致烟囱排放黑烟；

（6）焦炉加热制度缺陷导致烟囱排放黑烟。

二、炼焦炉大气污染物排放标准

（一）范围

炼焦炉大气污染物排放标准分年限规定了机械化炼焦炉无组织排放的大气污染物最高允许排放浓度与非机械化炼焦炉大气污染物最高允许排放浓度、吨产品污染物最高允许排放量。

标准适用于现有机械化炼焦炉和非机械化焦炉的排放管理，以及建设项目的环境影响评价、设计、竣工验收及其建成投产后的排放管理。

（二）引用标准

GB 3095—1996 环境空气质量标准；

GB/T 16157—1996 固定污染源排气中颗粒物测定与气态污染物采样方法。

（三）定义

标准采用下列定义：

1. 标准状态

指烟气温度为273K、压力为101325Pa时的状态，标准中污染物排放浓度均指标准状态下烟气中的数值。

2. 非机械化炼焦炉

标准所指的非机械化炼焦炉是：以洗精煤为原料有配煤工艺；成焦率不小于70%；炉体严密、内外燃供热；烟气集中排放，焦炉烟囱高度不低于25m。

（四）排放标准

（1）1997年1月1日之前通过环境影响报告书（表）审批的机械化炼焦炉，无组织排放的大气污染物最高允许排放浓度按表9-2执行。

（2）1997年1月1日起通过环境影响报告书（表）审批的机械化炼焦炉，无组织排放的大气污染物最高允许排放浓度按表9-3执行。

（3）1997年1月1日之前已经投产的但未执行环境影响评价制度的机械化炼焦炉，确定无组织排放的大气污染物最高允许排放浓度按表9-2或表9-3执行。

表9-2 现有机械化炼焦炉大气污染物排放标准 （mg/m^3）

标准级别	一级			二级			三级		
污染物	颗粒物	苯可溶物（BSO）	苯并[a]芘（B[a]P）	颗粒物	苯可溶物（BSO）	苯并[a]芘（B[a]P）	颗粒物	苯可溶物（BSO）	苯并[a]芘（B[a]P）
排放标准	1.0	0.25	0.0010	3.5	0.80	0.0040	5.0	1.20	0.0055

表9-3 新建机械化炼焦炉大气污染物排放标准 （mg/m^3）

标准级别	二级			三级		
污染物	颗粒物	苯可溶物（BSO）	苯并[a]芘（B[a]P）	颗粒物	苯可溶物（BSO）	苯并[a]芘（B[a]P）
排放标准	2.5	0.60	0.0025	3.5	0.80	0.0040

（4）1997年1月1日之前通过环境影响报告书（表）审批的非机械化炼焦炉，大气污染物最高允许排放浓度、吨产品污染物排放量和林格曼黑度按表9-4执行。

表9-4 现有非机械化炼焦炉大气污染物排放标准

污染物	单位	排放标准		
		一级	二级	三级
颗粒物	mg/m^3	100	300	350
	kg/t（焦）	1.2	3.5	4.0
二氧化硫（SO_2）	mg/m^3	240	500	600
	kg/t（焦）	3.0	5.5	6.5
苯并[a]芘（B[a]P）	mg/m^3	1.00	2.00	3.00
	kg/t（焦）	0.010	0.020	0.025
林格曼黑度	级	≤1	≤1	≤1

注：表中数据均为标米。

（5）1997年1月1日起通过环境影响报告书（表）审批的非机械化炼焦炉，大气污染物最高允许排放浓度、吨产品污染物排放量和林格曼黑度按表9-5执行。

(6) 1997年1月1日之前已经投产的但未执行环境影响评价制度的非机械化炼焦炉，应根据补做的环境影响报告书（表）通过审批的时间，确定大气污染物最高允许排放浓度、吨产品污染物排放量和林格曼黑度按表9-4或表9-5执行。

(7) 其他规定

机械化炼焦炉的荒煤气不得直接排入大气，应于1998年1月1日之前在荒煤气放散管顶部安装自动放散点火装置。

表9-5 新建非机械化炼焦炉大气污染物排放标准

污染物	单位	排放标准		污染物	单位	排放标准	
		一级	二级			一级	二级
颗粒物	mg/m³	250	300	苯并［a］芘（B［a］P）	mg/m³	1.50	2.00
	kg/t（焦）	3.0	3.5		kg/t（焦）	0.015	0.020
二氧化硫（SO_2）	mg/m³	400	450	林格曼黑度	级	≤1	≤1
	kg/t（焦）	4.5	5.0				

注：表中数据均为标米。

（五）监测

1. 采样点

机械化炼焦炉无组织排放的采样点位于焦炉炉顶煤塔侧第1孔至第4孔炭化室上升管旁。

非机械化炼焦炉应按GB/T 16157的规定确定采样点。

2. 采样频率

(1) 机械化炼焦炉应在正常生产状况时进行采样，采用中流量采样器（无罩、无分级采样头），在焦炉炉顶的连续采样时间为4h/次。

(2) 非机械化炼焦炉应在不小于60%的焦炉孔数处于点火、结焦期时进行采样及格林曼黑度的测定。

3. 监测方法

本标准中林格曼黑度的监测方法可选用林格曼黑度烟气浓度图、测烟望远镜和照相法；苯可溶物（BSO）的监测方法，采用《苯可溶物（BSO）的测定——重量法》；二氧化硫（SO_2）的监测方法参照执行《空气和废气监测分析方法》中碘量法或甲醛缓冲溶液吸收——盐酸副玫瑰苯胺分光光度法；苯并［a］芘的监测方法参照执行GB 8971—1988《空气质量——飘尘中苯并［a］芘（B［a］P）的测定乙酰化滤纸层析荧光分光光度法》或《空气和废气监测分析方法》中推荐的高效液相色谱法。

第二节　焦炉地面除尘站

一、推焦除尘工艺

焦炉出焦产生的大量高温含尘烟气，经导焦栅上大型吸气罩捕集后，通过接口翻板阀进入集尘主管，送入蓄热式冷却器冷却，然后进入袋式除尘器净化。净化后的烟气通过通风机、消音器及烟囱排入大气。通过除尘器和冷却器捕集下来的粉尘经气动双层排灰阀进入刮板输送机，再由斗式提升机将粉尘送入粉尘仓，最后由加湿卸灰机定期将粉尘装入汽车运出。工艺流程如图 9-1 所示，为节省电能，在通风机和电机之间配置了调速型液力耦合器，通过摩电道将信号传输到除尘站地面控制系统，通风机由低速转为高速时产生较大的吸力，将粉尘抽到除尘站进行处理，推焦后，耦合器勺管由高位转为低位，风机由高速变为低速。

在通风机由高速转为低速时，开启冷风阀及旁通阀，使除尘器在清灰时处于离线状态，同时使冷却器蓄热板冷却，为下次出焦做准备。脉冲电磁阀自动进行脉冲反吹，然后震动器振打排灰。

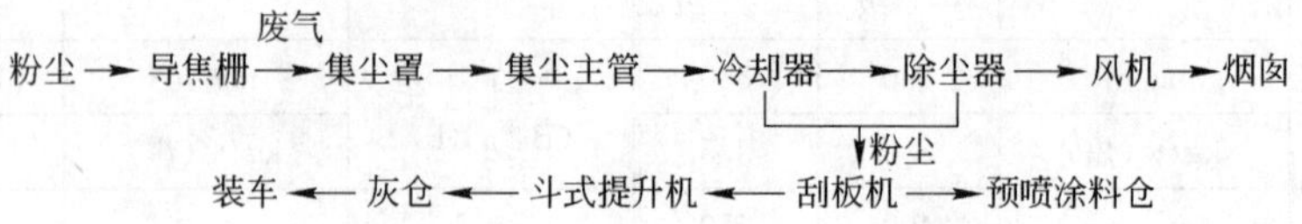

废气

粉尘 → 导焦栅 → 集尘罩 → 集尘主管 → 冷却器 → 除尘器 → 风机 → 烟囱

粉尘

装车 ← 灰仓 ← 斗式提升机 ← 刮板机 → 预喷涂料仓

图 9-1　推焦除尘工艺简图

二、装煤除尘工艺

装煤除尘工艺流程如图 9-2 所示。在装煤过程中产生的烟气由接口翻板进入除尘主管，然后和预喷涂料仓来的预喷涂料混合进入脉冲袋式除尘器净化，净化后的烟气经除尘器集合管道排入大气。在除尘器中被捕集下来的粉尘经气动双层排灰阀排入刮板运输机，由斗式提升机将粉尘送入粉尘仓，最后由加湿卸灰机定期将粉尘装入汽车运出。煤车打开接口盖时自动将信号送到地面站使风机高速运转，装煤后风机自动转为低速，脉冲控制仪启动进行脉冲反吹，然后进行振打、排灰。

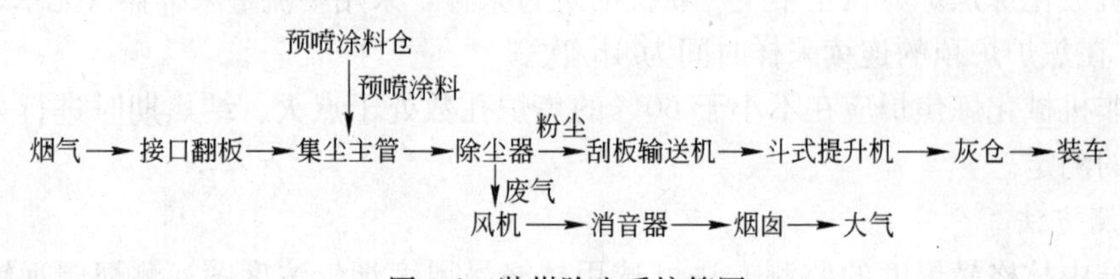

图 9-2　装煤除尘系统简图

三、焦炉地面除尘操作

（一）开机操作

除尘系统采用集中控制，联动运转时，采用 PC 程序集中控制。将各个机旁选择开关打到自动位，脉冲控制仪各选择开关打到自动位。将集中操作台上出焦（装煤）选择开关打到自动位。启动主电机时，首先用鼠标点取除尘系统启动条件，确认各条件 OK 灯亮，等主电机允许送电信号灯亮时和高压柜送出允许机旁启动主电机合闸信号灯亮时，确认允许机旁启动电机信号灯亮。若主电机允许启动信号灯 NO，查看故障指示灯处理完相应故障后，按操作台上复归按钮。等允许机旁启动主电机工作灯亮时，经确认无问题后，到机旁操作箱手动启动主电机。主电机启动后，检查风机入口阀是否全开，如果没有，用手动方法打开。检查出焦（装煤）除尘信号未来之前，勺管是否在低速位，信号来后，勺管是否自动到高速位。检查各项运行参数、温度、压力、流量、转速是否正常。

（二）停机操作

将液力耦合器勺管推至低速位，关闭风机入口阀门，然后从机旁按停机按钮（如果设备存在故障或电器有问题时，可进行停风机操作）。

（三）手动输灰操作

当自动清灰系统出现故障，而除尘器又必须工作时，可采用手动操作。将输灰系统各机旁操作箱选择开关打到手动位。然后按下列顺序开启，斗式提升机→总刮板机→分刮板机。待输灰系统设备运转正常后，方可开卸灰装置。除尘器放灰时，必须一个灰斗放完后，再放另一个灰斗，严禁两个灰斗同时排放。卸灰时，除尘器卸灰阀，上阀开 5s，然后下阀开 5s，再重复进行。卸灰时，掌握灰斗存灰下限，严禁将灰斗放空造成漏风。停机顺序为：分刮板机→总刮板机→斗式提升机。

（四）灰斗排灰操作

（1）自动。根据灰仓存灰量，及时通知值班工长或调度派车运灰。将选择开关打到自动位。先打开增温机加水阀门，再按自动开启按钮。待汽车装满前，按自动停止按钮。

（2）手动。将选择开关打到手动位。按主机手动开启按钮。打开加热机加水阀。按给料手动开启按钮。待汽车装满前，按停止按钮。随时掌握加湿机排水量，严禁排干灰和排稀泥。

（五）除尘器（布袋）检修

当除尘器某一室需要检修时，用鼠标点取该室选择开关。关闭该室除尘器进出口阀门。检修完毕，打开该室进出口阀门，再用鼠标再次点取该室选择开关。每小时按下列程序进行巡检。装煤除尘预喷涂装置工作是否正常。液力耦合器工作是否正常。风机运转是否正常。各处对轮，护罩是否完好。主电机运行是否正常。斗式提升机及刮板机运转是否正常。除尘器各个卸灰阀工作是否正常。除尘器脉冲反吹是否正常。刮板机盖板是否完好无损。两个烟囱烟气排放情况。

（六）注意事项

（1）风机启动时，不允许同时启动两台主机，等一台动轮正常后，方可启动另一台。

（2）在正常生产启动电机时，不准将强制解除选择开关打到强制位，进行启动主电机。

（3）装煤除尘系统生产，而出焦除尘系统停产时，必须人工向喷涂仓中加料，最好为细石灰粉，也可用其他非粉性细粉代替。

（4）在正常生产时，每天应向预喷涂料仓中加入适量焦粉。

（5）在生产中威胁到设备，人身安全时，可按“急停”键，正常停机时不允许按“急停”键。

四、焦炉装煤除尘系统特点

焦炉装煤期间散发的烟尘是焦炉对环境产生污染最严重的部位。装煤时被吸出的气态混合物是由煤物质热分解而产生的干煤气，以及带入的空气和煤粉颗粒组成。装煤烟尘的治理是从两个方面着手。第一是控制和减少装煤时炉内烟气的散发，主要是增加装煤时炭化室的负压，如喷高压氨水等。改进装煤导套与装煤孔的密封及装煤方式等。第二是把装煤全过程中散发到炉外的烟尘进行收集、预处理和引导到地面净化系统进行净化达标后排放。由于目前环保要求越来越严格，不少焦炉开始实施推焦和装煤的炉外（地面）的净化设施，真正做到装煤的全过程无烟化。然而烟气的可燃成分和含焦油的成分，对净化系统采用方法和安全可靠运行关系密切。

（一）装煤期间烟气中可燃成分的变化情况

装煤期间通过炭化室炉顶排出的烟气成分随时间而变化，北方某焦化厂通过实测得到具体结果见表9-6。从表9-6可以看出，在装煤的前30s，由于煤物质高温分解，烟气中可燃组分氢的含量急剧增加。

表9-6 装煤期间炭化室炉顶烟气成分变化情况（体积分数/%）

时间/s	CO_2+H_2S	C_mH_n	O_2	CO	H_2	CH_4	N_2	H_2O
10	2.14	0.09	7.56	0.80	7.74	6.94	63.70	11.03
20	5.87	0.36	4.09	3.91	12.31	10.77	51.60	11.03
30	2.85	0.53	1.60	4.54	30.69	12.72	36.04	11.03
40	2.67	1.25	1.42	3.74	31.41	14.86	33.62	11.03
50	2.31	1.60	1.33	2.85	30.96	18.95	30.97	11.03
60	1.87	2.22	1.33	2.85	29.45	20.99	30.26	11.03
70	1.87	2.31	1.07	2.67	28.74	23.31	29.00	11.03
80	2.31	3.03	1.16	3.03	25.09	24.29	30.06	11.03
90	2.14	3.20	0.98	2.58	22.95	28.47	28.65	11.03

随着炭化室内煤的填装，炭化室墙的温度下降，烃的含量开始增加。从装煤开始至90s，烟气的可燃组分增加很快。这种烟气混入一定量空气，形成可燃、可爆性气体。所以防止装煤除尘过程中混合烟气的爆炸，是设施安全可靠运行首先应考虑的问题，这是装煤除尘的又一个难点。另外的难点是装煤尘源不固定和含有焦油。

（二）装煤烟尘收集净化方法及其发展

要解决烟气收集中的可爆炸性和有效收集烟气中的有害物质，采用的方法有以下两种：

（1）燃烧法：把烟气中的可燃成分燃烧掉；

（2）不燃烧法：提高烟气的惰性程度，使可燃气体的比例降到爆炸极限以下。

为了把烟气中的可燃组分燃烧掉，装煤车的导烟装置，要求一定的空气混合比，形成稳定的连续燃烧条件，并设有可靠的连续点火装置，在装煤开始5～10s点燃烟气，直到装煤完成，卸煤套筒提起来为止。

采用燃烧法可以在整个过程中烧掉大部分可燃成分，减少有害气体的排放。但是烟气中还是存有焦油、煤粉，而且不能解决烟气可能形成爆炸危险性的隐患，所以必须采取使气体惰性化的措施。最初采用在装煤车上设喷淋除尘装置，使烟气降温，气体达到饱和状态，可以解决一部分问题，但不能达到国家的排放标准。因此还需设法把气体进一步引到地面进行净化。由于湿法除尘系统能耗高，还有水的二次污染，必须增加水处理设施，因此正逐步被干法除尘系统即布袋除尘器净化烟气的方法所取代。干式除尘系统在装煤车上不喷水，设有兑冷风装置，以期达到降温和使烟气中可燃成分下降至爆炸极限以下的目的。为了防止烟气中的焦油粒子粘布袋，对布袋采取了预喷涂措施。即先通过预喷涂，使滤袋预附一层粉尘，如粉尘采用焦粉，利用焦粉层吸附装煤过程中的焦油。地面装置的装机容量为250kW，能耗不到湿法净化系统的五分之一，排放浓度小于50mg/m^3。

干法除尘分为燃烧法和不燃烧法。由于采用燃烧法，使得装煤车上的设施很大，而且必须有1套可靠的点火装置，从而增加了装煤车的质量和投资，且增加了操作控制的难度。由于燃烧后产生的高温气体需冷却后才能进入布袋，而燃烧烟气中的氢、碳氢化合物增加气体中的水分。经计算，燃烧后的烟气中含水量可达20%，露点温度约70℃，使布袋除尘器结露现象严重，影响除尘器的正常运行。采用不燃烧法可以克服燃烧法存在的问题，通过滤料的预涂层设施或推焦和装煤除尘合二为一设施，推焦与装煤交换进行，利用推焦时收集在布袋上的焦粉，来吸附装煤过程中烟气中的少量焦油，防止粘布袋。

(三) 不燃烧法装煤除尘技术的特点

不燃烧法装煤除尘是建立在先进的装煤技术措施上的，如螺旋给料机控制给煤、一次对位式吸炉盖机构、密封导套、高压喷氨水等。也就是要在装煤的全过程中，使泄漏的荒煤气量越少越好。形成的荒煤气不燃烧的关键在于放煤的内外套筒的结构上，如图9-3所示。

装煤导套有两个活动套，即外活动套和内活动套，都可以做升降动作。揭炉盖前，外套先降落，在离炉顶底面100mm处受到支撑，起到进空气和收集揭炉盖时的烟尘作用。内套分两层，内层里面形成下煤导槽；外层与内层之间为环形引入荒煤气的空气通道。套筒下部带锥度，落下时伸入比炉顶面约低50mm的加煤孔座内。锥形部分与一个约为150mm宽的环形板连接，环形板与炉顶面接触，装煤期间的荒煤气只能通过锥形加煤孔座缝隙经环形板与炉顶面间存在的缝隙逸出。环形板的外圈与内套筒的外壁形成约45°、宽100mm的环形进风口，其风速可达10～20m/s。从环形板间隙逸出的荒煤气燃烧所需要的温度、混合浓度、火焰传播条件被破坏，无法燃烧，从而实现了不燃烧法。

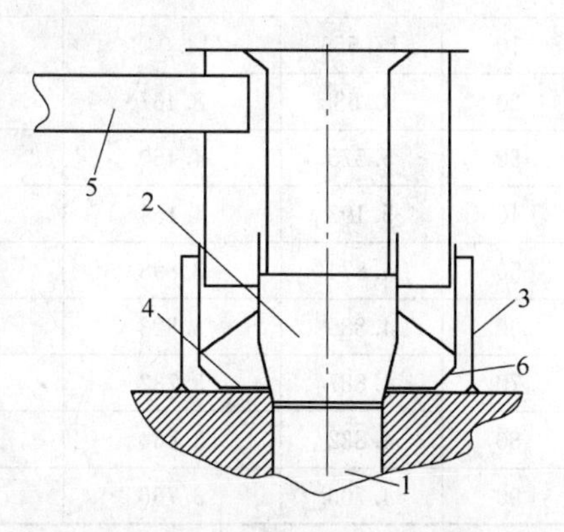

图9-3 不燃烧法装煤活动导套结构示意图

1—装煤孔；2—内活动套；3—外活动套；4—环形密封板；5—排风管；6—环形进风管

不燃烧法装煤除尘风量的确定是建立在保证系统安全运行的基础上，即除尘系统的除尘工况必须使烟气含有的可燃成分低于爆炸下限，并在一个安全范围内。从表9-6可以看出，在装煤过程中，炉内排烟中的氢气、甲烷与可燃成分的百分比波动较大，但可燃成分的混合爆炸极限基本不变，约为4.5%，见表9-7。

表9-7 装煤期间炭化室排烟可燃成分组成和混合爆炸极限 (体积分数/%)

时间/s	C_mH_n	CO	H_2	CH_4	混合爆炸极限
10	0.577	5.136	49.713	44.573	4.554
20	1.315	14.299	45.019	39.378	4.825
30	1.093	9.365	63.304	26.236	4.505
40	2.439	7.296	61.276	28.989	4.436

续表 9-7

时间/s	C_mH_n	CO	H_2	CH_4	混合爆炸极限
50	2.943	5.243	56.954	34.860	4.416
60	3.995	5.134	53.054	37.813	4.422
70	4.050	4.682	50.395	40.873	4.436
80	5.465	5.465	45.256	43.813	4.465
90	5.594	4.510	40.122	49.773	4.487

如果系统设计风量为 60000m³/h，50℃时的工况风量为 70989m³/h。因装煤后期炉壁温度降低，按 300℃计算；考虑到炉内烟气成分波动和系统的安全性，要乘以 0.8 的安全系数，计算炉内可排烟气量和需兑空气量，计算结果见表 9-8。

表 9-8　除尘系统风量 60000m³/h 时炉内允许排烟量一览表　(m³/h)

时间/s	炉内可排烟气标况	炉内安全可排烟气标况	兑安全空气量倍数（标况）/倍	炉内可排烟气工况	炉内安全可排烟气工况	兑安全空气量倍数（工况）/倍
10	17.556	14.042	4.273	40.056	32.047	2.077
20	10.585	8.467	7.085	24.155	19.324	3.436
30	5.575	4.460	13.453	12.722	10.178	6.543
40	5.193	4.154	14.442	11.850	9.480	7.025
50	4.874	3.898	15.385	11.124	8.899	7.484
60	4.885	3.823	15.693	10.907	8.725	7.634
70	4.887	3.732	16.071	10.650	8.520	7.817
80	4.832	3.864	15.522	11.027	8.821	7.549
90	4.706	3.766	15.926	10.746	8.597	7.748

从表中可以看出，装煤 20s 后，炉内允许排烟量基本稳定，标况要求兑安全空气 16 倍左右。按兑 16 倍空气后计算烟气成分，计算结果见表 9-9。

表 9-9　兑 16 倍空气后的烟气成分表　(体积分数/%)

时间/s	CO_2+H_2S	C_mH_n	O_2	CO	H_2	CH_4	N_2	H_2O
10	0.133	0.006	20.162	0.050	0.483	0.434	78.041	0.680
20	0.367	0.023	19.940	0.244	0.767	0.673	77.221	0.680
30	0.172	0.033	19.788	0.284	1.918	0.795	76.313	0.680
40	0.167	0.078	19.776	0.234	1.963	0.929	76.164	0.680
50	0.146	0.098	19.773	0.178	1.935	1.184	75.982	0.680
60	0.117	0.139	19.771	0.178	1.841	1.312	75.954	0.680
70	0.117	0.142	19.754	0.167	1.796	1.457	75.875	0.680
80	0.144	0.191	19.761	0.189	1.568	1.518	75.941	0.680
90	0.131	0.202	19.751	0.161	1.434	1.779	75.853	0.680
平　均	0.167	0.101	19.830	0.187	1.523	1.120	76.384	0.680

（四）不燃烧法装煤除尘的安全控制分析

要保证焦炉装煤除尘系统安全运行，需要从以下几方面进行控制。

1. 保证装煤过程中兑入稳定的空气量

某焦化厂焦炉焦侧除尘的除尘设备发生爆炸，原因是在装煤过程中，风机突然从高速到低速，兑空气量骤减，造成混合可爆炸性气体进入布袋除尘器，当即发生爆炸。装煤期间采取必要的通讯控制手段，如设专用的通讯滑线，保证信号的稳定可靠，使焦炉装煤期间风机高速运行是十分必要的。要保证装煤口和兑空气阀兑入空气量，就要保证除尘车连接地面除尘的翻板处有一定的负压，这个负压力可根据实际情况调节在900～1200Pa之间，如装煤期间风压不足，装煤机设有报警。

2. 控制炉内烟气散发

一般炉口敞开是逸烟量最多的时候。装煤摘炉盖时，由于摘盖时炉内没有装煤，安全是有保证的。整个装煤期间由于下煤内套与炉口密封，散发的烟气受到限制，低于允许炉内排烟量。但是当装完煤后，在提内套、盖炉盖的几秒钟内，虽然炉壁温度下降，荒煤气发生量有所减少，但烟气中可燃成分含量高：如果此时炉内压力偏高，可能在这期间排烟量超过允许的安全炉内排烟气量，所以盖炉盖操作时间越短越好，此时高压喷氨水能起到很好的作用。如果一旦发生装煤机械故障，应立即打开安全阀，兑入空气，以减少排烟收集量，甚至必要时需采取脱离地面除尘系统的紧急措施。

3. 增设泄压阀

除尘器是除尘系统安全最薄弱的环节，在除尘装置上增设泄压阀，可以减少可能造成爆炸的危害性。

4. 推焦除尘与装煤除尘合二为一

将推焦除尘与装煤除尘巧妙地合为一个系统，不仅能解决装煤过程中烟气容易粘布袋的问题，而且能够有效防止爆炸：其原因有：(1) 两个除尘系统合二为一后，除尘系统的容积比单台装煤除尘系统大了3～4倍，这样相同量的可燃气体进入系统后的体积含量比减少，这样就减少了爆炸形成的可能性和产生爆炸的破坏压力；(2) 由于装煤与推焦除尘是交替使用，推焦除尘比装煤除尘风量大3～4倍，所以在装煤过程中系统残存的可燃气体可以被有效清除；(3) 单一装煤除尘系统控制风机运行在高速（装煤）低速（不装煤）循环工作，若受误信号的干扰，风机突然由高速变为低速会造成事故发生。而合二为一的系统风机高速（推焦）中速（装煤）循环工作，即使有误信号使风机突然由高速变为低速或由低速变为高速，系统运行也是安全的。因此，推焦除尘与装煤除尘合二为一的系统是安全可靠的系统。

随着环保要求日益严格和除尘技术水平的不断提高，焦炉装煤除尘从最早的车上除尘装置发展到现在地面除尘装置，从湿法除尘发展到干法除尘，从燃烧法演变成为不燃烧法，其烟尘的捕集率和净化效率均大大提高。不燃烧法是建立在控制烟气中可燃成分的含量低于爆炸极限的基础上，在设计、调试和操作中加强控制与防止除尘系统的爆炸是十分必要的。焦炉装煤除尘与推焦除尘合二为一，系统简单可靠、投资少、安全性高，是大中型焦炉烟气全过程治理的一种很好的方法。

第三节　单车除尘技术

一、国外单车除尘技术

焦炉是炼焦厂的主要设备，当焦炉在装煤、炼焦时，它是向大气排放污染物的最大污染源。由于焦炉排放污染物的性质有差别，给它的数量控制带来很多困难，根据资料，焦炉装煤（包括炼焦过程在内）、推焦和湿法熄焦时，所排放污染物数量相互的比例大约为60∶30∶10。这个比例关系的变化与各炼焦厂的管理与运行状况有关。

不论侧装（捣固煤料）还是顶装（散装煤料），炭化室的装煤时间都是暂时的，但它们的特点是烟尘外逸强烈，污染物排放的持续时间仅为整个炼焦周期时间的0.8%左右，但排放的污染物占炼焦车间总量的35%左右，灰尘量占炼焦车间总量的90%左右。

（一）控制焦炉机侧烟尘逸散设备

在捣固装煤推焦机将煤饼装入炭化室（捣固煤料）和推焦机平炭化室的煤料（散装煤料）时，产生焦炉机侧污染，除此之外，机侧污染还有煤炼焦过程中从焦炉炉门不严密处冒出的烟尘。

在打开一侧炉门的炭化室装捣固煤饼时，污染物的扩散可以用蒸汽喷射或氨水喷射方法，将烟尘吸入集气管加以控制，或者在焦炉炉顶上设置带有除尘器的可移动专用的抽烟设备，使用时与待装煤炭化室相连，来控制机侧污染。

炼焦厂通常采用的蒸汽喷射是减少炭化室装煤时污染物扩散的基本方法。这种方法的原理是用特殊喷嘴将蒸汽喷入集气管的桥管，使炭化室内形成负压而将生成的煤气引入集气管内。其效果取决于蒸汽压力，它应当不低于0.8MPa。这时负压可达到100～200Pa。

当喷射设备操作不当或维修不佳时，也会使集气管内的温度和去冷凝的煤气温度升高，严重时必须增加进入集气管的氨水量或者为降低煤气温度而强化初冷器的操作。上述这些不利因素以及由于炭化室容积增大和采用单集气管系统而必须增加炭化室的负压，就导致用喷射高压氨水来代替喷射蒸汽。高压氨水从安装在上升管上的特殊喷嘴喷射。目前，高压氨水喷射法使用得越来越普遍，上升管底部形成的负压能达到400Pa。这种方法效果好，一般认为，在顶装焦炉装煤时生成的烟尘约80%可以被消除。

喷射消烟常常是在仅用于收集各个炭化室装煤时的烟尘而专设的集气管中进行的，这种做法，特别是在炭化室散装装炉系统中为了防止煤焦油过分被煤尘颗粒污染而提出的。

使用设置在焦炉炉顶上的，有自备传动装置并装备有从炉顶抽烟孔将炭化室烟尘抽出和净化设备的消烟除尘车来控制污染。Schalke-CEAG系统和Saarberg-Holter系统可以说是属于已在工业中实际应用效果较好的一例。

在Schalke-CEAG系统中，炉顶消烟车的工作原理是用抽烟机将烟气从炭化室炉顶抽烟孔抽出，然后引入装有丙烷烧嘴的燃烧室进行燃烧，燃烧废气进入文丘里洗涤器洗涤。在废气通过的线路上安设有分离器，可将固体颗粒和水滴分开，洗净的废气排入大气，而在分离器中沉降下来的灰渣定期排到煤塔附近的焦粉池，同时从这里补充洗涤水。消烟车与捣固装煤推焦机准确地同步操作。

Saarberg-Holter系统的炉顶消烟车与上述消烟车的作用一样，也是按照烟气抽出、燃烧、除尘和洗净排水方式。在焦炉炉顶的焦侧，设置有一个分成两半的敞口水槽，其中一半是来自煤气初冷器靠重力引入的净水，而另一半是来自消烟车洗涤器的排放水。消烟车上相应有两个总是插入水中的悬臂管，这样，消烟车在焦炉中心线的每个位置上都可以取水和排水（取水使用安装在消烟车上的泵）。用过的水由水槽送入粉焦沉淀池。

对控制炭化室捣固装煤时的烟尘逸散可能性也进行了研究，这可以通过在捣固装煤推焦机捣固箱靠近焦炉一侧的上方装设抽烟罩的办法解决，抽烟罩与捣固装煤推焦机上的除尘装置相连，装煤时，可移至装煤炭化室。这样，装煤饼时产生的烟尘就会被抽烟罩抽入文丘里水洗涤器内。

在散煤装炉的情况下，防止或控制平煤时从平煤小炉门逸出污染物所采用的方案。平煤时控制烟尘扩散系统由推焦机平煤杆中心线上安装的带抽烟风机的抽烟箱和控制烟气从小炉门与平煤杆周边之间的缝隙逸出的空气密封系统构成。

对于炉门不严密处漏烟控制方案的研究，方案之一是用抽吸头从相邻炉柱之间的上部空间把烟气抽入沿焦炉敷设的共用总管再进入除尘装置。

（二）控制炉顶烟尘逸散设备

焦炉炉顶区的污染是由装煤车给炭化室装煤时的烟尘逸散和上升管及装煤孔关闭不严产生的。

为了控制炭化室装煤时烟气逸散，采用蒸汽喷射或氨水喷射。通过与现代装煤车上装置的文丘里湿式洗涤器的除尘装置配合，就能将炉顶区的烟尘污染控制到所要求的最低值。装煤车煤斗放煤口应有效地防止从炭化室装煤孔冒出的热烟气穿透，造成烟气的逸出。办法之一是不让煤斗中的煤料完全放空，而用煤料本身形成干式密封。就需要在煤斗中有一个测量探尺，当煤斗中的煤达到规定放料线后，切断煤斗中放出的煤流，为了减少进水和排水来密闭接触点。对桥管和上升管以及上升管盖与凹沟接触点的经常清扫也有很大作用。

在顶装煤时，保证炭化室实现无烟装煤是最难的课题。要想无烟装煤有效进行，需要同时满足下列条件：

（1）蒸汽喷射或氨水喷射要正常作业；

（2）装煤孔取盖和关盖操作有效；

（3）装煤套筒系统工作正常；

（4）准备装入炭化室的煤料批量测定要准确。

装煤车是在焦炉炉顶恶劣条件下进行工作的。当装煤车停在打开的装煤孔上面时，某些部件一旦工作有误，就会造成设备的损坏，严重时甚至烧坏整个设备。

装煤车除尘装置结构的复杂程度与炭化室装煤孔的数量也有关系，炭化室一般有3～5个装煤孔。

在大多数除尘装置中，操作程序都与炉顶消烟车相似。在装煤车上设置除尘装置，装煤时的烟气在洗涤器前燃烧，新式装煤车有互不相干的单独抽烟系统和洗涤器以及干式或湿式除尘器。炼焦厂的烟尘控制效率达到75％以后，每提高1％都很困难，并且需要花费很多投资，譬如，把效率提高到85％，按1t焦炭计的投资额估计要增加2倍，因此就产生了许多安装在装煤车上的烟气除尘、焚烧（电打火或丙烷火焰焚烧）和洗涤（文丘里、Krupp-Ardelt，Theisen，CEAG洗涤器）系统。

在用装煤车预热煤料时的环境保护是个特殊问题，美国费尔菲尔德炼焦厂采用德国公司设计制造的装煤车（也适用于湿煤装炉）是一种已有实际应用的奇特方案，在建造这种装煤车的过程中曾利用了包括英国 Brookhause 炼焦厂在内的一些厂的操作经验，它的特点是将炭化室装煤时产生的烟气抽入集气管内。

保持炉顶表面清洁，对减少焦炉区域粉尘，特别是在装煤车除尘设备效率不高时是很有影响的，积存在炉顶的粉尘，由于设备的运行以及空气的剧烈流动（炉顶上的温度高），会在整个焦炉区域飞扬。为防止这一情况发生，有时在装煤车底部安设辅助的抽吸嘴，将抽进来的烟气进行除尘处理，为了保持炉顶的清洁，有时在装煤车上安装一套专门的空气喷嘴，以便吹扫灰尘。

（三）控制焦炉焦侧污染设备

焦炉焦侧区域的污染是因炭化室出焦，焦炭输送和湿法熄焦以及炉门不严造成的。炭化室推焦过程是最大的污染来源，焦炭成熟得好，可以减少污染，然而工艺方面的改进并不能完全消除污染物的产生，解决这个问题，就要求将烟气收集起来，正确输导，抽吸和最终净化，烟气和灰尘的收集方法是最困难的，因为烟气扩散性，从焦炉焦侧收集起来的烟气，一般要在高效文丘里洗涤器或水洗涤器内用湿法除去灰尘，德国 Carl Still 用袋式过滤器干式除尘（滤袋用特殊的耐高温织物制作）来代替湿式除尘。袋式过滤器组构成过滤室。滤袋清灰是按照一定程序通过向各个滤袋中吹压缩空气自动进行，吸气风机要安设在放散管（烟囱）与袋式过滤器出口之间。第一台这种形式的除尘装置（露天放置）已经运行，由于净化效果好，操作可靠，预计这种烟气净化方法将会被普遍采用，以干粉状态回收的粉尘也容易利用，可作为添加物配入煤料中。

烟尘控制和消烟装置大致可分为 4 组：

第一组是用罩子罩住拦焦车导焦栅出口和熄焦车车厢（焦罐车），罩子与吸气和净化装置相连接，吸入的被污染的空气和其他气体在这种净化装置中进行净化，净化装置可以安装在拦焦机上或者安装在同拦焦机并肩行驶的走行设备上。

第二组，烟尘控制采用相同原理，但吸力和净化装置在焦炉区内，同拦焦机一起行驶的吸气罩在拦焦机和熄焦车（熄罐车），每个工作位置上通过沿整座焦炉架设在支柱上的钢制总管与除尘装置相连接，在另外一些烟尘控制装置中，使用槽形总管，总管可以带着专用小车与吸气罩连接管进行移动式连接。

第三组，是将焦炉焦侧连同熄焦车轨道和炼焦台一起封闭起来，这个封闭构筑物与熄焦设施相连，从封闭构筑物里面将烟尘抽出并送入设置在焦炉区内地面上的固定式除尘装置中。

在第四组装置中，将焦炭通过密封的导焦栅推入挂在拦焦机下面的运焦箱内，运焦箱沿焦炉操作台旁边敷设的轨道（在熄焦车轨道标高上）行走，推完焦后，运焦箱盖上盖，然后借助拦焦机将其运走并把焦炭倒入专用装置中送去熄焦（湿熄），或者将焦炭倒入焦罐内，送入干熄焦室。

在上述各组方案中，应用最普遍的是前两组。

方案之所以多样化，主要出自于要减少除尘净化设备的重量，供缺少安装新增机械设备，支撑结构或走行轨道所需场地的生产厂家采用，第一组中设备最轻的是公司制造的配备有吸气、洗涤装置的 Zollverein 型吸气罩，这种设备不需要另外的导焦栅或走行轨道，能够在老焦炉上采用。

这一组中另一种方案要复杂一些，因为设备重量较大。由于必须在焦台区建造有支柱的辅助走行轨道或建造专用的加固操作台，通常不可能被现有炼焦厂所采用，安装在拦焦机上的除尘装置，只是轨道的外侧支柱设在焦台边缘上，装在辅助车上的除尘装置比较复杂，除尘设备用的轨道是独立的，与熄焦车轨道平行敷设，整个除尘机组需要在焦台和运焦皮带区上方行驶，这样就给这个区域的运转工作带来困难。

国外设计的第一套供干熄焦使用的焦侧除尘设施属于第一组，除尘机组在不同标高的轨道上行驶，这个轨道与焦罐车（类似熄焦车）轨道同中心线敷设，其中，一根钢轨敷设在焦炉操作台上（即拦焦机轨道），而另一根钢轨，即所谓的第三轨道敷设在专用的支柱上，其除尘原理如图 9-4 所示，被吸气罩抽吸来的带尘气体在文丘里洗涤器内洗涤和冷却，同时被凝聚。在分离器内，渣水与净化的气体分开。水流入定期放空的水槽，而气体被风机送入湿式旋分器，然后排入大气。凝聚器用泵供给洗涤水。

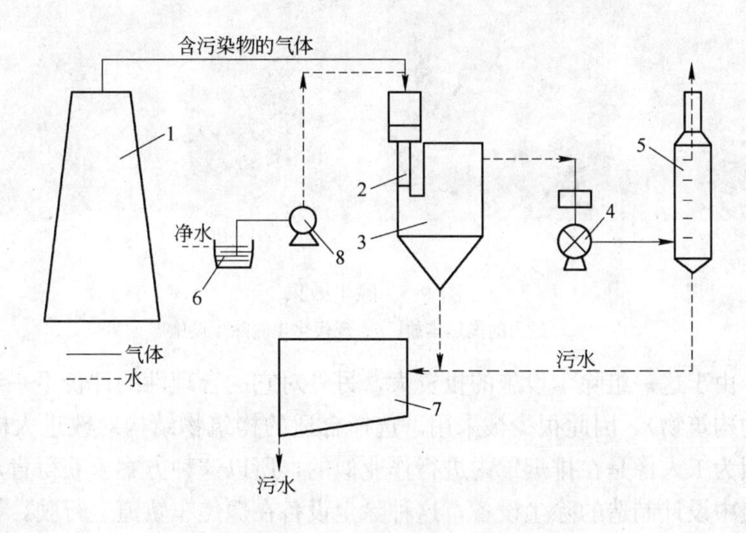

图 9-4　出焦时焦侧除尘原理

1—吸气罩；2—带润湿和预冷器的凝聚器；3—水分分离器；4—有电机的风机；
5—有湿式旋分器的放散烟囱；6—净水储槽；7—污水储槽；8—水泵

这一组另一种方案是十分复杂的无烟接焦除尘机组，即除拦焦车本身外，这个机组还包括吸气罩，文丘里洗涤机组，蒸汽锅炉和许多辅助设备，像天然气和水这些动力物质用可绕管道引来，可绕管道沿走行轨道敷设在特殊的移动架上，在吸气罩内借助蒸汽喷射器形成吸力，因此在机组中设有蒸汽锅炉，因为荷重很大，需要特殊的操作台和轨道，机组各单元的操作为自动控制。

第二组除尘设备的方案优点是吸气罩轻，不需要加固老厂拦焦机轨道，它的缺点是沿着焦炉在拦焦机轨道上方需要敷设吸气总管，每次对位停车时要把吸气罩出口的专用接口接到吸气总管上，Zollverein 型除尘设备是它的改良方案，在走行机械上取消了除尘装置，而在焦炉车辆工作区以外设置地面除尘装置。吸气罩与吸气总管连接的可靠性是这种除尘装置正常工作的条件。

上述装置的改进之处是：架设在焦炉炉顶边缘处的吸气主管被钢制槽形总管代替，这个槽形总管上面用橡胶皮带密闭，架设在专用的支撑结构上，该支撑结构同时也是吸气罩的辅助导轨（即第三根钢轨）。使用揭胶带盖的小车，不论吸气罩停在什么位置，都可使吸气罩与吸气总管连接。这种连接方式既简便又可靠，总管和除尘站的这种布置可以使其在焦炉生产期间在短时切断除尘的情况下进行防腐和检修。

除尘装置各部件的结构和总管截面形状及其支架布置是各种各样的。但是，在所有除尘系统中都从频繁操作区（焦炉操作平台和焦炉两侧的护炉铁件区）取消了所有能妨碍操作的设备。该除尘效果如图 9-5 所示。

a

b

图 9-5　除尘效果

a—过去的推焦排放；*b*—现代化焦侧除尘设施

第三组，由于这一组除尘设施的投资大，另外对它的合理性的评价不一致（如焦炉焦侧大棚形式的构筑物），因此很少被采用。选择合适的构筑物结构对改进大棚除尘效率起关键作用。因为工人像是在排烟罩内进行作业似的，所以这种方案未获得肯定意见。

在第四组中设计制造的除尘设备，这种除尘设备在熄焦车轨道上行驶，执行所谓的箱式无尘接焦，并停在熄焦塔内，用它以无烟的方式运到熄焦塔，在最近的设计方案中，准备将无尘接焦与不使用熄焦塔的湿法熄焦结合起来。以这种方案为基础的设备正在不断地改进，其目的是要达到能够换热和生产水蒸气，甚至按照研究者的想法，用来生产水煤气。目前已试验成功的这种装置包括带吸气罩的拦焦机，带有活动壁（液压传动）容器的小车和带有吸气除尘装置及液压动力站的平板车。在推焦期间，吸气罩与吸气、除尘系统接通，而它本身又成为容器的密封盖。推焦后，容器被运送到专门的岗位上，在这里用有水喷头的盖将容器盖住。通过水的完全蒸发而熄灭焦炭。取下盖子以后，容器被送到传统的焦台处，当容器倾斜，打开侧壁后焦炭就卸到了焦台上，此后返回焦炉接受下一次推出的焦炭。

Koppers 公司的设计说明环境保护和熄焦结合的办法具有多种功能性。根据此设计，在焦侧行驶的联合机组可以起拦焦机、熄焦车、熄焦设备、焦台和除尘装置（炭化室推焦时）的作用。将炽热的焦炭送入倾斜设置的回转筒内，在回转筒内配置有喷水设备，可将沿回转筒移动的焦炭熄灭。炭化室推焦时产生的烟尘和熄焦时产生的水蒸气被吸入除尘装置内，在此进行净化。这种联合机组重量大，需要专门的轨道。

美国钢铁公司的除尘设备是在传统的熄焦车上装设由许多窄钢板组成的盖子，这些窄钢板与熄焦车中心线交叉布置并板条边缘彼此搭接严密。除遮盖熄焦车车厢外，各个板条还靠在每个板条轴上的横杆的作用而张开，因此，红焦就会落入熄焦车或者熄焦喷淋装置的水能进入熄焦车，但这只能发生在熄焦车盖钢板条倾斜的这一部分盖上。在推焦，运焦和熄焦的整个周期内，从钢板条下边的空间吸出焦尘，然后在洗涤器中除尘，水洗涤器装在与熄焦车同行的，装有吸气机的平板车上。这个被称作控制烟尘熄焦车系统的装置，长度约有 25m。这处除尘装置可将排放气体中的含尘量控制在 10mg/m³ 以下。

还值得提到的是美国空气控制公司研制的无尘接焦、运焦和熄焦方法，这一方法也得到美国环保局的认可。

在这种除尘装置（Chemico 有罩熄焦车系统）中，用新型的气体洗涤器来代替文丘里洗涤器。使用的水温在 200℃以上。整个设备机组相当复杂，其长度在 30m 以上，重量 200 多吨，沿 8 个走行中心线运动。

干熄焦装置的使用也成为减少大气污染的一种方法。在这类装置中，从炭化室到焦罐车的接焦过程的除尘可以用前面提到过的任何一种方法，而最常用的是与拦焦车相连接，装备有除尘装置的吸气罩。

捷克哥特瓦尔德新钢铁公司采用的焦侧除尘方案也是很有价值的。它是将一次对位拦焦机、吸气罩和烟尘洗涤装置结合在一起构成一个能自己行驶的设备，用来保证推焦过程的除尘。该设备沿与熄焦车轨道标高相同的专用轨道行驶。

二、国内单车除尘技术

（一）密封式无烟装煤车

炼焦装煤过程的环境污染，一直是国内焦化厂生产的主要问题之一。由于其短时间的煤气发生量大，且这些煤气又大部分泄出炉外，严重危害人体健康，污染环境。

消除装煤污染，通常采用烟尘收集治理法。烟尘收集后，经点火燃烧，除去苯并芘等有害物质，再经除尘器除掉粉尘，排入大气。除尘器一般设在焦炉附近或装煤车上，有干湿两种，机构复杂，投资大，运行费用高，在很大程度上延缓了污染治理。

密封式无烟装煤车就是在上述情形下开发研制的，其特点是装煤在密封条件下进行，装入煤与空气隔绝，几乎不产生污染，无需设置除尘设备，投资省、操作费用低，是一种新的、适合我国国情的环保型装煤车。

1. 工作原理及基本方法

密封式无烟装煤的工作原理就是在装煤过程中将炭化室密封，使装入煤与外界空气隔绝，密封压力控制在±200Pa 左右，同时，装煤过程始终保持炭化室顶部有一畅通的气道。这样，炭化室内没有空气吸入而造成燃烧，系统的烟气量不会骤然增加，形不成过压，仍依靠正常鼓风冷凝系统的吸力，就可以将烟气排入煤气系统。

必须指出，这与我国普遍采用的高压氨水无烟装煤有明显区别。采用高压氨水法，由于人为造成炉顶过大负压，且未采取有效密封措施，空气大量吸入，将煤粉等带入后步工序，造成焦油质量下降，炭化室顶部煤气通道也不能保持，装煤时冒烟冒火时有发生，不能解决无烟装煤问题。

无烟装煤的具体方法：

（1）采用机械给料，最好用螺旋法。各装煤孔（3～4）快速同时给煤，尽量缩短装煤时间，减少冒烟，还可增加堆比重，初步试验表明，堆密度可增加1%以上。

（2）采用密封装煤，将导套、闸板等部位进行密封，使装入煤与外界空气隔绝。

（3）装煤期间不平煤，或者后期进行平煤，但应将平煤小炉门口密封。

（4）控制螺旋转速，使各孔料位在炉内水平上升，以保持炉顶煤气通道畅通。

通过上述方法，使装煤环节全密封，炭化室顶部通向上升管的通道畅通，故能达到无烟装煤的目的。

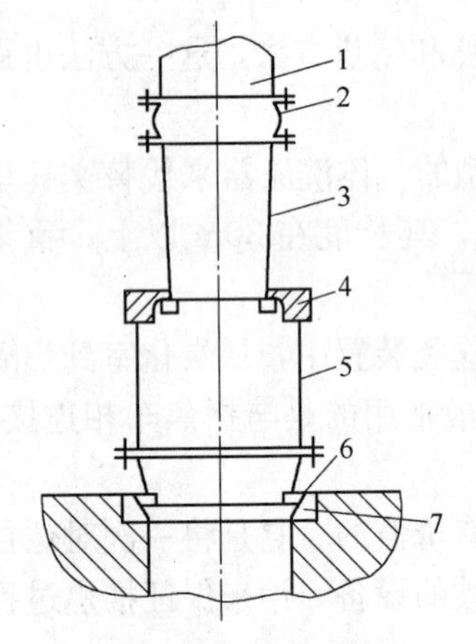

图 9-6　导套密封示意图

1—给料器出口；2—补偿器；3—上导套；4—上下导套密封处；5—下导套；6—下导套球面；7—炉盖座

2. 系统密封环节及结构

（1）导套密封。导套密封示意图见图 9-6。上下导套分别由油缸驱动，装煤时，下导套油缸上腔一直给油，压紧在炉盖座上。上导套油缸下腔给油上提，使上下导套之间密封严实。下导套下部呈球面状，使下导套可以摆动，既可补偿对位偏差，又可使炉口部位严密。

（2）弧形闸板密封。采用弧形闸板置于螺旋出料口上部，油缸推动杠杆，使连接在空心轴套上的弧形闸板可回转180°，从而打开或关闭出料口。

（3）煤斗留料密封。装煤时，煤斗料不下空，留煤粉2m³，以防止荒煤气溢出。

（4）小炉门及管盖密封。装煤期间，小炉门不打开，不平煤，上升管盖也不打开。

通过上述四个环节的密封，就可以将炭化室中的煤完全与空气隔绝。

3. 密封式无烟装煤对焦炉及操作的要求

（1）为使密封良好，要设有带研磨功能的取盖机（最好设炉座清扫机）。

（2）炉盖座孔内锥面应加工光滑，位置偏差超过规定值时应及时调整。

（3）焦炉装煤孔下部斜口开口度大于 1500mm，从煤线到炭化室顶距离大于 475mm，以便创造较宽畅的通道。

（4）高压氨水装置正常运行。

4. 优越性

（1）装煤速度快，三斗（四斗）同时下煤，装煤时间短（100s 即可装完，快装 70s加慢装 30s），堆积密度相应可增加1%～2%，装煤期间煤气发生量少。

（2）装煤系统密封，没有空气吸收，烟气量少，正常循环即可满足要求。

（3）不需要庞大复杂的地面站，无除尘设备，投资少，操作费用低，有利于实现焦化厂的污染治理。

5. 需要注意的问题

（1）我国的焦炉存在变形大、护炉铁件质量不高等问题。随着焦炉炉龄的增长，炉座的位置要发生变化，需要定期进行调整，导套对准适应误差可达±3～50mm。

（2）我国炼焦用煤挥发分在20%以上，这是个设计循环风机容量的问题。我国的焦炉在设计时已考虑了挥发分高的问题，才使焦炉系统能正常循环，而无烟装煤增加的比值很小，所以在装煤过程中亦能正常循环。由于装煤时接入高压氨水，装煤系统又是密封的，炉内定能形成一定压值，保持焦炉烟气不向外溢散。

(3) 关于我国焦化厂煤的水分高，北方地区冬季温度低，有冻块，螺旋给料是否适用的问题，经现场长时间试验表明，螺旋给料能够处理这类煤，不存在问题。

我国很多焦化厂曾经用过高压氨水引射，造成炉顶负压，进行顺序下煤使炉顶通道畅通，这实际上就是“密封式装煤”在技术上的尝试。试验也表明，在密封条件下，用螺旋快速同时给料是可行的。

(4) 老焦炉装煤孔下部斜口度已无法加大的问题。密封式无烟装煤要求装煤孔下部斜口度加大的目的是要更好的形成炉顶通道。对老焦炉，在装煤后期配合以平煤，装煤孔斜口开度不增大，也能形成畅通气道，同样能够实现无烟装煤。

(二) 热浮力罩出焦除尘车

1. 热浮力罩除尘车简介

热浮力罩除尘车以钢结构作为骨架，支撑于拦焦机顶及焦侧第三轨道上。该除尘车具有走行装置，并通过同步联结装置达到与拦焦机同步行走，同时允许热浮力罩除尘车与拦焦机之间在垂直于走行轨道的方向上窜动；此外，热浮力罩除尘车还包括可罩住熄焦车车厢约 2/3 的热浮力集气罩、浮力喷洒段、供排水及喷洒系统，炉前烟尘抽吸洗涤系统，导焦栅与热浮力罩之间的密封罩，水槽水位检测控制装置，电气室、电气控制和信号联锁等系统。

2. 除尘原理

热浮力罩是利用推焦过程中排出的高温热烟气，其密度小，具有上升浮力这一原理设计。由于利用烟气自身热浮力驱动，故具有节能的优点。工作原理为导焦栅顶逸出热烟气经过集气、通风管借助于风机抽至喷雾除尘，旋风脱水设施后排放。而置于熄焦车顶上的热浮力罩中热烟气借助浮力上升，并经除尘及喷水装置喷淋净化后外排。工作过程为从熄焦车上排出的烟气进入罩内，依靠热浮力上升至顶部的除尘装置，先脱出大颗粒物，然后进入水洗涤室进一步除尘，再经过罩顶排入大气。拦焦机导焦槽顶部排放的烟气则由吸气机抽吸，经吸气管进入设在焦台外侧轨道的烟罩操作台上的另一台水洗涤器除尘，洗涤后的烟气再经过离心分离器脱水，由抽气机经排气筒排入大气。洗涤用水泵和给排水管道系统也设在操作台上。

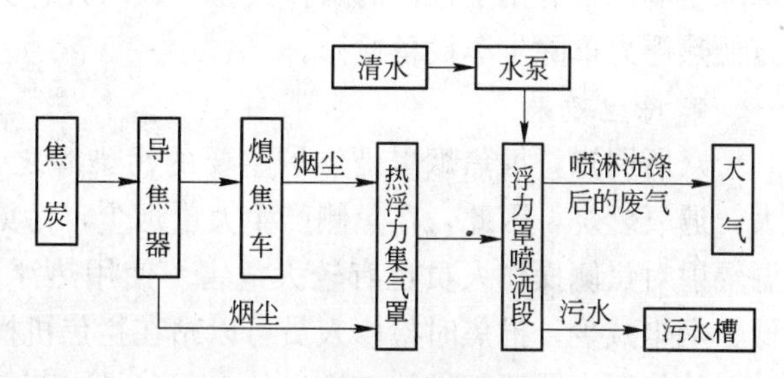

图 9-7　焦侧推焦烟尘治理

热浮力罩除尘车除尘流程如图 9-7、图 9-8 所示，出焦除尘技术参数见表 9-10。

表 9-10　热浮力罩式出焦除尘技术参数

参数名称	参　　数	参数名称	参　　数
抽吸烟尘能力	流量：30000m³/h； 压力：2500Pa	出焦时除尘车耗水量	1.5m³/min
		机械能力	140 炉/20h
喷水泵能力	流量：90m³/h； 压力：0.4MPa	热浮力罩目标效率	94%～95%
		旋风分离器效率	<93%
每次出焦量	21t	净化气残留焦尘量	20～25g/t 焦

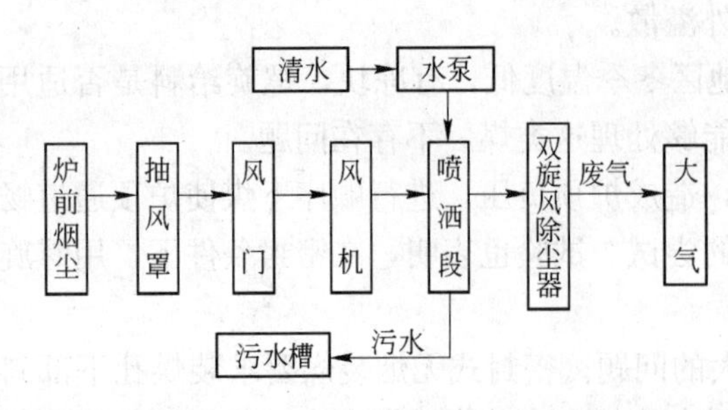

图 9-8 热浮力罩除尘车除尘流程

3. 操作情况

热浮力罩除尘车操作盘面设置于拦焦机操作室，带有电源开关、除尘手动、自动选择开关、水泵工作选择开关及风门、风机水泵开关按钮等。热浮力罩防尘车与拦焦机同步走行时由拦焦机走行主令控制器控制。检修（停机）时必须断开热浮力罩除尘车的电源，风门处于关闭状态，风机及水泵为停止状态。生产时若采用自动操作，接通热浮力罩除尘车电源后将除尘手动、自动选择开关置于自动侧，风机即启动，当拦焦机取门机开始压门闩时，风门自动打开，水泵自动启动，热浮力罩除尘车两套除尘系统即处于工作状态。待推完焦导焦栅退到后限位置时，水泵自动停止，风门自动关闭。除尘系统停止工作。

若采用手动操作，接通热浮力罩除尘车电源后将除尘手动、自动选择开关置于手动侧，启动风机，此后在连续的生产过程中风机一直处于启动状态。当取门机开始压门闩时，打开风门，接着启动水泵，此时热浮力罩除尘车两套除尘系统处于工作状态。当推完焦导焦栅开始后退时，停止水泵运转，关好炉门后关上风门，除尘系统停止工作。热浮力罩除尘车还带有用于检修的操作按钮，风门开、关及停止按钮，水泵启动及停止按钮，可方便热浮力罩除尘车设备检修。

4. 除尘效果

众所周知，推焦烟尘是焦炉主要的污染源之一。推焦时赤热的焦炭与空气接触面积大，遇氧燃烧，因此，在焦侧产生大量烟尘，污染环境，危害人体健康，同时，推焦时高温辐射对焦侧操作人员也有较大危害。使用热浮力罩除尘车后，拦焦机环境温度明显降低、烟尘减少，推焦时检修人员可以站在拦焦机操作室外面观察设备运转情况。

从热浮力罩顶部排放口排出的大部分是水蒸气，推焦烟尘中绝大部分尘粒经喷淋洗涤后沉降下来，随污水排走。焦炭成熟情况越好，除尘效果越好。当焦炭成熟不够时，除尘效果较差，此时热浮力罩顶的排出物中夹杂有黑色烟尘。武钢焦化7号、8号焦炉热浮力罩除尘效率实测部分参数见表9-11，表9-12。

表 9-11 热浮力罩出焦除尘装置效率

项目	单位	结果	项目	单位	结果
烟气温度	℃	52	吨焦排放量	g/t	25.4
工况流量	m^3/h	1.36×10^5	每炉洗脱量	kg	2.81
标况流量	dm^3/h	9.12×10^4	出焦时的烟尘量	kg/t	0.153
每炉烟尘排放量	g	558	除尘效率	%	83.4

表 9-12 旋风分离器效率

项目	单位	进口	出口	项目	单位	进口	出口
烟气温度	℃	105	95	每炉烟尘排放量	g	530	22.6
工况流量	m^3/h	2.81×10^4	1.94×10^4	分离器效率	%	91.4	
标况流量	dm^3/h	1.68×10^4	1.19×10^4				

5. 影响热浮力罩出焦除尘效率的因素分析及其对策

影响热浮力出焦除尘效率主要有以下几方面的原因。

（1）焦炭成熟度的影响。焦炭不成熟（过生）或局部不成熟（成熟不均匀），在出焦过程中将造成烟尘量数倍增加，带出的有害气体也较多，尽管通过热浮力罩式除尘系统水洗和旋风分离器分离后有一定减少，但仍然会向大气排放较多的粉尘和伴随生焦产生的焦油类有害气体。通过强化焦炉热工操作和管理，提高焦炭成熟度，可大大降低有害物的排放，所排烟尘基本为焦粉。因此，出焦除尘不论采用何种除尘装置，焦炭完全成熟是最为重要的前提条件。

（2）热浮力罩的影响。

1）拦焦车导焦槽与炉门接触部位因设计原因，烟尘难于捕集，尤其是下部，在摘取炉门时，烟尘几乎全部外逸，无法捕集；上部尽管有集烟管收集导焦槽上部烟尘，但因难于在集烟管与炉门接触部位进行完全密封，导致一部分烟尘外逸。

2）捕集板角度、喷嘴数量及排列方式、洗涤区距离均对除尘效率产生影响，使整个热浮力罩对烟尘量的捕集不合理，捕集量不均匀，造成还有一定数量的烟尘外逸，从而降低了除尘效率。

3）热浮力罩下部与熄焦车上部车体距离较远，在出焦时，焦炭在下落到车厢里的过程中，因重力作用，焦炭摔打到车厢里，产生大量的烟尘，造成其中有一部分焦尘从车体与罩下部的较宽空隙之间外逸。

（3）集烟除尘系统的影响。

1）旋风分离器的影响。旋风分离器因内部结构的原因，造成有一部分烟尘难于捕集。

2）喷水洗涤器的影响。由于喷水洗涤器内的喷嘴数量较少，影响了洗涤效果，降低了旋风分离器的效率。

3）热浮力罩与烟尘捕集系统对烟尘的捕集能力不均匀，热浮力罩捕集系统捕集的烟尘量较大，增加了除尘负荷，而集烟除尘系统因风机能力较大，捕集的烟尘量较少，除尘能力有较大富余，这也影响了整个热浮力除尘系统的除尘效率。

（4）辅助系统的影响。供水能力与洗涤系统所要求的水量不匹配，主要表现在供水量较小。同时热浮力罩内的洗涤系统和集烟除尘系统的供水管道未分开，造成供水不均匀。另外供水水质因长菌藻，在除尘洗涤时经常造成喷嘴堵塞。所有这些对除尘均会造成一定的影响。对上述存在的问题采取改进的对策是：

1）安装热浮力罩除尘车后，焦侧炉前区通风条件变差，加上炉前吸尘系统对炉前烟尘的抽吸效果不很理想，使炉前操作环境稍为变差，给出炉操作增加了困难。应从炉前烟尘抽吸洗涤系统中风机的设计选型方面加以改进。

2）每次推焦除尘时，因喷水箱往下漏水，导接栅尾部都要经受水汽的侵蚀，这会加速该部位损坏。应对浮力罩喷水箱喷洒系统及污水排出系统加以改进。

3）当热浮力罩除尘车供排水及喷洒系统出现故障时，为防止烧坏设备必须停用。由于热浮力罩除尘车与拦焦机连为一体，也导致拦焦机停用，这就给焦炉生产带来困难。

4）推焦时还有一部分烟尘从热浮力集气罩四周漏入大气，当焦炭成熟不够时更为严重。这对焦炉炉温的控制及焦炉生产操作提出了更高的要求。

（5）设计风机对进口烟气的温度要求不超过150℃，但实测表明，进入抽风罩的温度达 300℃左右。

热浮力罩除尘能耗低，投资少，不占地，总的来说，热浮力罩式出焦除尘较地面除尘站出焦除尘要更经济一些，热浮力罩仍是一项控制烟尘污染的较好措施。

第四节 焦炉机械清扫

近年来，焦炉机械的开发，对以环境保护、机械化节省人力为中心的项目进行了完善。随着国家对焦炉环保要求的不断提高，开发设计焦炉机、焦两侧炉门清扫机，特别是带弹簧刀边炉门的高效新型炉门清扫机尤为迫切。

一、焦炉自动清扫炉门、炉框装置及改进

（一）清门装置存在的问题及改进

1. 原清门机构简况

6m 焦炉原设计的清门机构如图 9-9 所示，包括：刮刀组、传动链条、伸缩台车、油缸、弹簧平衡装置等。当炉门摘下，位于炉门清扫正前方，在油缸的驱动下伸缩台车带动整个装置前移，刮刀与炉门接触，其张力由弹簧提供，在传动油缸的作用下，链条带动刮刀组做上下往复运动，清扫积附在炉门边框上的焦油，完成对炉门的清扫工作。

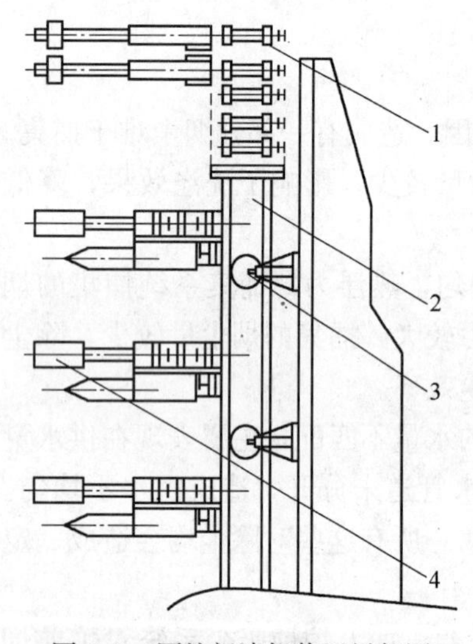

图 9-9 原炉门清扫装置局部图
1—传动链条；2—轨道；
3—滑轮；4—刮刀

2. 原清门装置存在问题

从推焦机和拦焦机的使用来看主要有以下几方面问题：

（1）刮刀、刀座易受热变形。由于炉门在高温下工作，刮刀、刀座会产生蠕变，这就使得刮刀与炉门侧面间隙发生变化，久而久之达不到清扫的效果，甚至会出现刮刀因为变形而损坏刀边的现象。

（2）张紧弹簧失效。由于刮刀工作时要不断地将附着在炉门边侧的焦油、沥青刮下来，被刮掉的焦油会在弹簧上积留、存积，时间久了会凝结成块使张紧弹簧失效，从而达不到清扫效果。

3. 清门装置改进成螺旋铣刀式清扫机构

针对上述问题，采用了螺旋铣刀式清门机构，该装置是由主铣刀、上下铣刀、位移油缸、走行台车等组成。当炉门摘下后，伸缩台车前移，使上下面铣刀与两侧的主铣刀能与炉门内侧接触，通过铣刀的转动和平动自动完成炉门上下面及两侧面的清扫工作。

改造后的清扫装置使用效果良好，如图 9-10 所示，其特点如下：

1）重量轻、易安装；

2）铣刀旋转清扫后，没有焦油存积现象；

3）清扫效果好，对炉门无机械损伤，机械性能稳定。

（二）清框装置存在的问题及改进

1. 存在问题

原炉框清扫装置在生产中存在的主要问题如下：

（1）原清扫机构处于工作状态时，保护板刮刀为伸缩状态，非工作状态时保护刮刀张开，张开与收缩是通过行程极限控制的。在实际生产中，因炉框清扫对位的误差、炉框台车及钢结构变形，都会导致保护板刮刀卡死在炉框内侧，使整个清扫无动作，整个液压系统造成憋压，严重时会引起保护板刮刀变形、弹簧失效、清扫机具报废。

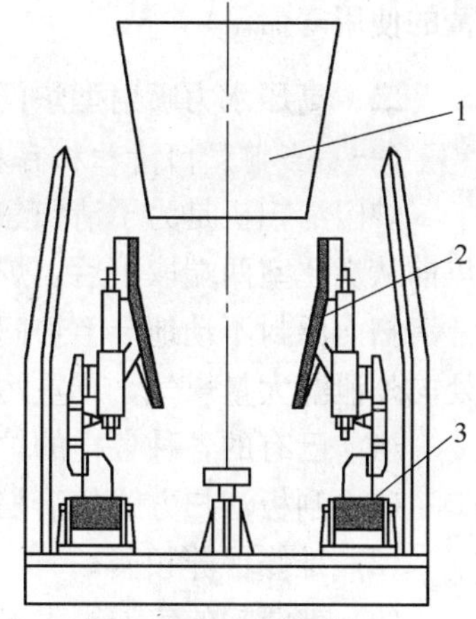

图 9-10　改进前刮刀装置示意图

1—炉门；2—刮刀；3—轨道

（2）由于离焦炉近、温度高，清扫装置的各行程定位极限的故障十分频繁，在工作中常常出现因极限失效而影响了正常清扫作业。

（3）该装置的清扫刮刀对炉框的顶紧力是由弹簧产生的，由于弹簧工作环境差、工作温度高、负荷大、可压缩行程短，弹簧压缩量受到限制，加之高温工作下存在一定的变形，起不到应有的回弹作用，保护板刮刀也得不到较好的复位，使刮刀对炉框的压紧力不够，无法完成正常的清扫。

2. 解决措施

对炉框清扫机构在生产中存在的问题，经过认真分析，采用了固定伸缩架方法如图 9-11、图 9-12 所示。

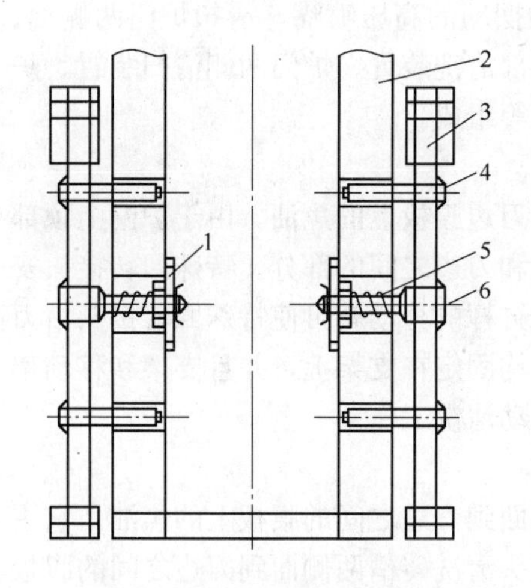

图 9-11　原设计清框刮刀局部装置

1—螺母；2—机架；3—刮刀；4—定位轴；5—弹簧；6—主轴

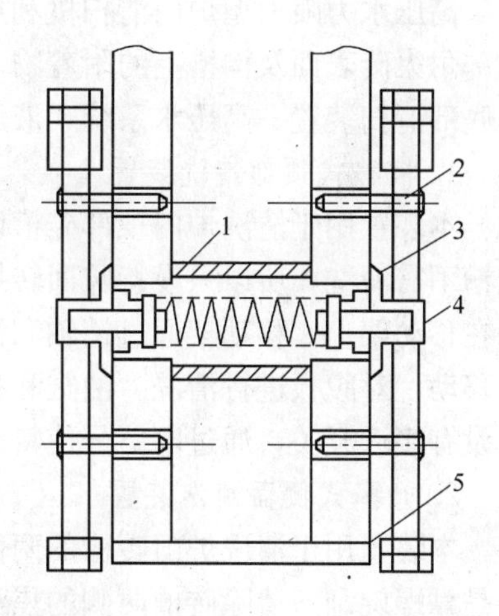

图 9-12　加保护钢管的刮刀装置

1—保护钢管；2—定位轴；3—导套；4—弹簧刮刀；5—机架

（1）用弹簧浮动定位的设想取消原伸缩机构油缸及行程极限。更换刮刀压紧弹簧，将原无极限定位改为现浮动定位，这样在取门、对位时，即使存在位差也不影响正常的操作。同时取消了原伸缩机构行程极限，彻底解决了原极限寿命短的问题。

（2）针对弹簧在高温下易疲劳失效的情况，采用空气隔离法加以解决。即用大于弹簧外径的钢管包住弹簧，外缠隔热石棉带，让不流动的空气作为隔热的介质，以尽量延长弹簧的使用寿命。

二、高压水力喷射型炉门清扫机

（一）当前炉门清扫机存在的问题

炉门清扫机是为了清扫焦炉机、焦两侧的炉门而安装在焦炉机械上的装置。炉门在推焦前从炭化室两端取下后，炉门耐火砖表面以及刀边沟槽处会有大量焦油附着，如果不经常清扫而原封不动地装上炉门，就不能保证其密封效果，在结焦过程中，从炉门刀边沟槽处向外泄漏大量煤气，严重污染环境并浪费能源。

当前已有的各种各样的炉门清扫机，普遍都存在以下问题：

（1）刮板清扫方式的清扫力不足；

（2）维修保养频繁；

（3）被清扫的焦油等附着在清扫刀具上后，降低清扫效率，刀具清理困难；

（4）由于附着物的存在，在清扫中发生过负荷时无相应的处理手段，成为故障的主要原因；

（5）炉门刀边沟槽及炉门拐角部清扫不到，影响炉门密封效果；

（6）由于炉门清扫机对位不准，清扫时易损坏炉门刀边；

因此，高压水力喷射型炉门清扫机的开发必须克服上述缺点，应具有很强的清扫力，防止焦油渣等在扫具上附着，或者附着物易于除去，同时确保炉门刀边沟槽焦油清扫干净，保护炉门刀边，提高炉门使用寿命，使炉门密封更好，减少大气污染。

（二）高压水力喷射型炉门清扫机介绍

高压水力喷射型炉门清扫机利用螺旋铣刀和自动摆动的高压喷嘴，清扫炉门两侧面、底部耐火砖表面及沟槽上的附着物。该装置由炉门顶部清洗装置、炉门两侧清扫装置、炉门底部清扫装置、高压水系统、液压系统、电控系统等组成。

1. 横移式顶部清洗装置

本装置用于清洗炉门顶部砖槽以上和刀边之间的刀边腹板上的焦油。由于炉门上顶部砖槽不需清洗，所以只设特殊回转接头清洗顶部砖槽和刀边之间的部分。特殊回转接头安装在移动架上，移动架通过销轴和油缸相连，这样油缸杆的移动就可使特殊回转接头沿刀边移动，对腹板进行清洗。油缸和移动架运动的导轨均固定在支架上，并且支架和移动架上设有接近开关，通过电信号使特殊回转接头完成自动清洗工作。

2. 升降式侧面清洗装置

本装置用于清洗炉门砖槽的两侧面以及砖槽两侧面到刀边之间的腹板上的焦油。它主要是靠螺旋刮刀清除砖槽两侧的焦油，用特殊回转接头清洗砖槽两侧面到刀边之间的腹板上的焦油。为实现上述运动，将刮刀和特殊回转接头固定在两个摆动臂上，摆动臂通过销轴和辊轮支架相连，辊轮支架再通过链条和电机减速机连接，这样就从电机到刮刀和特殊回转接头构成一个传动链，从而实现刮刀和特殊回转接头的移动。为使刮刀和特殊回转接头能够沿砖槽上下移动，则平等砖槽架一个 H 型钢导轨，使辊轮支架沿 H 型钢导轨上下移动，从而实现刮刀和特殊回转接头沿砖槽的上下移动。刮刀的夹紧和放松由夹紧缸控制。同样在导轨上设有接近开关，可以通过电信号完成自动清洗工作。

3. 横移式底部清洗装置

本装置用于清洗底部砖槽底面以及底部砖槽底边到刀边之间腹板上的焦油。它主要是靠螺旋刮刀清除砖槽底面的焦油，用特殊回转接头清洗砖槽底边到刀边之间的腹板上的焦油。为实现上述运动，将螺旋刮刀和特殊回转接头固定在台车上，台车可以沿台车架在油缸的带动下左右移动。刮刀的夹紧和放松由夹紧缸控制。同样在导轨上设有接近开关，可以通过电信号完成自动清洗工作。

4. 高压水系统

高压水系统主要由水箱、高压泵、切换阀、特殊回转接头以及高压管路构成，系统工作压力为 65MPa，再经切换阀、管路和特殊回转接头喷射，用于清洗。

5. 气动控制系统

气动控制系统主要由推焦车的气源、气控阀台以及管路组成。系统工作压力为 0.65～0.8MPa。它主要为高压泵、切换阀、横移式底部清洗装置的夹紧缸提供气源。

6. 液压控制系统

液压控制系统主要由推焦车上的液压系统提供的 7MPa 的压力油和液压阀站、管路、刮刀上的液压马达、特殊回转接头上的液压马达以及油缸等组成。

7. 电控系统

电控系统由控制柜和操作台组成。

(三) 高压水力喷射型炉门清扫机工作原理

炉门两侧清扫装置左右各配置 1 个螺旋铣刀和自动摆动高压喷嘴，并可以沿炉门高度上下升降，其升降动作由带制动器的摆线减速机通过链条传动来实现。螺旋铣刀由液压马达驱动，两侧的螺旋铣刀支架之间由油缸连接，借助其压缩力使螺旋铣刀与炉门清扫面接触，清扫炉门耐火砖上的焦油。而高压喷嘴则是替代以往炉门刀边清扫刮刀，借助液压马达自动旋转清扫炉门侧面刀边沟槽内的焦油，以利于炉门更好的密封。炉门底部清扫装置设有 1 个螺旋铣刀和 1 个高压喷嘴，由油缸驱动可沿炉门底部左右移动，清扫炉门底部砖槽上的焦油，其清扫原理与侧部相同。高压喷嘴是一种高效的清扫器。炉门刀边沟槽的清扫可用自动摆动喷嘴枪射出的高压水清除焦油和沥青，由于喷嘴枪连接在上述固定架上，故可精确地对准槽内刀边；喷嘴运动是一个可变速系统，利用此系统，在下部和黏附物较多的侧面，可采用低速清扫，在中部和上部可采用高速清扫，以尽量减少清扫时间。由于高压水压力高达 70～100MPa，喷射到刚从炭化室上取下来的炉门上即刻挥发掉，而不损坏炉门。

采用这种新型炉门清扫机除了能克服以往清扫机的缺点，还能发挥如下功能：

(1) 两侧的螺旋铣刀利用连接油缸夹持住炉门，使清扫面和铣刀接触而获得稳定均匀的清扫力。另外，由于压紧油缸设有浮动回路，能防止过载。

(2) 由于该清扫机可以沿前后、左右方向自由地摆动，即使清扫机与被清扫的炉门不对心，或者变形，螺旋铣刀均能紧贴清扫面。

(3) 由于螺旋铣刀在旋转的同时具有较大的进给力，因此可以获得很强的清扫力。

(4) 利用高压水力喷射，很容易清除炉门刀边及炉门拐角处砖槽的焦油，而不损坏炉门刀边，以利于炉门沟槽气流畅通，保证了炉门的密封性。

(5) 采用液压马达带动螺旋铣刀旋转，可以改变油量和油压力，能够方便地调整清扫力和清扫密度。

(6) 借助螺旋铣刀的进给作用进行清扫，被清扫下来的附着物不易粘在螺旋铣刀上，即使粘上去也容易清理下来。

（7）德国和日本等先进国家已普遍采用这种新型高效的炉门清扫机，效果十分理想。我国当前正在使用的带弹簧刀边炉门的焦炉如果采用该炉门清扫机，将对减少焦炉污染，降低劳动强度，提高炉门寿命，具有重要意义。

第五节　焦炉放散点火

焦炉荒煤气外泄是炼焦生产过程中的主要污染源。尤其当风机故障、突然停电、荒煤气疏导系统故障而集气管荒煤气压力居高不下时，只能直接排入大气，造成很大污染，又导致焦炉四处冒烟冒火，甚至烧坏焦炉铁件。荒煤气点火放散装置主要是为了解决上述问题，将放散的荒煤气点燃，避免其直接排入大气以减少环境污染，维持系统压力稳定，减轻职工劳动强度的一种专用环保装置。

一、放散点火装置简介

（一）荒煤气的燃烧特点

为了使放散的荒煤气能够充分燃烧，必须了解荒煤气的组成及其燃烧特点，并根据这些特点设计点火放散装置。荒煤气有别于供用户使用的净焦炉煤气的主要之处在于，因其未经净化而含有大量的可燃有机物，这些有机物主要是单环、多环乃至稠环芳烃及其衍生物。因其相对分子质量较大并且C/H较高，故燃烧时须有足够的助燃空气，并应使之与荒煤气充分混合，否则将会产生以含碳微粒为主的漂尘及逸散未经燃烧的荒煤气。

（二）放散点火装置结构

焦炉放散点火装置由混合燃烧器、加固钢结构和电子点火器组成。

1. 混合燃烧器

混合燃烧器是焦炉放散环保装置的核心，其作用是使放散的荒煤气在氧气过剩的条件下充分燃烧。在每台混合燃烧器上安装有蒸汽喷射支管，喷射的蒸汽强制火焰向上燃烧并产生向上的吸力。管圈由钢管焊接，它与气源相连，由它向支管供应蒸汽。套体是混合燃烧器的主要部分，荒煤气和空气在内部混合后在顶部燃烧。每台装置上还设有引风套和蒸汽喷射支管，与气源相通，气源由蒸汽主管经管圈供给。通过蒸汽喷射产生吸力，使大量空气通过引风套进入混合燃烧器，以确保荒煤气燃烧所需氧气及空气和荒煤气的充分混合。

2. 加固钢结构

新设计的焦炉放散环保装置比原放散管的高度、风阻面积及重量都有增加，同时还要考虑工人检修等诸多安全问题，所以对原钢结构部分进行了全面加固。

3. 电子点火器

电子点火器采用了电子式霓虹灯电源，低压输入端接220V交流电源，高压输出端接在两根电极丝上，电极丝顶部尖端相距5mm，利用尖端放电的原理达到点火目的。电子点火器的保护盖和外套起到防雨、防尘及保护电磁片和电极丝作用。电磁片耐高温性好，绝缘效果好。电子式霓虹灯电源是整个点火器的核心，它可在滑道筒体上下滑动进行电子点火。

（三）工作原理

在鼓风机停止运转的情况下，焦炉压力急剧升高，需将大量的荒煤气放散，此时，升起电子点火器。按动开关，将荒煤气点燃后迅速缩回。混合燃烧器喷射的蒸汽会强制火焰向上燃烧，在燃烧过程中，由于套体本身高度、混合气喷射及燃烧热气产生的吸力，使大量空气流入，有利于荒煤气的充分燃烧。停止放散时，首先打开消火蒸汽熄灭火焰，然后关闭放散阀。电子点火杆是可以旋转的，在点燃荒煤气后，迅速将电子点火杆旋转使点火头避开燃烧中心，以免烧坏。设消火蒸汽的目的是防止直接关闭放散阀时可能产生回火在放散管内爆鸣。

二、PLC在焦化荒煤气自动放散点火系统的应用

（一）控制单元的选择

自动放散点火系统的核心是控制单元，一般选用工控机、单片机和PLC，然而用工控机作为控制单元成本偏高；用单片机作为控制单元开发周期较长，抗干扰性差；用PLC则成本比较低，硬件工作量小，开发周期短。所以选PLC作为控制单元是较为合适的方案。目前PLC的种类繁多，不同厂家的PLC都自成体系，不具互换性。下面以SIEM：NS7-200为例介绍其如何实现逻辑和顺序控制各设备的启动和停止等动作。

SIEM：NS7-200是模块化小型PLC系统，能满足中等性能要求的应用。其模块化结构设计使得各种单独的模块之间可进行广泛组合以用于扩展，能够支持和帮助用户进行编程、启动和维护，它具有高电磁兼容性和强抗振动、冲击性，有很高的工业环境适应性，可适用于各种领域。其主要功能如下：

（1）高速的指令处理：0.1～0.6μs的指令处理时间从中等到较低性能要求的范围内开辟了全新的应用领域。

（2）浮点数运算：用此功能可以有效地实现更为复杂的算术运算。

（3）方便用户的参数赋值：提供一个带标准用户接口的软件工具给所有模块进行参数赋值。

（4）人机界面（HMI）：方便的人机界面服务已经集成在S7-200操作系统内，因此人机对话的编程要求大大减少。SIMENS人机界面（HMI）从S7-200中取得数据，S7-200按用户指定的刷新速度传送这些数据。S7-200操作系统自动地处理数据的传送。

（5）诊断功能：CPU的智能化的诊断系统连续监控系统的功能是否正常；记录错误和特殊系统事件（例如：超时、模块更换等）。

（6）口令保护：多级口令保护可以使用户高度、有效地保护其技术机密，防止未经允许的复制和修改。

（7）操作方式选择开关：操作方式选择开关像钥匙一样可以拔出，当钥匙拔出时，就不能改变操作方式。这样就防止非法删除或改写用户程序。

（8）通讯：这是一个经济而有效的解决方案。方便的STEP7用户界面提供了通讯组态功能，这使得组态非常容易、简单。

SIMENS S7-200具有多种不同的通讯接口，多种通讯处理器用来连接AS-I接口和工业以太网总线系统；串行通讯处理器用来连接点到点的通讯系统；多点接口（MPI）集成在CPU中，用于同时连接编程器、PC机、人机界面系统及其他SIMATICS7/M7/C7等自动化控制系统。CPU支持下列通讯类型：

1）过程通讯：通过总线（AS-I 或 PROFIBUS）对 I/O 模块周期寻址（过程映象交换）。

2）数据通讯：在自动控制系统之间、人机界面（LB\41）和几个自动化功能块间相互调用。

（二）自动点火的实现

本系统专用于焦炉荒煤气自动放散点火，每套系统设置两个自动放散点火点，由系统柜和手动柜共同进行自动和手动控制。系统以集气管内煤气压力为检测信号，该信号以 4～20mA 电流信号进入 PLC 系统，当 PLC 检测到压力超规定极限时，系统发出报警信号。PLC 按预先设置的程序指令执行单元，开煤气阀、点火，开放散阀，开蒸汽阀。当管内煤气压力下降到正常值时，PLC 再指令执行关放散阀、关蒸汽阀等，所以，可编程控制器为控制核心，保证了整个系统的可靠、安全运行。

每套点火装置操作步骤：

上限声光报警→上上限声光报警→开点火阀→开启水封放散阀→蒸汽阀→关点火阀→关放散阀→关蒸汽阀。

此次点火结束，准备下次点火。

（三）自动放散点火系统的组成和功能

1. 系统组成

AZFD-Ⅲ型点火系统的组成，主要包括 PLC、显示操作、动力驱动、火焰检测和受控对象。

（1）逻辑控制部分。该部分主要由 PLC 和中间继电器组成。该部分的 PLC 是整个系统的核心，负责控制整个点火过程和点火阀、放散阀、蒸汽阀的启停。并能将该系统挂接到 DCS 上，参与整个焦炉控制系统的实时通讯。

系统柜的智能数显仪显示炉压（对炉压分为上限、上上限、下限、下下限 4 位，其值可在系统运行中随时进行重新调整），当 4～20mA 输入回路断开时炉压即时值显示屏会显示 broke 字样。

通过系统柜 PLC 的程序，保证下列控制功能：

1）当炉压超上限时发出声光预报警信号，以提醒有关人员进行相应操作。

2）炉压超上上限时发出声光预报警信号，当延时炉压仍在上上限时，即开始自动开启水封放散阀（其开度是根据炉压分三级进行的），同时开点火阀配合点火，然后开蒸汽阀，关点火阀。自动点火模块程序如图 9-13。

3）放散过程中，炉压降至下限以下时，即开始自关放散阀，最后关汽阀。

4）为防止氨水放散阀被焦油粘死，程序中设定了定期开放散阀，当定期内（10 天）未放散点火，自动活动放散阀 1～3 次，两放散阀活动时间是错开的。从 PLC 的输出回路指示灯的明灭可观察到逐级打开放散阀、开点火阀及配合点火和开汽的全过程。也可观察到停止放散时关闭放散阀和关汽的过程。手动柜有数显指示仪显示两套放散阀的开度（0°～90°）。系统的和手动柜面上的手动按钮可分别对两套管进行手动操作。

自动柜电源为 220V 交流电源，柜内配置后备式 UPS 电源，供停电时系统照常运行使用。

（2）显示操作部分。该部分主要由模拟显示器、指示灯和操作按钮组成，它们分别布置在主控柜和现场柜的面板上，无论是在现场还是主控室，操作人员均能方便地操作设备，观察设备工作情况。

(3) 动力驱动部分。该部分主要由交流接触器、固态继电器、熔断器、信号隔离器等元件组成，主要布置在现场箱内。通过接收到控制信号去驱动设备工作，并将设备状态信号反馈到主控柜。

(4) 火焰检测部分。该部分主要由火焰检测器探头和处理板等组成，检测火焰是否点火是整个点火过程的关键。为了确保检测结果的正确性，本系统从布置和选型两方面予以考虑。在布置检测元件时，采用一对一的方式，即一个火焰测元件对应一个点火把装置；在选择检测元件时，根据点火燃料——混合煤气的燃烧特性，选用了带微处理器的紫外线型火焰检测仪，实现远距离监测火焰，避免了传统的热电偶在火焰高温区的烧坏和信号反馈滞后的弱点。该火焰检测器能见检测信号以开关量和模拟量的方式输出，开关量根据点火的需要反馈给点火控制过程，4～20mA 的模拟输出信号则供 DCS 画面显示。

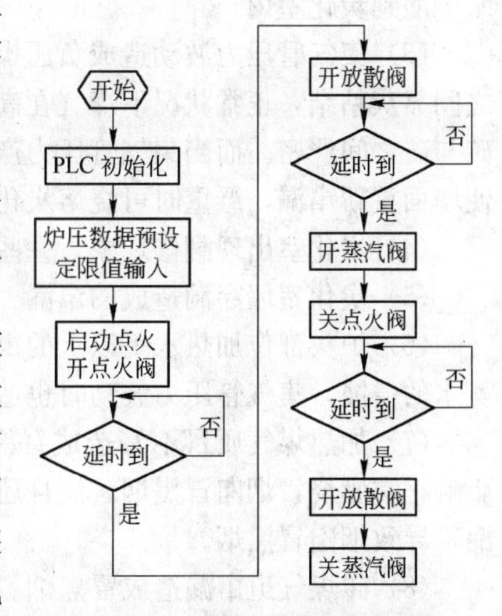

图 9-13　自动点火模块程序框图

(5) 受控对象部分。该部分主要由高能激发点火器、不锈钢点火火焰传送器、电动执行机构、电动阀门等元件组成，它们均布置在现场。为了能确保点燃荒煤气，打火先点燃精煤气，然后蒸汽吹出，蒸汽的作用一是为了防止把炉筒烧坏，二是助燃。

(四) 程序设计

本系统控制程序采用模块化的设计方法，把系统所需完成的功能分成自动点火模块、报警模块等，这样方便且易于操作。

1. 自动点火模块

这是该系统的主要部分，点火时系统就按照点火步骤自动按顺序执行相应操作，直到点火结束，该模块的程序框图如图 9-13 所示，每执行一步程序都将检查指定设备是否达到预定位置，如果达到炉压设定值，系统则发出报警信号，提醒有关人员进行相应的操作。

2. 报警模块

当系统某一部位或功能出现异常时，将发出报警信号提醒运行人员注意。

第六节　焦炉燃烧废气排放的控制

焦炉烟囱经常有冒黑烟现象发生，严重地污染了大气，达不到环保要求。

一、烟囱排黑烟原因分析

烟囱排黑烟的多少是全厂的综合管理水平的体现，导致烟囱排黑烟的因素很多，对烟囱冒烟的处理应综合考虑。

(1) 炉体本身状况。焦炉在烘炉和投产初期受到过不同程度的损坏。

(2) 焦炉存在管理的问题，如造成燃烧室高温事故，氨水喷洒系统很不正常，循环氨水倒灌到炭化室内。

(3) 集气管压力波动造成负压操作应是造成烟囱冒黑烟的主要原因。焦炉砌体砖与砖之间靠灰粘结，正常状况下煤气在高温下裂解，裂解的石墨填充在砖的缝隙之间，使砌体砖与砖之间严密。而当集气管压力产生波动呈负压时，燃烧系统就把灰缝间的石墨烧掉，使墙面重新窜漏，严重时可烧熔炭化室墙面和斜道。

(4) 炭化室出现翻修现象，一些修过的炭化室新旧砖接茬处存在窜漏。

(5) 炭化室墙穿洞造成的窜漏。

(6) 炉头部位加热水平以上的窜漏。炉头部位的炉顶区至炭化室加热水平以上由于受氨水的侵蚀，集气管压力波动时也造成窜漏。

(7) 加热煤气质量不好造成冒黑烟。加热煤气质量不好（夹带大量细小的焦油雾），影响正常燃烧，烟囱冒黑烟。而且还容易堵塞加热系统管道，使炉温不均匀，造成炉体窜漏，导致烟囱冒黑烟。

(8) 砖煤气道窜漏造成冒黑烟。在装煤水分和堆比重波动较大，使炉温出现较大波动时，炭化室墙面及蓄热室砖煤气道出现微小裂纹，也易造成窜漏。

(9) 加热系统不正常，煤气和空气燃烧不充分。

二、焦炉燃烧废气的控制中氧化锆的使用

焦炉烟囱冒黑烟可以通过测量烟气中含氧量来进行监测，烟气分析仪通过测量过量氧和未燃尽的可燃物来使焦炉加热获取最大热效率，同时监控焦炉烟囱冒黑烟现象；当操作精确时可靠烟气分析仪节约燃料、提高产品产量和降低空气污染，烟气分析仪核心部件是氧化锆。

1. 氧化锆工作原理及特性

在700℃温度下，氧化锆陶瓷这一固体电解质成为氧离子的优良导体，当内外两侧接触不同氧分压的气体时，两侧将产生浓差电势，氧化锆氧传感器内外侧均包覆着多孔铂，构成两个电极，样气穿越测试管形传感器外侧，而同时周围大气自由地环流在传感器内侧。该大气被用作进行氧气测量的基准（参比）气体。氧传感器在时，大气基准气体在内侧电极处发生电化学还原，由此产生的氧离子通过多孔氧化锆陶瓷向外侧电极转移以平衡样气侧的低氧浓度，外侧电极发出电子重新构成氧分子并由样气气流带走。烟气样气中的氧浓度越低，则穿过陶瓷的离子转移速度越快，电极处发生电子交换而产生的传感器电压就越高。

2. 恒温加热式氧化锆的优点

为了克服普通氧化锆的不足，氧化锆生产厂家都开始生产在氧化锆管处加装加热器的恒温加热式氧化锆，并把氧探头的恒温温度设定在700℃。该氧化锆具有以下优点：

(1) 700℃是氧化锆探头的最佳工作点。在此温度下，氧化锆不仅产生良好的导电特性，在接触不同氧分压气体时可产生稳定的浓差电势；而且氧化锆也能得到较长的使用寿命。

(2) 测量稳定性得到提高。氧浓差电势的计算值需要用温度来进行补偿，700℃的恒温消除了温度的波动，无疑提高了测量的稳定性。

(3) 安装位置灵活可变。

3. 氧化锆安装注意事项

(1) 氧化锆管元件系陶瓷类金属氧化物，安装时不要与炉膛内的管子剧烈碰撞。

(2) 氧化锆探头需安装在烟道中心处。

(3) 氧化锆探头与安装座的法兰连接处，需垫橡胶石棉垫圈密封，以防空气渗入，影响测量。

(4) 氧化锆管的热电偶信号线，必须用相应的补偿导线接入二次检测仪表。

三、焦炉炉墙密封技术

(一) 炉墙喷补技术

1. 湿法喷补

湿法喷补是将耐火料与结合剂配制成浆进行喷补，常用的结合剂是磷酸和水玻璃，是利用结合剂在高温下有较强的黏结性的特点，将耐火泥黏附在炉墙表面。该方法操作简单，补炉快捷，虽至今仍在不少焦化厂使用，但存在两个缺点：其一是由于硅砖的热稳定性差，当常温含水量高达40%～50%的灰浆喷在1100℃高温的硅砖墙面上时，墙面急剧冷却，会产生肉眼看不到的龟裂，时间一长，损坏就暴露出来；其二，黏结力低，挂料时间只有6～9个月，随着先进补炉技术的出现，这种方法被淘汰已是大势所趋。

2. 干法喷补

此法的机理是利用喷补料与炉墙砖相似的性能，在高温下二者黏结在一起。它利用压缩空气将火泥送至喷嘴，在混合器内与黏结剂混匀，后喷涂在炉墙上。但由于喷嘴易堵塞，挂料时间短，灰料浪费大而停用。

3. 火焰喷补技术

(1) 火焰喷补技术的机理。火焰喷补技术是20世纪70年代国际上出现的先进补炉技术，这套装置由控制箱、焊枪、振动抹、空气锤等组成，使用介质有丙烷、氧气、压缩空气、冷却水等，最大喷补能力为50kg/h耐火料。其补炉机理是利用丙烷和氧气燃烧产生的高温火焰，将耐火粉料熔融，然后吹附到炉墙上。

(2) 补炉设备辅助设施介绍：

1) 供氧系统。工艺条件要求0.7～0.99MPa、$100m^3/h$的氧气。

2) 丙烷供应。丙烷气源压力需要0.17～0.2MPa、$20m^3/h$的流量。

3) 冷却水供应。火焰补炉工艺对水源要求严格，pH值6～8。

4) 升降平台。平台要求可同时站两人自如操作喷枪及振动抹。

5) 隔热炉门。

(3) 火焰补炉操作：

1) 火焰焊补的介质是氧气、丙烷和粉料，要使粉料能粘在损伤墙面上，既不流淌，又要牢固持久，就要力求三者的有机结合。即使在$1m^2$的损伤范围内，各处的剥蚀深浅也不一样，就必须选择不同的氧气、丙烷的配合，喷补料的供应量及冷却水的合适压力，随时变更上述组合。这种操作需达到一定熟练程度才能掌握。

2) 喷嘴与墙面的距离、角度及移动速度的有机配合。火焰焊补的质量与粉料的熔融性有直接关系，从分析焊补焰中喷补料的熔融过程看，粉料粒子在离喷嘴200mm开始熔融，大于300mm时，粒子便开始凝固，也就是说在200～300mm间，粉料粒子处于最佳熔融状态。因此，喷嘴与墙面的距离保持在200～300mm，可获得最佳焊补效果。否则，喷补料在固态或半熔融态喷上去，易产生气孔，焊层疏松。

另外，火焰束应垂直于墙面，喷嘴移动速度不快不慢，以粉料的堆积厚薄，墙面损伤状况而随时调整，以防止空料、偏料和落料。

3）火焰补炉是将熔融炉料喷涂在炉墙表面，要求挂料时间越长越好。在实际中一是待补墙面的石墨、砖渣未清理干净，影响了挂料时间；二是损坏墙面预热不够，高温的熔融料一遇冷墙面，急剧冷却凝固继而产生裂纹、气孔、墙砖炸裂，不仅喷补料不结实，而且给炉体带来副作用。解决方法是在送料前，将喷补部位预热到1000℃以上，使高温粉料与高温砌体温差缩小，达到了最佳黏结效果，延长炉墙挂料时间。

（4）火焰焊补的效果。焦炉火焰焊补技术是湿法补炉技术的一次飞跃，从应用实践看，挂料时间和补炉效果均优于湿法技术，特别适合炉墙裂纹及小于10mm裂缝的焊补，喷补深度可达7、8火道，一定程度上遏制炉墙裂纹的扩大和剥蚀深度的加剧，但其设备庞大笨重，管线复杂，对燃烧介质要求高，喷补时涉及人员多，焊补速度慢，且只适于轻度剥蚀的墙面的焊补。

（5）喷补料国产化。为推广火焰补炉技术，必须研制开发国产料以替代进口料。经对进口喷补料LFC-502的化学成分、物理性能、粒度组成及岩相进行剖析，并通过显微观察，其主晶相为α-方石英，大小约0.0123～0.0135mm，占总量的95%，次晶相为少量鳞石英与玻璃相等。经反复试验及改变配方，先后解决了喷嘴间歇出料、喷焊后分层、料流动性差等技术难题，武钢开发出了适应进口焊补设备的国产喷补料——“WNB-1”，各项指标均达到了进口料的标准。

4. 半干法喷补技术

（1）机理。半干法喷补原理是干粉料和液态黏结剂，在喷出之前的掺混器内混匀，从喷嘴喷出。德国半干法喷补技术所使用的液态黏结剂是生活用水，水量在10%～15%之间可任意调节。

（2）设备介绍。半干法喷补设备主要包括：喷补机和空气锤。半干法喷补机是利用转子原理喷射干的（或者表面有少量水分的）粉状材料的连续操作的专业设备。干粉状喷补料通过料斗和搅拌器送入转盘中；两个密封垫圈压紧的转盘由一个三相电机驱动，输送喷补料到出料口，用压缩空气将喷补料从出料口风动输送到料管；喷补料从料管喷出之前，保持干的（或者表面有少量水分的）粉料状态，在喷枪尾端的混料器中加少量水润湿后，由压缩空气风动输送到混合喷枪前端喷嘴连续喷射出料。喷补料含水可控制在10%～15%。转盘的速度由人工设定，用来调节料流的大小，最大喷补能力为450～900kg/h，喷补用水靠针状阀调节，粉料在掺混器中与生活用水混合。

（3）半干法喷补的优点

半干法喷补与人工湿法抹补相比主要有以下优点：

1）用空气锤对墙面碎砖及石墨进行清理，较原始的人工清理更彻底，为喷补料与旧墙牢固结合打下良好基础；

2）优质干粉料，可根据墙面受损程度选用不同粒度、组成的喷补料，其化学组成、粒度、物理性质见表9-13。烧结后的喷补料具有在高温下抗压和抗磨强度好（抗剪切强度一般为3MPa），膨胀率低（线膨胀系数在-0.4%～0.5%之间）；

3）喷补料属于高铝质，因此抗急冷、急热性能好；

4）喷补料是逐层逐层涂上，水分易于挥发，因此气孔率低，自然热传导性也高；

5）设备少，体积小，易移动，对施工环境无特殊要求，可全气候下作业，操作简单。

表 9-13　3 种喷补料物化指标

名　称	粒度/mm	SiO_2/%	Al_2O_3/%	Fe_2O_3/%	硬化温度/℃	最高使用温度/℃	适用范围
GOPELIT wks/m	0～1	37	51	1.3	20	1400	炉墙裂纹，缝隙和轻微剥蚀
GOPELIT wks/mf	0～3	50	40	1.4	20	1450	“通用料”用于各种损伤
PYROUX ST	0～0.5	94	1	0.1	700	1400	炭化室缝隙的空压密封料

6）对传动介质无过严要求；

7）挂料时间可达一年以上，且是逐层脱落，再次喷补，不影响维修质量，避免了人工抹补带来的抹补料整体脱落，且带下旧墙部分碎砖的弊端；

8）施工效率高，喷补速度可视墙面损坏程度调节，喷补的 50mm 深 $1m^2$ 的墙面，边喷补边修整，不足 30min 即可完成，且炉面平整；

9）设备维护方便；

10）损失喷补料少，一名普通熟练操作人员的损失小于 20%，从现场来看，一般损失不超过 15%。与湿法喷、抹补相比最大的优点是：泥料含水量只有 10%～12%，而湿法抹补，泥料含水量在 17%左右，且泥料依靠人工成块抹补在炉墙壁表面，水分不易排出，导致气孔率偏高，一般挂料 3 个月后，就会出现抹补墙面变得膨松凸出，接茬处新旧墙面形成错台，6 个月后成块脱落，加剧了炉墙的损害；湿法喷补含水量都在 30%左右，会导致修理部位炉墙因涂层水分汽化而过分冷却，涂层和炉墙都会急剧收缩而产生裂纹。

(4) 喷补效果。即便磨损比较厉害的炉墙，抹补墙面只是出现不规则细小裂纹，新旧墙面结合好，没有出现人工抹补时的脱落现象，挂料 6 个月没有问题；在抹补后 7～10 个月，70%的抹补墙面出现了裂纹，30%的抹补墙面膨胀凸出，并稍有脱落；在抹补后 11～12 个月，膨胀程度加大，但新旧墙面结合仍然牢固，只是稍有剥蚀，墙面颜色深浅一致，密封性能较好，未出现窜漏情况，对实际生产未造成影响，挂料时间完全能达到一年以上。对炉墙穿洞喷补速度快，效果理想。

(5) 半干法喷补料。国内现在许多焦炉已进入炉役后期，炉体衰老严重，采取多种护炉方法进行焦炉维护，特别采用引进德国的焦炉半干法喷补技术后取得了良好的效果。但是进口喷补料存在价格昂贵、进货周期长、手续复杂等缺点。进口料外观呈灰色，其理化性能和粒度分布见表 9-14、表 9-15，主要化学成分见表 9-16。进口料在施工时出料平稳，喷补机出料口空气压强 0.15MPa，加水率 12%～15%，反弹率 15%左右。目前国内开发料各项性能指标都达到了进口料水平，特别是使用寿命较长，可代替进口料，用于焦炉的日常维护。

表 9-14　进口喷补料的理化性能

化学成分/%					物　理　性　能					接着强度/MPa	
SiO_2	Al_2O_3	Fe_2O_3	CaO	MgO	耐火度/℃	体积密度/$g \cdot cm^{-3}$	烧后线变化/%	耐压强度/MPa	抗折强度/MPa	硅砖	高铝砖
39.56	48.57	3.01	5.10	0.18	1730～1750	2.02	～0.37	24	6.0	0.17	0.084

表 9-15 进口喷补料的粒度分布

尺寸 S/目	S≤20	20<S≤60	60<S≤100	100<S≤150	150<S≤200	200<S≤260	260<S≤300	S>300
比例/%	41.55	13.01	5.16	3.84	1.92	1.52	2.82	30.07

表 9-16 主要原料的化学组成 (%)

原料名称	Al_2O_3	SiO_2	Fe_2O_3	CaO
焦宝石	38～44	45～50	0.5～1.5	0.3
矾 土	70～75	4～8	0.2～1.0	0.1
黏 土	38～40	40～45	0.7～1.0	0.2
Al_2O_3	99.42	—	0.02	0.14
SiO_2 细粉	—	92.9	0.02	0.17

（二）空压密封技术

空压密封技术的原理利用大于 0.6MPa 的压缩空气将喷补料带入空的炭化室，由于炭化室压力大于相邻同高度燃烧系统压力，喷补料在炭化室缝隙内堆积烧结，从而达到密封炉墙的效果。

空压密封的操作要点是：在推完待喷补炭化室内焦炭后，烧 0.5h 空炉以便烧掉炉墙缝隙外部石墨，然后安装好设备，炭化室与集气管切断开，盖上上升管，炉盖用泥料密封，炉门密封，拉开两侧燃烧室火眼盖。通过漏斗向炭化室送料、送风。30min 后停止 10min，再继续。当炭化室压力大于大气压 0.0008MPa 时终止，拉开炉盖烧 2h 空炉后装煤。

（三）石墨密封技术

空压密封技术由于所使用的 ST 料较细，对处于晚期炉墙的大缝隙难以挂料，其密封效果不理想。现采用盖严炉盖、上升管、炉门，打开上升管翻板，使荒煤气倒流入炭化室内，在高温下分解析出石墨密封炉墙，此方法简单方便，效果显著。

第十章 几种新型炼焦方法

第一节 日本的SCOPE21炼焦技术

日本是现代室式焦炉炼焦先进技术应用最多、最完善的国家之一。日本现生产的焦炉全部实现了加热自动控制；新日铁大分厂、川崎公司千叶厂、住友公司鹿岛厂等已实现焦炉机械（四大车）完全自动化、现场无人操作；干熄焦基本普及；各炼焦厂普遍采用了煤调湿、煤预热、配型煤、选择粉碎等炼焦煤预处理技术。而由于日本现有焦炉老化，随着21世纪初焦炉退役高峰的到来，焦炭供应出现短缺形势。而且，现有炼焦工艺还面临许多有待解决的问题，比如如何提高煤炭资源的利用率，如何改善对环境的不良影响等。因此，针对节能和环保的要求，日本钢铁联盟于1994年携手日本煤炭利用中心共同启动了一项为期9年的SCOPE21（即21世纪高产无污染大型焦炉）工程，旨在面向21世纪对焦炉的生产率和环保性能进行革新。历经基础科研和比例试验，该工程已经进行了中试生产。

一、SCOPE21工程的总体情况

根据现有炼焦工艺的生产流程，SCOPE21工程将其工艺过程划分为三大块，即煤

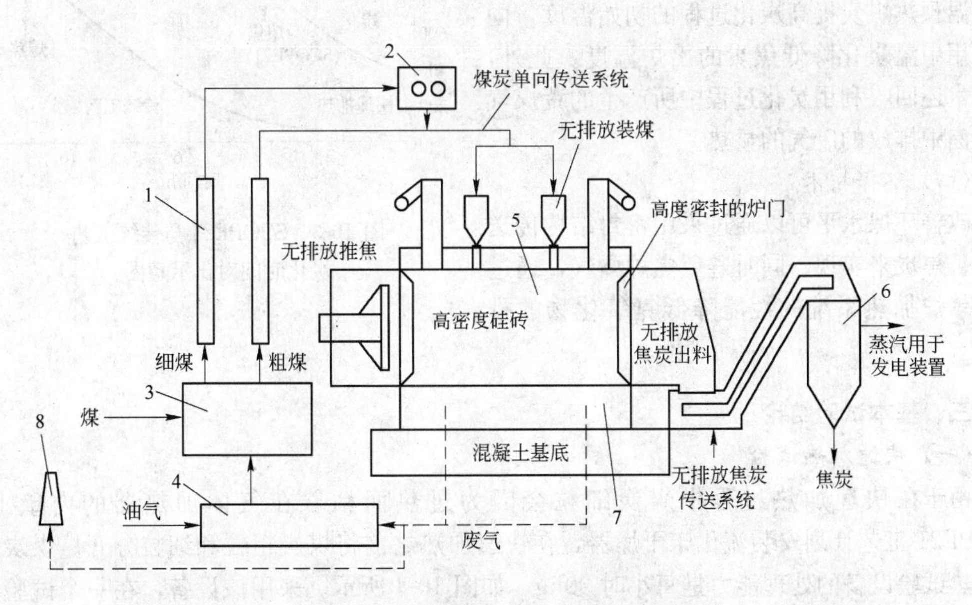

图10-1 SCOPE21炼焦工艺示意图

1—气动预加热器；2—热压块机；3—流化床干燥器；4—热气发生器；5—炼焦室；6—焦炭精炼室；7—再生器；8—焦炉烟囱

炭快速加热、煤炭快速炭化和焦炭中温精炼，如图 10-1 所示。SCOPE21 工程的目标在于实现每个工艺过程的功效最大化，并开发出一种高度协调的新型炼焦工艺。

SCOPE21 的特点是将煤干燥、煤预热、粉煤热压成型、管道化装煤、快速中温炭化、焦炭炉外高温处理、干熄焦等技术集于一个系统中。

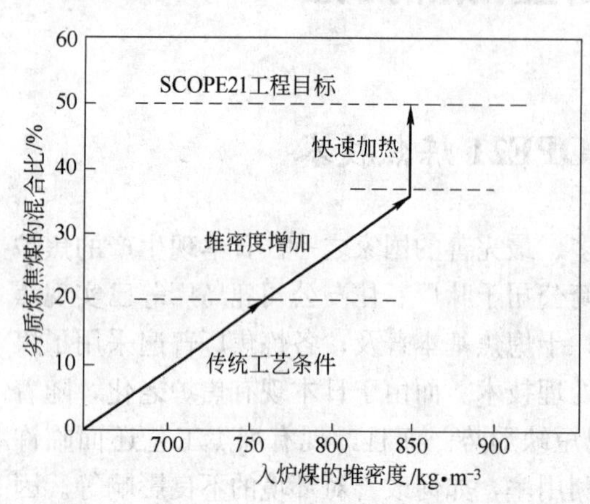

图 10-2　SCOPE21 劣质煤用量增加示意图

二、SCOPE21 涉及的一些基本技术

（一）有效利用煤炭资源

通过快速加热提高炼焦煤的焦化特性，并通过对细煤部分进行干燥和压块处理增加其堆密度，以改善焦炭的质量。如图 10-2 所示，通过上述方法，可以把劣质煤的利用率从过去传统工艺的 20%提高到 50%。

（二）高效炼焦技术

对入炉煤加以预热，采用热传导率高的炉砖，并降低焦炭的出炉温度也可以缩短炼焦时间。图 10-3 为采用传统工艺和 SCOPE21 工艺炼焦时加热时间的对比示意图。

具体地说，煤炭预热工作温度为 350～400℃，焦炉炭化室温度为 800℃，干熄焦二次加热温度为 1000℃。通过这种加热方法，与传统工艺相比，SCOPE21 工艺能将生产率提高到 3 倍。

（三）节能技术

节能技术致力于降低炭化所需的热量，通过高温预热煤炭提高炭化过程的初始温度，同时采用中温炭化降低焦炭的出炉温度。此外，该技术还回收利用炭化过程中所产生的荒煤气及烟囱中排放的废气的显热。

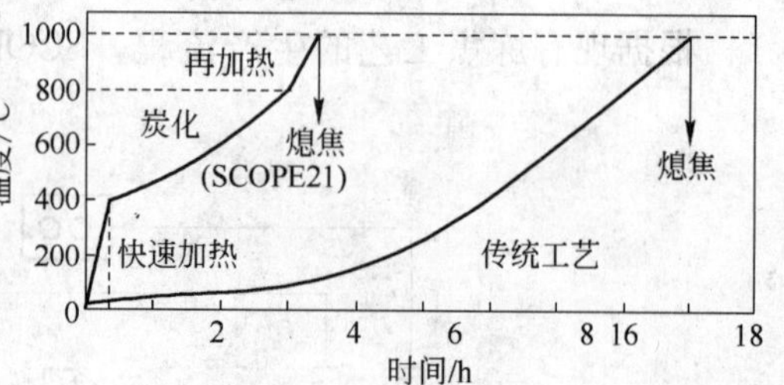

图 10-3　SCOPE21 与传统工艺炭化时间对比示意图

（四）环保技术

改善环保水平可以通过采用密封结构传送煤炭、焦炭来实现，同时避免焦炉漏气，通过提高焦炉加热系统的性能降低氮氧化物的排放量。

三、基本试验结论

（一）快速加热试验

由于在快速加热过程中煤炭细粒会因为过热而粘着在气体加热器的内壁上，SCOPE21 工艺计划安装流化床干燥器，在快速加热之前将煤炭粗粒和细粒分开。煤炭快速加热试验设备的处理能力是每小时 90kg，如图 10-4 所示。采用该设备，在一个试验炉里，煤炭可以通过流化床干燥器缓慢加热（每分钟 2℃），或通过气体加热器快速加热（每分钟 10000℃）炭化。快速加热工艺提高了煤炭的 DI^{150}_{15} 指数，对劣质炼焦煤的改善效果更好。

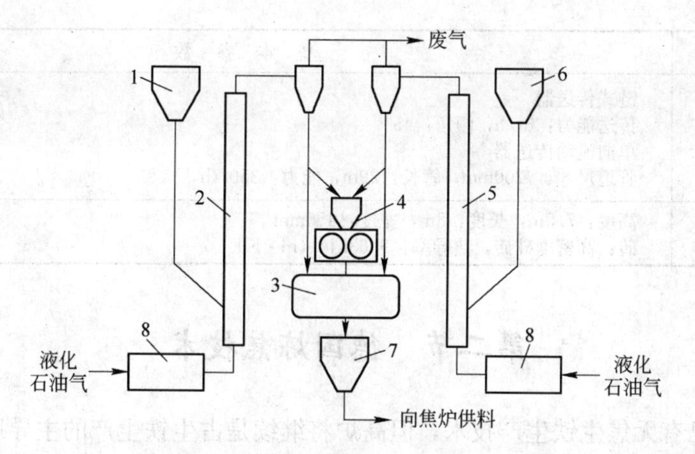

图 10-4 SCOPE21 快速加热示意图

1—粗煤料斗；2—粗煤气动预加热器；3—混合器；4—热压块机；5—细煤气动预加热器；
6—细煤料斗；7—移动料斗；8—热气发生器

（二）热压块试验

试验采用双滚筒压块机压实直径在 0.3mm 以下的煤炭细粒。含劣质炼焦煤 50%的热状态细煤被压块时无需使用黏结剂。

（三）单向流动传送试验

尽管过去已经开发了热煤的管道式传送方法，但由于要消耗大量的载气和电力，该方法并不经济。SCOPE21 工艺的单向流动传送系统可以采用较少量载气，以较大的密度传送预热过的煤炭。管道倾角为 45°时煤炭的传送速度可高达每小时 50t。采用这种方法，可以将预热后的煤干净、安全的输送到焦炉中。

所建的比例试验厂实现了上述煤炭预热过程的各项主要工艺，包括煤干燥和分级、快速加热、热压块及高温煤传送，这些工艺都是 SCOPE21 工程的重要组成部分。比例试验可以证实工艺设备的功能，并为中试厂的设计收集相关比例数据。

四、中试厂的建设

表 10-1 列出了中试厂的主要技术参数。煤炭预加热器的参数依据了比例试验的结果。炼焦炉的情况如下：炉室长度为 8m，几乎是预期工业设备长度的一半，其高度为 7.5m，宽 435/465mm。由于焦炭精炼测试时采用的是现有干熄焦设备，所以没有安装焦炭精炼装置。中试厂于 1999 年开始建设，于 2002 年初竣工，中试持续至 2003 年。

表 10-1 中试设备主要参数

主要设备	基本参数
流化床	煤处理量：6t（干）/h，流化床尺寸：W 0.5m × L 7m × H 5.5m
气动预加热器	煤处理量：6t（干）/h（粗煤），2.4t（干）/h（细煤） 塔身尺寸：ϕ0.77m × H 25m
热压块机	型号：双滚筒型模子：Massec 型（18cc） 生产能力：2.4t/h 滚筒尺寸：ϕ1200mm × W87mm

续表 10-1

主要设备	基本参数
热煤传送器	链式传送器 传送能力：8t/h，倾角：45° 单向流动传送器 管道尺寸：ϕ200mm，管长：29m，能力：350t/h
焦炉	高度：7.5m，长度：8m，宽度：450mm 砖：高密度硅砖，热导率：9.63kJ/（m·K）

第二节 德国炼焦技术

尽管现在已有无焦生铁生产技术，但高炉将继续是占生铁生产的主导地位的。炼焦生产对生铁生产的经济性和生态有相当大的决定作用。20 世纪 80 年代中期，德国为降低投资和生产成本、提高焦炭质量、提高环境保护和安全水平，开展了大量的技术创新，炼焦技术得以快速发展。

在建设最新的几家焦化厂过程中开发与采用的大量建设性措施显示出了德国的最新炼焦技术。最近建造的焦化厂包括：德国杜伊斯堡的“Huckingen”（HKM）焦化厂，博特罗普的“ProsPer”（DSK）焦化厂，迪林根的“ZSK”焦化厂，多特蒙德的“Kaiserstuhl”焦化厂（2000 年停产）以及一个新建的“Schwelgern”焦化厂，所有这些焦化厂取代了许多老式及小型焦炉，并树立起焦炉效益、自动化及环境保护方面的里程碑。

德国炼焦工业的技术进步主要是通过改进从燃烧室到炭化室的热传导；增大炭化室的高度；或者通过捣固或预热等方法增加装煤的堆密度；采用自动化技术来降低生产成本，增加产量，降低消耗。

一、提高热传导速度

为了加快炭化速度，燃烧室温度被升高到 1300℃，个别焦炉组（如 Anna 和 MinisterStein 焦化厂）甚至升温到接近耐火材料极限温度 1500℃的更高温度。只要在选择煤料以及监视操作过程中的温度时加以注意，这种高温炭化炼焦在技术上是可行的。焦饼收缩的减小会导致推焦时发生困难，对膨胀压力也要密切观察，这样生产出的焦炭有更多的裂纹，而且焦炭强度趋于降低。

20 世纪 80 年代初期，由于欧洲对环保的日益重视，高温炼焦受到了很大影响，燃烧室中极高的火焰温度，使得燃烧室中产生的 NO_x 含量明显增加，这就限制了燃烧室的温度的提高。

为了加快炭化速度，20 世纪 70 年代，进行过采用较薄硅砖的大量试验，以便在不提高燃烧室温度的情况下尽可能加快炭化速度。通过试用适当的炭化室墙结构，在相同燃烧室温度条件下，能够使炭化时间缩短 4h。但是，这种墙会遭受更大的磨损，因此不能将炭化室墙减得太薄。尽管如此，这种炭化室墙硅砖厚度还是可以由原来的 110mm 减小到 95mm。耐火砖制造厂家还进行了高密度硅砖的开发工作。提高了硅砖的导热性。工业化规模试验表明，通过采用这种高密度硅砖，燃烧室温度可以降低 50℃，而不降低产量。

二、大容积焦炉

德国焦炉大型化非常迅速，2003 年，TKS Schwelgern 焦化厂投产了当今炉容最大并长期稳定生产的焦炉，其炭化室高度8.3m，宽0.6m，单炭化室容量达93m^3，2×70孔，年产焦炭264万t，生产过程的高度自动化，焦炉采用双联火道复热式加热，用富化的高炉煤气加热。两座焦炉共用一套焦炉机械，由一个班的工人操作。自动化系统使用前馈和累加法，以优化焦炉加热和煤气净化装置的操作。

过去，只从焦炉长度和高度方面考虑焦炉容积的增大，而在20世纪70年代开始，德国开始研究炭化室宽度对增大炉容的影响。在Prosper试验厂进行的中试发现，由于采用更宽炭化室而造成的焦炭质量降低值，要远远低于由热传递理论推论的预计值。采用宽炭化室有以下优越性：

(1) 减少了焦炉炭化室摘门和装煤次数，有利于环境保护、操作人员的安全和健康，以及减少炉体受损，延长焦炉寿命；

(2) 宽炭化室使焦炭产生的裂纹变小、焦炭粒度均匀，焦炭的M_{40}、M_{10}都有改善；

(3) 减小了膨胀压力，从而减小了炉墙的负荷；

(4) 使炭化室内煤料的堆密度分布更均匀。

但是，荒煤气在较宽炭化室内停留时间较长，裂解反应加剧，焦油产率和荒煤气中的甲烷和更高碳氢化合物的含量减少，而氢气含量却增加，焦炭产率也有所上升。

另外，德国迪林根ZKS厂已经实现了6m捣固焦炉技术，捣固堆密度达1100kg/m^{3}以上。20世纪90年代德国还逐步开发出以煤预热为基础的单炭化室系统概念（SCS）。

三、加热系统的技术进步

由于焦炉尺寸的增大，特别是炭化室高度和长度的增大，使得加热均匀性更加难以实现。同时，德国新的环保法规对降低烟气排放NO_x浓度提出了要求，为了解决这些问题，德国开发出一种全新的加热系统，主要措施是废气循环和分段加热，NO_x排放量降低一半以上。

四、环保技术

在焦炉烟尘“零排放”的目标未实现前，减少焦炉冒烟是一项重要任务。随着焦炉的大型化，可减少装煤和推焦的次数，减少炉门、上升管和装煤孔数量，缩短密封面的总长度，从而可明显降低焦炉外排的烟尘量。德国在大型焦炉上配合使用高性能饶性炉门（FLEXIT炉门）和压力控制护炉铁件（CONTROLPRESS技术），焦炉完全可达到气密状态。PROven单炭化室压力控制系统，这在减少焦炉烟尘排放方面又进了一步。该控制系统由德国埃森的DMT公司开发，并在Thyssen KruppEnCoke公司的Thyssen焦化厂进行强化试验后做了进一步的改进。在整个炼焦周期中，PROven系统可单独控制炭化室中的煤气压力，以减少荒煤气大量逸出期间所产生的负压，可将泄漏降至最低。同时，在结焦末期，该系统可使炭化室保持足够的压力，以防止空气经炉门的密封刀边进入炉内。另外为减少湿熄焦粉尘排放量，德国开发了稳定熄焦CSQ技术。

五、巨型炼焦反应器——单孔炼焦系统

20世纪80年代末，欧洲焦化工作者针对多室式传统焦炉存在的劳动生产率低和对环境有较大污染的缺点，提出改变多室式传统焦炉的观念，并将煤预热与干熄焦直接联合的方案，进行了巨型炼焦反应器试验（Jumbo Coking Reactor，简称JCR流程示意图，见图10-5）。在1993年春至1996年夏3年多的时间里，进行了650炉JCR试验，共生产了焦

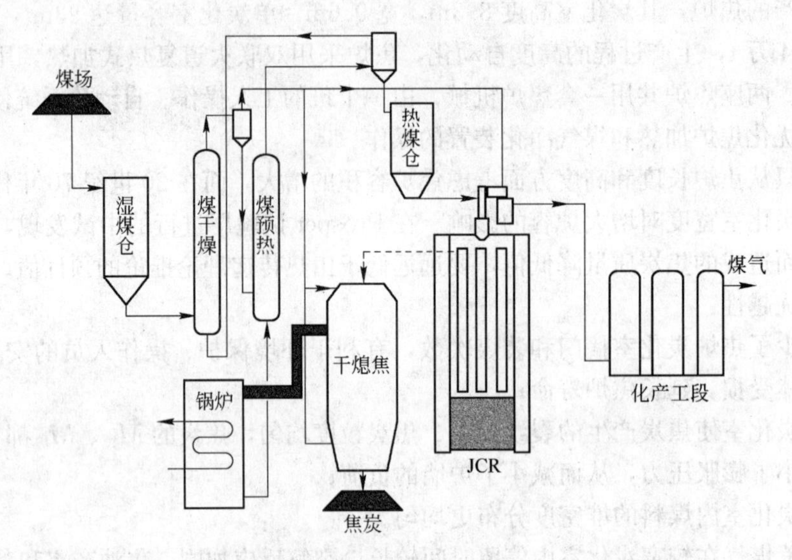

图 10-5　煤预热与干熄焦联合的巨型炼焦反应器流程图

炭 3 万多吨。

JCR 主要的技术特征是既保留了传统焦炉的技术优点，又克服了诸多传统的技术缺点。它是在每个炭化室的两边各建有一个燃烧室、隔热层和抵抗墙，每个炭化室自成系统，彼此间互不相干。

JCR 的具体尺寸为：$H\times L\times W=10\text{m}\times 20\text{m}\times 0.85\text{m}$，每孔容积 170m^3，每孔生产焦炭 100t，结焦时间 25h，炉墙厚度为 60mm。其试验效果良好，改善了焦炭的质量，CSR 上升 4～10 个百分点，CRI 改善 2～4 个百分点；扩大了煤种，可多用高膨胀、低挥发分和弱黏结性煤；节能效果显著，节能 8%；增加煤堆积密度，达 $860\sim880\text{kg/m}^3$；降低了

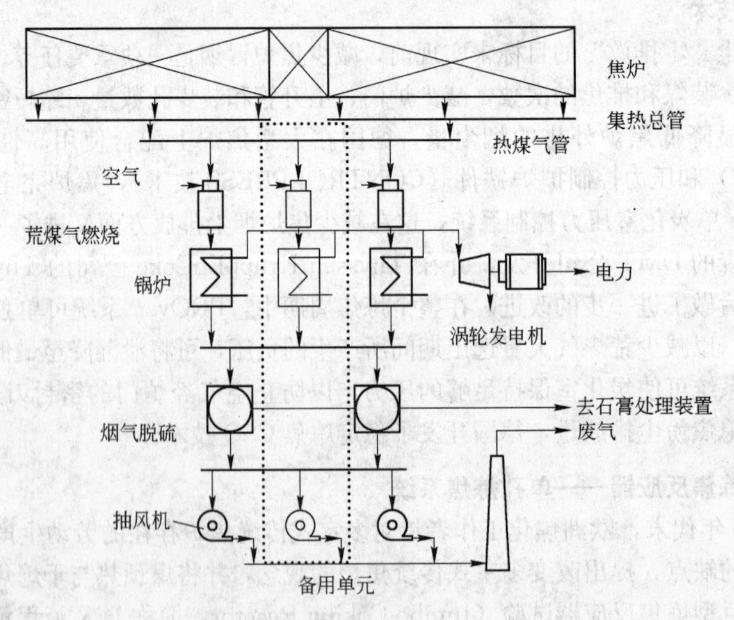

图 10-6　集热总管焦化厂示意图

污染物排放量，与 Kaistrstuhl 比下降了 50%；生产成本下降了 10%；投资稍有增加。

根据 JCR 工艺试验结果，推出了已具备工业化的“单室炼焦系统”（Single Chamber System，简称 SCS）。为提高单位炉容产量、节省投资和大幅度提高炉体结构强度，推荐的 SCS 基本参数为：$H \times L \times W = 9.5\text{m} \times 19\text{m} \times (450 \sim 610)\ \text{mm}$。

六、集热总管焦炉

德国为得到高质量的焦炭和优良的环保水平，还正在试验一种集热总管焦炉，这种焦炉只生产焦炭和电力。之所以不建荒煤气处理装置是为了环境保护，它采用类似 PROven 系统适当控制单个炭化室压力的同时，将 800℃的荒煤气直接收集到集热总管，再加入空气立即将荒煤气燃烧，燃烧后的热废气进入锅炉产生蒸汽发电，烟气经过脱硫后排放。图 10-6 是集热总管焦化厂示意图。

第三节　畅翔型自动化连续炼焦技术

一、技术原理

中国山西省垣曲县畅翔科技发展有限公司开发的自动化连续炼焦技术，是集直立炉可连续生产、水平式焦炉可生产冶金焦、成型工艺加压增加黏结性等优点于一体的一种新型连续炼焦炉型，在开发过程中着重解决了下列问题：

（1）如何提高入炉煤堆密度，解决常规直立炉不宜炼制冶金焦的问题；

（2）使用推压装置压实煤料并推焦，如何使煤料在直立炉内顺行的问题；

（3）为达到冷态排焦，如何解决焦炭成熟后的冷却问题。

为解决这些问题，在炉体装煤段下部，采用导热性能好的特殊材料设置快速加热段，使煤料从装煤段下落之后，能很快达到塑性阶段，并在靠近炭化室墙壁处形成一层硬壳，使之不与炉墙粘连，便于煤料移动。在炉体结构上采用快速结焦的立火道结构，从而有利于弱黏结性煤的炼焦。在炉顶设推压装置，按一定的压力和行程对煤料进行压实，使入炉煤堆密度达到 $950 \sim 1100\text{kg/m}^3$。上述措施均对提高弱黏结性煤和不黏结性煤的配入有利，同时可降低结焦过程的膨胀压力，解决直立式焦炉顺行及不宜生产冶金焦的难题。采用特殊材料制作的高温换热器和中温换热器，用冷煤气吸收红焦显热，并预热空气，达到干法熄焦的目的。

1998 年 6 月开始做半工业试验，试验装置高 9.2m，其中耐火材料砌体高度 6.16m。通过试验获得以下结论：

（1）采用直立式连续炼焦炉生产冶金焦是完全可行的；

（2）该工艺已基本控制了烟尘的逸散，烟尘的排放量比常规室式焦炉减少 95%以上；

（3）利用该工艺可明显提高弱黏结性煤的配比。当配比不变时，焦炭机械强度 M_{40} 可提高 7～12 个百分点；

（4）试验证明，该工艺可实现自动化控制，减轻劳动强度，改善操作环境条件；

（5）试验发现，弱黏结性或不黏结性粉煤配加适量黏结剂后有望在该炉内生产出非冶金用焦（气化用无烟燃料）。

2002 年 5 月在山西省垣曲县开始建设一座年产冶金焦 6 万 t、小时发电能力 3000kW

的畅翔型自动化连续炼焦炉示范工厂。

该示范厂炉体由6排炭化室组成，每排两孔炭化室，装置总高31m，砌体高度12m。炭化室两侧各有8个立火道，采用煤气侧喷加热。

二、技术特点

畅翔型连续炼焦工艺采用直立、侧喷炉体结构。焦炉主要由相间排列的炭化室、燃烧室及炉顶、斜道及换热器等组成。炭化室自上而下为装煤段、快速干馏段、干馏段。炭化室下部为高温换热器、中温换热器和低温换热器。低温换热器下部为排焦段（设有排焦机、接焦箱、刮板输送机等）。焦炉顶部设有布煤槽及煤槽漏斗。每一个煤槽漏斗均与每个炭化室侧边的布料机相连。炭化室侧顶设有装煤溜槽。炭化室顶部设有液压驱动的推压杆，用于推压煤料并移动焦饼。该焦炉的特点是冷态装煤、冷态出焦减少污染；采用炉内压实技术，扩大弱黏结性煤用量，并可提高焦炭强度；采用炉内干法熄焦回收红焦显热及回收煤气显热，提高焦炉综合热效率。

该炉型具有投资少、能耗低、运行成本低、污染小、劳动生产率高、劳动强度低、焦炭质量高、占地面积小等优点。

(1) 由于采用独特的直立式炉型和炉内熄焦工艺，不必设置常规焦炉必需的四大车设备、消烟除尘设备及干熄焦装置，从而降低吨焦投资75%左右；

(2) 由于连续冷态装煤、炉内熄焦、冷态出焦，充分利用焦炭显热；并将煤气热引出裂解后用余热锅炉回收其显热；又无需频繁开闭炉门，加之燃烧室端墙加厚，减少炉体散热，因而吨煤炼焦综合能耗降低20%以上；

(3) 在该工艺中可配用达80%的弱黏结性或不黏结性煤，从而使单位生产成本大幅度下降；

(4) 改善操作条件，减少污染，实现烟尘的零排放；

(5) 由于炼焦过程操作的连续性，易于实现高度自动化控制，操作人员总量可减少50%左右，明显提高劳动生产率；

(6) 由于煤料在炼焦过程中经压实，快速加热处理，又经干法熄焦，因而可明显提高焦炭质量。即使在弱黏结性煤配入量加大时，也可保证生产出优质冶金焦；

(7) 该工艺炉体结构紧凑。炼焦、熄焦合为一体，又无四大车装备，故占地面积小，可比常规焦炉占地面积减少50%左右。

该项技术的另一特点是可根据用户需要，调整煤气导出孔的位置，生产出煤气组分不同的煤气。在示范厂的设计中，采用了两种煤气导出方案，即在炉体上有两个煤气导出孔。

上段煤气导出孔位于煤干馏段上部，所生产的煤气类同常规室式焦炉煤气。采用“焦炉煤气露点冷却工艺”冷却煤气，回收焦油。冷却后的剩余煤气与1100℃的热废气进入余热锅炉生产蒸汽供发电用。

下段煤气导出孔位于炭化室下部，由于荒煤气中的焦油、萘、苯等物质已经过高温段，大部分被裂解成CO与H_2，该煤气热引出后进入装有镍催化剂的裂解器让其充分裂解，并利用余热锅炉降温后进行精脱硫，然后生产清洁燃料——甲醇或二甲醚。

参 考 文 献

1 徐一．炼焦与煤气精制．北京：冶金工业出版社，1985
2 郑文华．燃料与化工．鞍山：燃料与化工，2002，1
3 王振环．燃料与化工．鞍山：燃料与化工，1994，5
4 王剑峰．燃料与化工．鞍山：燃料与化工，1994，11
5 王立富．冶金能源．《冶金能源》编辑部，2000，7
6 梁英华等．炼焦机械及设备．北京：化学工业出版社，2005
7 煤炭科学院煤化所焦化室．煤质与炼焦．北京：冶金工业出版社，1985
8 潘立慧，魏松波等．干熄焦技术．北京：冶金工业出版社，2005
9 朱良钧．捣固炼焦技术．北京：冶金工业出版社，1992
10 姚昭章．炼焦学（第二版）．北京：冶金工业出版社，1995
11 王晓琴．炼焦工艺．北京：化学工业出版社，2005
12 H. 泽林斯基等．炼焦化工．赵树昌等译．中国金属学会焦化学会，1993
13 中国钢铁工业环保工作指南．北京：冶金工业出版社，2005
14 王维邦．耐火材料工艺学．北京：冶金工业出版社，1984，6
15 刘麟瑞，林彬荫．工业窑炉用耐火材料手册．北京：冶金工业出版社，2001，6
16 郑文华，梁晓成．燃料与化工．鞍山：燃料与化工，1998，9（3）
17 祝月华．炼焦新技术——密封式无烟装煤车．重型机械，1999，（3）
18 蔡承祜．超大容积焦炉设计的若干技术思想．鞍山：燃料与化工，2003，34（5）
19 Hermann Toll. 炼焦技术的发展现状和最新成果．德国蒂森克虏伯集团能源焦炭工程技术公司．第一届中国炼焦技术及焦炭市场国际大会
20 Harald Stoppa，Friedrich Huhn. 德国最新炼焦技术介绍．德国炼焦专家协会（VDKF）
21 炼焦化工卷编辑委员会．中国冶金百科全书·炼焦化工卷．北京：冶金工业出版社，1992
22 周师庸．应用煤岩学．北京：冶金工业出版社，1985
23 Stach 著．斯塔赫煤岩学教程．杨起等译．北京：煤炭工业出版社，1990
24 陶著．煤化学．北京：冶金工业出版社，1984
25 黑色冶金工业标准汇编——焦化产品及其试验方法．北京：中国标准出版社，1995
26 虞继舜．化学．北京：冶金工业出版社，2000
27 煤质管理干部培训讲义．煤炭科学研究总院北京煤化工研究分院，2004，6
28 周师庸．高炉焦炭质量指标探析．炭素科技，2004，3
29 胡德生，吴信慈等．宝钢炼焦配煤的技术进步．钢铁，2004，1
30 胡德生，吴信慈等．宝钢煤岩配煤方法的研究．钢铁，2001，1
31 胡德生．灰成分对焦炭热性能的影响．钢铁，2002，8
32 赵雪飞．配煤炼焦技术与焦炭质量．2005 年国际炼焦会议论文集

冶金工业出版社部分图书推荐

书　　名	作　　者
煤化学产品工艺学	肖瑞华　白金峰　主编
炭素工艺学	钱湛芬　主编
炭素材料生产问答	童芳森　等编
燃气工程	吕佐周　王光辉　主编
煤化学	虞继舜　主编
炼焦学（第2版）	姚昭章　主编
有机化学（第2版）	朱建光　成本诚　主编
炼焦生产问答	李哲浩　编
煤的综合利用基本知识问答	向英温　等编著
焦化厂化产生产问答（第2版）	范伯云　等编
炼焦炉的特殊操作 ——烘炉、开工、闷炉和冷炉	向英温　李静安　编著
干熄焦技术	潘立慧　魏松波　等编著
焦化废水无害化处理与回用技术	王绍文　钱　雷　等编著
炭材料生产技术600问	许　斌　王金铎　编著
英汉焦化炭素技术词汇	钱湛芬　等编著
高浓度有机废水处理技术与工程应用	王绍文　等编著
二氧化硫减排技术与烟气脱硫工程	杨　飏　编著
膜法水处理技术	邵　刚　编著
除尘技术手册	张殿印　等编著
环保知识400问（第3版）	张殿印　主编
现代除尘理论与技术	向晓东　著
煤焦油化工学	肖瑞华　编著
材料环境学	潘应君　等编著
新型实用过滤技术（第2版）	丁启圣　王维一　等编著
复吹转炉溅渣护炉实用技术	武钢第二炼钢厂　编著
环境污染控制工程	王守信　郭亚兵　编著
环境保护及其法规（第2版）	任效乾　王荣祥　等编著
耐火材料新工艺技术	徐平坤　魏国钊　编著
特种耐火材料实用技术手册	胡宝玉　等编著
设备系统技术	王荣祥　等编著
蓝晶石　红柱石　硅线石	林彬荫　等编著
炉窑衬砖尺寸设计与辐射形砌砖计算手册	薛启文　万小平　编著